中国地质调查成果 CGS 2018-018
"十三五"国家重点出版物出版规划项目
湖北省学术著作出版专项资金资助项目
国家自然科学基金委青年科学基金项目成果
中央地质勘查基金国外矿产资源风险勘查专项成果

海外地质矿产勘探系列丛书

安第斯成矿带成矿规律与优势矿产资源潜力分析

ANDISI CHENGKUANGDAI CHENGKUANG GUILÜ YU
YOUSHI KUANGCHAN ZIYUAN QIANLI FENXI

卢民杰　朱小三　赵宏军　曾　勇
董方浏　方维萱　陈玉明　郭维民　等著

内容简介

本书对安第斯成矿带的区域成矿地质背景、区域成矿地质特征进行了系统的综合研究,依据成矿地质背景和成矿特征,将安第斯成矿带划分为3个Ⅱ级成矿省、14个Ⅲ级成矿区(带),并阐述了各成矿省的成矿地质环境和成矿特征,总结了区域成矿规律,编制了相关图件;对安第斯成矿带中斑岩型、IOCG型和浅成低温热液型等主要矿床类型的成矿特点、找矿标志和典型矿床等进行了总结解剖,分析了铜、钼、金、银、锡、锂、钾盐等主要优势矿产资源的潜力,圈定了54处找矿远景区;对安第斯地区各国的矿业政策、矿业投资环境和矿业法律特点进行了简要评述,并结合中国企业在安第斯地区矿业投资中存在的问题,提出了应注意的主要法律问题和投资建议。全书共分6章18节,附图4幅,共计40多万字。

本书可供从事地质科学研究和地质调查工作的社会组织和研究人员使用,可为在安第斯地区进行地质矿产勘查开发的地质勘查单位、境外找矿技术人员提供技术参考,也可作为高校教师和学生学习地质专业理论、了解安第斯地质矿产情况与资源状况的参考材料。

图书在版编目(CIP)数据

安第斯成矿带成矿规律与优势矿产资源潜力分析/卢民杰等著. —武汉:中国地质大学出版社,2018.11
(海外地质矿产勘探系列丛书)
ISBN 978-7-5625-4303-9

Ⅰ.①安⋯
Ⅱ.①卢⋯
Ⅲ.①安第斯山-成矿带-成矿地质-研究 ②安第斯山-矿产资源-资源评价-研究
Ⅳ.①P617.77 ②P624.6

中国版本图书馆 CIP 数据核字(2018)第 158597 号
《安第斯成矿带成矿规律与优势矿产资源潜力分析》书刊插图审图号:GS(2018)6132 号
  附图1:安第斯成矿带构造岩浆图
  附图2:安第斯成矿带地质图
  附图3:安第斯成矿带矿产分布图
  附图4:安第斯成矿带成矿规律图

安第斯成矿带成矿规律与优势矿产资源潜力分析	卢民杰 朱小三 赵宏军 曾 勇 等著
	董方浏 方维萱 陈玉明 郭维民

责任编辑:唐然坤	选题策划:唐然坤	责任校对:张咏梅

出版发行:中国地质大学出版社(武汉市洪山区鲁磨路388号)	邮编:430074
电 话:(027)67883511 传 真:(027)67883580	E-mail:cbb@cug.edu.cn
经 销:全国新华书店	http://cugp.cug.edu.cn

开本:880毫米×1230毫米 1/16   字数:468千字 印张:14.75 附图:4
版次:2018年11月第1版   印次:2018年11月第1次印刷
印刷:武汉市籍缘印刷厂   印数:1—1000册

ISBN 978-7-5625-4303-9   定价:398.00元

如有印装质量问题请与印刷厂联系调换

序一

安第斯成矿带属于环太平洋成矿域的东环南段，是世界上最重要的铜、金、多金属成矿带之一。带内已发现的世界著名大型－超大型铜矿床就有20多个，铜、金资源总量及开采量均居世界前列，银、铅、锌、锡、钒、锑、铋、锂以及石油、天然气、煤等储量也在世界上占有重要位置。长期以来，安第斯地区以丰富的矿产资源禀赋、良好的成矿地质条件和优越的矿业投资环境一直是世界非铁类金属矿产勘查无可争议的最佳投资目的地之一，吸引着全球矿业巨头聚集到这里进行矿产资源的勘查开发。

中国与安第斯地区各国同属发展中国家，面临着共同的国家经济发展目标，在全球政治与经济领域拥有广泛的共同利益，且经济发展互补性强。多年来，我国与安第斯地区各国一直保持着良好的多边、双边合作关系。特别是党的十八大以来和"一带一路"倡议的提出，中国与各国合作领域进一步扩大，经贸往来日益频繁，在政治对话、贸易投资、矿业与农业生产、高新技术、清洁能源、再生资源、工业制造、基础设施、文化教育、旅游开发、社会发展和防灾减灾等领域开展了广泛而深入的合作；与阿根廷、委内瑞拉、秘鲁等国建立了全面合作伙伴关系；在矿业领域，安第斯地区已成为我国矿业对外投资最大的地区。据不完全统计，截至2015年底，中国企业在该地区的仅固体矿产矿山并购投资（直接购买费用，不包括后期的矿山建设和生产改造投资）就已达113.36亿美元，若加上矿山建设和生产改造投资，估计将超过300亿美元。安第斯地区在我国的合作地位越来越重要。

开展安第斯成矿带成矿地质背景、成矿条件、成矿规律及矿业投资环境的综合研究，对于引导国内企业在该区的矿业投资、降低投资风险具有十分重要的意义，也可为国家实施矿产资源勘查开发"走出去"战略，合理部署安第斯地区的矿产资源风险勘查工作提供了基础信息和科学依据。

由中国地质科学院地质研究所、中国地质调查局发展研究中心、中国地质调查局南京地质调查中心、中铝矿产资源有限公司、北京矿产地质研究院等单位组成的安第斯矿产地质研究团队，在卢民杰博士的带领下，以其多年来在该区开展矿产地质与区域成矿规律综合研究及找矿实践所积累的成果资料为基础，完成了《安第斯成矿带成矿规律与优势矿产资源潜力分析》一书，从中国地质科技工作者的独特视角和全球地质矿产工作的宽广视野分析了安第斯成矿带主要优势矿产的资源潜力，形成本土化的综合研究成果。该书较全面、系统地综述了安第斯成矿带的区域成矿地质背景、区域成矿地质特征，划分了大地构造单元和成矿单元；总结了区域成矿地质特征、主要矿床类型特点和代表性矿床特征；分析评价了主要优势矿产资源的成矿特点和潜力，圈定了找矿远景区；对安第斯地区各国的矿业政策、矿业投资环境和矿业法律特点进行了简要评述，并结合中国企业在安第斯地区矿业投资的实践，提出了中国企业在安第斯地区进行矿业投资时应注意的主要法律问题和投资建议，是一份很好的实用性成果总结和理论性研究报告。

《安第斯成矿带成矿规律与优势矿产资源潜力分析》一书的出版，无疑为我们了解安第斯成矿带丰富而复杂的地质情况提供了快捷的通道,也为我国认识安第斯成矿带的地质组成与结构特点、开展对比研究打开了方便之门。对安第斯成矿带的矿产资源特征与成矿潜力的研究成果将为我国政府的宏观决策提供技术支撑,也为我国推进"一带一路"倡议,增进与安第斯地区各国资源领域的战略合作提供了重要参考,还为中国企业在该地区的矿产资源勘查、开发提供了引导。

中国科学院院士
国家自然基金委员会副主任
中国地质科学院地质研究所所长

2018 年 6 月 18 日

序二

安第斯成矿带是世界上最典型的洋陆俯冲增生造山带。中生代—新生代以来该带在洋陆俯冲转换机制下发生的大规模构造-岩浆活动,为铜、金、多金属矿产的形成提供了良好的成矿构造环境和成矿条件,使该带成为世界上最具潜力的铜、金、多金属成矿带之一。安第斯成矿带不仅是全球矿业投资的重点地区,也是进行俯冲成矿过程与成矿作用研究的最经典地区之一,长期以来一直受到地质学者们的关注。

《安第斯成矿带成矿规律与优势矿产资源潜力分析》一书以作者多年来在该区从事矿产地质研究与找矿实践所积累的成果资料为基础,对安第斯地区由太平洋板块向南美板块俯冲增生有关而形成的复杂火山-岩浆岩带的地质组成及区域成矿地质背景进行了系统的总结研究;依据基底组成、板块俯冲形式和构造-岩浆演化与成矿作用的不同,将安第斯成矿带自北向南划分为 3 个成矿构造单元,即北安第斯成矿省、中安第斯成矿省和南安第斯成矿省,并进一步划分为 14 个Ⅲ级成矿带,较细致地描述了各成矿带的矿床特征;以铜、金、多金属矿为目标,对安第斯成矿带的主要成矿作用和典型矿床进行了研究,总结了区内斑岩型、IOCG 型和浅成低温热液型等主要矿床类型的基本特征,介绍了 38 个典型矿床;对区域矿床的时空分布规律、板块构造对成矿的控制规律等进行了综合研究,较系统地总结了安第斯成矿带的成矿规律性;对铜-钼、铜-金、金、银、钨锡、锂、钾盐等主要优势资源的找矿潜力进行了重点分析,指出中安第斯成矿省是该成矿带中最具铜、金、多金属找矿潜力的地段;并结合我国企业近年来在该区开展资源勘查、开发投资所取得的进展和经验教训,简要评述了安第斯地区各国的矿业政策、矿业投资环境和矿业法律特点,提出了中国投资企业在安第斯地区各国矿业投资中应注意的主要法律问题和投资建议。

该书中所介绍的丰富资料和取得的研究成果及进展不仅为国内企业在该区开展矿产资源风险勘查、开发提供了基础信息,具有很好的指导作用,也为从事基础地质与区域成矿作用、成矿构造环境对比研究的科研人员提供了重要参考信息,值得一读。

中国工程院院士

2018 年 8 月 22 日

前　言

南美安第斯成矿带是世界上最著名的铜、金、多金属巨型成矿带之一，产有一系列大型—超大型铜、金、多金属矿床。该成矿带的铜储量占世界铜总储量的40%以上，金、银、铅、锌、锡、钒、锑、铋、锂等储量也在世界上占有重要位置。由于丰富的矿产资源、良好的找矿前景和相对稳定的矿业投资环境，南美安第斯成矿带长期以来一直是世界矿业投资最热点的地区之一。

近年来，随着我国经济建设的快速发展和资源需求的上升，我国到南美地区，特别是到安第斯地区进行矿业投资开发的企业越来越多。据不完全统计，截至2016年底，在安第斯地区从事矿业投资的中国企业（包括国有和民营企业）已达80多家，矿业投资额已达数百亿美元（Osvaldo and Richard，2009；Sociedad Nacional de Mineria Petroleoy Energia，2015；Taylor and Kenneth，2015）。安第斯地区成为中国矿业投资的最重要地区之一。

矿业投资一般属于长期投资，具有投资额度大、投资周期长、投资环节多和影响因素多等特点。其中，深入分析了解投资目标区的成矿地质背景、成矿环境与成矿地质条件，以及资源潜力和找矿远景等，对降低企业投资风险具有重要意义。

本书以作者多年以来在该区开展区域成矿地质背景与成矿规律综合研究成果为基础，结合找矿实践，系统阐述了安第斯成矿带的区域成矿地质背景与主要优势矿产资源的成矿特征和典型矿床特征，划分成矿带，总结了区域成矿规律，分析了资源潜力；对安第斯地区各国的矿产资源勘查开发现状、矿业投资环境和矿业法律特点进行了分析评述，并结合中国企业在安第斯地区矿业投资中存在的问题提出了投资建议。

本书的主要成果及进展如下。

（1）依据基底组成、板块俯冲形式和构造-岩浆演化与成矿作用的不同，将安第斯成矿带自北而南划分为3个成矿构造单元，即北安第斯成矿省（厄瓜多尔以北，南纬3°以北）、中安第斯成矿省（秘鲁—智利中部，南纬3°—39°之间）和南安第斯成矿省（智利南部，南纬39°以南）；指出中安第斯成矿省是该成矿带中最具铜、金、多金属找矿潜力的地段，深化了对安第斯成矿带区域成矿规律的认识，对引导我国企业在该成矿带开展资源勘查开发投资有重要意义。

（2）以铜、金、多金属矿为目标，对安第斯成矿带的主要成矿作用和典型矿床进行了研究，认为斑岩型、铁氧化物型（IOCG型）、浅成低温热液型是安第斯成矿带最主要的成矿类型。其中，斑岩型是区内最重要的铜、钼、金成矿类型，主要分布于中安第斯成矿省西安第斯成矿带，成矿期以晚白垩世到渐新世为主；其次为铁氧化物型（IOCG型），主要分布在中安第斯成矿省海岸安第斯成矿带，成矿期以中晚侏罗世到晚白垩世为主；浅成低温热液型在区内分布广泛，是金、银、多金属矿的主要成矿类型之一。

（3）在中安第斯成矿省的海岸安第斯成矿带，铁矿和IOCG型铜矿成因与空间关系密切，两者应为同一成矿系统在不同成矿阶段的产物，铁矿应为IOCG型铁、铜、金成矿系统的重要端元组成之一。在该区，铁矿不仅具有独立的经济价值，而且还是寻找IOCG型铜、金矿的重要标志。

（4）对安第斯成矿带各国的成矿地质背景、主要成矿作用与成矿类型，以及找矿标志等进行了较系统的归纳总结，初步进行了成矿带的划分和区域成矿规律的总结研究，分析了主要优势资源的找矿潜力，圈定了找矿远景区，为国内企业来这些国家进行资源勘查、开发提供了参考。

（5）对收集到的安第斯地区各国1∶100万（或1∶250万）地质图、矿产分布图等系列图件进行了修编和数字化，并在此基础上编制了1：500万安第斯成矿带地质图、矿产图、构造岩浆岩图和成矿规律图，作为本书的附图一并出版。

本书是根据中央地勘基金组织的"国外矿产资源风险勘查专项"项目"拉美安第斯成矿带成矿规律与优势矿产资源潜力分析"、中国地质调查局组织的"矿产资源调查评价专项"项目"安第斯巨型成矿带重要矿床地质背景、成矿作用和找矿潜力研究""安第斯成矿带区域地球物理特征与优势矿产资源潜力分析"，以及国家自然科学基金项目"基于深反射地震资料探讨扬子古陆块和华夏古陆块元古宙碰撞造山带"等多个项目成果综合集成而编写的，是项目团队集体劳动的结晶。在"拉美安第斯成矿带成矿规律与优势矿产资源潜力分析"项目中，委内瑞拉、哥伦比亚、厄瓜多尔和玻利维亚的研究由中国地质调查局南京地质调查中心负责；秘鲁的研究由中铝矿产资源有限公司负责；智利的研究由北京矿产地质研究院负责；阿根廷的研究由中国地质调查局发展研究中心负责。全书由卢民杰、朱小三、赵宏军、曾勇负责统稿编辑。其中，前言、第一章、第二章、第三章由卢民杰和朱小三编写；第四章和第五章由曾勇、赵宏军、朱小三编写；第六章由赵宏军、卢佳义、卢民杰编写；所附图件由卢民杰、滕正双、王军编制完成。

本书在编辑过程中，得到了中央地质勘查基金管理中心、中国地质调查局领导和专家的大力支持、指导和帮助。中央地质勘查基金管理中心王国平副主任、雷岩处长、李钟山处长、杨艳副处长、郑镝、戴开明、郭振华等，中国地质调查局连长云副主任、刘大文处长，以及中国地质科学院矿产资源研究所王宗启副所长等多次听取了项目进展汇报，积极指导和协调解决项目执行中出现的问题。原国土资源部咨询研究中心专家李裕伟研究员对项目进行了全程跟踪，不仅提供了有关安第斯成矿带的大量资料，还进行了悉心指导和培训。叶天竺研究员、王保良高级工程师、毛景文院士、聂凤军研究员等专家对项目的实施提出了许多宝贵意见。在此向他们表示衷心感谢！各参加单位的领导也对项目的实施给予了许多关心，项目团队全体成员在任务量大、时间紧、经费少的情况下，尽量克服各种困难，为项目成果和本书的编辑付出了艰辛的劳动，在此一并向他们表示诚挚的谢意。

目 录

第一章　自然地理及社会经济	(1)
第一节　安第斯成矿带范围及自然地理环境	(1)
第二节　社会经济概况	(3)
第二章　区域成矿地质背景	(4)
第一节　构造背景与构造单元划分	(4)
一、大地构造背景	(4)
二、构造单元划分	(4)
第二节　区域地层	(12)
一、前寒武系	(12)
二、古生界	(13)
三、中生界	(14)
四、新生界	(15)
第三节　岩浆活动	(18)
一、前寒武纪岩浆活动	(18)
二、早古生代岩浆活动	(18)
三、晚古生代岩浆活动	(19)
四、中生代—新生代岩浆活动	(19)
第三章　区域成矿特征及成矿区(带)划分	(21)
第一节　区域成矿特征	(21)
一、北安第斯构造区	(21)
二、中安第斯构造区	(27)
三、南安第斯构造区	(57)
第二节　区域成矿控制因素	(59)
第三节　成矿区(带)划分	(61)
一、北安第斯成矿省	(62)
二、中安第斯成矿省	(65)
三、南安第斯成矿省	(71)
第四章　主要矿床类型与典型矿床	(72)
第一节　斑岩型矿床	(72)
一、基本特征与时空分布	(72)
二、铜矿化特征	(75)
三、典型矿床	(76)
第二节　IOCG型铁铜金矿床	(95)

  一、基本特征与时空分布 ……………………………………………………………………… (95)
  二、典型矿床 ……………………………………………………………………………………… (99)
 第三节 浅成低温热液型矿床 ……………………………………………………………………… (108)
  一、基本特征与时空分布 ……………………………………………………………………… (108)
  二、典型矿床 ……………………………………………………………………………………… (110)
 第四节 其他类型矿床 ……………………………………………………………………………… (133)
  一、喷流型（海底火山热液型）矿床 …………………………………………………………… (133)
  二、矽卡岩型、交代型矿床 ……………………………………………………………………… (133)
  三、沉积型矿床 …………………………………………………………………………………… (136)
  四、盐湖型锂、钾矿床 …………………………………………………………………………… (136)

第五章 优势矿产资源潜力及找矿远景区 …………………………………………………… (141)
 第一节 优势矿产资源潜力 ………………………………………………………………………… (141)
  一、铜-钼、铜-金矿 ……………………………………………………………………………… (141)
  二、金、银矿 ……………………………………………………………………………………… (143)
  三、钨、锡矿 ……………………………………………………………………………………… (144)
  四、锂、钾盐矿 …………………………………………………………………………………… (144)
 第二节 重要找矿远景区 …………………………………………………………………………… (145)
  一、远景区圈定原则和方法 …………………………………………………………………… (145)
  二、重要找矿远景区 …………………………………………………………………………… (146)

第六章 矿业政策、投资环境及投资建议 …………………………………………………… (163)
 第一节 矿业投资环境概述 ………………………………………………………………………… (163)
 第二节 安第斯地区各国矿业政策与矿业法律特点 ………………………………………… (169)
  一、秘鲁 …………………………………………………………………………………………… (169)
  二、智利 …………………………………………………………………………………………… (172)
  三、阿根廷 ………………………………………………………………………………………… (175)
  四、玻利维亚 ……………………………………………………………………………………… (178)
  五、哥伦比亚 ……………………………………………………………………………………… (185)
  六、委内瑞拉 ……………………………………………………………………………………… (188)
  七、厄瓜多尔 ……………………………………………………………………………………… (191)
 第三节 中国企业在安第斯地区矿业投资现状 ……………………………………………… (196)
  一、矿山企业并购规模大，初步取得成效 …………………………………………………… (196)
  二、草根勘查项目多，后续运行困难 ………………………………………………………… (197)
  三、安第斯地区矿业投资中存在的主要问题 ……………………………………………… (199)
 第四节 中国企业在安第斯地区进行矿业投资应注意的法律问题 ……………………… (201)
  一、重视前期尽职调查 ………………………………………………………………………… (201)
  二、重视社区问题，实现互利共赢发展 ……………………………………………………… (203)
  三、正确处理好劳资关系 ……………………………………………………………………… (204)
  四、防范法律变动风险 ………………………………………………………………………… (205)
  五、发挥中国律师在矿业投资中的作用 ……………………………………………………… (206)

主要参考文献 ………………………………………………………………………………………… (208)

第一章 自然地理及社会经济

第一节 安第斯成矿带范围及自然地理环境

安第斯成矿带呈南北向展布于南美洲大陆西海岸,西濒太平洋,东接南美洲高原,北以巴拿马运河为界与北美洲相分,南隔德雷克海峡与南极洲相望,穿越委内瑞拉、哥伦比亚、厄瓜多尔、秘鲁、玻利维亚、智利、阿根廷7个国家(赵宏军等,2014;卢民杰等,2016),全长达8900km,东西最宽处350~550km,面积$500×10^4 km^2$(图1-1)。

安第斯成矿带主体为南美洲大陆狭长的安第斯山脉。这是世界上最长的山脉,属美洲科迪勒拉山系的主干,安第斯山脉总体走向基本与太平洋海岸一致,纵贯南美洲大陆西部,其北段支脉沿加勒比海岸伸入特立尼达岛,南段伸至火地岛。山脉的平均海拔3660m,超过6000m的高峰有50多座,许多高峰终年积雪。

安第斯山脉从西到东分为6个部分:海岸科迪勒拉带、西科迪勒拉、普纳高原(又称火山锥带)、中科迪勒拉(又称安第斯山间洼地地带)、东科迪勒拉和小安第斯山(又称次安第斯科迪勒拉),其中东科迪勒拉、西科迪勒拉为安第斯山脉的主要山系。东、西山脉界线分明,勾勒出了该山系的主体特征。东科迪勒拉、西科迪勒拉总的方向是南北走向,但东科迪勒拉有几处向东凸出,形成形似半岛的孤立山脉,构成位于阿根廷、智利、玻利维亚和秘鲁毗连地区的普纳山间高原。

自北而南,安第斯山脉可细分为4个区段,即北安第斯山(南纬3°以北),包括厄瓜多尔、哥伦比亚和委内瑞拉(加勒比),山系呈条状分支,隔以广谷和低地;中北安第斯山(南纬3°—23°),包括秘鲁、玻利维亚、智利北部和阿根廷西北部,山脉宽度和高度显著加大,东科迪勒拉、西科迪勒拉山脉之间夹有宽广的山间高原和深谷(如玻利维亚高原);中南安第斯山(南纬23°—46°),从智利西北部到佩纳斯湾(Gulf of Penas),该段有安第斯山脉最高峰阿空加瓜山,海拔6962m;南安第斯山(南纬46°以南),包括火地岛和巴塔哥尼亚科迪勒拉,高度和宽度逐渐减缩,低狭单一,山体破碎,东科迪勒拉、西科迪勒拉合二为一。

研究区北段和中北段大部分属热带雨林和热带草原气候,中南段属亚热带地中海式气候。由于来自大西洋东北信风、东南信风、热带飓风以及西南部位于西风带内等原因,哥伦比亚西北部、厄瓜多尔、秘鲁北部属多雨的热带降水区,年平均降水量为2000~3000mm;秘鲁南部和智利北部沿海地区,由于地处背风坡和受秘鲁寒流的影响,年平均降水量不到50mm;智利中部沿海地区属地中海式冬季降水区,年平均降水量500~1000mm;安第斯山脉南端则是温带阔叶林和寒带草原气候的控制范围,常年寒冷多雨;智利南部沿海地区年平均降水量2000~5000mm,为世界上降水量最多的地区之一;阿根廷西南部地区长期吹着凛冽的西风,以气候变幻无常见称,南部因接近极区,冬季相当寒冷,年平均气温5.5℃。

区内水系以安第斯山脉为分水岭,东、西分属于大西洋水系和太平洋水系。西侧的太平洋水系源短流急,且多独流入海;东侧的大西洋水系的河流大都源远流长,支流众多,水量丰富,如亚马逊河以安第斯山脉的乌卡亚利河为源,全长为6480km,是世界著名长河之一。

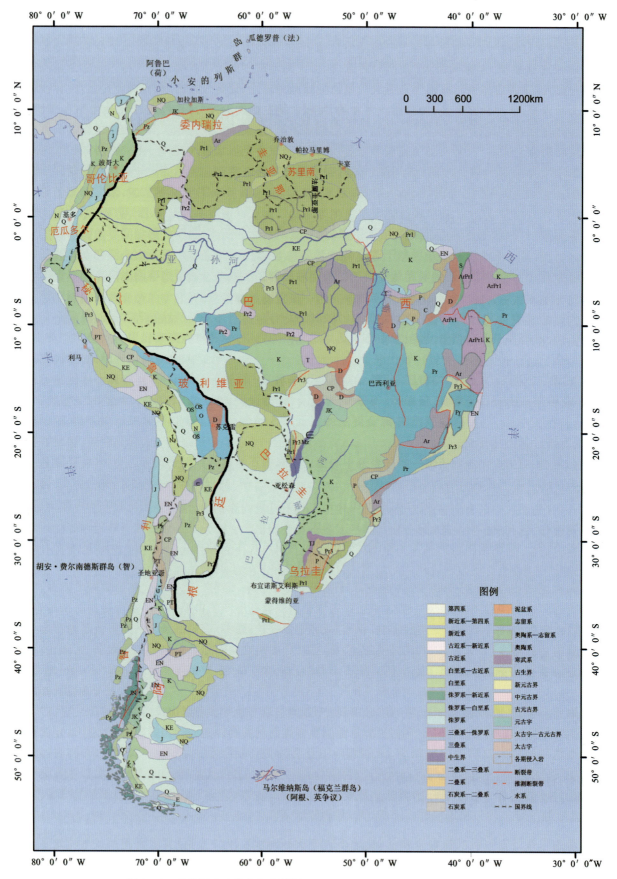

图1-1 安第斯成矿带分布范围图(据Schobbenhaus and Bellizzia，2001修改)

第二节 社会经济概况

安第斯地区各国总人口约 1.8 亿，人口分布不平衡，西北部和沿海一带人口稠密，人口高度集中在少数大城市。民族成分比较复杂，有印第安人、白种人、黑种人及各种不同的混血人种。其中，白种人最多，其次是印欧混血型和印第安人，黑种人最少。官方语言均为西班牙语，当地印第安人主要讲印第安语。

安第斯地区各国经济发展水平和经济实力相差悬殊。经济状况较好的国家为智利、阿根廷，其次是哥伦比亚和秘鲁，委内瑞拉由于近年来的油价大跌，经济接近崩溃，经济欠发达的国家有玻利维亚和厄瓜多尔。各国经济发达地区都高度集中在少数大城市或沿海地区，山区和边远地区经济落后。

农业在安第斯地区各国经济中具有重要意义，种植业中经济作物占绝对优势，但粮食生产仍不能自给自足，大多数国家需进口粮食。能源与采矿业是安第斯地区各国的传统工业部门，金、银、铜、锡等贵重金属和有色金属开采历史悠久。油气开采是委内瑞拉最主要的经济命脉。制造业是各国经济中发展最快的行业，轻工业是多数国家制造业的主体，以肉类加工、制糖、饮料、皮革、纺织、服装、制鞋业较为发达。

区内气候条件优裕，物产丰富，盛产甘蔗、香蕉、咖啡、可可、橡胶、金鸡纳霜、剑麻、木薯等热带和亚热带农业特产，产量均居世界前列；赤道附近的安第斯山低坡地带有世界最广阔的热带雨林，盛产各种珍贵的热带林木，如红木、檀香木、铁树、木棉树、巴西木、香膏木、花梨木等；阿根廷的肉类产量居世界前列；沿海水产资源极为丰富，其中智利、秘鲁沿海盛产金枪鱼、沙丁鱼、鳕和鲸，阿根廷沿海盛产鲈、鲳、鲽、鲭、鳕等鱼类。

该区矿产资源丰富，目前已知现代工业中所需的 20 多种最重要的矿物原料绝大部分都有，且储量丰富(Moores et al.，1995；Cordani et al.，2000)。委内瑞拉的石油、天然气，阿根廷的天然气，哥伦比亚的煤、绿宝石、岩盐，玻利维亚的锂、锡、锑，智利和秘鲁的铜矿，智利的硝石，秘鲁的钒等均在世界占有重要位置；铋、锑、银、硝石、铍和硫磺的储量也居世界前列。

第二章 区域成矿地质背景

第一节 构造背景与构造单元划分

一、大地构造背景

安第斯成矿带属环太平洋成矿域的组成部分,位于环太平洋成矿域的东南部(裴荣富等,2005;梅燕雄等,2009),呈南北向展布于南美洲大陆西缘,西濒太平洋,东接南美地台,北以巴拿马运河为界与北美洲相分,南隔德雷克海峡与南极大陆相望;成矿构造环境和成矿作用主要与太平洋板块向南美板块的俯冲有关,为中生代—新生代活动陆缘增生造山带(Cordani et al.,2000;Ramos,2000;Ramos and Aleman,2000)。

由于受太平洋板块向南美板块的俯冲碰撞影响,安第斯成矿带构造线总体呈近南北走向,但在南纬5°左右(秘鲁北部)构造线略向西弧形凸出,在南纬18°左右(秘鲁和智利交界处)构造线略向东弧形凸出,总体上略微呈"S"形弯曲的构造线形态(附图1)。

研究表明,安第斯造山带形成于中生代。自晚三叠世开始,由劳伦古陆、冈瓦纳大陆、西伯利亚地台和巴塔哥尼亚地台聚合而成的潘基亚(Pangea)超大陆发生裂解,导致了南美大陆的独立(Brito Neves et al.,1999;Keppie et al.,1999;Ramos,2000;Ramos et al.,2000;琚亮等,2011;谢寅符等,2012)。随着大西洋的逐渐打开,南美大陆向西漂移,太平洋纳斯卡板块向南美板块俯冲,使安第斯造山带转化成活动大陆边缘。强烈的挤压分别发生于晚侏罗世、早白垩世末和晚白垩世末,形成强烈褶皱和逆冲断层,岩浆活动以侵入作用为主(任爱军等,1993;Bahlburg et al.,1997;Franzese et al.,2001)。新生代时期纳斯卡板块继续向南美板块俯冲,但倾角逐渐变缓,相应地岩浆-火山活动前锋由沿海向东发展,岩浆酸度和碱度随之增加,整体上安第斯造山带形成于挤压环境(Mpodozis et al.,1990)。这个时期安第斯造山带急剧上升,为断裂和强烈火山活动时期,其间发育了山间盆地和大陆边缘盆地。始新世—早渐新世时期构造活动达到顶峰(Ramos et al.,2000)。晚中新世—晚上新世以后盆地消失,安第斯造山带山链开始具有现代地貌的雏形。板块之间的俯冲作用使陆缘遭受强烈构造变形,形成了褶皱山系,并导致南美大陆向西增生,形成增生型大陆边缘。伴随着俯冲作用,该造山带产生强烈而广泛的中酸性岩浆-火山活动,同时也为铜、铁、金、多金属矿化创造了良好的成矿构造环境(卢民杰等,2016)。

二、构造单元划分

依据基底组成、构造-岩浆演化特征的差异,安第斯造山带自北而南可划分为3个次级构造单元(卢民杰等,2016),即北安第斯构造区、中安第斯构造区和南安第斯构造区(图2-1),各构造区内成矿构造环境的差异,对成矿作用与成矿类型形成了不同程度的制约。

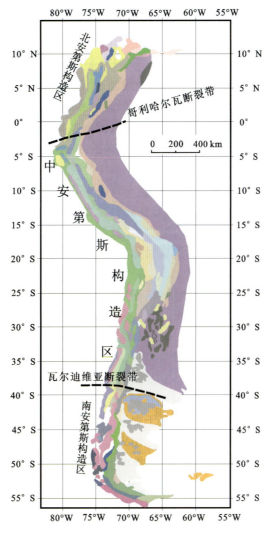

图 2-1 安第斯造山带构造分区示意图

（一）北安第斯构造区

该构造区位于厄瓜多尔瓜亚基尔湾（南纬 3°）以北，大致以哥利哈尔瓦（Grijalva）断裂带为界与中安第斯构造区相分，包括厄瓜多尔中北部、哥伦比亚西部和委内瑞拉西北部等地。根据地球物理资料，哥利哈尔瓦断裂带为一条重要的板块断裂带（卢民杰等，2016），断裂带将太平洋纳兹卡大洋板块分为两个部分。断裂以北，俯冲的大洋板块年龄为 23～10Ma（中新世），洋底深度在海平面以下 2800～3500m，大多数厄瓜多尔-哥伦比亚海沟深度低于 4000m；断裂以南，俯冲的大洋板块年龄为 50～30Ma（始新世—早渐新世），洋底深度 4000～5600m，秘鲁-智利海沟深度达到 6600～7500m，局部达到 8055m（南纬 23°）（赵宏军等，2014；卢民杰等，2016）。根据火山岩地球化学资料，此界线以北，中生代火山岩主要为玄武安山质—安山质，且有大量由蛇绿混杂岩组成的洋壳残片（增生楔）的存在；此界线以南，火山岩主要为安山质—英安质，增生楔少见。地球物理和地球化学资料均证实了这一分界线的存在（Bourgois et al.，1996；卢民杰等，2016）。

从地貌上看，北安第斯构造区山系呈条带状分支，中间隔以盆地和低地。总体构造线方向呈北北东向，由于受加勒比海板块南缘右行转换断层的影响，在北缘（委内瑞拉部分）构造线转向近东西向（卢民杰等，2016）。

北安第斯构造区主要由数个增生地体、一系列中生代—新生代火山岩带和山间盆地组成(图2-2;卢民杰等,2016)。

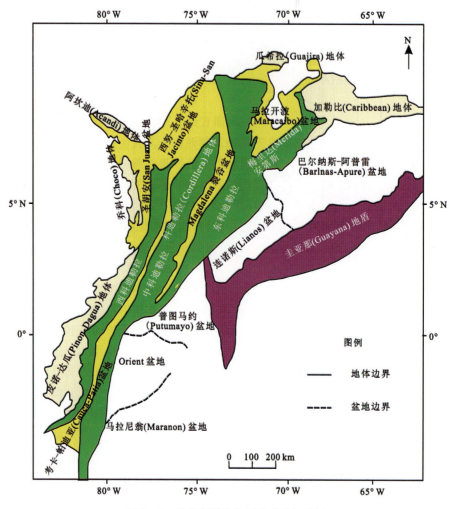

图2-2 北安第斯构造区的单元组成图

1. 增生地体

增生地体主要分布于构造区西部—北部边缘,多属于外来地体,主要有以下几种。

(1)加勒比(Caribbean)地体:位于委内瑞拉北部,构成委内瑞拉加勒比山脉,其基底为古生代的片麻岩等深变质岩系,中生代地层为浅变质沉积岩和变火山岩,有大量晚侏罗世—白垩纪的岩浆杂岩侵入,如El Tinaco杂岩、Villa de Cura杂岩等,地体内存在有各种各样的蛇绿混杂岩,主要为橄榄岩、纯橄榄岩、斜方纯橄榄岩、蛇纹岩、辉石岩以及一些相关的辉长岩和基性火山岩等。研究认为,该地体可能为加勒比板块在古新世到早始新世(60~50Ma)向南美大陆发生仰冲形成的增生地体。

(2)乔科(Choco)地体:出露于哥伦比亚北部和委内瑞拉南部,由外来的岛弧-弧后边缘盆地在始新世增生形成,主要由78~72Ma形成的大洋玄武岩构成。在该地体的北部出露有Baudo洋壳岩石,属于异地地体,于13~12Ma拼贴于南美板块。其上被晚白垩世—中新世近海岩系所覆盖。

(3)皮诺-达瓜(Pinon-Dagua)地体:出露于哥伦比亚和厄瓜多尔西海岸带,由拉斑玄武岩和沉积于洋壳之上的沉积岩系组成。在地体东缘,沿Cauca-Romeral断裂有蛇绿岩分布。古地磁资料研究证明该地体为外来地体(Roperch et al.,1987,1988),于80~60Ma增生于西科迪勒拉火山岩带西侧,位于地体东侧的Cauca-Romeral断裂被认为是地体与西科迪勒拉火山岩的缝合带。

2. 火山岩带与构造-岩浆演化

北安第斯构造区自西向东存在3个火山岩带,分别为西科迪勒拉(Cordillera)带、中科迪勒拉带和东科迪勒拉带。火山岩带东界由鲍德亚奈恩(Borde Llanern)断裂带限定(Forero-Suarez,1990),断裂带东侧为圭亚那(Guayana)地盾,西界分布的是皮诺-达瓜(Pinon-Dagua)、乔科(Choco)等增生地体。

这些火山岩带具有岩浆活动时期自东向西逐渐变新的趋势。在东科迪勒拉带,主岩浆活动期为三叠纪—侏罗纪,火山作用不广泛,多为小型的基性岩浆活动,中新世中后期隆升;中科迪勒拉带岩浆活动广泛,主要为中生代—古近纪,上覆古近纪沉积岩和火山岩;西科迪勒拉带岩浆活动主要为晚中生代—古近纪,在中新世还有岩体侵入,反映了火山-岩浆弧随着陆壳的增生逐渐向大洋方向迁移。

中科迪勒拉带、东科迪勒拉带基底岩石主要由变质泥岩和变质火山岩组成,被认为是大陆地壳基底,而西科迪勒拉带主要由白垩纪洋壳拉斑玄武岩和深水沉积物组成,认为属于洋壳产物,并且沿西科迪勒拉带、中科迪勒拉带(向南为西科迪勒拉带、东科迪勒拉带)之间的断裂带分布有由硬柱石-蓝闪石片岩和榴辉岩组成的高压低温变质岩带,代表了侏罗纪的缝合线或俯冲带。

3. 山间盆地

山间盆地分布于各火山岩带之间,形成于古近纪—新近纪,主要与板块俯冲的弧后拉张有关,主要有马拉开波(Maracaibo)盆地、考卡-帕迪亚(Cauca-Patia)盆地和马德莱娜(Magdalena)裂谷盆地。

(1)马拉开波(Maracaibo)盆地:位于构造区东北部的东科迪勒拉带与梅里达地块之间,其基底被认为是前白垩纪沉积物,其中包括侏罗纪未变质的沉积物和火山岩及老的结晶基底。在其上为含油气的白垩纪灰岩—上新世碎屑沉积岩,以及第四纪沉积物。该盆地是委内瑞拉最重要的油气产区。

(2)考卡-帕迪亚(Cauca-Patia)盆地:位于西科迪勒拉与中科迪勒拉之间。其基底为早白垩世Amaime岛弧火山-沉积岩系,基底之上发育了晚白垩世—第四纪的碎屑岩沉积。

(3)马德莱娜(Magdalena)盆地:位于哥伦比亚北部地区,由与三叠纪—侏罗纪裂谷相关的陆相红色砂岩和火山岩组成,其后发育白垩纪海相岩层序列。

除山间盆地外,在西科迪勒拉火山岩带西侧还分布有弧前盆地或大陆边缘盆地等,如位于西北部的圣胡安(San Juan)盆地、西努(Sinu)盆地等。其中,西努盆地位于哥伦比亚西北沿岸,濒临加勒比海,长约150km,宽20~50km,主要发育有北东向的构造,并存在北西向的褶皱。

(二)中安第斯构造区

该构造区位于南纬3°—39°之间,北界大致以哥利哈尔瓦(Grijalva)断裂带与北安第斯构造区相分,南界以智利南部的瓦尔迪维亚(Valdivia)断裂带为界与南安第斯构造区相分(卢民杰等,2016)。地理区划上包括厄瓜多尔南部、秘鲁全境、智利中北部、玻利维亚西部和阿根廷西部—西北部。根据地球物理资料,南部边界的瓦尔迪维亚断裂带是太平洋纳斯卡板块与南极洲板块分界断裂,在该断裂带发育一系列的洋底转换断层。其北部属纳斯卡板块,向南美大陆的俯冲角度相对较平缓(25°~30°)(Bourgois et al.,1996),俯冲速率大概为每年8cm;南部属南极洲板块,俯冲速度较慢,大概为每年2cm,俯冲角度尚不清楚。反映在构造-岩浆活动特点上,表现为断裂带南、北两侧发育有不同类型的活动火山弧,北侧有更活跃的火山-岩浆活动等,这些资料证实了这一分界断裂带的存在(卢民杰等,2016)。

中安第斯构造区主要由两条相互平行的火山-岩浆带、两条火山-沉积岩带夹中央凹陷和火山高原带构成。在该区的中段,造山带呈现出最大伸展,在秘鲁南部至智利北部的海岸安第斯带和西安第斯带之间形成了中央盆地(前安第斯带);在西安第斯带与东安第斯带之间,沿其轴部发育有活跃的新生代火山链,形成了安第斯(普纳)高原区。由中段向南、北两侧,随着安第斯造山带的东西宽度缩短,前安第斯带和安第斯(普纳)高原区都逐步趋于尖灭消失(图2-3)。

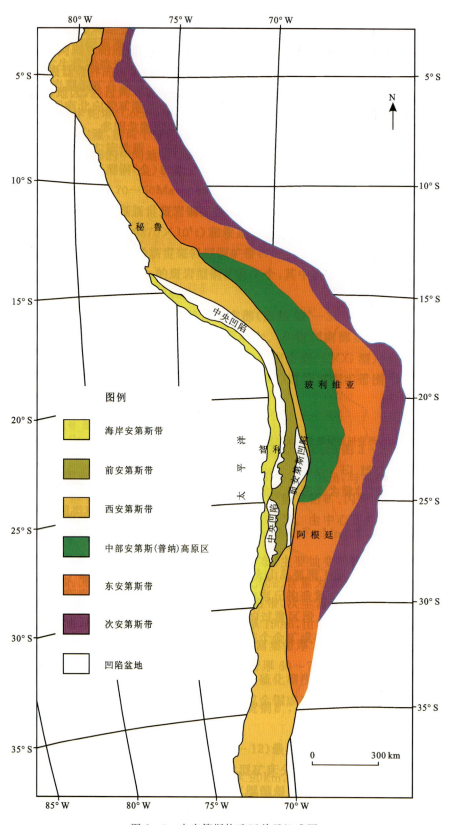

图 2-3 中安第斯构造区单元组成图

1. 基底构成

中安第斯构造区基底由一系列的变质地体构成，自北向南依次为阿雷基帕—安托法亚（Arequipa - Antofalla）、奥克萨科亚（Oaxaquia）、库亚尼亚（Cuyania）和智利尼亚（Chilenia）等（图 2 - 4）。同位素年龄数据和相关研究资料显示（Wasteneys et al.，1995；Tosdal，1996），这些地体多具有准原地性质，在新元古代（Kraemer et al.，1995）—早古生代时期陆续增生到原始冈瓦纳古陆的西缘。在秘鲁南部阿雷基帕的沿海地带，变质岩的原岩结晶年龄达到 1.9Ga，变质年龄在 1.2～0.97Ga 之间（Wasteneys et al.，1995）。Pb 同位素数据显示阿雷基帕-安托法亚地体与亚马逊克拉通以前是连在一起的（Tosdal，1996）。类似的年龄（大约 2Ga）在玻利维亚高原的西部乌亚拉尼（Uyarani）也曾报道过（Wörner et al.，2000a，2000b）。

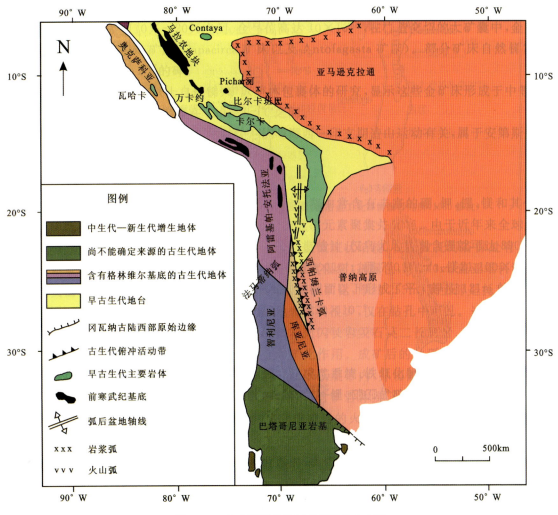

图 2 - 4 中安第斯构造区基底地体分布图

2. 构造带划分

在中安第斯构造区，平行构造线方向自西向东大体可进一步划分为 6 个构造单元，即海岸安第斯带、前安第斯带（弧间盆地）、西安第斯带、安第斯（普纳）高原区、东安第斯带和次安第斯带。

（1）海岸安第斯带：沿秘鲁—智利中北部海岸带分布，并在秘鲁南部局部消失，在智利北部该带最大宽度可达 50km 以上，东部边界为近南北向的阿塔卡玛（Atacama）断裂带。该带的基底主要由前寒武纪变质片麻岩、花岗岩和古生代的沉积岩构成，上覆地层主要为侏罗纪—白垩纪岛弧环境的火山-沉积岩系,局部覆盖有第三纪(古近纪+新近纪)前弧海相沉积。该带是本区重要的 IOCG 型铜、金、铁成矿带(Gerardo et al.,2001;Francisco,2005;赵文津,2007;李建旭等,2011a,2011b;贺明生等,2014)。

(2)前安第斯带(弧间盆地):仅发育于本构造区南段(即智利北部一带),在南纬 21°以北(秘鲁段)该带与西安第斯带合并。该带主要由侏罗纪—早白垩世弧后沉积岩、晚白垩世—古新世火山-沉积岩、新近纪—第四纪凝灰岩和山麓沉积物构成(Charrier and Muoz,1994;卢民杰等,2016)。在智利前安第斯带被称为中央盆地,为含钾-锂盐沉积盆地。

(3)西安第斯带:是中安第斯构造区最主要的构造带之一,北起厄瓜多尔南部,向南穿越秘鲁中西部—智利中部,呈北西—近南北向贯穿了整个中安第斯构造区,夹持在智利阿塔卡玛断裂带和多明戈(Domeyko)断裂带之间。该带基底主要由前寒武纪—古生代变形变质岩组成,上覆地层主要为中生代—新生代岛弧环境的火山岩和火山-沉积岩。中生代—新生代侵入体发育,火山-岩浆活动时代以晚白垩世—古近纪为主,部分为新近纪—第四纪(如秘鲁南部—智利北部一带),包括顶峰高达 6000m 的活火山。该带是本区重要的斑岩型铜、钼、金、多金属成矿带。

(4)安第斯(普纳)高原区:位于秘鲁南部—玻利维亚—智利北部弧形弯曲的中心部位,在东安第斯带、西安第斯带之间呈楔形分布,向北在南纬 16°附近和向南在南纬 18°附近逐渐尖灭消失。主要由具有类似弧后钙碱性化学特征的新近纪—第四纪的中酸性火山岩构成。现代火山活动活跃,形成一系列火山锥高峰,平均海拔达 3700m。该带为重要斑岩型铜矿和浅成低温热液型金、银、多金属成矿带。

(5)东安第斯带:主要由古生代发生褶皱的变沉积岩、中生代沉积岩和中生代—新生代火山-沉积岩,以及中新生代侵入体(Kontak et al.,1985)组成,发育有一系列向西或南西推覆的推覆构造和褶皱构造(Maranon,Ticlio,Manazo FTB)。在秘鲁南部和玻利维亚,该带通过倾向南西的逆断层,向北东或向东逆冲到次安第斯带上。该带为本区重要的造山型金、锑矿,浅成低温热液型金、银、多金属矿及锡矿成矿带。

(6)次安第斯带:由古生代的海相硅质碎屑沉积岩和中生代、第三纪陆相沉积岩组成。岩石遭受变形作用形成一系列褶皱冲断带,向北东或向东逆冲到东部低地中。陆相沉积岩低地为巨大的冲积平原,为安第斯山脉侵蚀的产物,目前依然在接受沉积。

3. 构造-岩浆演化

(1)与北安第斯构造区不同,中安第斯构造区的火山活动时代具有明显的自西向东迁移的特征。从海岸安第斯带→西安第斯带→安第斯高原区,岩浆前缘逐步向东迁移,形成了时代分别为侏罗纪—早白垩世、晚中生代—古近纪、古近纪—新近纪—第四纪等多个平行的火山-岩浆带。岩浆成分也由钙碱性逐步向富钾质过渡,在玻利维亚和阿根廷西北部的弧后区,地壳伸展条件下还伴随有少量富钾岩浆的喷发,这可能与大洋板块俯冲下插深度不断加大有关。

(2)新生代以来,自北而南火山活动出现差异。构造区中段(南纬 17°—28°之间)中新世以来火山活动剧烈,而在南、北两端(南纬 2°30′—16°和南纬 28°—33°之间)则为无新生代火山作用地段。研究认为这可能与洋壳向南美板块俯冲的角度不同有关。无新生代火山作用地段洋壳俯冲角度可能小于 30°(Kay et al.,1999;James and Sacks,1999),构造区中段剧烈的火山活动,可能与纳斯卡板块以近 30°的角度向南美洲板块边缘俯冲有关。

(3)与北安第斯构造区相比,中安第斯构造区的弧后拉张作用表现得比较弱,除在海岸安第斯带和西安第斯带之间的弧间盆地(前安第斯带)存在侏罗纪—早白垩世弧后沉积,以及在西安第斯带和东安第斯带之间安第斯(普纳)高原区具有类似弧后特征的新近纪—第四纪中酸性火山岩外,没有像北安第斯构造区那样出现明显的弧后沉积盆地。因而,中安第斯构造区缺少煤和油气等沉积能源矿产,以及 VMS 型等弧后盆地成矿类型,但在弧间盆地中分布有丰富的钾盐、锂、硝石等盐类矿产。

(三)南安第斯构造区

该区位于智利瓦尔迪维亚(Valdivia,南纬 39°左右)断裂带以南,包括智利和阿根廷南部,全长约

1500km。总体呈南北走向,仅在最南端,由于受南极洲板块的俯冲影响而弯曲呈近东西向(赵宏军,2014;卢民杰等,2016)。该区中部为巴塔哥尼亚岩基和火山岩带,东部为巴塔哥尼亚地台,西部则分布有一系列增生地体(图2-5)。

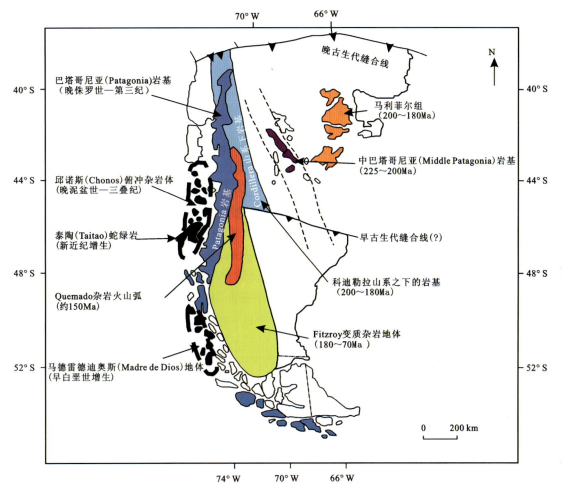

图2-5 南安第斯构造区地体构造分布图

1. 基底组成

基底主要由前寒武纪—古生代变质岩组成,属巴塔哥尼亚(Patagonia)地体的一部分(Bahlburg and Herve,1997)。巴塔哥尼亚地体为古生代拼接到冈瓦纳(Gondwana)边缘的克拉通地体,包括新元古代变质基底、志留纪被动陆缘沉积岩和岩浆弧花岗岩(483~467Ma),以及北部构造后期形成的花岗岩(363~318Ma)等。据有关资料(Linares et al.,1988),曾在属巴塔哥尼亚地体的片麻岩、混合岩和云母片岩中获得的Rb-Sr年龄为1.19 ± 0.016Ga,锆石U-Pb年龄为1.5Ga,同时在地体中也发现了大量的古生代的年龄数据。

2. 增生地体

该区主要分布在构造区西侧,为古生代—早中生代时期,沿南美板块西缘的俯冲活动形成的一系列增生复合地体,包括邱诺斯(Chonos)变质杂岩体、马德雷德迪奥斯(Madre de Dios)地体和安第斯东部变质杂岩体(EAMC)等。

(1)邱诺斯(Chonos)变质杂岩体:出露于该区西部的邱诺斯(Chonos)群岛和泰陶(Taitao)半岛附近。主要由晚志留世—早泥盆世低级变质岩系组成,分为东、西两个带,东带为变质浊积岩、少量变质燧石岩和绿片岩；西带由片岩、绿片岩和变质燧石岩组成。出露于泰陶(Taitao)半岛西部的泰陶(Taitao)蛇绿岩组合被认为是在晚中新世到上新世洋壳地体仰冲的产物。

(2)马德雷德迪奥斯(Madre de Dios)地体：出露于西南部大陆边缘的马德雷德迪奥斯群岛(南纬49°—52°)。该地体构成复杂，包括：①主要由变质玄武岩和燧石岩组成的 Denaro 杂岩体，其中的变质玄武岩具有枕状构造；②Tarlton 灰岩；③由杂砂岩、硅质岩、页岩、砾岩组成的 York de Duke 杂岩体；④含蓝片岩的 Diego de Almagro 变质杂岩体等。

3. 巴塔哥尼亚岩基

该区岩浆活动最显著的特征之一是在中部呈南北向分布的巨大花岗岩岩基——巴塔哥尼亚(Patagonia)岩基。该岩基是一个连续的岩体，长约 1000km，宽 200km，总体展布基本与区域主构造线方向相一致，由一系列晚侏罗世至上新世侵入岩组成。自北而南可划分为两段：位于佩纳斯(Penas)湾(南纬 47°)北部的称为北巴塔哥尼亚岩基(NPB)，南部的称为南巴塔哥尼亚岩基(SPB)。北岩基走向北北东向，南岩基走向为北北西向。

北巴塔哥尼亚岩基属于钙碱性系列，主要由角闪黑云石英闪长岩和花岗闪长岩组成。根据岩基中的小岩脉年龄数据分析，该岩基具纵向分带特征，边部偏老，中间较新，边缘为早白垩世(东部为 120Ma，西部为 135Ma)，中部为始新世、中新世—上新世。

目前对南巴塔哥尼亚岩基的研究较少，已知的年龄为 165～11Ma，峰值位于 120～70Ma 之间，与安第斯造山运动高潮期基本一致。与北部岩基不同的是，早期深成岩体位于岩基中部时代偏老，边部较新，且无中新世或上新世岩体，并普遍缺少已经变形的深成岩，表明岩浆侵入时地壳压力不强。

4. 火山活动

与中安第斯构造区相比，该区中生代—新生代火山活动相对较弱且岩性较为偏基性，以玄武质或玄武安山质为主(Loper，1984a，1984b；Hickey et al.，1984)，这可能与基底组成差异和板块俯冲形态及角度有关。据有关资料，在新近纪和第四纪此段板块俯冲形态具有变陡的特征。

第二节 区域地层

安第斯成矿带是在南美大陆边缘由太平洋板块向南美板块俯冲而增生形成的复杂火山-岩浆岩带。在成矿带内，从前寒武纪到新生代，各时代地层在不同地段均有出露，其中前寒武系—古生界构成安第斯成矿带的基底，中生界—新近系以火山岩和火山碎屑岩为主，在区内广泛发育，成为安第斯成矿带的主体(附图 2)。

一、前寒武系

前寒武系构成安第斯成矿带的结晶基底，主要由各类片麻岩、花岗片麻岩及混合岩、各类片岩、千枚岩、大理岩等变质岩组成，部分地段见麻粒岩、斜长角闪岩、紫苏花岗岩等。时代以新元古代为主，部分地区发育结晶时间为 1.887 ± 0.139Ga 和 1.745 ± 0.027Ga(U-Pb 锆石测年；Lezaun et al.，1997)的中元古代地层(玻利维亚 Belen 角闪岩)。前寒武系在区内出露零星，北安第斯构造区出露相对较多，在南安第斯构造区的南部基本没有前寒武系(附图 2)。

在北安第斯构造区，前寒武系主要出露于委内瑞拉的梅里达山脉东南部、内华达山脉和佩里哈地区，以及哥伦比亚中部的卡松(Garzón)、桑坦德山和圣玛尔塔内华达地块(Sierra Nevada de Santa Marta)等地。在梅里达山脉，前寒武系展布总面积约 6000km²；在卡松(Garzón)地区的卡松组(Garzón)见条带状紫苏花岗岩、含石榴子石麻粒岩、铁镁质麻粒岩、斜长角闪岩以及角闪黑云眼球状片麻岩等；在哥伦比亚桑坦德山北部出露 Orinoquian 碎块基岩(年龄为 1.1Ga 左右)(Ward et al.,1973)。它们主要包括两个不同的岩石构造单元：一个低中级变质泥岩-变质碎屑岩单元；另一个与构造上一致的薄层花岗质正片麻岩单元，层内存在显示拉斑玄武岩化学特征的斜长角闪岩脉岩。在 Sierra de Santa Maria 山脉见有石英-条纹长石麻粒岩、中—基性钙质的含石榴子石的麻粒岩等，有说服力的 Rb-Sr 等时线年龄为 1.37~1.27Ga。

在中安第斯构造区，前寒武系主要沿秘鲁—智利的海岸安第斯带和东安第斯带的部分地区，以及阿根廷西北部潘比亚(Pampia)、普纳(Puna)、贝恩(Belen)、莫莱纳地块(Sierra Moreno)和梅吉利奈斯(Mejiliones)等地，以及库亚尼亚(Cuyania)地体、智利尼亚(Chilenoa)地体等零星出露。在贝恩(Belen)地区，基底由角闪岩、片麻岩和云母片岩组成。变基性岩石被认为是亲弧和成熟岛弧的海成拉斑玄武岩，结晶时间为 $1.887±0.139$Ga 和 $1.745±0.027$Ga(U-Pb 锆石测年; Lezaun et al.,1997)；在 Caleta Loa、莫莱纳地块(Sierra Moreno)和梅吉利奈斯(Mejiliones)等地，前寒武系由片麻岩和混合岩构成，研究认为其变质作用属高温(600~700℃)低压型[4~6kbar($1bar=10^5Pa$)]。

在南安第斯构造区，前寒武系呈南北向广泛分布于巴里洛切地区，构成巴塔哥尼亚地台的高级变质基底。根据 Gonzalez Bonorino(1994)所述，这些露头由片麻岩、混合岩和云母片岩组成，Linares 等(1988)使用 Rb-Sr 测年法测得其年龄为 $1.19±0.016$Ga。在巴塔哥尼亚以南，几乎不存在前寒武纪基底。大部分片麻岩和中级变质岩的 U-Pb 年龄表明时代为古生代(Ramos and Aguirre-Urreta,1992)。

二、古生界

古生界在安第斯成矿带分布比前寒武系稍广，空间分布范围基本与前寒武系一致，与前寒武系一起构成安第斯成矿带的基底(附图2)。其中，下古生界以海相细碎屑沉积岩为主，主要为页岩、粉砂岩、砂岩、碳酸盐岩等，具复理石沉积特征，古生物化石较丰富，常见三叶虫、腕足类、笔石等化石，在中部和南部的部分地区夹有火山熔岩层。大部分下古生界都已经历部分中低级变质，形成千枚岩、片岩，以及片麻岩、角闪岩、结晶灰岩等。上古生界在北部也以细碎屑沉积岩为主，在中部和南部地层中火山质成分增多，并具有浊流沉积特征。

在北安第斯构造区，古生界主要出露在委内瑞拉的卡帕罗地段和梅里达(Merida)山脉，以及哥伦比亚的 Serrania de la Macarena 地区、佩里哈山脉地区、Garzón 山和 Quetame 山地区等。下古生界主要由黑色页岩、粉砂岩和砂岩组成，含有晚奥陶世笔石、三叶虫和腕足类化石(Benedetto and Ramirer Puig.,1982)，部分地段发生绿帘-角闪岩相的变质。在佩里哈山脉地区，泥盆系 Rio Cachiri 组由超过 1300m 厚的夹层状页岩和砂岩组成，夹有少量层状生物灰岩，含有 Givetian 到 Frasnian 动物群和植物群化石(Berry et al.,1997)。上古生界主要由互层的红色砂岩、页岩和砾岩组成，夹含纺锤虫灰岩，属磨拉石沉积。在哥伦比亚桑坦德山地区，二叠系细粒砂岩和页岩夹厚层灰岩中含蜓类化石。

在中安第斯构造区，古生界主要出露在秘鲁—智利的海岸安第斯带和秘鲁—玻利维亚—智利—阿根廷的东安第斯带，出露较广，包括秘鲁马尔科那、皮斯科(Pisco)等地，阿根廷西北部普纳(Puna)和梅吉利奈斯(Mejiliones)等地，以及库亚尼亚(Cuyania)地体、智利尼亚(Chilenoa)地体。

在秘鲁皮斯科(Pisco)地区，寒武系—奥陶系主要由片岩、白云质大理岩、页岩、细粒石英砂岩等组成，厚度可从数百米至 3500 多米。在秘鲁和玻利维亚交界地区，中下泥盆统厚度可达 2000~3000m，主要由黑色、灰色、绿色或褐色的砂质泥岩夹砂岩条带组成。

在阿根廷普纳(Puna)地区，科迪勒拉东部可见碱性的玄武岩熔岩与寒武系 Meson 群石英岩及早奥陶世岩石互层产出；在阿根廷中部的 Sierras Pampeanas(Pampean Ranges)由一系列前寒武纪—早古生代结晶基底群组成，主要为变质岩和火成岩，相当于两个不同的造山旋回。最古老的 Pampean 旋回(晚 Brasiliano 阶)沿 Sierras Pampeanas 东部展现，呈南北走向，时代为新元古代—早寒武世(600~520Ma)。较新的 Famatinian 旋回沿 Sierras Pampeanas 西部出露，时代为早古生代。低温变质带是由高度变形的 Caucete 群组成，向西为高温变质带，由 Sierra de Valle Fertil 混合岩组成(Ramos and

Vujovich,1995)。西部带显示出晚寒武世—中奥陶世岩浆活动,其高潮时间大约在460Ma(Pankhurst et al.,1998;Stuart-Smith et al.,1999)。

在南安第斯构造区,古生界主要出露在阿根廷南部的巴塔哥尼亚以南地区。在巴塔哥尼亚安第斯山脉前陆东侧的Cushamen地区(位于南纬41°45′),Rio Chico杂岩中包括有Cushamen变质岩和Mamil Choique花岗岩侵入体[奥陶纪,439±10Ma;据Rb-Sr测年法(Dalla Salda et al.,1994)],变质岩和相关的混合岩都是由硬砂岩、泥质岩及一些富含石英的砂岩原岩经中—高级变质作用形成的。

总之,从新元古代到古生代,各种不同的外来或准原地地体逐步增生到冈瓦纳大陆边缘,对其边缘进行再造,并伸展变化的时期,也是潘诺提亚(Pannotia)超大陆离散、冈瓦纳古陆裂解、安第斯成矿带前中生代基底形成的时期。晚古生代末期记录了太平洋边缘俯冲首次沿现代海沟运动的开始,标志着安第斯型俯冲作用的开始。

三、中生界

中生界在安第斯成矿带分布广泛。多平行安第斯主构造线方向呈带状连续分布,与新生界一起构成安第斯成矿带的主体地层(附图2)。中生界主要由巨厚的火山岩和火山碎屑岩组成,其次是陆相红层,如哥伦比亚的希龙群和阿根廷的萨尔塔群,厚度为5000~6000m。海相的沉积范围比较局限,晚三叠世海水首先进入安第斯带北部,侏罗纪—白垩纪和古新世为广泛时期,分布在3条呈雁形排列的海槽内。从三叠系、侏罗系到白垩系,地层中火山质成分逐步增多。

(一)北安第斯构造区

中生界主要沿火山岩带和海岛边缘分布,部分地区发生绿片岩相或低绿片岩相的变质,有些地段形成高压低温蓝片岩相变质。例如:在委内瑞拉的Triste湾西南岸,三叠系形成蓝片岩相变质,并在岩层北部约有50km²的超镁铁岩和蛇绿岩呈透镜体产出;在哥伦比亚,中生界主要分布在中马德莱娜盆地中,岩性以泥岩、灰岩为主;在厄瓜多尔,缺少侏罗纪以前的沉积,白垩系主要有巴亚丹嘎组(Kpa)、云古亚组(Ky)等。巴亚丹嘎组主要见于南美洲最高峰钦博拉索峰(Chimborazo)西南侧,呈北北东-南南西向带状展布,主要岩性为玄武岩和火山凝灰岩,少量苦橄岩和二辉岩。云古亚组仅见于南美洲最高峰钦博拉索峰(Chimborazo)南侧,沿邦格德(Pangor)断层两侧呈北北东-南南西向略带扇形状展布,主要岩性为灰黑色泥页岩、硅质砂岩和石灰岩,上覆于巴亚丹嘎组(Kpa)之上。

(二)中安第斯构造区

中生界主要沿海岸安第斯带和西安第斯带、东安第斯带、次安第斯带分布。在秘鲁,中生界发育较好,沿着海岸安第斯带、西安第斯带中部和北部,以及次安第斯带都有其露头分布。在海岸安第斯带,主要为火山-沉积岩系;相反,在东安第斯带和次安第斯带主要为碎屑沉积物和钙质沉积物;在西安第斯带的南部地区主要被古近纪、新近纪和第四纪的火山岩覆盖,仅在向太平洋下倾的河谷的侧翼和底部可见其露头。三叠纪岩石分布在安第斯山前缘的北部低洼地区,在奇卡马和奇拉河谷间,被称为扎纳群,由安山岩和火山碎屑岩夹灰色到黑色的海相砂岩、页岩和灰岩组成,最大厚度约3000m。上侏罗统由页岩、砂岩、石英岩和灰岩组成;中侏罗统在海岸安第斯带由安山质火山岩与杂砂岩、砂岩和页岩互层构成,在中部地区由紫色到红色的砂岩和页岩互层组成。白垩系分布广泛,约占中生代岩石露头的75%,主要由陆相和海相火山-沉积岩系组成,岩性主要为白色到灰色细—中粒石英岩、灰岩和黑色泥灰岩等。

中生界在智利大范围出露,主要为活动大陆边缘沟-弧-盆地层系统,发育浅海相碎屑沉积岩系以及火山-沉积岩系。其中,侏罗系—白垩系分布于海岸安第斯带,主要岩性为火山岩及沉积岩序列,中性、中酸性、酸性火山熔岩和火山碎屑类及陆相-浅海相火山岩、火山碎屑岩和海相灰岩,具有多次海侵与海退环境形成的沉积-火山沉积旋回,局部有膏盐层。北部以中生界La Negra组为代表,侏罗纪岩浆弧及弧后盆地在科波亚波地区形成Punde de Cobre地层,该层位为铁氧化物型铜金矿床和火山喷溢型磁铁矿-赤铁矿矿床的主要赋矿层位；在南部圣地亚哥地区，Veta Negra 地层属于同期异相地层，浅海相-陆相沉积岩和火山沉积岩系发育，该层位是南部智利曼陀型铜银矿的主要含矿地层。

在阿根廷，中生界在拉普拉达克拉通和潘比亚地区以陆相碎屑沉积为主，拉普拉达克拉通三叠系和侏罗系缺失，地层间为不整合接触。在巴塔哥尼亚、智利尼亚和库亚尼亚中生界则以海陆交互的碎屑沉积为主，并有碳酸盐岩沉积和火山沉积，局部有蒸发岩。

(三)南安第斯构造区

中生界沿西安第斯带(主安第斯山)出露，主要为一套海陆交互相的火山-沉积岩系，火山岩成分主要为安山质、英安质-流纹质等。在智利南部的 Aysen 盆地区(南纬 43°30′—56°，南北长约 1400km，东西宽 500km)中生代地层发育，厚度可达 7000m，主要由具钙碱性特征的近地面酸性火山岩和海相沉积岩组成。

四、新生界

在安第斯成矿带，新生界广泛发育，不仅在拉伸或断陷盆地中有巨厚的沉积，在火山岩带也有大量的新生代火山喷发和火山沉积作用，常呈大面积出露(附图 2)，是构成安第斯成矿带的主体地层之一。其中，古近系—新近系主要以不同类型的海相和陆相碎屑沉积及厚层火山岩堆积为特征，常具厚层磨拉石沉积特征，部分具复理石沉积特征。火山熔岩及火山碎屑岩发育，常形成大面积厚层堆积，并与斑岩铜矿和浅成低温热液型金、银、多金属矿有密切关系。

第四系主要为现代火山活动不断形成的喷发物沉积(包括熔岩和火山碎屑等)，以及河谷、湖泊、沙漠和山前地区的松散砂砾石及土壤堆积。

(一)北安第斯构造区

1. 委内瑞拉段

(1)古新统—始新统(E_1—E_2)：分布于巴基西梅州、葡萄牙州和法肯州及瓜立科河和玛格丽塔岛等地区。主要岩性为复理石层。

(2)渐新统(E_3)：主要分布于法肯盆地，面积近万平方千米。地层整体呈近似平行四边形，长边指向北东东向，短边近东西向。地层南侧为古新统—始新统，其余三面均为新近系。盆地北部有零星出露的基性和中性喷发岩及侵入岩体。中部有近东西向断层及其分支穿过，此断层为一推测断层，规模较大，西起佩里哈山脉北部，向东延伸至 Triste 海湾，其南侧分支断层消失于法肯盆地中部。此断层的准确性仍需要由更深入的工作来判断。

(3)新近系中新统—上新统(N_1—N_2)：梅里达安第斯山脉的东西侧有少量岩层，沿着山脉走向呈条带状分布，西侧北段地层向东逆冲于前寒武系之上；法肯盆地周边地区也有本地层出露，对渐新统地层形成椭圆形包围。

(4)沿安第斯 Mérida 段 Oroque 群(古新世)：为由砂岩、页岩和煤层构成的厚层磨拉石堆积。覆盖在这些沉积物之上的是 Leon 地层(渐新世)海相页岩和粉砂岩岩床(Parnaud et al.,1995)。北部查马河和帕尔玛河也见有不同的河流相磨拉石沉积。

2. 哥伦比亚段

古近系和新近系包含上新统、中新统、渐新统、始新统和古新统，主要为前陆盆地阶段形成，其在科克盆地、中马德莱娜盆地与亚诺斯盆地等均有分布，岩性有火山岩、泥岩、砂岩等。其中，在东安第斯带古近纪—新近纪沉积主要是河流三角洲相碎屑沉积，西科迪勒拉带的是海相沉积，包括 Atrato 盆地中新世深水相沉积；在马格达莱纳(Magdalena)盆地沉积了晚始新世到早中新世河流相砂岩和页岩层。

3. 厄瓜多尔段

(1)古近系主要为安卡玛拉卡群(PcEAg)出露,主要岩性为细粒砂岩、黑色硅质页岩和灰岩。

(2)新近系主要为祖巴瓜组(Mz),分布于钦博拉索峰(Chimborazo)西。主要岩性为火山角砾岩、粗粒砂岩、紫红色粉砂岩和火山凝灰岩等。紫红色粉砂岩仅见于厄瓜多尔东南部。

(3)在 Subandean 盆地中马斯特里赫特阶—中新统 Tena 组、Tiyuyacu 组、Orteguaza 组/Chalcano 组、Arajuno 组、Chambira 组为厚的磨拉石沉积。在西科迪勒拉和海岸盆地发现了始新世—中新世浅水相—深水相的硅质碎屑沉积岩和碳酸盐岩。

(4)东科迪勒拉和西科迪勒拉及内安第斯地堑在古近纪—新近纪广泛发育火山活动。其中,西科迪勒拉山的主要岩石为始新统 Tandapi 组玄武岩、安山岩及英安岩(Cosma et al.,1998)。Unacota 组(中始新统)为富含 Miliolid 的灰岩层。该组上覆地层为同时期、含深水火山碎屑沉积岩的 Apagua 组。

(5)Saraguro 组上覆于中始新统,与之构成不整合面,岩石组分为火山碎屑沉积岩及熔岩流(Eguez,1986;Bourgois et al.,1990)。Laven 等(1992)认为在东科迪勒拉 Sacapalca 组(古新统—始新统)、Saraguro 组(渐新统)、Pisayambo 组(中新统—上新统)、Cotopaxi 组(上新统—第四系)均有火山活动,并产出钙碱质火山碎屑岩及熔岩流。上渐新统 Saraguro 组、Pisayambo 组及 Cotopaxi 组的火山活动沿内安第斯地堑分布。

(二)中安第斯构造区

1. 秘鲁段

新生代以海相和陆相沉积地层及厚层火山岩堆积为代表。海相成因的沉积岩发现于沿海岸带的通贝斯、皮乌拉、利马、伊卡及阿雷基帕地区,主要由微黄色或微黄到白色的页岩、砂岩及砾岩组成,在中浅海中沉积形成。在这个沉积序列中灰岩很少而且只在局部的地方发育。古近纪岩层以海相和陆相沉积地层及厚层火山岩堆积为代表。新近纪岩层覆盖了沿海岸带、台地、安第斯内的区域及亚马逊平原等广阔的地区。下部(下中新统)由灰色到棕色的似凝灰岩的砂岩和长石砂岩组成,粒度细到中等;上部地层(莫克瓜上段)岩性和结构变化很大,一般由粗粒到砾岩状的暗灰和铅色的砂岩组成,夹有厚层砾岩与再沉积的凝灰岩透镜体,后者为白色、奶油色或粉红色。第四纪岩层在沿海岸带是海相和陆相成因的,它们首先以浪蚀阶地的形式分布在沿海边缘。中乌卡亚利(Ucayali)、下马拉尼翁(Maranon)及亚马逊的上新世—更新世地层由水平的黏土和砂岩地层组成,并具有细砾岩夹层,夹层厚度在几米到40m之间变化[乌卡亚利,爱克里托斯(Lquitos)组]。

2. 智利段

古近纪—新近纪陆相火山岩及火山碎屑岩,叠加于老的地层之上,分布于智利东部地区,主要与斑岩铜矿和浅成低温热液型金、银、多金属矿有密切关系。

在秘鲁南部及智利北部的西安第斯带和智利—阿根廷边界的普纳高原出露大面积的晚中新世至早更新世火山岩及火山碎屑岩,这些凝灰岩熔岩流面积超过$50\times10^4 km^2$,形成了地球上最大的一个凝灰岩熔岩区。

在智利边坡 Farellones 地层的安山岩熔岩和流纹岩火山碎屑流记录了20~15Ma之间的岩浆弧运动(Rivano et al.,1990)。Aconcagua 火山岩复合体(15~8Ma)显示出岩浆弧向阿根廷一侧迁移的特征,一直持续迁移至远东部。新生代沉积历史也记录了构造前缘的东向迁移。厚层的陆源沉积物主要为粗粒的砾岩,不整合覆盖在主科迪勒拉中生代岩石之上。这个角度不整合可以在阿空加瓜山东部以及 Penitentes 山的西部清晰地看到。这些砾状沉积物被认为是冲积扇沉积物,与 Farellones 和阿空加瓜火山岩复合体(20~8Ma)的火山岩互层产出。根据最上段夹层中的火山碎屑岩 K-Ar 数据得到陆源沉积物最小的年龄为8.6Ma(Ramos et al.,1996)。

第四系在智利河谷、湖泊、沙漠和山前地区分布,近代火山活动不断形成喷发物沉积,在南方局部形成肥沃土壤。在近代地震活动区,泥石流堆积物发育。

3. 玻利维亚段

在早古新世—早渐新世期间,在玻利维亚安第斯山脉的主峰东部形成了一个前陆盆地。地壳的增厚使 Altiplano 和东安第斯山脉堆积了 2.5km 的红层。该盆地可能与乔克-贝尼平原类似。

晚渐新世—早中新世的区域构造作用持续发生于 27~19Ma,之后在 19~11Ma 进入区域沉降的沉静期,形成了次安第斯山和乔克-贝尼盆地。在晚中新世期间,受限的海水淹没了 Chaco 盆地南部的轴部坳陷,导致局部富有机质 Yecua 组的沉积。11Ma 后近 3~5km 的沉积物充填了次安第斯山和乔克-贝尼盆地。

4. 阿根廷段

新生界以火山岩和火山物质的沉积岩为主,并有海陆相碎屑沉积和化学沉积,在巴塔哥尼亚和西部山区有冰川沉积,第四纪沉积物广泛发育于东部的平原地区及西部的盆地和水系,并伴有蒸发盐类沉积。

在北部的 Altiplano - Puna 高地古近纪红层和玄武岩熔岩流互层产出。阿根廷的普纳高原的 Arizaro 盆地在晚始新世—早渐新世期间堆积了大量厚层的陆源沉积物和火山碎屑沉积物(Salfity et al.,1996)。这些盆地是构造挤压或者海侵的结果。在阿根廷一侧的 Valle del Cura(南纬 29°—30°)保留有中—晚始新世大陆红层夹凝灰岩火山灰沉积。

(三)南安第斯构造区

新生界在南安第斯构造区广泛发育,大体可分为 3 种地层类型。

1. 火山(碎屑)岩

该岩类主要分布在西安第斯带西部,沿主弧发育了一套厚层的安山岩序列,且后弧带中岩石组成成分酸性更强;在内乌肯科迪勒拉(南纬 37°—39°),出露始新世—渐新世安山岩和英安岩熔岩流以及火山碎屑岩;而在南纬 43°30′的南部,出露古近纪碱性玄武岩;在 Penas 湾南部的 Good 岛发现始新世岩床,中新世岩床发现于 Penas 湾北部的 Chaicayan 岛。

在智利南部奇科帕尔 General Carrera 湖南侧出露有晚中新世—现代未饱和的玄武岩,其覆盖在始新世高原玄武岩流之上。

2. 盆地沉积

主要分布在南部的麦哲伦盆地从北部至南部包含 3 个不同的新生代地层层序。

(1)Cosmeii 盆地西侧:是一个晚古新世—早始新世至中新世中期的序列,厚度约 1000m,出露于走向南北向的双向单斜构造中,其东西轴线长 15km,南北轴线长 30km。主要包含地层为:①Ligorio Marquez 地层(Suarez et al.,2002),晚古新世—早始新世,为河流沉积;②圣何塞地层,由 Flint 等(1994)定义,中始新世—晚渐新世早期(18~8Ma),为河流沉积;③Guadal 地层,晚渐新世—早中新世,为海洋沉积;④Galera 地层,与早—中中新世的 Santacrucian 时期有关(Marshall and Salinas,1990),为河流沉积。

(2)Lagura Los Flamencos 区域:为河流沉积。主要包含沉积单元为:①Ligorio Marquez 地层,在晚古新世—早始新世不整合地覆盖在始新世玄武岩之上,在南部玄武岩呈小角度不整合覆盖在老地层单元之上;②Giadal 地层,晚渐新世—早中新世;③玄武岩,渐新世—中新世。

(3)Rio jeinimeni 区域。主要包含沉积单元为:①Guadal 地层,海洋沉积;②Calera 地层;③玄武岩中新世至今。

3. 蛇绿岩套

该岩套主要出露于西部泰陶(Taitao)半岛,蛇绿岩套主要由超镁铁质构造岩、大量层状的辉长岩、橄榄岩、片状岩脉、枕状熔岩和浅海—近地面环境下陆源碎屑沉积物组成。该蛇绿岩套具有洋弧混合的地球化学特性，它的来源有两种说法：由洋壳的仰冲形成，或者是在碰撞相关的裂谷原地或前弧扭张盆地原地形成。该蛇绿岩套年龄仍未确定，Mposozis等（1995）认为是5～3Ma，然而基于角闪石K-Ar测年，Bourgois等（1996）认为其年龄属中新世。

第三节 岩浆活动

安第斯成矿带岩浆活动十分强烈，从前寒武纪到新生代，几乎各个时代都有岩浆活动。尤其是中生代—新生代以来，由于受太平洋板块向南美板块俯冲的影响，岩浆活动尤为强烈，构成了世界著名的火山-岩浆岩带，同时也为铜、金、铁、多金属矿的形成提供了良好的成矿条件，造就了世界著名的铜、金、多金属成矿带（附图3）。

根据安第斯成矿带的构造-岩浆演化历史，安第斯成矿带的岩浆活动大体可分为4期，即前寒武纪、早古生代、晚古生代和中生代—新生代。

一、前寒武纪岩浆活动

在安第斯成矿带，前寒武纪岩浆岩主要出露在前寒武纪结晶基底中，是构成基底的重要组成部分，包括花岗岩、花岗闪长岩、英云闪长岩、石英闪长岩、闪长岩，以及少量的基性—超基性侵入岩和各种中基性火山岩等。其中，花岗质岩体普遍具有片麻状构造，或形成花岗片麻岩、眼球状花岗片麻岩等，有些地方见有条带状紫苏花岗岩。火山岩经变质作用形成斜长角闪岩，有些地方出现麻粒岩、铁镁质麻粒岩等。

根据同位素测年资料，前寒武纪岩浆活动大体可分为两期：中元古代格林威尔期（1.2～0.9Ga）和新元古代—中寒武世（600～520Ma）潘比亚期。一般认为，前者与中元古代劳伦古大陆和亚马逊古陆碰撞有关；后者则与罗迪尼亚超大陆的裂解和冈瓦纳大陆上劳伦古大陆东部的裂谷作用有关。

在区内，前寒武纪的岩浆岩在北安第斯成矿区分布较多。如委内瑞拉Caparo地块上的El Topo片麻岩（660Ma）、Valera花岗岩（593±16Ma）和Rio Caparo花岗岩（615±30Ma）；哥伦比亚的卡松（Garzón）、桑坦德山地区和厄瓜多尔的中部及南部，多沿主科迪勒拉山脉区构造带西侧分布，出露面积较大；在中安第斯构造区主要沿海岸安第斯带零星出露；在南安第斯构造区，主要出露在巴里洛切的南部，从Cerro Mogote花岗岩提取的锆石经U-Pb测年得到的年龄为1.5Ga。

二、早古生代岩浆活动

区内早古生代岩浆岩主要发育在安第斯基底岩系中，其侵入岩主要为花岗岩、花岗闪长岩、云英闪长岩、闪长岩和少量辉长岩等，火山岩主要为低钾的玄武岩到中—高钾的安山岩。此期岩浆活动主要与安第斯带早古生代时期法玛蒂娜（Famatinian）构造演化有关。在中寒武世—早奥陶世（515～470Ma），冈瓦纳大陆西部被动边缘开始变成一个主动的大陆边缘。洋壳向东俯冲导致了岛弧型岩浆作用的发生，早期阶段（晚寒武世—早奥陶世）以弧后扩张为特征，晚期阶段［晚奥陶世—晚泥盆世（440～360Ma）］产生强烈的非造山期岩浆活动，伴有局部裂谷作用和同沉积基性火山作用。

在委内瑞拉，这一时期形成的侵入体主要出露在梅里达安第斯山脉地区的东南部，仅有两处较小露头，岩体受断层控制明显，侵入时间为595～425Ma，岩性为酸性岩。在哥伦比亚，主要出露在佩里哈山脉和桑坦德地区、Floresta和Quetame山脉地区。在秘鲁，比较有代表性的是秘鲁西南部沿海岸带分布的圣尼古拉斯（San Nicolas）花岗岩岩基，该岩基主要由花岗岩和花岗闪长岩构成，呈岩基状侵入于前寒武纪片岩、片麻岩中。在玻利维亚，此期岩体主要出露于东安第斯山脉的Tupiza、Sucre南部、Anzaldo西部和Cochabamba等地区，即位于东安第斯山脉弯曲部分（肘部），主要为碱性岩床和岩流。在阿根廷,此期的中酸性岩浆岩分成两类:一类为岛弧岩浆岩,以花岗岩、花岗闪长岩为主,局部为闪长岩和伟晶岩,主要分布在萨尔塔省中部和胡胡伊省的南部;另一类为碰撞后的岩浆活动,以花岗岩、伟晶岩和斑岩为主,主要分布在阿根廷北部萨尔塔省与胡胡伊省交界处和圣地亚哥德斯代罗省的南部。早古生代的基性和超基性岩体则侵入到潘比亚地块与库亚尼亚地块的拼合带内,以及库亚尼亚地块与智利尼亚造山带的拼合带内,呈条带状出露在阿根廷西部的萨尔塔省和卡塔马卡省。在智利和阿根廷边界的Puna 地区的 Sierra de Almeida,晚奥陶世的花岗岩侵入体具有碰撞标志,其年龄为 510~470Ma;Sierra de Famatina 花岗岩侵入体的年龄稍微年轻,普遍认为是 459~450Ma。

三、晚古生代岩浆活动

区内晚古生代岩浆活动与冈瓦纳大陆造山运动(在北段为阿勒格尼大陆造山运动)有关。冈瓦纳构造旋回的一个最显著特点就是非常重要且广泛的长英质岩浆运动,这被看作是典型造山带岩浆作用的证据。此期岩浆岩的分布范围和规模都较早古生代时期有所扩大,岩石类型也趋于多样。

在委内瑞拉,该期侵入岩主要分布在梅里达山脉,规模比早古生代岩体相对要大,围岩以前寒武纪地层为主,部分侵入岩体围岩为古生代岩层。主体岩体西侧明显受断层控制,沿断层方向展布,侵入时间为 290~225Ma,主要为 S 型深成花岗质岩石。在哥伦比亚,岩体主要分布在南部地区,亦为 S 型深成花岗质岩石。

从智利北部(南纬 20°)到内乌肯(阿根廷)南部(南纬 42°)出露晚石炭世和晚二叠世—三叠纪花岗岩侵入体和流纹岩熔岩。其中,智利中部的 Choiyoi 火山岩包括玄武岩、安山岩、英安岩和流纹岩,以及具有相同组分的浅成侵入体。这些浅成侵入体一般为细粒,颜色为粉红色到红色,斑状结构,主要为酸性侵入体。这可能代表了该带中最早的斑岩侵入体,据有关资料其年龄为 310~250Ma。

在智利中部 Elqui 地区出露有钙碱性花岗闪长岩和石英闪长岩岩基。相似成分的侵入体在阿根廷的 Colanguil(南纬 29°—30°)地区和 La Ramada 地区,以及阿空加瓜山地区(阿根廷西部山脉,安第斯山的高峰,为西半球最高峰)(南纬 32°—33°)、Cordon del Portillo 地区都有所出露。

晚古生代岩浆活动的更多证据在玻利维亚和秘鲁的东安第斯带被发现。在秘鲁和玻利维亚地区东安第斯带,沿北西向展布的花岗岩类岩石的锆石 U-Pb 数据指示就位时间在二叠纪或者更晚,沿秘鲁和智利的海岸安第斯带西侧也见有晚古生代岩浆侵入体。

在安第斯成矿带南段,在安第斯山东侧边坡也出露有少量的晚石炭世—早二叠世的石英闪长岩和其他花岗质岩石。

此外,在秘鲁南部和玻利维亚东安第斯带局部还出露有碱性火山岩和深成侵入体,在秘鲁南部,同期来源于下地壳(花岗质岩省)部分熔融的黑云母花岗闪长岩和二长花岗岩被镁铁质岩脉横切,显示与 Mitu 群碱性玄武岩对应部分相似的化学和矿物学特征(Kontak et al.,1985)。东南向更远处,Cordillera Real 玻利维亚地区的大多数花岗质到花岗闪长质,以及过铝质侵入体得到的年龄在 225~195Ma 之间(Avila-Salinas,1990)。这些岩浆活动被认为与断裂作用事件有关,该事件形成了大量地堑。同时期,基性岩床和岩脉群出露于奥陶系—泥盆系中,广泛分布于东安第斯地堑中。这些侵入体应当与 Cerro Sapo 的霞石正长岩、Cochabamba 西部的金伯利岩和 Potosi、Tarija 南部的基性岩脉有关。

四、中生代—新生代岩浆活动

中生代—新生代时期是安第斯成矿带岩浆活动最为活跃的时期。据统计,该带 15% 的地表面积被 100~15Ma 的深成岩占有,这意味着从早白垩世晚期到新近纪岩浆活动几乎是连续的。此期岩浆活动属安第斯造山运动期产物,主要与太平洋板块向南美板块的俯冲造山有关,以初期形成岩浆弧-弧后盆地为特点,并向克拉通周边大陆弧演化。

由于侵入活动与太平洋板块向南美板块的俯冲和南美大陆的构造迁移有关,因此在这一时期安第斯各段的主要火山-岩浆活动时代、岩性及分布特征也各有差异。

在北安第斯构造区,中生代火山-岩浆活动时间主要为晚侏罗世—早白垩世。在岩性上,拉斑玄武质成分较多。在空间分布上,晚三叠世—侏罗纪的岩体分布在东科迪勒拉,中科迪勒拉为白垩纪的岩体,第三纪的岩体则分布在太平洋边缘,即自东向西岩体的时代逐渐变新。并且,由于板块的仰冲作用,在西部边缘产生一系列外来的拼贴地体,如委内瑞拉的加勒比地体、哥伦比亚—厄瓜多尔的皮诺-达瓜(Pinon-Dagua)地体等,在这些地体上见蛇绿岩体的出露。

在南安第斯构造区,中生代火山-岩浆活动时间主要集中在晚侏罗世—晚白垩世。在岩性上,钙碱性的火山岩占绝对优势。在中部呈南北向有巨大的花岗岩岩基——巴塔哥尼亚岩基的侵位。该岩基自北向南可划分为两段:位于佩纳斯(Penas)湾(南纬47°)北部的北巴塔哥尼亚岩基(NPB)和位于南部的南巴塔哥尼亚岩基(SPB)。北岩基走向为北北东向,南岩基走向为北北西向。

北巴塔哥尼亚岩基属于钙碱性系列,主要由角闪黑云石英闪长岩和花岗闪长岩组成。根据岩基中的小岩脉分析,获得其年龄显示为纵向分带特征,中间较新,边部偏老。边缘为早白垩世单元(东部年龄为120Ma,西部年龄为135Ma),而岩基的中部包含始新世、中新世和上新世岩脉。南巴塔哥尼亚岩基与北部岩基不同,早期深成岩体位于岩基中部,而不是在边部,且岩基主体部分不含中新世或者上新世成分。

此外,在南安第斯构造区西部泰陶(Taitao)半岛西部边缘和南端的Fuegan安第斯地区也有蛇绿岩的出露。在南纬43°以南见有始新世的碱性高原玄武岩发育。

中安第斯构造区是安第斯成矿带中中生代—新生代火山-岩浆活动最为强烈的地区,从晚三叠世一直持续至今。从海岸安第斯带到西安第斯带,再到安第斯高原和东安第斯带形成一条较宽的火山-岩浆活动带。与安第斯北段不同,此段岩浆演化的特点是自安第斯高山区由东向西岩体时代逐渐变老,时代较老的岩体出露在西部海岸带,较年轻的岩体出露在东部高山区。在岩性上,钙碱性的火山岩占绝对优势。在秘鲁南部到智利北部的海岸安第斯带,由于花岗岩基的侵位形成规模巨大的海岸岩基带。这些岩体大部分由花岗闪长岩、英云闪长岩、石英二长岩以及辉长岩-闪长岩等组成,其中英云闪长岩和石英二长岩约占83%以上。此外,自西向东伴随着火山活动,还形成了一系列的浅成—超浅成的中酸性斑岩侵入体,主要有石英斑岩、花岗斑岩、花岗闪长斑岩、英安斑岩、二长斑岩、正长斑岩等。这些斑岩与区内铜、钼、金、多金属矿化关系密切,是最重要的铜、钼、金、多金属矿化母岩。根据有关资料,中生代以来的斑岩侵入体大体可分为5期,即晚三叠世(250~190Ma)、白垩纪(132~73Ma)、古新世—始新世(65~50Ma)、始新世晚期—渐新世(43~31Ma)和中新世中期—上新世早期(12~4Ma),其中后4期与斑岩铜矿成矿关系密切。并且,随着时间的推移和岩浆活动前缘向东的迁移,岩浆成分向更酸性和富钾、富铝演化。在玻利维亚、秘鲁和阿根廷西北部的东安第斯带,部分岩浆作用的产物以过铝质侵入岩和次火山杂岩为代表,这些岩体与多金属矿化和锡矿化关系密切。

第三章 区域成矿特征及成矿区(带)划分

第一节 区域成矿特征

安第斯成矿带属于环太平洋成矿域的东环南段,是世界上最重要的金属成矿带(裴荣富等,2005;梅燕雄等,2009;瞿泓滢等,2013)。在该成矿带已发现了大量的金属矿床,仅在厄瓜多尔、秘鲁、阿根廷到智利中北部一带,就有大、中型铜矿床400多个。其中,世界著名的大型—超大型铜矿床就有20多个,如智利的丘基卡马塔、厄尔特尼恩特、安塔米纳铜矿,秘鲁的塞罗贝尔德、廷塔亚、托克帕拉铜矿等。带内的铜、金资源总量及开采量均居世界前列,此外,银、铅、锌、锡、钒、锑、铋、锂以及石油、天然气、煤等储量也在世界上占有重要位置。目前,该带仍是世界矿产勘查投资最重要的热点地区之一(附图4)。

安第斯成矿带的形成主要与中生代—新生代时期太平洋板块向南美板块的俯冲有关。由于洋壳向南美板块的俯冲作用,在活动大陆边缘产生一系列大规模的火山-岩浆活动,同时带来了丰富的成矿物质,为金属矿产的形成创造了良好的成矿构造环境,使其成为世界上最著名的铜、金、多金属、贵金属成矿带(Moores et al.,1995;Cordani et al.,2000)。

安第斯成矿带不同构造单元的基底组成、岩浆-构造演化、板块俯冲形式的差异,造就了不同的成矿构造环境,具有不同的区域成矿特征(卢民杰等,2016)。

一、北安第斯构造区

北安第斯构造区具有太平洋板块向南美板块仰冲或陡倾斜俯冲特征,在火山弧的外侧存在洋壳增生体[如加勒比地体、乔科(Choco)地体、皮诺-达瓜(Pinon-Dagua)地体等]。其中,东科迪勒拉基底被认为是大陆地壳,而西科迪勒拉主要由白垩纪洋壳拉斑玄武岩和深水沉积物组成,中生代火山岩主要为玄武安山质—安山质,且具有火山-岩浆活动时期自东向西逐渐变新的趋势。在火山岩带之间发育有一系列的山间盆地(弧前或弧间盆地)。在成矿特点上,该构造区铜、铅锌、多金属矿化较弱,斑岩铜矿规模小,而铁和镍成矿具有一定规模。其中,块状硫化物型(VMS型)多金属矿床、锡-钛-钒岩浆型矿床和红土型镍矿等具有较好的找矿前景。在沉积盆地中油气和煤等能源矿产资源丰富(琚亮等,2011;田纳新等,2011)。例如:哥伦比亚西科迪勒拉白垩纪火山沉积岩系的达瓜(Dagua)群中产有各类的VMS型矿床;在厄瓜多尔Macuchi古新世—始新世洋内岛弧岩石中产有富金的VMS型矿床;马拉开波盆地是委内瑞拉重要的油气富集区之一;马德莱娜(Magdalena)盆地是哥伦比亚重要的沉积矿产和煤、油气资源潜力区。北安第斯构造区的主要矿床类型有9种。

(一)VMS型矿床

该类矿床主要分布于北安第斯构造区的西科迪勒拉火山岩带内、北部的梅里达山脉与加勒比地体中,矿床规模多为中小型。在哥伦比亚,矿床主要产于玄武岩流、黑色至灰色燧石岩中,上覆远洋沉积岩和砂岩-页岩浊积岩。玄武岩属于拉斑玄武岩系,时代为白垩纪,层位为Canasgordas群,沿哥伦比亚西科迪勒拉带延伸约800km(图3-1)。枕状玄武岩、凝灰岩、玻质碎屑岩和集块岩组合,称之为Barroso组;

燧石、粉砂岩和含微量灰岩的泥质岩系属于 Penderisco 组。这些岩石单元在晚白垩世至第三纪期间,增生至南美大陆边缘,并经受了变形和变质作用。火山岩与黑色—灰色燧石的地层接触带系火山岩容矿的块状硫化物矿床(VMS 型)的重要控矿因素,也是勘探标志。块状硫化物矿化主要为黄铁矿和黄铜矿,呈细粒构造,局部为条带状构造。块状黄铁矿中见黄铜矿组成的网脉,而网脉状石英与绿泥石脉石中也有黄铜矿团块。脉石矿物有石英和绿泥石,次为方解石、白云石,赤铁矿和磁铁矿微量。

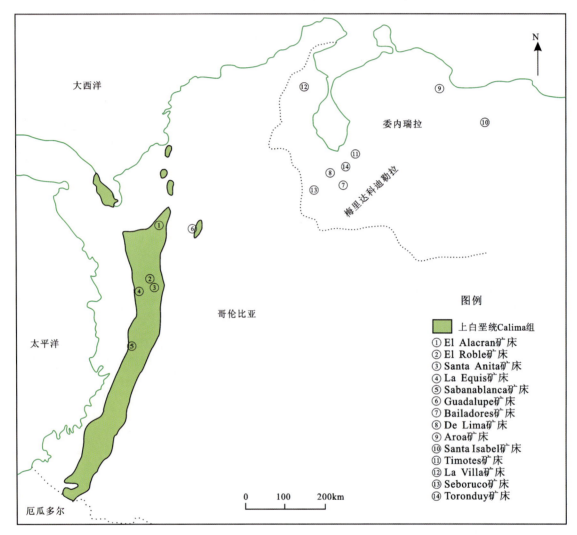

图 3-1 北安第斯构造区 VMS 型矿床分布示意图

厄瓜多尔 Macuchi 的古新世—始新世洋内岛弧岩石中产有富金的 VMS 型矿床。矿体呈透镜状,厚可达 18m,长 125m,矿石由黄铁矿、黄铜矿、斑铜矿、铜蓝、蓝辉铜矿、砷黝铜矿和硫砷铜矿组成,铜品位为 7%,另外金品位为 5.24×10^{-6},银品位为 25×10^{-6}。铜金属量约 18.17×10^4t,金金属量为 13.56t,银金属量为 64.5t。

加勒比地体的 Villa de Cura 杂岩中包含 VMS 型矿化(储量 30×10^4t),由硫化物透镜体构成,矿石矿物包含于重晶石-石英脉石矿物中,主要为闪锌矿、黄铁矿、方铅矿、斑铜矿、砷黝铜矿和黝铜矿。表生矿物为铜蓝、孔雀石、蓝铜矿、黄铁矿和方解石。

Aroa 地区 Aroa 组中的变火山岩和变沉积岩赋存有块状硫化物透镜体。矿化主要为黄铁矿和黄铜矿,其次为闪锌矿、方铅矿、斑铜矿和铜蓝。在 Carmen de Cocuaima 由片岩、大理岩、角闪岩和变石英岩组成的 Nirgua 组中,锑-锌-铜-银的矿化主要呈透镜体、脉状以及浸染状的硫锑铅矿、闪锌矿、黄铜矿、黝铜矿和砷黄铁矿。

(二) 斑岩型铜矿

在北安第斯构造区，斑岩型铜矿主要分布在哥伦比亚北部和厄瓜多尔南部的东科迪勒拉带中，常呈群分布，但矿床规模一般不大（图 3-2）。

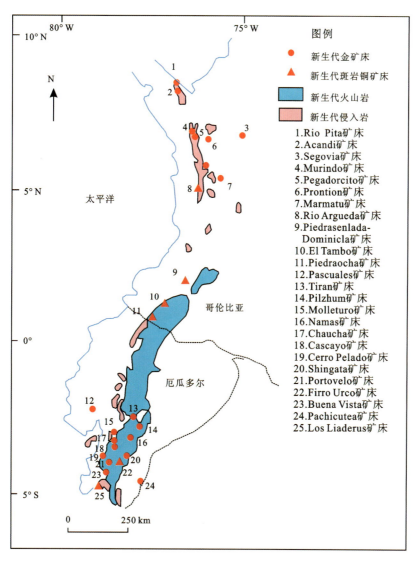

图 3-2 北安第斯构造区新生代金矿床和斑岩型铜矿床分布图

哥伦比亚安第斯山脉中央及西部很多斑岩型矿床，其找矿前景均已明确。该类矿床主要集中在伊瓦格南部圣多明哥地区以及东安第斯山脉加利福尼亚—贝塔斯地区。未发现的矿床可能集中在瓜希拉半岛和圣玛尔塔内华达山脉浅成花岗质深层岩体中。哥伦比亚早在19世纪60年代就开始了对斑岩型矿床的勘探工作，主要包括区域地球化学采样以及后续的地质填图和详细的采样工作。这些工作的主要部分完成之后，富金斑岩型铜矿体系中将增添新的信息并得到发展。代表性斑岩型铜矿床为哥伦比亚莫克阿（Mocoa）斑岩型铜矿，是英安斑岩株侵入到侏罗纪安山岩和英安质火山岩中所致，主要矿石矿物有黄铜矿、黄铁矿和斑铜矿，并伴有铅、锌和钼等。铜品位为 0.37%，钼品位为 0.061%，铜储量 $100×10^4$ t。

厄瓜多尔斑岩型铜矿一般产在大型侵入岩的岩基内，如中中新世 Chaucha 岩基中的 Chaucha 矿床和晚中新世 Apuela-Nanegal 岩基中 Junin 矿床、圣卡洛斯（San Carlos）斑岩型铜矿等。这些矿床的核部多为富铜的钾化带,矿化为呈脉状和网脉状的黄铁矿、黄铜矿、辉钼矿、磁黄铁矿、斑铜矿,外围为叠加了泥化的青磐岩化带。

(三)浅成热液型多金属矿床和金矿床

在北安第斯构造区,此类型矿床非常发育且分布广泛,在东科迪勒拉带、中科迪勒拉带、西科迪勒拉带中都有分布。在委内瑞拉加勒比带 Tunapui 变沉积岩中产有与上新世英安岩有关的 Cachunchu 铅、银脉状矿床;在 Chinapintza 地区,晚白垩世侵入于 Zamora 岩基中的火山-次火山英安岩和安山岩中存在有低硫化型脉状、角砾状和网脉状金矿化(金品位为 19×10^{-6},银品位为 126×10^{-6},锌品位为 4.6%,铅品位为 0.55%,金资源量 12t,银资源量为 180t)。

在哥伦比亚 Segovia,发育与花岗质侵入岩有关的含方铅矿、闪锌矿和黄铁矿的多金属脉。在 Marmato 地区发现多条含自然金、含金黄铁矿和微量闪锌矿、黄铜矿的石英脉。

在厄瓜多尔 Saraguro 群火山岩中产有含金富硫化物石英-冰长石脉,矿化兼有低温型和中温型矿床的特征,如 Portovelo-Zaruma 银金矿、Beroen 金银矿、San Bartolome-Pilzhum 银矿等。

陆相火山环境是低温浅成热液矿床形成的有利环境,矿床通常位于或邻近陆相火山岩及浅成侵入岩中。其中,较大的矿床在陆相中性至酸性火山岩中,较小的矿床分布于长英质火成岩顶部及其周围。常见的构造背景包括大型正断层、破火山口周围的环状断裂带以及地堑。矿床矿体多呈脉状及网脉状,宽大、开放的裂隙中常填充有带状石英(偶尔为紫水晶及冰长石)。

蚀变带通常达数百米宽,蚀变矿物主要为伊利石、冰长石、绿泥石、绿帘石以及方解石等。这类矿床中的金通常极细小,只能通过化学分析才能发现,从而解释了为何早期的勘探者经常会将该类矿床遗漏。

地面及航空磁测调查是确定侵入和喷出岩位置的常用手段,利用磁测数据、各种电磁技术,并结合地球化学数据可对矿化中心进行鉴定。蚀变区域可通过平直磁性异常或磁性负异常及激发极化(IP)异常识别。

(四)热泉型金银矿床

该类矿床主要为含有自然金、含银硫化物、黄铁矿以及锑、砷、汞的简单硫化物等脉状、浸染状、网脉状矿床。矿体位于或邻近断裂带及(或)陆相硅化热液角砾岩中,但也可能出现在任何类型围岩中。哥伦比亚满足该类矿床形成条件的主要是波帕扬及马尼萨莱斯附近较年轻的火山岩。一些老的矿床也可能保存在富硅火山灰流区域,如瓜希拉半岛及圣玛尔塔内华达山脉白垩纪岩石中。任何地区与岩浆热源相关的热活动都有利于该矿床的形成。

对波帕扬及马尼萨莱斯火山岩地层的勘探应集中在以下几个区域:热泉活动产生硅质泉化的区域、硅化作用及角砾岩化作用区域、有石英-冰长石脉的网脉状断裂区域、侵入及外源流纹岩穹隆区。

由于硫化物含量较少,因此无明显金属矿化作用。湿化学分析建议如下:①岩石样品——金、银、砷、锑、汞分析;②河流沉积物样品——砷、锑、汞分析;③重矿物聚集体——金含量分析。一种利用 NH_4 作为诱导金矿化的新方法已在内华达得到检验,但在热带环境中还未进行实验。硅化区域通常被泥质蚀变环绕,但也可能被侵蚀分离。金通常极细小且只能通过化学分析方能检测到,因此早期的勘探者常会错过这类金矿床,可应用电技术进行鉴定,但在浸染状矿床中该方法作用不显著。

(五)矽卡岩型铜、金、多金属矿

哥伦比亚中科迪勒拉山脉南部的 Payande 和其他中生代地层的碳酸盐岩中大量发育该类矿床。以 Zamora 地区最为著名,主要类型包括铜矽卡岩、锌矽卡岩和含金矽卡岩。典型矿床为 Nambija(金金属量为 64t),赋矿围岩为 Piuntza 组受变质的富灰岩的火山沉积岩,矿石矿物有黄铁矿、微量磁铁矿、金和铋的碲化物。黄铜矿、闪锌矿和方铅矿常见于灰岩中,在与酸性岩和中性岩接触的位置蚀变成钙质硅酸岩。

中科迪勒拉山脉南部该矿床的勘探应该从碳酸盐岩中矽卡岩矿物组成的勘查测绘工作开始。由于含水矿物常伴生于硫化物沉积作用中，因此尤其应关注有含水硅酸盐如角闪石和绿泥石替代石榴子石或辉石的区域。

在溪流的巨砾和小鹅卵石中若能找到钙硅酸盐矿物，应继续对其做地球物理及地球化学调查。详细的磁力调查可识别矽卡岩中可能与基本金属矿床相关的磁铁矿和磁黄铁矿。标准电磁调查可以有效鉴定具有暗示性地球化学异常的区域。重矿分选钨、铋、锡，以及基本金属和贵金属的浓度分析在地球化学指导中很有意义。矿藏丰富的矽卡岩可能具有明显成矿元素分带性：从侵入接触的铜-金-银带到金-银带，再到最外层的富铅-锌-银带。

（六）黑矿型多金属矿床

岛弧的构造背景有利于黑矿型矿床的形成。这类矿床主要分布在 Alao-Paute 地区，并遭受剪切带的变形和拆解。代表性的矿床为 Las Pilas 矿床，由一个褶皱的黄铁矿矿体构成，贱金属含量很少，主要由富金的块状硫化物组成，并显示出构造片理。

1. 块状硫化物矿床

有利于形成塞浦路斯型矿床的区域位于哥伦比亚西部白垩纪蛇绿岩中（洋壳地层），北部其他蛇绿岩也可能有该类矿床。最近已勘探矿床是瓜地马拉的 Oxec 矿床，该矿床年龄与哥伦比亚西科迪勒拉山脉玄武岩和辉绿岩的年龄相同。矿床在玄武质枕状熔岩中及附近辉绿岩岩墙中，主要有块状黄铁矿、黄铜矿、闪锌矿等。这些矿床可能含有呈层状叠加或间层的燧石、页岩以及硬砂岩；与之相关的细脉带（网脉状）含有黄铁矿或磁黄铁矿，块状硫化物之下常见黄铜矿，属塞浦路斯型（Cyprus）块状硫化物矿床。

2. 沉积岩型海底喷气铅锌矿床

铅锌硫化物通常在细粒黑色页岩中，以及循环系统受限、高盐度、静海环境的海相盆地中。金属元素在沉积岩化前沿强烈拉张的断层迁移。尽管目前所有已知的该类型矿床都产于元古宙和早古生代岩石中，但哥伦比亚最符合该矿床构造条件的区域是东科迪勒拉山脉昆迪纳马卡盆地的白垩系，下白垩统受限盆地中发育黑色页岩及蒸发岩，伴有块断和玄武质岩墙侵入作用。这些条件都可能促进盆地中流体沉积出众多小型金属硫化物矿脉，也可能在黑色页岩和粉砂岩还原环境中不断积累富集成为大规模的硫化物矿床。

昆迪纳马卡盆地详细的地层及结构分析有利于矿体定位的主要特征有：①大盆地中的小型受限盆地；②持续的同沉积断裂作用以滑塌角砾岩为标志及定位，同时伴有沉积物强烈的准同时变形作用；③火成岩热源。该矿床成矿有火成岩热源，使该矿床某些特征与热液型铅锌矿相似。另外，页岩中重晶石矿点及富硫化物地层也指示矿床的潜在区域，应结合详细的填图、岩石取样、河流沉积物取样分析加以识别。在对勘探环境进行判定时，需对样品中钡、硼、锰以及铅、锌、银等元素进行分析。前期地球化学判定后，不同的电磁方法可应用于目标区域后续工作中。磁性测量有利于玄武质岩墙定位。

（七）火山型多金属矿床

1. 火山型自然铜

地表的玄武岩熔岩流中可能含杏仁状和浸染状的自然铜及铜的硫化物，上覆沉积河床（包括角砾岩、红层、石灰岩和黑色页岩）中可能有铜的硫化物。已知最有名的该类型矿床位于佩里哈山脉，此处玄武岩熔岩流与中生代碎屑状地层互层。委内瑞拉的佩里亚地区附近拉昆塔地层中的铜矿床包括：基性熔岩流顶部的自然铜、沉积岩中的铜硫化物、酸性火山岩中的铜铁硫化物、沉积岩中的铜硫化物和石油、基性岩脉与沉积物交界处的铜铁硫化物。

页岩中的还原环境、碳酸盐岩以及渗透性好、多孔隙的围岩，如玄武岩熔岩流顶部的角砾岩、砂岩、砾岩等,都是影响矿体位置的重要因素,而断层和裂隙为含矿溶液提供了运行通道。河流沉积物取样及对银、锌、钴、铜等元素的分析是相当必要的。河流及漂浮物中的天然铜块暗示着杏仁状矿床的存在。电磁技术可应用到红层铜矿床的勘探中,在自然铜矿床中也可能取得显著效果。火山序列可通过地面磁测及航空磁测异常进行识别。

2. 角砾岩筒型多金属矿床

厄瓜多尔 La Soledad 和 Peggy 地区与次火山岩体有关的富电气石角砾岩筒发现有金-铜-钼矿化(矿石量 $530 \times 10^4 t$,金的品位为 3.35×10^{-6},计有 18t 储量的金)。

哥伦比亚的铬铁矿主要产于圣埃伦娜豆荚状矿床,主要与麦德林东南的蛇纹石相关。据估计 1975 年 Cr_2O_3 储量约 20 000t,主要见于不规则橄榄岩块及阿尔卑斯型橄榄岩-辉长岩杂岩体中,呈透镜状或粗平板豆荚状,颗粒大小可从几千克到百万吨。铬铁矿的出现主要与纯橄榄岩或橄榄岩体上部的蛇纹石化纯橄榄岩相关。该侵入作用以沿罗梅卡尔-考卡缝合带闻名,也可能出现在阿特腊托河断层沿线。

世界上至少 99% 的已知铬铁矿矿体已通过表面勘探被发现。因此,想要在哥伦比亚寻找新的铬铁矿必须通过传统的勘探手段对超基性岩体进行详尽而彻底的寻找。引入地球物理方面的相关技术可能有助于检测到一些隐蔽的矿床:①地面磁性测量是一种有效的手段,详细的重力调查应用于找矿已在古巴取得成功;②电子和地震技术,包括激发极化光谱(SIP),在加利福尼亚北部找矿中发挥了积极的作用;③地球化学普查也可能有利于勘查区域的范围描绘;④水系沉积物的磁性部分是最有价值的取样介质。

(八)砂岩型(沉积型)矿床

1. 砂岩型(沉积型)铀矿

在哥伦比亚,广泛的红层夹火山单元分布在多个区域,包括桑坦德、巴耶杜帕尔、东科迪勒拉山脉 La Quinta 组、圣玛尔塔以及佩尼亚地区。另外,沉积型铀矿还发育于中科迪勒拉山脉 Berlin 盆地贯层侵入的早白垩世黑色页岩中。铀氧化物主要形成于还原环境介质中,常见于凝灰质粗粒碎屑岩层。主要的铀矿岩石类型为长石砂岩或凝灰质沉积岩,通常位于围岩的上部或侧面。

沉积型铀矿床最有效的勘探方法是航空伽马能谱调查,该方法借助标准区域技能对后续地面进行鉴定。哥伦比亚东部地盾地区前寒武纪地层是铀矿床勘探的重心。东科迪勒拉山脉无疑是安第斯山脉链中最具潜力的区域,主要的勘探工作将集中在东部和西部两侧已流干的河流系统的厚层中生代和古生代沉积物序列,以及桑坦德和 Floresta Massifs 第三纪盆地深部的长英质深成岩。该区同时还有存在科罗拉多高原型管状矿床的巨大潜力,主要通过有机碎屑进行定位。在层状碎屑矿床中,钼的黄色或蓝色氧化物(蓝钼矿,$Mo_3O_8 \cdot nH_2O$)是最常见的指示矿物。铀矿点及其勘探建议在 IUREP 报告中已有十分详尽的描述。地球物理技术在铀矿床的定位中相当有用,具体包括激发极化法(IP),频谱激发极化法(SIP),时域、频域电磁分析(TEM-FEM)以及自然电位法(SP)等。

2. 红层-绿层铜矿床

该矿床主要出现在中生代红层序列夹火山岩层的东科迪勒拉山脉、圣玛尔塔内华达山脉边缘、Serrania de Perija、塞萨尔省巴耶杜帕尔、Los Portales、Giron 构造等,这些地区都含有小型铜矿床。矿床位于红层序列的还原环境地层中,主要矿物是层控浸染状铜硫化物。主要岩石类型包括绿色或灰色页岩、粉砂岩、砂岩、原生砾岩,以及碳酸盐岩或蒸发岩薄层。以 El Rincon 矿为例,该矿床位于中生代红层中,由石英脉中氧化的铜矿物组成,同时伴有高浓度的银,是否出现硫化物矿石主要由深度决定。东科迪勒拉山脉最有可能存在该矿床的岩石地层是三叠系—侏罗系 Giron 组,主要由三角洲河流红层组成,包括砾岩、砂岩、粉砂岩、泥岩以及灰色至黑色页岩。红层-绿层铜矿床的形成需要还原、低 pH 的酸性环境,以实现金属硫化物从热液盐湖溶液或盆地卤水中析出。卤水的直接沉淀作用可出现在缺氧的盆地中,已在昆迪纳马卡盆地白垩系厚层黑色页岩中发现了铜的矿化。上述的东科迪勒拉山脉中红层的形成环境倾向于河流三角洲。

红层中还原的或富含有机质沉积物区域是有利的勘探环境,特别是断裂环境中的蒸发岩。铀是常见的副产物且在地球化学指示中很有用,同时伴有高浓度钼、钒、铅、锌、银。碳酸盐岩中不可溶残余物的分析(如圣玛尔塔东南部地区)对发现地球化学异常有重要作用,该技术成功应用于美国密苏里东南部地区锌铅矿床勘探中。如果矿体具有足够的体积和厚度,就可以通过电磁技术进行硫化物矿床的鉴定,但该技术的成功只能建立在地球化学异常已解释的基础上,结果才能得以保障。有时时域电磁(TEM)和频域电磁(FEM)测深,以及音频电磁(AMT)和频谱激发极化法(SIP)也能起积极作用。

3. 砂岩型铅、锌矿床

块状—浸染状方铅矿及其他硫化物薄层层控矿床中矿体呈薄片状,主要岩石类型为砂岩和石英岩。北美大陆目前尚未找到砂岩型铅矿床,但哥伦比亚东部索拉诺区域具有形成矿点的条件和环境。结晶基岩上平伏的早古生代砂岩含水层,通过压滤作用从现今位于东科迪勒拉山脉志留纪褶皱带的早古生代沉积物中,运送富含金属的流体。这种情况类似于瑞典加里东褶皱带东部莱斯瓦尔矿床。

索拉诺地区的勘探工作应集中在寒武纪石英岩下部数百米的区域。由于表面浸出作用及铅锌氧化物矿物本身难以辨认,因此矿床的辨别相对较难。对古河道附近河流沉积物及石英岩基中的重矿物,应进行铅、锌、银等元素的浓度分析,尤其是对石英岩中含有机碳的区域应特别关注。各种电磁测深及剖面测量技术,以及激发极化法(IP)、自然电位法(SP)的应用已在世界其他地方取得成功。

(九)红土型镍矿

在哥伦比亚,沿罗梅拉尔缝合带发育的超镁铁质侵入体是形成该矿床的潜在母岩,也是洋壳和陆壳接触的标志。超镁铁质侵入体覆盖在橄榄岩或蛇纹岩之上,发生强烈风化,具有不规则外壳的岩石,被大面积的红土覆盖,红土层厚度可达30m。红土通常形成于平缓起伏的地区,具有潮湿热带到亚热带气候以及丰富的降水。长期稳定的地质构造背景(以利于实现深成风化作用及保护陆地表面),是该类矿床形成的必需条件。橄榄岩或蛇纹岩风化形成的红土通常含45%~55%的铁、大约1%的镍以及0.1%的钴。哥伦比亚正在开采的红土型镍矿床Cerro Matoso的科多巴部分,含有镍2.6%、钴0.06%以及铁16.2%;该矿床镍储量为$6600×10^4$t,其平均镍含量约1.9%。

红土型镍矿床是超镁铁质岩石的风化产物,矿床覆盖区域因此受限于下伏超镁铁质岩覆盖区域。超镁铁质岩、红土层上的典型特征是植被零星矮小。应对所有超镁铁质岩进行填图并对其上覆的红土进行勘探。很多红土没有明显的磁异常现象,但如果橄榄岩足够厚则可能有明显重力正异常。蛇纹岩通常有磁性,但因其较低的比重而鲜有有效的重力表达。电测深方法及激发极化法(IP)可能成功应用在矿床勘探中。

二、中安第斯构造区

中安第斯构造区是安第斯造山带中构造最复杂、中生代—新生代火山-岩浆活动最活跃、成矿作用最强烈的地段。基底主要由新元古代—早古生代增生在原始冈瓦纳大陆上的阿雷基帕-安托法亚、库亚尼亚、智利尼亚等准原地地体构成。中安第斯构造区具有太平洋板块向南美板块俯冲倾角逐渐变缓的俯冲模式,火山-岩浆作用以钙碱性的安山质-英安质、流纹质为主。在其演化过程中,伴随洋壳俯冲角度逐渐变缓,岩浆弧逐渐向东迁移,火山岩带向东越来越年轻。在成矿特点上,安第斯地区几乎所有世界著名大型—超大型铜、金、银、多金属矿床均产在该构造区,是安第斯造山带中铜、金、银、多金属与盐类矿产资源最丰富和潜力最大的地段(Sillitoe,1992;Espinoa and Veliz,1996)。成矿类型主要为斑岩型、IOCG型、浅成低温热液型、热液型(Gerardo et al.,2001),并且自西向东成矿金属元素组合和成矿类型呈现出明显的分带性变化,从海岸安第斯带→西安第斯带→东安第斯带→次安第斯带,主要成矿金属元素组合从以 Fe-Cu-Au 为主,向以 Cu-Mo-Au 为主→以 Ag-Pb-Zn-Sn-W 为主过渡(Robert,2001)。主要成矿类型也从以IOCG型为主,向以斑岩型为主→以浅成低温热液型-热液型为主演变。

此外，在海岸安第斯带和西安第斯带、西安第斯带和东安第斯带之间形成的弧间盆地[前安第斯带与安第斯(普纳)高原区]中有一系列新近纪—第四纪的盐湖。由于新生代强烈的火山作用为盐湖提供了丰富锂、钾、钠、硼和镁等盐类资源，高原强烈的蒸发作用使湖水中钾、锂、硼、镁等资源富集形成矿产。其中，位于玻利维亚的乌尤尼(Uyuni)盐湖为世界上最大的含锂盐湖，湖中锂资源量可达 $890×10^4$ t，约占世界探明锂资源量的22%(USGS,2015)；另外，还含有钾$19\,400×10^4$ t、硼 $770×10^4$ t和镁$21\,100×10^4$ t。

中安第斯构造区所涉及的安第斯地区国家和地区主要包括秘鲁西部、智利中北部、玻利维亚西部和阿根廷西北部。各区段的成矿特征如下。

(一)秘鲁

在中安第斯构造区，秘鲁段是最重要的铜、金、多金属富集区。成矿作用以中生代—新生代时期碰撞造山大规模成矿作用为主要特点。带内中生代—新生代构造岩浆活动发育，成矿地质条件优越，产有一系列世界著名的大型和超大型铜、金矿床。其中，铜、铁、金、银、铅、锌等矿种为秘鲁优势矿产资源(表3-1～表3-4)。

秘鲁矿床类型主要有11类，以斑岩型铜矿和热液型金、铅、锌矿为主。

1. 铜矿床分布及主要特征

秘鲁铜矿主要分布在安第斯山脉的阿雷基帕、万卡维利卡、胡宁、安卡什、利马、库斯科、塔克纳等地区(图3-3)。主要铜矿床类型有3种，分述如下。

(1)斑岩型铜矿：储量约占总储量的90%，产于古近纪、新近纪火山岩带中，形成多与石英二长斑岩侵入体有关。主要矿床有塞罗·维德铜矿、密执基莱、莫罗科查(Morococha)、廷塔亚、夸霍内、克亚维科和托克帕拉等。矿化与侵入于火山沉积岩内的石英斑岩体有关，矿体赋存于斑岩小岩体和电气石-石英角砾岩筒中。围岩蚀变分带明显，次生富集带发育。原生铜矿物主要为黄铜矿和斑铜矿，次生富集带中主要矿物为水胆矾、铜蓝、硅孔雀石等。

(2)矽卡岩型铜矿：如加丹加铜矿、安塔米纳(Antamina)超大型矽卡岩型铜-锌矿。

(3)火山岩型铜矿：如利马以南的马拉铜矿，含矿岩石为晚白垩世变安山岩和角页岩，矿体呈透镜状和层状，矿石为浸染状、块状硫化物矿石。

2. 金矿床分布及主要特征

秘鲁独立金矿床主要分布在北部(图3-4)，中部和南部很少有独立金矿床。低温热液型金(银)矿床、斑岩型铜-金矿床和砂金矿床是秘鲁最重要的3种金矿(化)类型。其中，高硫化型(HS)低温热液型金(银)矿床最为重要，低硫化型(LS)低温热液型金矿前景广阔。秘鲁北部的金矿带有 Cajamarca-Huaraz 高硫化型浅成低温热液型金矿带、亚纳科查(Yanacocha)高硫化型浅成低温热液型矿田、Pataz-Parcoy 金矿带。

秘鲁金矿可分为3种简单的类型(刘显沐,2005)。

(1)近火山口型：主要特点是金矿化与火山机构及次火山岩密切相关。一般来讲，矿体呈细脉浸染状(爆破角砾岩型)，次火山岩地段有大脉状，与铜、银矿伴生，近年发现的 Caylloma、Arcata、Orocopanpa 金银矿即属此类。矿化蚀变为硅化，规模大。

(2)近岩基型：此类型矿床主要特点是矿区内有岩基产出，在许多地段的岩基内或旁侧有杂岩体产出。杂岩体经多期多次构造破坏，形成大面积硅化，伴随硅化产生大量的金矿化，较为典型的如 Nazca 金矿床。矿床(点)多与铜、银伴生。

(3)远离岩基及火山口型：特点是沿构造线大面积、多期多阶段出现硅化，伴有金矿化。矿石成分简单，多为单金型。本书认为，从矿床产出大地构造环境看，该类型为近火山口型和近岩基型两种类型的次级小矿化点。在秘鲁南部地区此类矿床很多，粗略统计有200处以上的单个矿床(点)。单个矿床(点)储量一般小于500kg，多为民间开采。

表 3-1 秘鲁中大型以上前十位铜矿床统计表

序号	矿床名称	矿石量(t)	铜(t)	铜(%)	钼(t)	钼(%)	金(oz)	金($\times 10^{-6}$)	银(oz)	银($\times 10^{-6}$)
1	Toquepala	6 197 659 000	19 956 000	0.322	806 000	0.013	—	—	—	—
2	Cerro Verde	4 503 000 000	18 000 000	0.400	667 000	0.015	—	—	180 239 000	1.245
3	Antamina	1 934 300 000	16 285 000	0.842	331 000	0.017	—	—	—	—
4	La Granja	3 000 000 000	15 300 000	0.510	—	—	—	—	—	—
5	Cuajone	2 661 061 000	12 560 000	0.472	452 000	0.017	—	—	—	—
6	Quellaveco	1 923 200 000	10 407 000	0.541	335 000	0.017	—	—	—	—
7	Toromocho	2 127 100 000	10 026 000	0.471	383 000	0.018	—	—	478 737 000	7.000
8	Las Bambas	1 550 000 000	9 471 000	0.611	248 000	0.016	2 243 000	0.045	154 335 000	3.097
9	Limamayo	500 000 000	7 500 000	1.500	—	—	—	—	—	—
10	Rio Blanco	1 257 000 000	7 107 000	0.565	284 000	0.023	—	—	—	—

1oz=1盎司=28.350g。

表 3-2 秘鲁中大型以上前十位金矿床统计表

序号	矿床名称	矿石量(t)	金(oz)	金($\times 10^{-6}$)	银(oz)	银($\times 10^{-6}$)	铜(t)	铜(%)
1	Yanacocha	550 099 771	15 329 000	0.867	—	—	—	—
2	Minas Conga	802 476 460	14 910 000	0.578	—	—	—	—
3	Lagunas Norte	238 238 528	7 481 000	0.977	26 711 000	3.487	1 893 000	0.236
4	Chucapaca	83 462 400	5 061 000	1.886	22 082 000	8.229	—	—
5	Tantahuatay	478 514 434	4 698 000	0.305	11 587 000	0.753	75 000	0.090
6	Cerro Corona	168 500 000	4 478 000	0.827	—	—	2 567 000	0.536
7	Arenas Auriferas Chimu	100 000 000	4 437 000	1.380	—	—	651 000	0.386
8	Galeno	967 735 000	4 200 000	0.135	82 046 000	2.637	4 297 000	0.444
9	Mesa Redonda	18 000 100	3 831 000	6.620	—	—	—	—
10	La Arena	431 900 000	3 819 000	0.275	83 000	0.006	1 248 000	0.289

表 3-3 秘鲁中大型以上前十位铅锌银矿床统计表

序号	矿床名称	矿石量(t)	铅(t)	铅(%)	锌(×10⁶ t)	锌(%)	银(oz)	银(×10⁻⁶)	金(oz)	金(×10⁻⁶)	铜(t)	铜(%)
1	El Brocal	355 781 160	2 638 000	0.742	8 817 000	2.478	219 105 000	19.155	2 523 000	0.221	1 789 000	0.503
2	Corani	284 255 000	1 994 000	0.701	1 201 000	0.422	365 467 000	39.990	—	—	—	—
3	San Gregorio	68 888 232	1 557 000	2.260	5 552 000	8.060	30 312 000	13.686	—	—	—	—
4	Cerro de Pasco	92 324 452	1 040 000	1.126	2 854 000	3.092	252 753 000	85.151	203 000	0.068	—	—
5	Accha	17 097 000	602 000	3.519	990 000	5.792	—	—	—	—	—	—
6	Hilarion	57 842 800	399 000	0.690	2 719 000	4.700	66 874 000	35.960	—	—	—	—
7	Santa Ana	123 432 000	389 000	0.316	644 000	0.522	164 247 000	41.388	—	—	—	—
8	Yauli	37 953 629	352 000	0.927	1 851 000	4.878	141 333 000	115.824	55 000	0.045	44 000	0.117
9	Pachapaqui	11 387 086	327 000	2.870	528 000	4.639	72 531 000	198.115	—	—	79 000	0.696
10	Chanape	25 294 552	303 000	1.197	250 000	0.990	62 963 000	77.422	2 220 000	2.730	120 000	0.474

表 3-4 秘鲁中大型以上前六位铁矿床统计表

序号	矿床名称	矿石量(t)	铁(t)	铁(%)	铜(t)	铜(%)	金(oz)	金(×10⁻⁶)
1	Marcona	1 900 000 000	1 052 600 000	55.400	—	—	—	—
2	Pampa de Pongo	863 000 000	357 342 000	41.407	837 000	0.097	1 887 000	0.068
3	Cuzco	500 000 000	320 000 000	64.000	—	—	—	—
4	Apurimac	269 430 000	154 389 000	57.302	—	—	—	—
5	Cerro Ccopane	106 377 000	48 168 000	45.280	—	—	—	—
6	Pampa el Toro Iron Sands	871 712 000	39 802 000	4.566	—	—	—	—

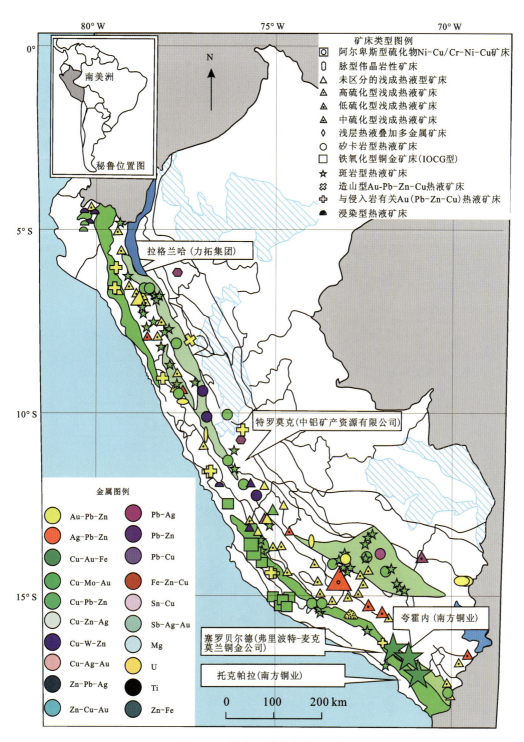

图 3-3 秘鲁大型铜矿床分布图

(据秘鲁能源矿产部 Instituto Geológico Minero y Metalúrgico 2014 年资料修改)

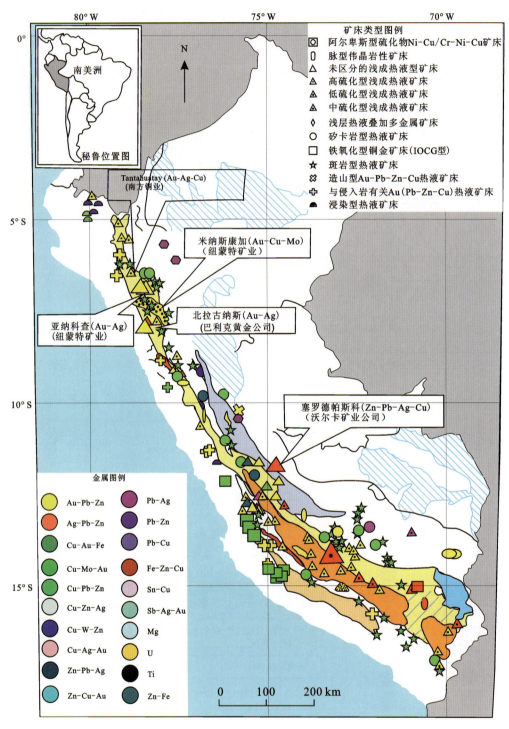

图 3-4 秘鲁大型金矿床分布图
(据秘鲁能源矿产部 Insititulo Geológico Minero y Metalúrgico 2014 年资料修改)

3. 银矿床分布及主要特征

秘鲁的银矿山主要分布于秘鲁斑岩铜矿带、中北部多金属矿带和南部银金矿带中。银矿资源主要有3种类型，分述如下。

(1)含银斑岩型铜-银矿床：主要分布于秘鲁斑岩铜矿带中，该带属于南美洲斑岩铜矿带的一部分，北西长约2000km，宽150~300km。秘鲁约90%的铜储量赋存在该带中。该带又可细分为北、中、南3个次一级成矿单元，其中以南亚带最为重要，往北西延伸1000km，共有塞罗·维德、夸霍内、托克帕拉等10多个重要矿床，均为斑岩型的铜-铅-银或铜-锌-银矿床，这些矿床成因均与石英二长斑岩有关，成矿时代均为古近纪、新近纪。银是这些斑岩铜矿中最重要的共生或伴生资源之一。

(2)中温热液型银多金属矿床(包括矽卡岩型矿床)：主要分布于秘鲁中北部多金属矿带中，该带是秘鲁最重要的银、铅-锌(铜)和钨产地。容矿围岩主要是上白垩统朱迈莎组灰岩、三叠系普拉卡或帕里亚灰岩。朱迈莎组灰岩南起尧里科查(Yauricocha)矿区，经桑坦德(Santander)、乌丘查库(Uchuchacua)、鲁阿拉、帕查帕克等矿区直到北部的康通加，全长约1000km。该带中矿床特征差异较大。尧里科查矿床由核部硫砷铜矿和周围的铅、锌、银、金矿体组成；桑坦德矿床是一个筒状富锌矽卡岩矿床；乌丘查库矿床发育锰矽卡岩，并伴有含辉锰矿矿脉；鲁阿拉矿床则是典型的多金属接触交代型矿床，由分布在火山通道中的众多矿脉组成。三叠系灰岩与二长岩岩株接触带中有塞罗德巴斯库(Cerro de Pasco)、莫罗科查(Morococha)等矿床。

(3)浅成低温热液型银-金矿床或金-银矿床：主要分布于秘鲁南部银-金矿带中，该带在新生代火山岩中发育4个大型银-金脉状矿床，如坎劳姆(Caylloma)、希拉、阿尔坎塔(Arcata)、奥尔科潘帕(Orocopanpa)。它们与破火山口、熔岩丘地貌有关，产于新近纪早中新世至晚上新世的中酸性火山岩中，属浅成低温热液型矿床。在该矿带中，与古近纪硫酸盐蚀变有关的高硫化金矿床是重要的勘查对象。

(4)矽卡岩型铜-锌-银矿：主要分布于秘鲁中南部山区，代表性矿床有安塔米纳(Antamina)矿床。

4. 铅锌多金属矿床分布及主要特征

秘鲁铅锌矿分布在中北部胡宁、帕斯科、安卡什、利马、瓦努科等区内的东安第斯山、西安第斯山间与浅成相岩浆活动有关的多金属硫化物矿床，以及秘鲁西北部白垩纪Lancones盆地中的超大型VMS型铅锌-贵金属矿床。主要矿床类型有4类。

(1)热液充填交代型脉状矿床：为最重要的矿床类型，如塞罗德巴斯库锌-铅-银-铜-铋矿床，矿体呈透镜状赋存于上三叠统阳起石-硅灰石角页岩、薄层灰岩中。

(2)层状矿床：如圣维森特和圣路易莎矿床。矿体呈条带状，矿石矿物主要为闪锌矿，伴有方铅矿和少量银矿物。

(3)矽卡岩型矿床：主要是阿尔帕米纳和康通加矿床，前者的不规则状矿体产于白垩纪灰岩和砂页岩中。

(4)火山块状硫化物矿床(VMS型)：如秘鲁西北部白垩纪Lancones盆地中的超大型VMS型铅锌-贵金属矿床。

5. 铁矿床分布及主要特征

秘鲁最著名的铁矿床主要分布于秘鲁中南部，主要类型为矽卡岩型或IOCG型(图3-4)。

(二)玻利维亚

玻利维亚西部属于中安第斯构造区的重要组成部分，其所处构造位置相当于中安第斯构造区的安第斯(普纳)高原区、东安第斯带和次安第斯带。主要成矿类型有：与浅成—中成侵入作用有关的多金属脉状矿床，与深成岩有关的多金属脉状矿床，低温热液型矿床，造山型金(±自然锑)矿床，红层型铜矿，密西西比河谷型(MVT型)矿床，斑岩型锡矿床和蒸发岩型锂、钾盐类矿床等。其中，浅成多金属热液型脉状矿床是该区最主要的多金属矿床类型，又被称为"玻利维亚"型多金属脉状矿床。

1. "玻利维亚"型多金属脉状矿床

该矿床类型为玻利维亚最常见的成矿类型,是中新世中晚期—上新世早期(22~4Ma)大规模火山-岩浆热液活动的产物。成矿多与小型浅成斑状次火山岩、层状火山岩、火山碎屑岩、熔结凝灰岩以及火山口等有关,成分为英安质、流纹—英安质、流纹质或安山质。大多数矿床显示受线性构造、大型平移断层、局部的张性裂隙等构造控制。矿化类型主要为脉状、网脉状到浸染状,分布在角砾岩、斑岩和孔隙度高的火山碎屑岩中。矿化岩石一般为条带状、角砾状和晶洞、孔洞状。该类型矿床具有多金属成矿的特征(锡、银、锌、铅、铋、钨、金、锑),常常经历叠加成矿阶段(低温和高温矿物共存)。垂向上从深部到浅部金属矿化分带发育,有时相互叠加,通常为铜、锌-铅-(银)、铅-(银)、银-锌(金)等。该类型矿床常形成世界级的大型矿床,如塞罗利考(Cerro Rico)银锡矿、亚亚瓜(Llallagua)锡矿、欧鲁罗省银锡矿和瓦努尼(Huanuni)锡矿等(图3-5)。

矿化作用的早期阶段为高温、高盐度和高压的环境,暗示其形成深度大。由于11~4Ma期间安第斯演化过程中晚期火山事件和表生过程的影响,矿床还经历了若干浅层低温事件的叠加阶段。

尽管不同矿床之间存在不同的金属矿化特征和矿床地球化学及流体特征,通常情况下,该类型矿床具有相似的起源。

矿化作用的呈现方式包括脉状矿床群,次一级的脉状、细脉状、网状脉和弥散状。矿化见于许多岩石中,包括古生代沉积岩和变质沉积岩、中成和浅成岩以及同造山的熔岩、岩脉和火山穹隆中,后者多为流纹质、英安质和安山质成分。

已查明的金属矿物(尽管不一定在同一矿床中出现)包括:锡石、闪锌矿、方铅矿、黄铁矿、磁黄铁矿、毒砂、黄铜矿、辉锑矿、黄锡矿、黝铜矿、钨锰铁矿、自然铋、辉铋矿、辉银矿、自然金和硫酸盐类矿物,例如硫锡铅矿、辉锑锡铅矿和圆柱锡矿等。经济上可开发的主要金属矿产为锡和银,以及伴生的钨、铷和锑等。

从石英、闪锌矿以及部分锡石和重晶石的流体包裹体中获得的均一化温度约为300℃,盐度(NaCl)平均为20%。基于流体包裹体的研究,Kelly和Turneaure(1970)鉴别出在矿床形成过程中存在早期沸腾,之后被其他学者证实,这些早期沸腾间歇性出现于所有的矿床形成阶段。

"玻利维亚"型多金属脉状矿床可以进一步划分为3个亚类:①与含锡斑岩有关的矿床;②与火山穹隆和次火山岩株有关的矿床;③与沉积岩有关的矿床。上述分类基于矿床寄主岩的岩性。因此,在区域尺度上不同亚类的矿床有时候在空间上或成因上是关联的。

(1)与含锡斑岩有关的矿床:这些矿床寄主于英安岩和粗安岩,以及斑岩型、次火山岩型、S型花岗岩侵入体(或钛铁矿系列)中,矿体的产出位置受巨火山口塌陷的控制。斑岩侵入古生代的沉积岩地层中。矿化作用的构造控制包括裂隙、断裂、角砾岩带和剪切带。锡矿化主要以脉状、细脉状、网脉状和弥散状相结合的方式存在。矿床形成深度较浅(1~1.5km),形成温度为350~600℃,主要共生矿化组合为锡-钨-铋。火成岩普遍发生蚀变,形成了电气石化或长石化。该类型矿床最具代表性的为Llallagua和Chorolque矿床。

(2)与火山穹隆和次火山岩株有关的矿床:这些多金属矿床(银、锡、铅、锌、金和铜)通常与火成岩杂岩体有关,包括英安质、流纹英安质和石英安粗质次火山岩和相关熔岩。它们通常伴随着热液作用形成的角砾岩体,与火山口的垮塌有关。矿化年龄一般为23~5Ma。

典型矿体多呈圆筒形分布,直径近似1km。矿体具明显垂直分带,近地表面为低硫化物区,有时富集金;中部为磺酸盐类和硫化物,富集银和金;深部区域富集贱金属和银、金、锡等。主要的矿化作用呈现Bonanza型脉体,边上为网脉状、细脉状和浸染状的黄铁矿和毒砂。该类型矿床的一个主要特征是它的形成深度为500~1000m。

与矿体密切相关的最常见的热液蚀变为硅化、绢云母化和泥化。该矿床类型的实例包括塞罗利考德珀托斯(Cerro Rico de Potosi)、欧鲁罗地区、Colquechaca、Maragua、Porco、Mallku Khota、Colavi、Tasna、Tatasi、Animas-Siete Suyos-Chocaya和Esmoraca-Galan等矿床。

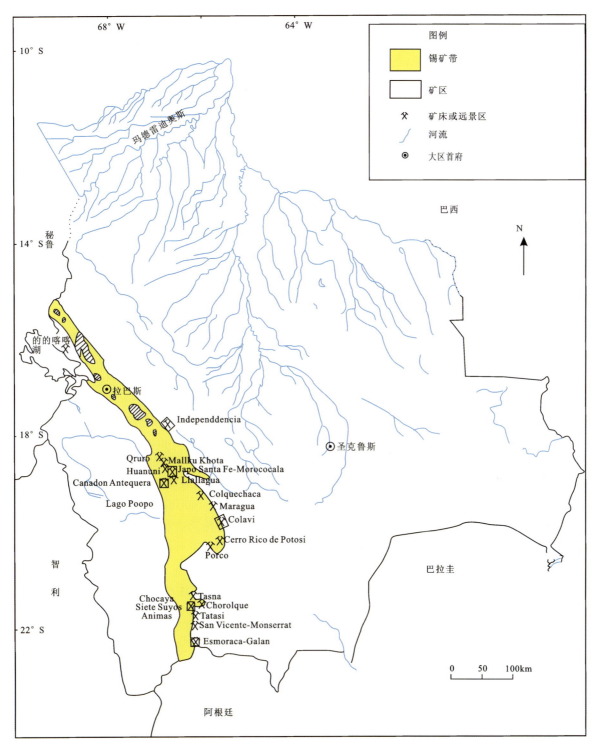

图 3-5 玻利维亚锡矿带和多金属脉状矿床分布图

(3)与沉积岩有关的矿床:这些矿床为富锡、富银-锌-铅和富金的多金属"玻利维亚"型脉状矿体,见于奥陶纪和古近纪—新近纪页岩、粉砂岩、砂岩和砾岩层中。断裂、碎裂和剪切构造有利于矿化作用的形成,通常高品位的脉状矿体被低品位网状脉和浸染状矿体包围。尽管火成岩的普遍存在可能对矿化作用十分重要,但岩脉和小岩株通常不发生矿化。主要矿石矿物为辉锑矿、黝铜矿、黝锡矿、斑铜矿、黄铜矿、方铅矿、闪锌矿和锡石等,脉石矿物主要为石英、重晶石等。蚀变作用通常不强,局部见硅化、绢云母化、黄铁矿化等，有时还存在弱的泥化蚀变。一般硅化作用在矿床的上部较强，而绢云母化作用则在下部更加普遍。代表性矿床主要有 Huanuni、Canadon Antequeera 地区（包括 Bolivar 和 Avicaya 矿床）、San Vicente、Monserrat、Japo - Morococala - Santa Fe、Matilde 和 Independencia 等矿床。

"玻利维亚"型多金属脉状矿床主要成矿特征包括：①岩性控制，晚奥陶世沉积岩和变质岩石以及古近纪—新近纪火成岩是矿化最有利的赋存岩石；②构造控制，区域背斜转折端是出现该类矿化最重要的构造，它们空间上与沿背斜侵位的侵入岩相关；③次火山侵入岩，与多金属矿化有关的岩株、岩脉群通常为 SiO_2 含量较高（60%～70%）的斑状流纹岩、英安岩、流纹英安岩或偏碱性的石英安粗岩等，岩体时代主要为 23～20Ma，矿化作用可发生在岩株内部（如 Llallagua）和围岩接触带中（如 Japo），也可发生在上覆围岩中（如 Huanuni）；④矿体类型，矿体可呈平行脉状、网状脉、裂缝群、角砾岩，以及浸染状分布；⑤矿石矿物，黄铁矿、白铁矿、磁黄铁矿、闪锌矿、方铅矿、锡石、毒砂、黄铜矿、辉锑矿、黝锡矿、黝铜矿、砷黝铜矿、黑钨矿、自然铋、辉铋矿、辉银矿、自然金以及磺酸盐类；⑥脉石矿物主要为石英、重晶石，以及锰碳酸盐岩等，向上从块状硫化物逐渐过渡到石英-重晶石带，然后到接近矿床上部的重晶石-玉髓带；⑦热液蚀变作用具分带特征，通常中央部分为绢云母化带（绢云母-石英-黄铁矿），外围为泥化带，上部带具有高级泥质矿物（明矾石）以及硅化作用，通常含有与高温有关的电气石（通常存在于热液角砾岩中），外围较远部分普遍存在青磐岩化蚀变。

2. 与深成岩有关的多金属脉状矿床

与深成岩有关的多金属脉状矿床主要分布在长英质深成岩体顶部。该矿床的形成在时间及空间上与侵位作用及主深成岩的冷却有关。与矿化有关的成矿流体主要形成于长英质岩浆房下部，岩浆房的高渗透性、高挥发组分含量、低结晶度以及岩浆向上侵入深度变浅、压力降低等因素促进了该水热过程。侵入接触、良好发育的断层以及可渗透岩性等都可能对流体能否从岩浆房上升产生影响。

在玻利维亚，晚三叠世—早侏罗世期间断裂主要与强烈的岩浆作用有关，表现为一系列含黑云母及角闪石岩基和岩体，以及含黑云母及白云母正长花岗岩体（如 Taquesi、Chojlla、Chacaltaya、Huayna Potosi、Sorata 深成岩）。这些深成岩体形成深层火山栓，主要分布在东部山脉的北部（Real、Munecas、Apolobamba 山脉）。这些侵入岩以及邻近的伟晶岩和云英岩通常含有很多钨-锡-金-铋-锌-铅-银-锑矿床，如 La Chojlla、Bolsa Negra、Milluni、Kellhuani、Fabulosa、Hucumarini 等矿床。

在靠近南部—东南部的中生代岩浆岩带中年龄 28～23Ma 的花岗岩类，如 Illimani、Tres Cruces、Santa Vera Cruz 侵入岩，在多金属矿化作用二次矿化中起重要作用（如 Rosario de Araca、Viloco、Caracoles、Colquiri 矿床），促进多金属矿化的形成。

与钨-铋矿化作用及电气石有关的锡矿床有 Viloco 及 Caracoles 矿床，起源于超高盐度的高温流体（>500℃，盐度为 56% 的 NaCl）。这些矿床环境与已报道的斑岩型铜矿床类似，指示与锡-钨-铋矿化有关的岩浆成因热液流体。

决定富锡岩浆演化的 3 个主要事件包括：①花岗岩结晶作用后期大量含水相的演化；②细微结晶作用或上地壳岩石部分熔融导致的锡含量增加；③岩浆期后阶段部分亲石元素（锂、铷、铯、铍、氟）的重新分布，包含了热液及（或）交代作用。

玻利维亚三叠纪—侏罗纪及渐新世矿化作用形成的该类型代表性矿点包括：Cascabel - Munecas 成矿省、Chacaltaya - Huayna Potosi 成矿区、Kellhuani 矿床、La Solucion 矿床、Illimani 成矿区、Himalaya 矿床、Rosario de Araca - Laramcota 成矿区、La Chojlla 矿床、Chambillaya 矿床以及 Colquiri 成矿区。

此类多金属脉矿床主要成矿特征包括：①岩性控制，矿体主要赋存在岩体与晚奥陶世沉积岩（砂岩、板岩及页岩）接触变质带中；②构造控制，多受伸展断裂、剪切带，以及区域逆冲断层控制；③深成岩体组合，与长英质深成侵入体空间和形成时间上关系密切，矿化发生于岩浆期后；④矿体类型，层状平行矿体及与地层斜切的脉状矿体群、树枝状矿体、梯状矿体，以及弧形矿体等，有时为网脉状及扁豆状，主要与剪切带、叶理及带状层理有关；⑤矿石矿物，自然金、白钨矿、黑钨矿、锡石、黄铁矿、毒砂、闪锌矿、铁闪锌矿、方铅矿、磁黄铁矿、黄铜矿及相关的金属硫酸盐矿物；⑥脉石矿物，石英、菱铁矿、萤石、绿泥石、方解石、电气石以及钠长石；⑦热液蚀变，比较典型的热液蚀变类型包括绢云母化、黄铁矿化以及硅化等。

3. 低温热液型矿床

低温热液矿床形成于近地表区域，通常形成深度小于1km，温度在200～300℃之间。它们优先形成于活动火山作用的地区，沿大陆边缘或岛弧区域，通常包含大量的硫化物，主要是黄铁矿和毒砂等，富铜、金、铅、银、锌和铋矿化。寄主岩石具普遍的绢云母化和黄铁矿化。

低温热液矿床可以根据硫的氧化状态、相关矿物和形成环境等因素划分为高硫化型(HS)矿床、中硫化型(IS)矿床和低硫化型(LS)矿床。

大多数高硫化型矿床形成于钙碱性和安山质—英安质的弧区域，尽管它们在挤压弧区域同样可见，后者以相对有限的火山活动为特征。在流纹岩中没有高硫化型矿床。原始流体为酸性的和氧化的(呈S^{4+}和SO_2)，金属直接来源于岩浆或火山岩，通过高酸性和低至中等盐度的流体淋滤形成。矿体呈脉状和弥散状分布，具大量的金、铜和少量的银，以及热液蚀变帽(含不利的高级泥化作用)，具石英、明矾石和少量的叶蜡石和(或)绢云母等。

高硫化型矿床具特征的硫砷铜矿-四方硫砷铜矿-铜蓝和黄铁矿矿物集合体，最常见的深度为500～1000m。

中硫化型矿床常见于安山质-流纹英安质弧区域，与含铜斑岩之间无直接的空间联系。但是，斑岩可能出现在中硫化型矿床之下的深部。这些矿床的矿物集合体多为黄铁矿-黝铜矿(砷黝铜矿)-黄铜矿，少量为含铁闪锌矿。此外，当成矿流体具有高的盐度时，形成的矿床比高硫化型矿床更富集银和铅锌。它们通常形成的深度为600～800m。

低硫化型矿床尽管与穹隆存在关联，但主要形成于远离火山口或中央火山通道的位置。大多数该类型矿床含有大比例的富矿脉，其形成与双峰式火山系列(玄武岩—流纹岩)有关，多形成于广泛伸展构造背景下的区域。它们具有还原的特征，呈现出中性的pH值(水离子的浓度)，硫以H_2S的形成存在(还原的)。

低硫化型流体是大气水从表面向下渗透时，与深部上升的岩浆水(来自地球深部融化的岩石)混合的产物。贵金属溶解成络离子进行传输(通常在浅部矿床以二硫化物的形式，而在深部矿床以氯化物的形式)，之后在接近地表时流体沸腾并发生沉淀。矿体通常以被贵金属充填的脉体形式存在，或呈现一系列的席状脉、细脉和网状脉。低硫化型低温热液金矿床与高硫化型矿床不同，能包含大量的银(具有很高的Ag/Au含量比)和少量的铜，但是与中硫化型矿床相比只具有微量的铅和锌。

主要的矿体伴生关系为石英、冰长石、方解石或绢云母脉石中的金。主要的硫化物为黄铁矿、磁黄铁矿、毒砂、富铁闪锌矿和方铅矿。其他蚀变相为伊利石、氯酸盐、钠长石、绿帘石和沸石。低硫化型矿床形成的平均深度为300m，而对于那些富金的矿床，形成深度仅为100～150m。

玻利维亚存在3种类型的低温热液贵金属矿床：①富银的中硫化型低温热液矿床(例如Pulacayo、San Pablo、San Cristobal、San Antonio de Lipez、Berenguela、Todos Santos、Carangas)；②高硫化型低温热液矿床(例如Laurani、Cachi Laguna、La Espanola、La Riviera)；③过渡型矿床(例如：Kori Kollo、Lipena-Lamosa、Los Magnificos)，其与复杂的热液系统有关。

这些矿床勘探的最重要区域之一位于西科迪勒拉，尤其在玻利维亚、智利和秘鲁接壤的区域。玻利维亚出现的最重要的中硫化型矿床位于Berenguela多金属矿区、Carangas银矿区、Salinas de Garci-Mendoza多金属矿区、San Cristobal多金属矿区和San Antonio de Lipez多金属矿区。高级硫化作用系统见于Laurani和La Espanola远景采矿区。过渡型系统的典型实例包括Kori Kollo矿床和Lipena-Lamosa远景采矿区。

玻利维亚的高硫化型低温热液矿化作用见于西科迪勒拉、Altiplano高原和Lipez地区的若干地点。它以脉体或脉体群的形式出现，含有硫砷铜矿、黄铁矿、铜蓝、含银磺酸盐、辉铋矿和自然金或琥珀金。

高级泥化作用为主要的热液蚀变类型，由明矾石、高岭石和叶蜡石等组成。基本金属与贵金属之间的关系多变，铜是基本元素中最重要的元素。

在Altiplano高原的中部，Laurani矿床是高硫化型矿床最重要的实例，其主要的矿石矿物为硫砷铜矿，且普遍经历了泥化蚀变作用。西科迪勒拉和Altiplano高原其他的高硫化型远景采矿区包括La Espannola、Cachi Laguna、La Riviera-Canasita、Sucre、Khollu Alpaca、Anallajchi、Candelaria和Quillacas等。

低温热液矿床主要成矿特征包括以下几个方面。

(1) 岩性控制：寄主岩石主要为复式火山所喷发的英安质至安山质熔岩、石英-安粗质至流纹质的火山凝灰岩、英安质至流纹质穹隆、爆破角砾岩和火成碎屑岩等。

(2) 构造控制：断裂带交会处是矿床最可能出现的位置。

(3) 火山作用：空间关系上主要与17～8Ma的火山中心有关，少量与5～1.2Ma年的火山中心有关。与斑岩岩株、小的岩颈、穹隆、复式火山、火山通道、熔岩流、火成碎屑岩层、熔结凝灰岩层、中新世中期至中新世晚期垮塌-复活的破火山口和大陆尺度的断裂紧密有关。高硫化型低温热液金银矿化作用发生在复式火山系统的较深区域，例如智利6.6Ma的Choquelimpie系统。未来的勘探工作应该集中在更老的火山-侵入基底，它们中可能存在高硫化型贵金属低温热液矿化作用。

(4) 矿化作用形式：矿化作用在角砾岩、火成碎屑岩甚至斑岩中以脉状、网脉状和弥散状形式存在。常见以不同矿物相组成互层的近水平条带。对于高硫化型矿体，对称性条带十分常见。深色条纹与富金属矿物有关，通常为硫化物、磺酸盐和自然金属。另一个重要的特征是存在残留的或多孔的硅。与高硫化型矿床有关的次生孔隙的大量出现反映寄主岩石经历了淋滤作用。

(5) 矿石矿物：高硫化型矿床的矿石矿物为硫砷铜矿-四方硫砷铜矿-铜蓝、自然银、角银矿和黄铁矿；中硫化型矿床矿石矿物为黄铁矿-黝铜矿-砷黝铜矿-黄铜矿和少量的含铁闪锌矿；低硫化型矿床石矿物为金、冰长石、黄铁矿、磁黄铁矿、毒砂、富铁闪锌矿和方铅矿。

(6) 脉石矿物：为石英、方解石、绢云母、重晶石和明矾。淋滤覆盖层和铁帽包括赤铁矿、针铁矿和黄钾铁矾。

(7) 热液蚀变作用：岩石普遍经历了绢云母化和黄铁矿化。此外，不含矿的热液蚀变帽也经历了高级泥化作用，形成了石英-明矾石和少量的叶蜡石或绢云母。其他蚀变作用产物包括伊利石、氯酸盐、钠长石、绿帘石、沸石和黄铁矿。

4. 红层型铜矿

在玻利维亚西部的阿迪普诺(Altiplano)高原，存在超过80个的中新世至上新世的红层型铜矿床，以及玄武质铜矿床，它们一起构成了一个成矿带，从的的喀喀湖(Lake Titicaca)地区南部一直向南延伸至阿根廷边界(图3-6)，主要矿床有Corocoro和Chacarilla矿床等。

铜矿床的寄主岩石主要由微红色—棕色的砂岩、砾岩和粉砂岩组成。矿化一般产于第三系的接触带和不整合面部位，形成通常与石膏底辟形成的局部还原圈闭有关。矿体通常呈席状或其他不规则状，矿石由辉铜矿、斑铜矿、赤铜矿和孔雀石组成，由辉铜矿和自然铜交代碳酸盐岩及植物化石的胶结物形成。该类铜矿床主要成矿特征包括：①岩性控制，微红—褐色砂岩、砾岩、粉砂岩，以及石膏底辟；②结构控制，背斜、复背斜，以及逆断层和正断层；③矿体类型，席状矿体、透镜状矿体、细矿脉、不规则矿体，以及细粒浸染状矿体；④矿物矿物，辉铜矿、斑铜矿、黄铜矿、赤铜矿、孔雀石以及黑铜矿，此外还常见黄铁矿、方铅矿以及自然银，辉铜矿和自然铜交代碳酸盐岩古植物化石和胶结物；⑤脉石矿物，即方解石；⑥热液蚀变作用，主要为弱到中等绿泥石化作用。

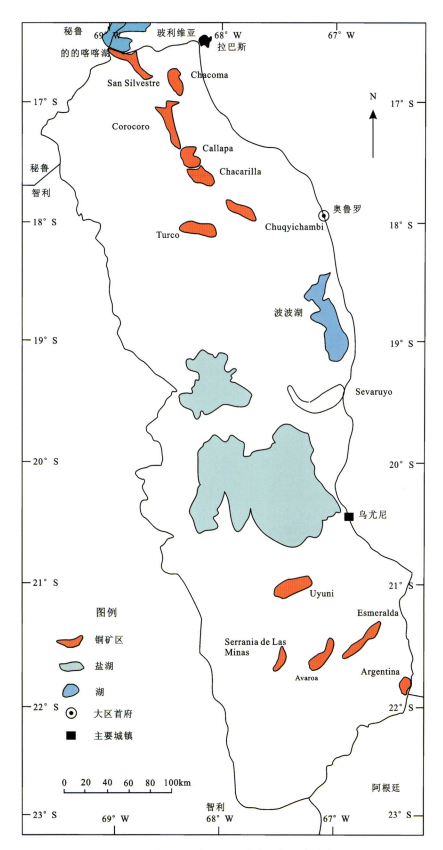

图 3-6 玻利维亚高原沉积岩容矿铜矿床分布图

5. 造山型金（±自然锑）矿床

该类矿床主要分布于玻利维亚东部山脉，可以分为 3 个带：①呈北西走向，即拉巴斯—奥鲁罗—恰亚帕塔（Challapata）—阿玛亚帕姆帕（Amayapampa）地；②呈南北走向，从卡拉考塔（Caracota）—卡尔马（Carma）地区到阿根廷边界的卡恩德拉利亚（Candelaria）地区；③呈北西走向，从秘鲁边界的阿波罗巴姆巴（Apolobamba）地区，经过阿乌帕塔（Aucapata）—亚尼（Yani）和卡华塔（Cajuata）—洛斯玛丘斯（Los Machos）地区，到考卡帕塔（Cocapata）—埃尔木利诺（El Molino）地区。3 个带的总体走向基本与中安第斯主构造线方向相一致，前两个带沿着玻利维亚高原和东科迪勒拉带的边界分布，而后一个带分布在玻利维亚东科迪勒拉北部的中间地带（图 3-7）。

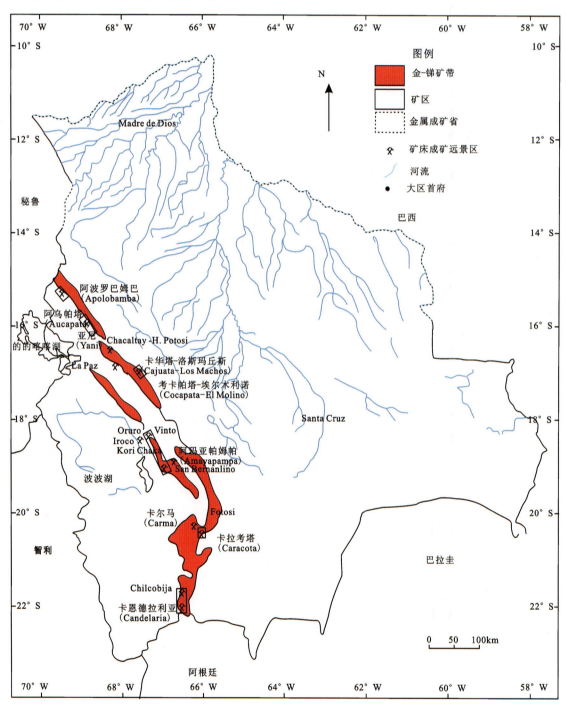

图 3-7　玻利维亚东科迪勒拉金-锑成矿带主要金（锑）矿床分布图

金矿床主要出现在板岩带奥陶纪和志留纪沉积岩中，位于断层系统和背斜侧翼。含矿石的岩脉最常见的走向为北东向，其次为南北走向，倾向多变。矿脉长度通常小于500m，部分较大矿脉长度可超过2000m(如Amayapampa)。延深通常小于500m，矿脉宽度一般不超过1m。

石英-金($\pm$自然锑)矿脉通常沿断裂带呈薄且平行的层纹状(条带石英脉)，以及常见的串珠状，其次为网脉状(如San Luis和Challviri)、鞍状、拖曳褶皱状等。矿化通常与较大的剪切带有关，主要形成于挤压事件及地壳收缩时期，与晚构造期火成岩体侵入作用属同一时期。一般地，矿床本身不会出现大型的火成岩体，局部可见英安岩和粒玄岩(如Antofagasta)以及辉绿岩(Amayapampa)岩墙，不过它们与矿化可能没有关联性。

主要矿石矿物有辉锑矿、自然金、闪锌矿、方铅矿、脆硫锑铅矿、辉铁锑矿、钨铁矿、黄铜矿以及斑铜矿。金出现在石英、黄铁矿、毒砂以及辉锑矿中。最常见的与金矿化有关蚀变矿物组合为石英-绢云母-黄铁矿，常见蚀变作用为硅化。

矿床中锑品位通常在10%～20%之间，金品位高达10×10^{-6}，在构造交切的大矿囊中，金品位可达100×10^{-6}(如Amayapampa矿床、Capacirca矿床以及Antofagasta矿床)。部分矿床自然锑富集体中还含有高达10%的铅和0.2%的砷。

根据对玻利维亚造山型金($\pm$自然锑)矿床流体包裹体的研究，显示这些金矿床形成于中等盐度，盐度平均为5%～15%，矿脉形成温度在130～150℃之间。

初步的同位素年代学研究表明，矿化时代可能与海西—印支期造山运动有关，属于安第斯造山运动前的产物。

6. 蒸发岩型锂、钾、硼、镁矿床

玻利维亚西南部高原分布有众多的盐湖(图3-8)，湖中常含有丰富的硼、钾、锂、镁和其他蒸发盐类矿物。封闭的盆地经过蒸发作用使得残留盐水中的成矿元素聚集并沉淀。由于近年来全球对于锂电池的需求，玻利维亚的锂资源引起了人们广泛的兴趣。据估计，仅乌尤尼盐湖含锂就可达890×10^4t，为世界上最大锂资源库。同时，这一盐湖中还含有钾$19\,400\times10^4$t，硼770×10^4t，镁$21\,100\times10^4$t。盐湖面积约为$10\,000$km^2，大约在3.52ka，蒸发作用使现今的湖面以下形成了平均厚度121m的古盐层。现今地表层下5～20cm的盐水中锂的含量为80×10^{-6}～1150×10^{-6}。

(三)智利

智利主要成矿系统有斑岩成矿系统、浅成低温热液成矿系统、铁氧化物铜金型叠加成矿系统、岩浆热液交代充填成矿系统、脆韧性剪切带成矿系统、盐湖钾盐-锂-硝石成矿系统等，表生成矿作用在智利具有十分特殊位置，主要成矿作用类型及特征如下。

1. 斑岩成矿系统

智利斑岩成矿系统在全球最为著名，斑岩铜矿特征和规模见表3-5，进一步可以划分4个主要成矿亚系统，包括斑岩铜矿成矿亚系统、铜-钼成矿亚系统、铜-钼-金成矿亚系统和斑岩金矿成矿亚系统4个亚系统。

在斑岩成矿系统中(图3-9)，成矿作用类型主要有：①岩浆热液交代蚀变成矿作用，形成规模巨大的铜矿体和含矿蚀变带；②含矿热液充填叠加成矿作用，沿构造和裂隙系统形成了脉状、脉带状和大脉状硫化物矿脉；③热液隐爆-临界沸腾作用，常形成含矿隐爆角砾岩相带，如电气石隐爆角砾岩、含矿岩浆流体隐爆角砾岩等；④表生富集成矿作用，智利斑岩成矿系统在形成和演化过程中不断发生抬升和剥蚀，常形成高品位的表生层状辉铜矿矿体和辉铜矿-斑铜矿矿体，这些次生富集形成的富矿体是斑岩型矿床开采初期、快速回收前期投资的开采对象；⑤浅成低温热液叠加成矿系统，在智利斑岩铜矿中较为典型，叠加成矿作用发育。

典型矿床主要有埃斯康迪达(Escondida)铜矿、埃尔特尼恩特(El Teniente)铜矿、科亚瓦西(Coilahuasi)铜矿、丘基卡马塔(Chuquicamata)铜矿和埃尔阿布拉(El Abra)铜矿等。

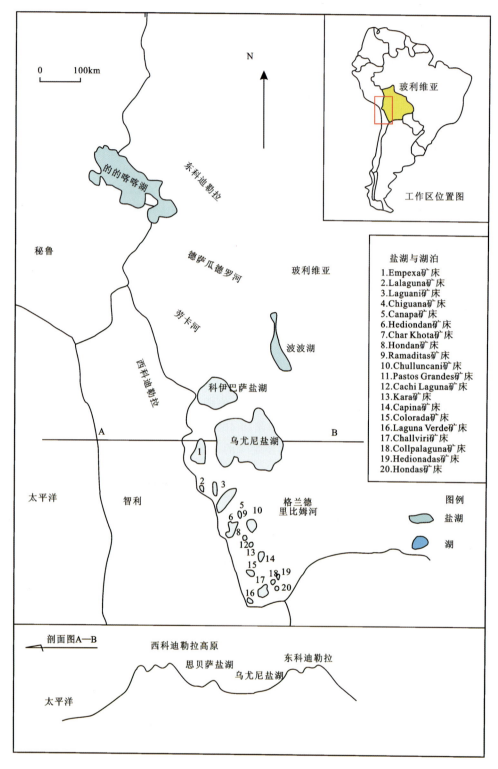

图 3-8 玻利维亚主要盐湖分布略图

表 3-5 智利中部秘鲁北部斑岩型铜钼(金)矿床特征简表

成矿时代	序号	矿床名称(中文)	矿床名称(西文)	年代(Ma)	铜资源量(×10⁶ t)	铜品位(%)	铜金属量(×10⁶ t)	铜已采储量(×10⁶ t)	铜金属量+铜已采储量(×10⁶ t)	钼品位(%)	钼金属量(×10⁶ t)	金品位(×10⁻⁶)	金金属量(t)
白垩纪(132~73Ma)	1	加勒诺萨-布迪拉	Galenosa-Puntillas		200	0.30	0.60	0.00	0.60	0.00	0.00	0.00	0.00
	2	安土科亚	Antucoya		300	0.40	1.20	0.00	1.20	0.00	0.00	0.00	0.00
	3	刚恰斯	Canchas		30	0.21	0.06	0.00	0.06	0.05	0.02	0.00	0.00
	4	多美克	Domeyko		58	0.48	0.28	0.00	0.28	0.00	0.00	0.40	23.00
	5	巴霍纳雷斯	Pajonales		—	—	0.00	0.00	0.00	0.00	0.00	0.00	0.00
	6	罗斯洛罗斯	Los Loros		—	—	0.00	0.00	0.00	0.00	0.00	0.00	0.00
	7	安达科约	Andacollo		540	0.45	2.43	0.00	2.43	0.01	0.05	0.25	135.0
		白垩纪合计			1128	0.41	4.57	0.00	4.57	0.01	0.07	0.14	158.0
古新世—早始新世(65~50Ma)	8	贝德山	Cerro Verde	62	810	0.66	5.35	0.61	5.96	0.02	0.17	0.00	0.00
	9	夸霍内	Cuajone	51	2170	0.60	13.02	4.12	17.14	0.03	0.65	0.00	0.00
	10	科亚维克	Quellaveco	54	965	0.63	6.08	0.00	6.08	0.02	0.16	0.00	0.00
	11	托克帕拉	Toquepala	57	691	0.74	5.11	4.80	9.91	0.03	0.21	0.00	0.00
	12	莫查	Mocha	58	227	0.50	1.14	0.00	1.14	0.00	0.00	0.00	0.00
	13	科罗拉多山	Cerro Colorado	58	194	1.00	1.94	0.57	2.51	0.02	0.03	0.00	0.00
	14	斯宾塞	Spence		405	1.10	4.46	0.00	4.46	0.00	0.00	0.18	73.00
	15	格尔达山	Sierra Gorda		109	0.70	0.76	0.00	0.76	0.10	0.11	0.00	0.00
	16	罗马巴雅	Lomas Bayas		741	0.30	2.22	0.17	2.39	0.00	0.01	0.00	0.00
	17	梅瑟蒂塔	Merceditas		30	0.30	0.09	0.00	0.09	0.00	0.00	0.20	6.00
	18	波纹尼(瑞林丘)	Porvenir(Relincho)		133	0.70	0.93	0.00	0.93	0.03	0.04	0.00	60.00
	19	卡门	Carmen		74	0.62	0.46	0.00	0.46	0.00	0.00	1.12	83.00
		小计			6549	0.63	41.55	10.27	51.83	0.02	1.38	0.03	222.00

续表 3-5

成矿时代	序号	矿床名称 中文	矿床名称 西文	年代 (Ma)	铜资源量 (×10⁶ t)	铜品位 (%)	铜金属量 (×10⁶ t)	铜已采储量 (×10⁶ t)	铜金属量+铜已采储量 (×10⁶ t)	钼品位 (%)	钼金属量 (×10⁶ t)	金品位 (×10⁻⁶)	金金属量 (t)
晚始新世—渐新世早期 (43~41Ma)	20	圣地内拉	Centinela		70	0.50	0.35	0.00	0.35	0.00	0.00	0.00	0.00
	21	特雷格拉芙	Telegrafo		39	0.48	0.19	0.00	0.19	0.00	0.00	0.25	10.00
	22	盖比苏	Gaby Sur	42	700	0.49	3.43	0.00	3.43	0.00	0.00	0.00	0.00
	23	萨尔瓦多	El Salvador	42	974	0.63	6.14	5.15	11.29	0.02	0.21	0.10	97.00
	24	戈雅山	Cerro Coya		75	0.15	0.11	0.00	0.11	0.00	0.00	0.40	30.00
	25	玛利亚德利雅	Maria Delia		30	0.15	0.05	0.00	0.05	0.00	0.00	0.00	0.00
	26	哈丁山	Sierra Jardin		50	0.25	0.13	0.00	0.13	0.00	0.00	0.20	10.00
小计					1938	0.54	10.39	5.15	15.54	0.01	0.21	0.08	147.00
晚始新世—渐新世中期 (39~36Ma)	27	伊莎贝尔皇后	Queen Elizabeth	36	200	0.25	0.50	0.00	0.50	0.00	0.00	0.00	0.00
	28	布拉纳达	La Planada	31	60	0.20	0.12	0.00	0.12	0.00	0.00	0.00	0.00
	29	科巴奇雷	Copaquire	35	30	0.20	0.06	0.00	0.06	0.15	0.05	0.00	0.00
	30	克布拉达布兰卡	Quebrada Blanca	36	400	0.83	3.32	0.48	3.80	0.02	0.06	0.10	40.00
	31	奥尔加-苏法托	Olga-Sulfat		200	0.60	1.20	0.00	1.20	0.02	0.04	0.00	0.00
	32	阿布拉	El Abra	36	1544	0.55	8.49	0.85	9.34	0.01	0.08	0.00	0.00
	33	孔驰	Conchi		334	0.73	2.44	0.00	2.44	0.02	0.05	0.00	0.00
	34	奥巴切	Opache	37.9	319	0.60	1.91	0.00	1.91	0.00	0.00	0.00	0.00
	35	波罗苏	Polo Sur		70	0.70	0.49	0.00	0.49	0.00	0.00	0.00	0.00
	36	埃斯康迪达	La Escondida	37	2262	1.15	26.01	6.48	32.49	0.02	0.48	0.10	226.00
	37	萨尔迪瓦	Zaldivar		290	0.92	2.67	0.62	3.29	0.00	0.00	0.00	0.00
	38	埃斯康迪达北	Escondida Norte		1615	0.87	14.05	0.00	14.05	0.00	0.00	0.00	0.00
	39	钦博拉索	Chimborazo	37	180	0.80	1.44	0.00	1.44	0.00	0.00	0.00	0.00
	40	波德里略	Potrerillo	36.5	670	0.60	4.02	1.80	5.82	0.01	0.09	0.15	101.00
	41	佛图纳	Fortuna		50	0.30	0.15	0.00	0.15	0.00	0.00	0.30	15.00
	42	罗卡	Loica		100	1.25	1.25	0.00	1.25	0.00	0.00	0.20	20.00
小计					8324	0.82	68.12	10.23	78.35	0.01	0.85	0.05	402.00

续表3-5

成矿时代	序号	矿床名称 中文	矿床名称 西文	年代 (Ma)	铜资源量 ($\times 10^6$ t)	铜品位 (%)	铜金属量 ($\times 10^6$ t)	铜已采储量 ($\times 10^6$ t)	铜金属量+铜已采储量 ($\times 10^6$ t)	钼品位 (%)	钼金属量 ($\times 10^6$ t)	金品位 ($\times 10^{-6}$)	金金属量 (t)
晚始新世—渐新世晚期 (34~31Ma)	43	科亚瓦斯(罗萨里奥)	Collahuasi(Rosario)	32	3180	0.82	25.49	0.00	25.49	0.02	0.75	0.01	31.00
	44	科亚瓦斯(乌西那)	Collahuasi(Ujina)		636	1.06	6.47	0.94	7.68	0.00	0.00	0.00	0.00
	45	拉多米罗托米克	Radomiro Tomic		4970	0.39	19.38	0.55	19.93	0.02	0.75	0.00	0.00
	46	丘基卡马塔	Chuquicamata	31.5	7521	0.55	41.37	25.00	66.37	0.02	1.81	0.04	301.00
	47	M&M	M&M		540	1.19	6.43	0.00	6.43	0.00	0.01	0.00	0.00
	48	埃克斯布罗拉多拉	Exploradora		100	0.50	0.50	0.00	0.50	0.00	0.00	0.20	20.00
	小计				16 947	0.59	99.64	26.49	126.40	0.02	3.32	0.02	352.00
晚始新世—渐新世	总计				27 209	0.66	178.15	41.87	220.29	0.02	4.38	0.03	901.00
晚渐新世—中中新世 (马里古家带) (23~12Ma)	49	马特	Marte		46	0.10	0.05	0.00	0.05	0.00	0.00	1.43	66.00
	50	洛波	Lobo		80	0.12	0.10	0.00	0.10	0.00	0.00	1.60	128.00
	51	瑞福吉(贝德)	Refugio(Verde)		216	0.10	0.22	0.00	0.22	0.00	0.00	0.88	190.00
	52	邦达尼略	Pantanillos		15	0.15	0.02	0.00	0.00	0.00	0.00	1.00	15.00
	53	加沙雷山	Cerro Casale	14	1285	0.35	4.50	0.00	4.50	0.00	0.00	0.70	900.00
	小计				1642	0.30	4.89	0.00	4.87	0.00	0.00	0.79	1298.00
晚中新世—上新世 (12~4Ma)	54	佩朗贝—潘丘	Los Pelambres-El Pachon	9.5	4193	0.63	26.42	0.46	26.88	0.02	0.67	0.02	84.00
	55	比斯汗奇塔	Vizcachitas		1142	0.42	4.80	0.00	4.80	0.01	0.16	0.00	0.00
	56	里奥布兰科/布朗斯	Rio Blanco/Los Bronces	6	6991	0.75	52.43	4.30	56.73	0.02	1.26	0.04	245.00
	57	特里恩特	El Teniente	4.5	12 482	0.63	78.64	15.71	94.35	0.02	2.50	0.04	437.00
	58	罗萨里奥德仁戈	Rosario de Rengo		40	0.70	0.28	0.00	0.28	0.00	0.00	0.00	0.00
晚中新世—上新世	合计				24 848	0.65	162.57	20.47	183.04	0.02	4.59	0.03	766.00
总计					61 376	0.64	391.73	72.61	464.60	0.02	10.42	0.05	3345

注:资源来源于CODELCO-CHILE(inventario de recursos+reservas). Mineria Chilena. Ingeniero Andino. descripciones de yacimientos en referencias del texto. Recursos+produccion en millones de toneladas de cobre fino.

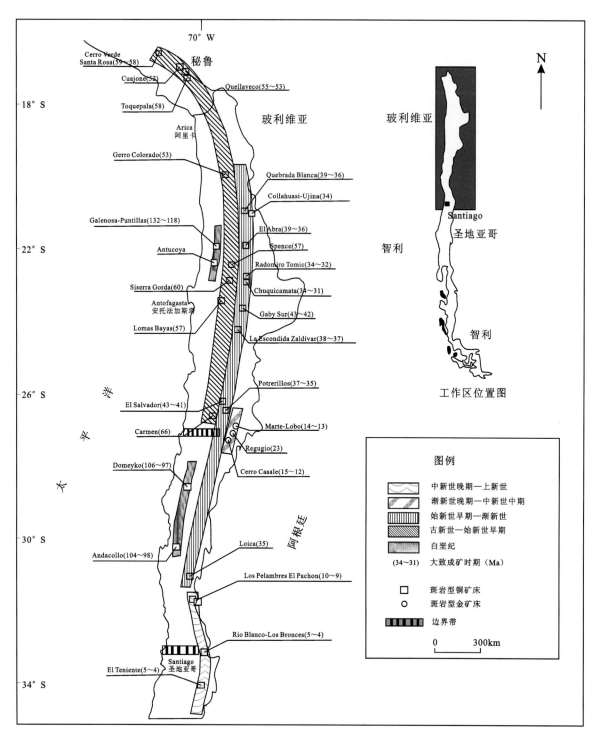

图 3-9 智利中北部斑岩型铜成矿带与主要矿床分布图(据 Sillitoe and Perelló, 2005)

智利斑岩型金矿具有独立成矿亚系统(图 3-10),成矿系统主要位于闪长岩-石英闪长斑岩岩株及蚀变安山岩中,成矿作用类型包括:①浅成低温热液交代蚀变成矿作用,常为含金石英网脉-硅化蚀变带,形成规模宏大的热液蚀变相带和含矿蚀变体;②热液隐爆-临界沸腾作用主要沿断裂带形成含矿热液角砾岩带(体);③含矿热液充填叠加成矿作用,沿断裂和裂隙系统形成了细网脉状、脉状和脉带状金银矿体和大脉状硫化物矿脉;④表生富集成矿作用,对于金银次生富集作用非常明显,表生作用形成了富矿体。

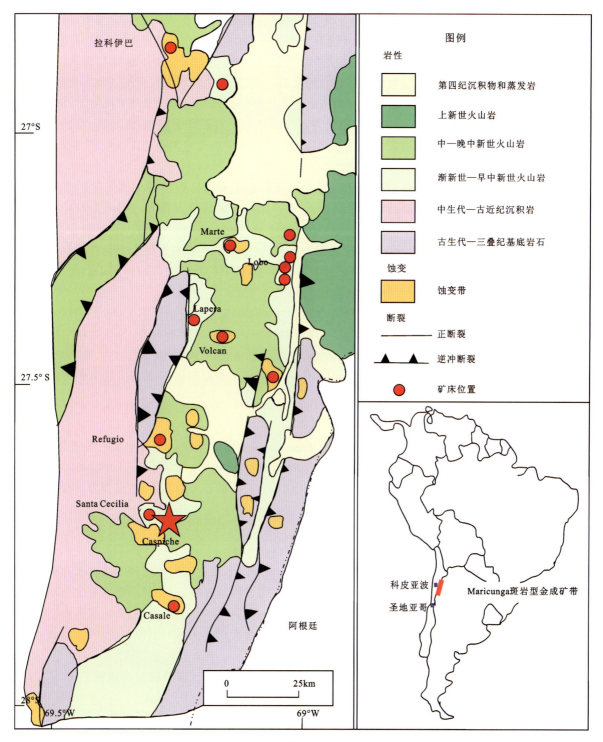

图 3-10 Maricunga 斑岩型金成矿带与 Caspiche 金矿床(据 Sillitoe et al.,2013)

斑岩型金矿有马特(Marte)、洛伯(Lobo)和 Refugio 等。Caspiche 斑岩型金矿床位于智利第三大区,在圣地亚哥北部 650km 处和科皮亚波市东部 120km 处。该矿区在 Maricunga 斑岩型金成矿带内,是一个典型的热液型和斑岩型金银铜矿床的成矿带,Caspiche 矿区金矿资源储量达 683.2t。

智利斑岩型铜矿带(南纬 20°—26°)具有东、西分带特征。东带为主安第斯科迪勒拉斑岩型铜成矿带,超大型—大型斑岩铜矿集中分布,主体发育于晚中新世安第斯构造旋回期,受平行弧展布的走滑断裂和北西向基底构造控制(Camus et al.,2001;Richards et al.,2001);中带为海岸科迪勒拉斑岩型铜成矿带(岩浆弧-弧间盆地),为新生代中基性火山岩,以中心式喷发为主,虽然已知铜矿不多,但具有斑岩型铜矿的明显成矿信息,值得重视筛选。西带为科迪勒拉海岸山系带(海岸山-弧系),以发生褶皱的古生代地层(局部有前古生代构造岩块)为主,地层产状较陡,属于典型的弧前增生地体构造带,已知铁氧化物铜金型和部分斑岩型铜矿在该带有成带分布规律,集中在安托法加斯塔—科皮亚波一带。

在智利最主要的近南北向控矿断裂带是阿卡塔玛走滑断裂系统和多明戈断裂-褶皱带,两个断裂-褶皱带长度都大于1000km。多明戈断裂系统由一系列南北向断裂带组成,主断裂陡倾,在始新世到渐新世期间由右旋性质演化为左旋性质。不同方向的次级断裂和断裂带内不同方向次级断裂交会部位发育第三纪中酸性岩浆岩与斑岩型铜(金)矿床。

在成矿时代上,智利中北部70~50Ma和45~30Ma两条主要斑岩铜矿带大体上位于多明戈断裂带西侧和东侧。东侧上始新世—渐新世斑岩铜矿带(45~30Ma)矿床规模最大,此外,还有丘基卡马塔(Chuquicamata)铜矿(铜资源量为9270×10^{4}t)和埃斯康迪达(Escondida)铜矿(铜资源量为5130×10^{4}t)。西侧目前所发现的古新世—始新世斑岩型铜矿带(70~50Ma)基本上都位于晚白垩世火山沉积盆地之内,铜金属资源量达3000×10^{4}t的斑岩型铜矿有7个,其中科罗拉多(Cerro Colorado)矿床和加何奈(Cuajone)矿床的成矿时代为53~52Ma。

白垩纪斑岩铜矿带(132~73Ma)在格斯特山脉东部(南纬22°—36°)呈近南北向,长1500km,现已发现10个斑岩铜矿,其中安达科约(Andacollo)规模最大。在智利南部圣何赛(San Jóse)、保尔古拉(Polcura)和加也图(Galletué),该斑岩型铜矿带与铁氧化物铜金型(IOCG型)属于类似成矿条件,二者之间具有区域成矿分带特征。石炭纪—二叠纪(310~250Ma)斑岩型铜矿带围绕冈瓦纳碎块和增生体分布。

2. 浅成低温热液成矿系统

浅成低温热液成矿系统和成矿作用主要形成了金、银、多金属矿床(图3-11),进一步可分为两类。

(1)高硫化型浅成低温热液型金矿,如Choquelimpie、Guanaco、El Hueso、La Coipa、La Pepa、Nevada/Pascua、El Indio-Tambo等。在该类金矿床中,金矿体形态为脉状型、脉带群型、网脉带型、热液角砾岩型等,常为不同类型组成的复合矿体。

(2)低硫化型浅成低温热液型金矿,如Faride、San Cristobal、Fachinal等。该类金矿床中,金矿体主要为脉群型。

智利金矿主要形成于侏罗纪—新近纪深成岩浆弧和火山岛弧带上。高硫化型浅成低温热液型金矿和斑岩型金矿主要为中新世,受中新世层状火山岩和火山穹丘构造复合控制,集中分布在安第斯带海拔4000m高山区,位于两个近南北向斑岩铜钼成矿带之间的过渡区段。低硫化型浅成低温热液型金矿位于高硫化型浅成低温热液型金矿成矿带西侧,从西到东整个金矿成矿区(带)剥蚀程度变浅,且成矿时代变新。

在晚古近纪—新近纪深成岩浆弧带中,主要矿床为高硫化型浅成低温热液型金银铜矿床,常与斑岩型金矿和斑岩型铜矿组成同一金铜成矿带,或者独立构成金铜成矿带。

3. IOCG型铁、铜、金成矿系统

智利海岸山带铁氧化物(IOCG型)铜金矿床(图3-12)最早由Ruizet等(1965)分为赤铁矿型和磁铁矿型。Sillitoe(2003)按矿体形态及产出特征将该类型矿床分为复合型、脉型、矽卡岩型、热液角砾岩型和层控曼陀型。曼陀型矿床是与火山岩有关的层状(缓倾斜)铜银矿床,以高品位铜、银为特征,深部为黄铜矿及黄铁矿,浅部含大量辉铜矿、斑铜矿和少量黄铜矿。该类矿床通常被称为Mantos或Manto-Type,有些文献中称Blanket、Mantle、Cloak,类似于北美加拿大的Volcanic Red Bed矿床(Kirkham et al.,1996;Sillitoe,1992)。此类矿床在智利有重要的经济意义,但与岩浆作用的关系尚不清楚,磁铁矿型矿床通常伴生金。

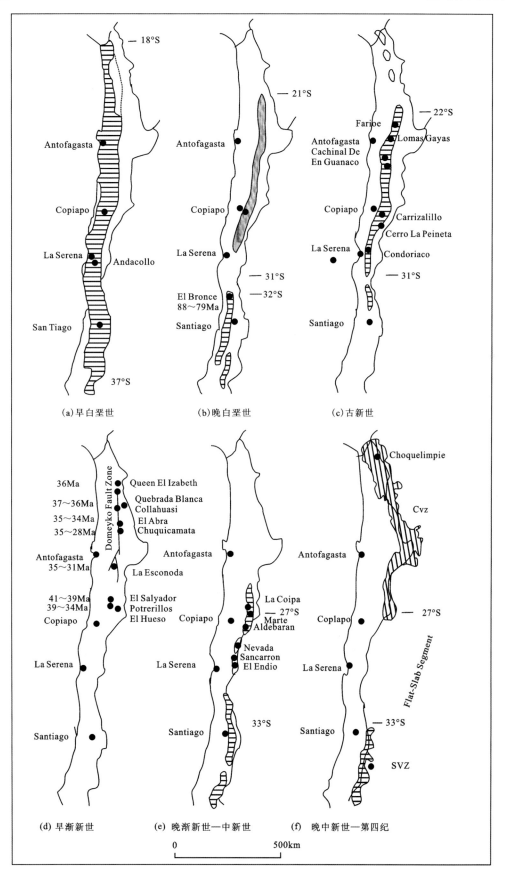

图 3-11 智利浅成低温热液成矿带分布图(据 Davidson and Mpodozis,1991)

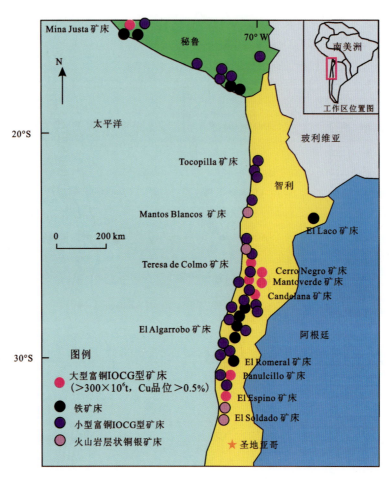

图 3-12 秘鲁南部—智利北部 IOCG 型矿床分布图(据 Sillitoe,2003)

矿床形成时代为中—晚侏罗世和早白垩世,尤以早白垩世占多数,如 Candelaria(116~114Ma)、曼陀贝尔德[Mantoverde,117~(123±3)Ma]、El Soldado(103±2Ma)矿床,少数形成于晚白垩世—古新世,如 Dulcinea 矿床形成于 65~60Ma(Iriarte,1996)。总的来说,成矿时代由西向东变新可分为 4 个阶段:188~172Ma、167~153Ma、141~132Ma 和 130~98Ma,揭示了受洋壳在深部俯冲不断向纵深方向发展的影响,成矿中心和岩浆侵位中心不断向东迁移。

矿床主要赋存于中生代火山岩-火山碎屑岩-沉积岩系列。智利海岸山带北部为侏罗纪—早白垩世厚 5000~10 000m 的拉内格拉组(La Negra)钙碱性火山岩、火山碎屑岩及海相碳酸盐岩系列(Pichowiak,1994),局部夹蒸发盐层或厚层石膏(Ardil,1998);智利海岸山带中部众多的曼陀型矿床主要赋存于白垩纪的浅海相玄武岩、玄武质安山岩、安山质熔岩、凝灰岩和薄层沉积岩。火山岩由于埋藏作用导致地热梯度升高而普遍发生区域性葡萄石-绿纤石浅变质作用。

阿塔卡玛断裂(南纬 20°—30°)是主要的控矿断裂系统,其形成于区域扩张或转换扩张期间,由一系列左旋走滑(北西—北北东—南北向)、脆韧性次级断裂组成。晚白垩世早期由于大西洋张开,弧后盆地反转形成压力机制(Mpodozis and Ramos,1990)。在应力机制转换过程中,断裂系统经历了韧性到脆性的演化,在南纬 25°—27°由正常滑动转变为左旋走滑,旋转角度为 30°左右(Myrl and Beck,1998)。矿床定位于韧性到脆性断层和走滑断裂带中,一般来说北西向断裂与镜铁矿化有关,而北东向断裂则与磁铁矿化有关。在矿床形成过程中,韧性断裂系统可能是活动的,如 Mantoverde 和 Canderalia 矿床,但矿化主要集中形成于脆性阶段。

深成侵入岩浆活动与矿床有密切时空关系。矿床一般产出于深成岩体 1~2km 范围内。侵入岩主要有辉长岩、闪长岩、石英闪长岩、石英二长闪长岩、英云闪长岩和花岗闪长岩组合,含有大量的角闪石,属Ⅰ型或磁铁矿系列。岩浆侵位于上部地壳(小于10km),并快速冷却(Dallmeyer et al.,1996;Scheuber and Gonzalez,1999),锶同位素研究表明岩浆具幔源特征及少量的地壳混染作用,且从西向东岩体侵入时代变年轻。矿化年龄与深成岩体相近或同期,如Mantoverde和Canderalia矿床,Las Animas矿床蚀变年龄(162±4Ma)与闪长岩年龄(161±4Ma)相同(Gelcich et al.,1998;Dallmeyer et al.,1996)。90~80Ma后,岩浆活动东移,成矿作用基本停止。

根据智利IOCG型矿床的特征与成矿作用类型,按照成矿作用与成矿特征将该矿床分为3类:①火山喷溢型铁磷矿床,如Cerro Negro Norte铁矿和El Romeral铁矿等;②火山喷溢-岩浆期后热液叠加型铁铜金(铅锌)矿床,如Candelaria铁铜矿床等;③火山沉积-改造型铜银矿床,如El Soldado铜银矿床等。

火山喷溢型铁磷矿床主要分布于海岸山带的科皮亚波(Copiapó)到拉塞来那(La Serana)地区(南纬26°—31°)。在此区,铁矿床发育,形成智利重要铁矿带(CIB Chilean Iron Belt,Ruiz et al.,1965)。铁矿带宽30km,长600km,铁矿石储量大于$10\,000\times10^4$t的铁矿床在该带分布有40多个,大部分都伴生少量铜和金。成矿时代主要集中在130~100Ma,如El Romeral矿床(110±3Ma;Munizaga et al.,1985)、El Algarrobo矿床(128~100Ma;Montecinos,1985)、Cerro Imán矿床(102±3Ma;Zentilli,1974)、Los Colorados矿床(110Ma;Oyarzún et al.,1984)以及Cerro Negro Norte矿床等。

火山喷溢-岩浆期后热液叠加型铁铜金(铅锌)矿床主要分布于海岸山带南纬21°—31°,形成时代主要集中在中—晚侏罗世(170~150Ma)和早白垩世(130~110Ma)。中—晚侏罗世矿床位于更北部,如Tocopilla(165±3Ma),中部科皮亚波地区集中于晚侏罗世—白垩纪,如坎德拉里亚(Candelaria)矿床(116~114Ma;Mathur et al.,2002)、曼陀贝尔德(Mantoverde)矿床[(123±3)~(117±3)Ma;Vila et al.,1996;Orrego et al.,2000]。

火山沉积-改造型(曼陀型)铜银矿床分布于海岸山带南纬34°以北,在Antofagasta和圣地亚哥的劳斯奎洛斯地区形成了重要成矿区,主要有Mantos Blancos矿床和El Soldado矿床等。

3个IOCG型亚类的矿床特征既具有很多相似性,又存在一定的差异。这些IOCG型矿床均产出于中生代岩浆弧,具有相同岩浆、构造背景及矿化蚀变特征:①成矿时代集中于侏罗纪—白垩纪,均受中生代岩浆弧及阿卡塔玛断裂控制,与同时期区域岩浆作用相关,部分空间关系紧密,矿体常由断层控制;②岩石建造或赋矿层位均为钙碱性岩浆-火山-沉积灰岩建造;③富含铁氧化物及铜硫化物;④普遍发育碱质蚀变。

4. 山间-弧前盆地中盐湖钾盐-锂-硝石成矿系统

在智利山间-弧前盆地的新近纪湖相黏土岩和碳酸盐岩-黏土岩建造是硼-盐类-锂矿的含矿层位。新近纪火山-沉积岩层形成了硼砂-钠硼解石-水硼镁钙石等组成的原生沉积硼矿层,其上部层位尚有次生三方硼砂、贫水硼砂、斜硼钠钙石等次生富集层位。在含硼沉积层之上,蚀变玄武岩中分布硬硼钙石脉、白硼钙石脉。风化产物中,水硼镁钙石和三方硼镁石等与钠硼解石共存。

含锂硝石盐类矿床在南美洲,甚至全球都具有十分特殊地位。锂储量估计达120×10^4t,约占全球锂储量的20%,硝石也是智利矿业主要支柱之一。智利阿卡塔玛含锂硝石盐类矿床与天然硼砂共生,该含锂硝石盐类成矿带在智利第三大区呈近南北向展布,延伸约80km,盐矿矿层中石盐-芒硝-液态钠-钾储量达数百万吨。含锂卤水中锂品位为1700×10^{-6},钾品位为2%,铷品位为26×10^{-6},硼品位为$0.7\times10^{-6}\sim8\times10^{-6}$。智利锂-硝石-盐类-硼砂矿床组合主要与新近纪—第四纪安第斯造山带晚期火山喷发作用有密切关系,属于火山-沉积型矿床,第四纪为主成矿期。含矿岩相属陆相蒸发岩相、岩磐相、盐沼相和卤水相。南纬16°—28°之间高蒸发量干旱气候带的陆相山间盆地内,一般发育近代和现代火山口,从火山口到陆相山间盆地含矿岩系具有较明显的岩相学分带。

总之,在智利,斑岩铜矿,铁氧化物型铜金矿床,浅成低温热液型金银矿床或金、银、多金属矿床,矽卡岩型多金属矿床,曼陀型铜银矿床等都是主要勘查对象。

(四)阿根廷

根据构造演化的不同,阿根廷全境可划分为5个大地构造单元,即智利尼亚造山带、库亚尼亚地块、潘比亚地块、巴塔哥尼亚地台和拉普拉达克拉通(图3-13)。其中,智利尼亚造山带、库亚尼亚地块及潘比亚地块所处构造位置属于中安第斯构造区的组成部分,巴塔哥尼亚地台西部属于南安第斯构造区,拉普拉达克拉通为南美地台的组成部分。

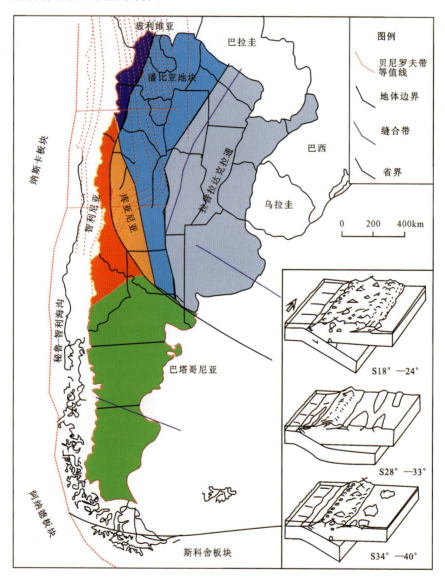

图3-13 阿根廷构造分区示意图(据阿根廷地质矿产局,1996)

智利尼亚造山带位于阿根廷与智利边界的中北部,为中安第斯构造区东安第斯构造带的组成部分,呈南北向带状展布。造山带整体位于古近纪隆起,但早期的一些地壳运动形成复杂的地质构造单元。该带北部为普纳地块,分布古近纪和新近纪火山碎屑岩系及早古生代沉积岩系,局部出露前寒武纪变质岩。南部主要由西、东带两套地层组成,西带为海相中生代沉积,东带为不整合于石炭纪杂砂岩之上的二叠纪至早中生代火山岩系(即科迪勒拉前缘)。

潘比亚地块与库亚尼亚地块为中安第斯构造区次安第斯构造带的组成部分。潘比亚地块主要由前寒武纪—早古生代结晶岩、麻粒岩系组成结晶基底,有人认为它是巴西克拉通的西部边缘。地块的东、西边界分别为一系列南北走向的垂直断层和逆断层,局部地区出露上古生界、古近系和新近系盖层。库亚尼亚地块位于阿根廷中西部，大致可分为3个亚构造单元：北部亚构造单元主要出露早古生代海相（复理石）沉积岩及不整合覆盖于其上的晚古生代陆相（磨拉石）沉积岩；中部亚构造单元和南部亚构造单元为库约（门多萨）盆地和内乌肯盆地，主要由陆相古近系、新近系和三叠系组成。

在中安第斯构造区的阿根廷段，主要优势矿产是铜、金、钼、铅锌、锂、铍、锡及钾盐等，以斑岩型、浅成低温热液型和热液型为最主要的成矿类型。其中，斑岩型是区内最重要的铜、钼、金成矿类型，主要分布于靠近智利的东安第斯构造带，成矿期以晚白垩世到渐新世为主；浅成低温热液型和热液型在区内分布广泛，是金、银、多金属矿的重要成矿类型。阿根廷已发现的5个储量大于250t的特大型金（铜、钼）矿均位于本带内，其中3个位于圣胡安省（Veladero低温热液型金矿、Pascua-Lama低温热液型金矿和Pacho斑岩型金-钼-铜矿），2个位于卡塔马卡省（巴哈代拉鲁穆波莱拉斑岩型铜-金矿和阿瓜里嘎斑岩型铜-钼-金矿）。

1. 铜矿

阿根廷铜矿主要沿智利-阿根廷边境展布的安第斯山成矿带分布（图3-14）。该带北起萨尔塔省，南至内乌肯省，绵延1000多千米，带内矿床数十个，是阿根廷西北部的新生代铜（金）及多金属成矿带。铜矿中普遍伴生钼和金。阿根廷已经发现的2个特大型斑岩型铜矿（巴哈代拉鲁穆波莱拉斑岩铜-金矿和阿瓜里嘎斑岩铜-钼-金矿）都位于阿根廷的卡塔马卡省境内。

2. 铅锌矿

锌铅矿主要分布在胡胡伊省的阿吉拉尔地区和圣胡安省的卡斯塔尼奥别霍地区，阿吉拉尔铅锌矿床为矽卡岩型矿床，矿体呈透镜状或不规则状产于灰岩和石英岩接触带中，成矿期为早古生代，矿石储量为6600×10^4t，铅品位为6.2%，锌品位为7.6%，并伴生金和银（图3-15）。

3. 金矿

阿根廷已经发现的金矿床和矿化点337个（表3-6），其中内生矿床273个，分布于21个成矿带内（表3-7）。

阿根廷共有63个砂金矿和矿化点，但单个矿体的规模较小。典型矿床有Veladero浅成低温热液型金矿，位于圣胡安省Las Taguas河的西部，矿体产于Dona Ana的安山岩和流纹岩中。金主要分布在网脉状石英脉中，主要矿石矿物有自然金、金银矿、黄铁矿、黄铜矿、明矾石以及黏土等，属于高度硫化矿化作用的上部成矿，2009年生产金19t。

1999年公布的矿石储量为1.18×10^8t，金平均品位是1.4×10^{-6}和银平均品位为21.8×10^{-6}。随着勘探工作的进行，周边不断发现新的矿体，储量也不断增加，其中新发现的Agostina矿体新增金储量62.2t，银储量2177t，金平均品位为3.31×10^{-6}和银平均品位为46.4×10^{-6}。根据K-Ar年龄分析确定的成矿作用时间是13.7Ma。Pascua-Lama浅成低温热液型金矿位于圣胡安省，与智利接壤，该矿由智利的Pascua矿延长到阿根廷境内，智利占80%，阿根廷占20%，目前双方正在联合开采。该矿床位于中新世火山岩中，矿化面积为12km^2。2008年估算的矿石储量为3.25×10^8t，金平均品位是1.4×10^{-6}，银平均品位为59×10^{-6}。

4. 锂矿和硼矿

阿根廷硼酸盐储量达200×10^4t，多为新近纪成矿期形成的沉积矿床，并集中分布在普纳高原的盐沼中，主要有廷卡劳、皮纳阿塔卡玛、阿里萨罗和卡马哈里等矿床。阿根廷境内锂主要分布在普纳高原的翁布雷穆埃尔托盐沼、卡塔马卡省及圣路易斯省。

5. 其他矿种

铁矿石储量约11×10^8t，以沉积矿床为主，主要分布在里奥内格罗省的谢拉格兰德（Sierra Grande）、胡胡伊省的萨普拉、米西奥内斯省及萨尔塔省，其他的矿产主要有银、钨、锰、铀、钼、煤、钾盐、石膏、萤石、重晶石和硅藻土等。

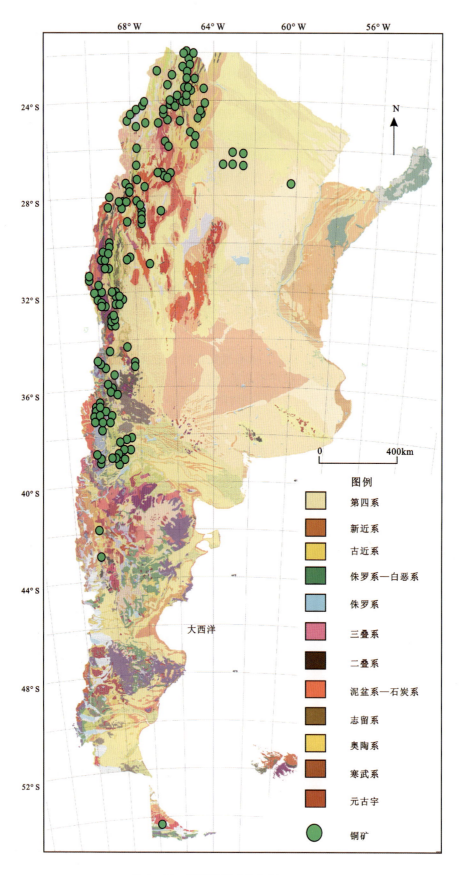

图 3-14 阿根廷铜矿分布图(据元春华等,2012)

第三章 区域成矿特征及成矿区(带)划分

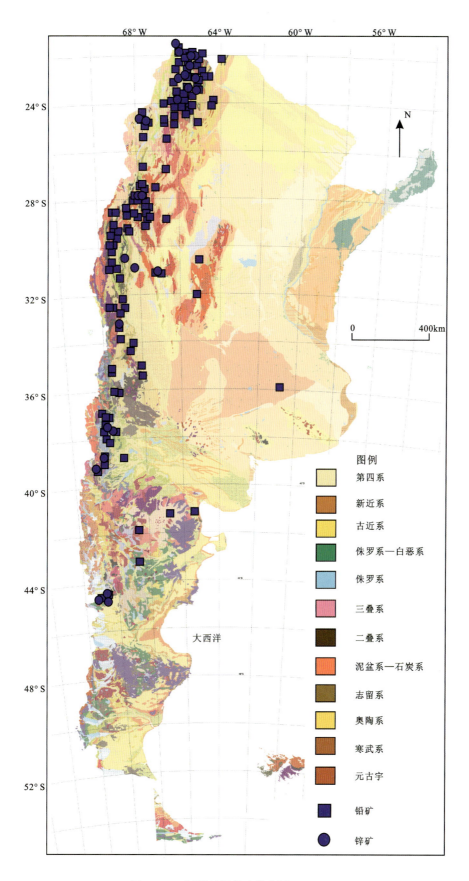

图 3-15 阿根廷铅锌矿分布图(据元春华等,2012)

表 3-6 阿根廷内生金矿床分布统计表

地区	省	矿点	小型	中型	大型	总计
北部	胡胡伊	18	6	-	-	24
	萨尔塔	12	2	1	-	15
	土库曼	2	-	-	-	2
	卡塔马卡	4	8	2	1	15
中部	拉里奥哈	27	15			42
	圣胡安	27	24	2	3	42
	科拉多巴	1	9	-	-	10
	门多萨	3	6	2	-	11
	圣路易斯	5	4	-	-	9
南部	内乌肯	9	5	-	-	14
	里约内格罗	9	2	-	-	11
	楚布特	8	5	1	-	14
	圣达可鲁斯	41	7	2	-	50

共计：273 处矿点和矿床

注：大型矿床指储量大于 250t；中型矿床指储量为 25~250t；小型矿床储量小于 25t；矿点为还没有量化的资源量。

表 3-7 阿根廷金矿成矿带

序号	成矿带名称	重要矿床	矿床类型	年代	储量(kg)
1	Rinconada-Antofalla	Rinconada	浊积岩中的金矿	奥陶纪	760
2	Caldericos Puna	Cerro Salle、Cerro Redondo	浅成低硫斑岩型金矿	中新世	-
3	Pancho Arias-Organullo	Organullo、Incahusi	斑岩型金-铜金矿	中新世—上新世	30
4	Taca Taca	Taca Taca Alto、Taca Taca Bajo	斑岩型铜金矿	渐新世	8750
5	Diablillos	Diablillos、Lindero-Arizaro	浅成高硫化型斑岩型铜-金矿	中新世	2500
6	Farallon Negro	巴哈代拉鲁穆波莱拉、阿瓜利卡、Alto de la Blenda	浅成中硫化型斑岩型铜-金矿	中新世	727 800
7	Famatina	La Mejicana-Distrito El Oro	浅成高硫化型	中新世、上新世	8545
8	El Indio-Maricunga	Pascua Lama、Veladero	浅成高硫化型	中新世	454 160
9	Cordillera Frontal	Las penas-San Francisco de los Andes	角砾岩型和斑岩型矿	二叠纪—三叠纪	1000
10	Pachon	Pachon	斑岩型和浅成高硫化型	中新世	15 856
11	Castano-San Jorge	Castano Nuevo-Casposo-Castano	浅成高硫化型和中硫化型以及斑岩型	二叠纪—三叠纪	45 488

续表 3-7

序号	成矿带名称	重要矿床	矿床类型	年代	储量(kg)
12	Precordillera	Gualcamayo-Guachi-Paramillos	矽卡岩型、浅成高硫化型和斑岩型	中新世	114 420
13	Sierras PampeansⅠ	El Morado	剪切带型金矿	古生代	6500
14	Sierras PampeansⅡ	Sierra de las Minas Callana-Espinillo	剪切带型金矿	泥盆纪	5000
15	Sierras PampeansⅢ	Candelaria-San Ignacio	剪切带型金矿	泥盆纪	38 165
16	Sierras de Saint Louis	Carolina	浅成低硫化型	中上新世	21 500
17	Andacollo	Erika-Sofia	浅成低硫化型(?)	古近纪	2005
18	Los Menucos	Cerro La Mina、Cerro Abanico、Dos Lagunas	浅成低硫化型和高硫化型	三叠纪—早侏罗世	—
19	Cordon de Esquel	Galadriel Julia-Joya del Sol	浅成低、中和高硫化型	中—晚侏罗世	164 968
20	Los Manantiales	Mina Angela、Cerro Risquero、Veta 49	浅成低硫化型和中硫化型	中—晚侏罗世	25 801
21	Deseado	Vanguardia、Manantial Espejo、Veta Martha	浅成低硫化型	中—晚侏罗世	281 003
				储量总计:	1889.76t

阿根廷可以提炼稀有金属铍的绿柱石蕴藏量估计达 $1×10^8$ t,仅次于巴西,居世界第二位。绿柱石矿分布于安第斯山脉东部各省,其中以科尔多瓦省的蕴藏量最大。

阿根廷煤炭资源不太丰富,已探明的储量只有 $6×10^8$ t,主要分布在拉里奥哈省的中部、门多萨省的北部、圣胡安省、内乌肯省的北部地区、里奥内格罗省西部的圣卡洛斯·德巴进而洛切列丘布特省西北部的埃斯克尔,以及圣鲁克斯省的里奥图尔比奥河谷。此外,在整个安第斯山脉地区和火地岛的山谷、河岸等地区有丰富的泥煤资源。

三、南安第斯构造区

南安第斯构造区成矿作用与中安第斯构造区有很大差异,基本没有斑岩型矿床存在。主要成矿类型有:与元古宙变质基性岩有关的喷流-沉积型(Sedex 型)锌-铅-钡-银矿床和钡矿床;与被动陆缘沉积有关的志留纪—泥盆纪层状铁矿床和 Sedex 型锌-铅-钡-银矿床;与碰撞后花岗岩和陆地流纹岩有关的二叠纪—三叠纪浅成低温热液型锰矿床、浅成低温热液型金-银矿床、火山成因铀矿、破碎带型铋-铜-金矿床和脉状及角砾岩中(不同成因)的萤石矿;与裂谷火山活动有关的侏罗纪—白垩纪浅成低温热液低硫化型金矿;与热水沉积有关的古近纪—新近纪沉积型钡矿床、沉积型层状钡-锶矿床和沉积型层状铜矿床等,并且在沉积盆地中有丰富的石油、天然气、煤等矿产资源。

1. 黑矿型多金属矿床

该类矿床主要分布在智利南部的 Toqui 地区、Fuegian Andes 地区和阿根廷的 Arroyo Rojo 地区等。矿床主要产出在早白垩世的火山-沉积岩系中,矿体多呈层状、似层状、块状产出。

智利的 Toqui 铜多金属矿被认为是产出在下白垩统 Coyhaique 群 Aysen 盆地火山-沉积岩系中的火山成因贱金属矿床。该矿床估计矿石储量 $1000×10^4$ t(其中锌品位为 8%,铜品位为 0.6%,铅品位为 1.5%,金品位为 $1.5×10^{-6}$),锌金属储量为 $80×10^4$ t,铜金属储量为 $60×10^4$ t,铅金属储量为 $15×10^4$ t,金金属储量为 15t。

在 Estatuas 矿区的层状矿体产出在流纹凝灰岩中,而在 Concordia 的灰岩中块状、次块状矿石产在安山质凝灰岩中,同样在该区最大的矿床 San Antonio 中矿石呈块状产出在富碳酸盐岩的安山质凝灰岩和灰岩中。在这些矿床中,矿石组成相似,都由磁黄铁矿、黄铁矿和闪锌矿组成,含少量的黄铜矿、黝铜矿、自然铋和方铅矿。

在 Fuegian Andes 地区(图 3-16),黑矿(Kuroko)型多金属块状硫化物矿床也产出在与流纹岩穹隆有关的小盆地中。矿石主要由黄铁矿组成,也有少量的闪锌矿、方铅矿和黄铜矿,偶见磁黄铁矿。硫化物透镜体厚 20m,含互层状含铁燧石岩。

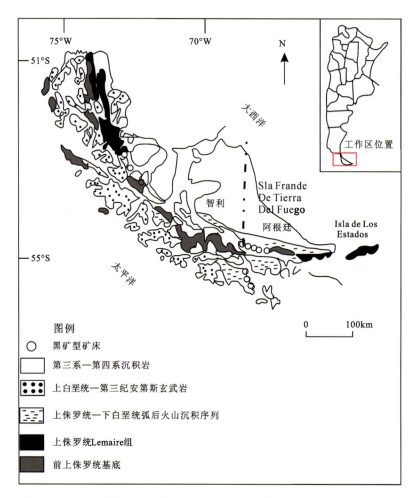

图 3-16 南安第斯地区主要黑矿型矿床产出位置(据 Ametrano et al.,2000)

2. 低硫化型低温热液金-银矿床

在智利,Fachimal 地区有许多著名的低硫化型金矿,包括产出在侏罗纪长英质火山岩中主要呈脉状产出的金银矿床,如 Cerro Bayo 矿床(储量为 $67×10^4$t,金品位为 $5.12×10^{-6}$,银品位为 $315.6×10^{-6}$;金资源量为 3.5t,银资源量为 215t)。

3. 蛇绿岩铂矿床及相关砂矿

在安第斯地区的火地岛(图 3-17),Sarmiento 和 Tortugas 蛇绿岩杂岩体的产出代表了晚侏罗世到早白垩世的洋壳沿弧后盆地发育事件。

少量的主要铂矿体的产出与蛇绿岩杂岩体中的超基性岩石有关。冰川作用导致了含铂矿物的初始富集,之后伴随着自然金再次富集在火地岛的海岸冲积矿床中。自然金是从形成巴塔哥尼亚岩基(阿根廷的 El Paramo 基岩)的热液体系中分离出来的。

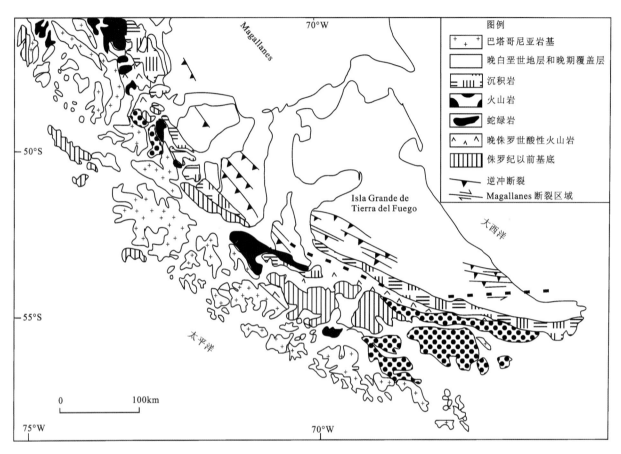

图 3-17 安第斯火地岛地区蛇绿混杂岩带地质图(据 Ramos and Aleman,2000)

第二节 区域成矿控制因素

安第斯成矿带的铜、金、多金属成矿作用和区域成矿特征既与基底组成及构造演化有关,也与太平洋板块向南美大陆板块的俯冲模式和角度有关,严格受由板块俯冲引起的构造运动和岩浆活动的控制,自北向南区域成矿作用与成矿类型形成有规律变化。

北安第斯构造区基底可能为南美亚马逊克拉通的组成部分,具有太平洋板块向南美板块仰冲或陡倾斜俯冲特征(图 3-18),在火山弧的外侧有洋壳增生体,弧后拉张作用明显,中生代火山岩主要为玄武安山质—安山质,且具有火山-岩浆活动时期自东向西逐渐变新的趋势。在成矿特点上,铜、铅锌、多金属矿化较弱,斑岩型铜矿规模小,而铁、镍成矿具一定规模。其中,多金属 VMS 型矿床、铁-钛-钒岩浆型矿床、红土型镍矿等具有较好找矿前景。在沉积盆地中,油气、煤等能源矿产资源丰富。

中安第斯构造区基底主要由新元古代—早古生代增生在原始冈瓦纳大陆上的阿雷基帕-安托法亚、库亚尼亚、智利尼亚等准原地地体构成,具有太平洋板块向南美板块俯冲倾角逐渐变缓的俯冲模式(图 3-19),火山-岩浆作用以钙碱性的安山质、英安质和流纹质为主。在其演化过程中,伴随洋壳俯冲角度逐渐变缓,岩浆弧逐渐向东迁移,火山岩带自西向东越来越年轻。在成矿作用上,表现为铜、钼、铅锌、金、多金属矿成矿作用强烈,成矿类型主要为斑岩型、IOCG 型、浅成低温热液型-热液型(Gerardo et al.,2001)。自西向东,成矿金属元素组合和成矿类型呈现出明显的分带性变化,从海岸安第斯带→西安第斯带→东安第斯带→次安第斯带,主要成矿金属元素组合从以 Fe-Cu-Au 为主,向以 Cu-Mo-Au 为主→以 Ag-Pb-Zn-Sn-W 为主过渡(Robert,2001);主要成矿类型也从以 IOCG 型为主,向以斑岩型为主→以浅成低温热液型为主-以热液型为主演变。该构造区是安第斯成矿带中成矿作用最为强烈、资源最为丰富、找矿潜力最大的地区,产有一系列世界著名的大型—超大型铜、金、多金属矿床。

南安第斯构造区基底由属巴塔哥尼亚地体的古生代变质岩组成。中生代—新生代时期的板块俯冲模式与北安第斯相似,具有多级俯冲的地体增生模式,并在其最南端由于受南极洲板块的俯冲影响而弯曲成近东西向。火山-岩浆活动相对较弱,以钙碱性为主,并有蛇绿混杂岩的堆积。成矿类型主要为火山成因贱金属矿床、低硫化型低温热液金-银矿床及蛇绿岩铂矿床等,基本没有斑岩型矿床存在。喷流-沉积型(Sedex 型)铅-锌-银矿床、浅成低温热液型金-银矿床、与蛇绿岩有关的铂矿床以及油气资源等具一定的找矿前景。

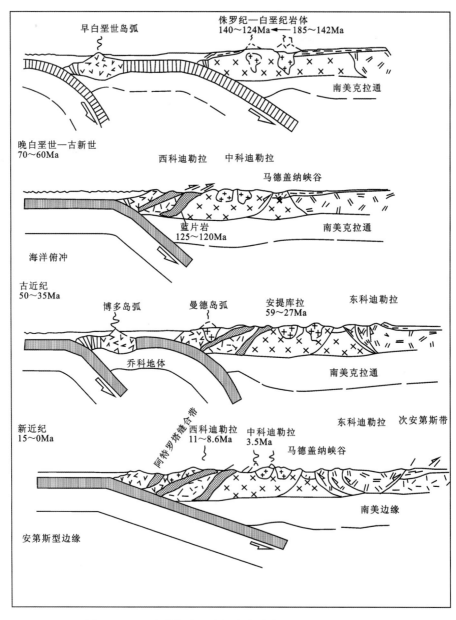

图 3-18 北安第斯成矿省板块俯冲模式(据 Cordani,2000)

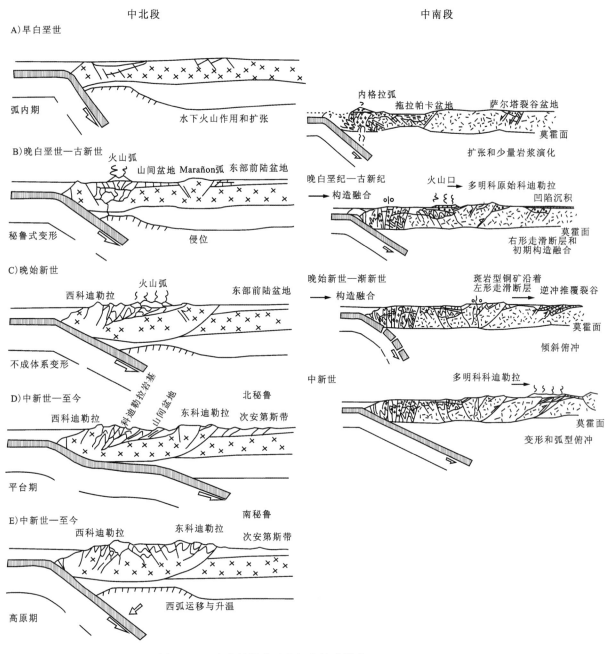

图 3-19 中安第斯成矿省板块俯冲模式(据 Cordani, 2000)

第三节 成矿区(带)划分

依据基底组成、构造-岩浆演化、板块俯冲形式,以及成矿构造环境、主要成矿类型的不同,可将安第斯成矿带自北向南划分为 3 个 II 级成矿省,在每个成矿省内再根据主要成矿矿种、成矿类型和成矿作用的不同,划分为若干个 III 级成矿带(图 3-20,表 3-8),其中,北安第斯成矿省可进一步划分为 6 个 III 级成矿带,中安第斯成矿省可进一步划分为 5 个 III 级成矿带,南安第斯成矿省可进一步划分为 3 个 III 级成矿带。

表 3-8 安第斯成矿带成矿区(带)划分表(据卢民杰等,2016)

Ⅱ级成矿省		Ⅲ级成矿带	
编号	名称	编号	名称
Ⅱ-1	北安第斯成矿省	Ⅲ-1	海岸安第斯铁、铜、镍、贵金属、多金属成矿带
		Ⅲ-2	西安第斯铜、钼、金、铁、铀、多金属成矿带
		Ⅲ-3	中安第斯铜、镍、钴、铬、贵金属、多金属成矿带
		Ⅲ-4	东安第斯铜、钼、金、银、多金属与能源矿产成矿带
		Ⅲ-5	梅里达有色金属与煤、磷矿产成矿带
		Ⅲ-6	加勒比海岸铁、铜、镍、钛成矿带
Ⅱ-2	中安第斯成矿省	Ⅲ-7	海岸安第斯IOCG型铁、铜、金成矿带
		Ⅲ-8	西安第斯斑岩型铜、金、多金属成矿带
		Ⅲ-9	东安第斯金、银、多金属成矿带
		Ⅲ-10	次安第斯成矿带(以金、银、铜、铅锌为主)
		Ⅲ-11	安第斯中部高原钾盐-锂-硝石成矿带
Ⅱ-3	南安第斯成矿省	Ⅲ-12	海岸安第斯铂、金、多金属成矿带
		Ⅲ-13	主安第斯金、银、铜、多金属成矿带
		Ⅲ-14	次安第斯成矿带(以铁和能源矿产为主)

一、北安第斯成矿省

北安第斯成矿省位于安第斯成矿带北段,大致以位于厄瓜多尔南部(南纬3°)的哥利哈尔瓦(Grijalva)断裂带为界,与中安第斯成矿省相分(图3-20),包括厄瓜多尔中北部、哥伦比亚西部和委内瑞拉西北部。根据地球物理资料,哥利哈尔瓦(Grijalva)断裂带为一条重要的板块断裂带。在瓜亚基尔湾,哥利哈尔瓦(Grijalva)断裂带将太平洋纳兹卡大洋板块分为两个部分,断裂以北,目前俯冲的大洋板块年龄为23~10Ma(中新世),洋底深度在海平面以下2800~3500m,大多数厄瓜多尔-哥伦比亚海沟深度低于4000m;而在断裂以南俯冲的大洋板块年龄为50~30Ma(始新世—早渐新世),深度在4000~5600m,秘鲁-智利海沟深度达到6600~7500m,局部达到8055m(南纬23°)。而且根据火山岩地球化学资料可知,北安第斯区的中生代火山岩主要为玄武安山质—安山质,且有大量的由蛇绿混杂岩组成的洋壳残片(增生楔)的存在;而中安第斯的火山岩主要为安山质—英安质。地球物理资料和地球化学的研究所均证实了这一分界线的存在。

北安第斯成矿省基底由多个前寒武纪—古生代地体构成,具有多级俯冲的地体增生模式。地质构造上,表现为一系列呈北北东—北东走向的火山岩带和发育在火山岩带之间的山间盆地,由东向西火山-岩浆作用的时代逐渐变新,并在火山岩带西侧(火山弧外侧)存在一系列洋壳增生体,如加勒比地体、乔科(Choco)地体、皮诺-达瓜(Pinon-Dagua)地体等,发育有拉斑玄武岩和多条蛇绿混杂岩堆积。该成矿省铜、铅锌、多金属矿化较弱,斑岩型铜矿规模小,而铁和镍成矿具有一定规模。其中,多金属VMS型矿床、铁-钛-钒岩浆型矿床和红土型镍矿等具有较好找矿前景。在沉积盆地中,油气和煤等能源矿产资源丰富(琚亮等,2011;田纳新等,2011)。

依据成矿构造环境和成矿类型,北安第斯成矿省自西而东可依次分为海岸安第斯、西安第斯、中安第斯、东安第斯和梅里达、加勒比6个Ⅲ级成矿带(图3-21)。

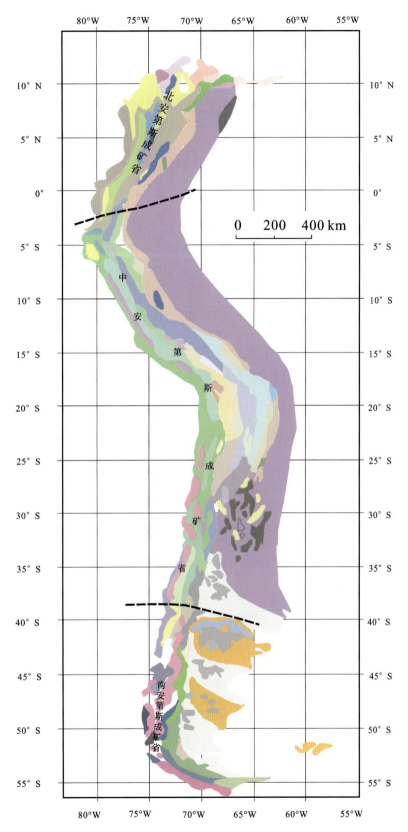

图 3-20 安第斯成矿区(带)划分图(据卢民杰等,2016)

注:底图为安第斯地区构造分区图,两条粗黑线为划分成矿区带边界,自北而南分别以哥利哈尔瓦(Grijalva)断裂带和瓦尔迪维亚(Valdivia)断裂带为界

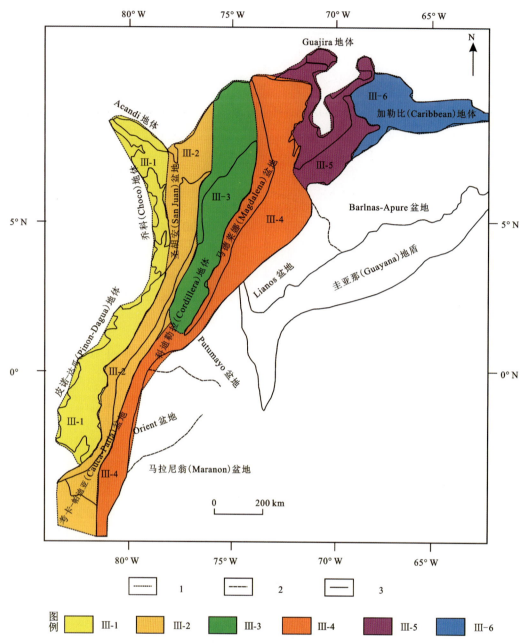

图 3-21 北安第斯成矿省Ⅲ级成矿带划分图(据卢民杰等,2016)

1.成矿带边界;2.盆地边界;3.地体边界;Ⅲ-1.海岸安第斯铁、铜、镍、贵金属、多金属成矿带;Ⅲ-2.西安第斯铜、钼、金、铁、铀、多金属成矿带;Ⅲ-3.中安第斯铜、镍、钴、铬、贵金属、多金属成矿带;Ⅲ-4.东安第斯铜、钼、金、银、多金属与能源矿产成矿带;Ⅲ-5.梅里达有色金属与煤、磷矿产成矿带;Ⅲ-6.加勒比海岸铁、铜、镍、钛成矿带

1. 海岸安第斯铁、铜、镍、贵金属、多金属成矿带(Ⅲ-1)

该成矿带是以岛弧和弧前环境为特征的铁、铜、镍、贵金属、多金属成矿带,主要成矿类型为与蛇绿岩有关的铜-镍-钴-锰矿床、VMS 型铁-铜(金)矿床、铁-钛和铂族金属(PGM)-金砂矿,以及与侵入岩有关的低温热液型贵金属、多金属矿床等。

2. 西安第斯铜、钼、金、铁、铀、多金属成矿带(Ⅲ-2)

该成矿带位于海岸安第斯成矿带的东侧,是以岛弧和弧后环境为特征的铜、钼、金、铁、铀、多金属成矿带,成矿类型以斑岩型、浅成低温热液型及氧化铁型(IOCG 型)等为主。带内火山-岩浆活动主要发生在晚中生代至古近纪,中新世还有岩体侵入。

在哥伦比亚(Columbia)境内,西安第斯铜、钼、金、铁、铀、多金属成矿带可进一步划分为图马科(Tumaco)成矿亚带、科克(Careoa)成矿亚带、温吉亚布加(Valledupar)成矿亚带和塞纽-圣贾斯通区成矿亚带。

3. 中安第斯铜、镍、钴、铬、贵金属、多金属成矿带(Ⅲ-3)

该成矿带由中安第斯火山岩带和山间坳陷构成,带内火山-岩浆活动广泛,主要发育在中生代—古近纪,上覆古近纪沉积岩和火山岩。成矿带间发育大量的古生代—渐新世的外来增生杂岩及陆壳碎片(Peltetec-Palenque 混杂岩)、岛弧和俯冲杂岩体(弧前-岛弧-弧后)。该带为铜、镍、钴、铬、贵金属、多金属成矿带,成矿类型多样,有与蛇绿岩和超镁铁质岩有关的矿床,与花岗岩类侵入体有关的热液型和矽卡岩型铜、多金属矿床,与斑岩和角砾岩有关的铜-钼(金-锌-铋)矿床、角砾岩型锡-钨矿床、低温热液型金-银(铜-砷-镍-汞)矿床和 VMS 型铁-铜-铅-锌-银-金矿床等。

在厄瓜多尔境内,该带由西往东可依次划分为以铁矿为主的黑色金属成矿亚带、以铜(含金、钼)为主的有色金属成矿亚带、以铜-铅-锌-银为主的多金属成矿亚带和以锡(含钨、银、铋)为主的有色金属成矿亚带。

在哥伦比亚境内,该带可进一步分为上—中马德莱娜(Magdalena)成矿亚带、下马德莱娜成矿亚带、卡塔通博(Catatumbo)成矿亚带、赛泽尔-押切瑞亚(Sozer-Oshikiri Rhea)成矿亚带、瓜亚基尔(Guayaquil)成矿亚带和巴兰卡韦梅哈-拉多拉达(Barrancabermeja-La Dorada)成矿亚带等。

4. 东安第斯铜、钼、金、银、多金属与能源矿产成矿带(Ⅲ-4)

该成矿亚带为铜、钼、金、银、多金属与能源矿产成矿带,以弧后及岛弧环境为特征,多为与三叠纪—侏罗纪克拉通内裂谷盆地、侏罗纪岛弧岩浆岩[扎马拉(Zamara)岩基]及陆相和海相火山-沉积岩有关的矿床。固体矿产包括斑岩型铜-钼和铜-金矿床、与矽卡岩有关的金(铋)和铁-铜(锌)矿床、低温热液型金-银(锌)-铅矿床、沉积型铀矿、始新世古砂金矿和第四纪砂金矿等。

该带位于哥伦比亚东部,是哥伦比亚最重要的油气聚集区。区内上白垩统为主力烃源岩,生烃潜力大,成熟度高,已处于成熟—过成熟阶段,产生了大规模的油气富集(叶德燎,2007;琚亮等,2011),其中天然气占油气总资源量的 20%~30%。

该带也是著名的祖母绿宝石成矿带。已知的祖母绿矿区有葛查拉(Gochala)、乌巴拉(Oubala)和齐伯尔(Zieber),其中重要的矿床有齐伯尔、布埃纳维斯塔(Buena Vista)、新世界、埃尔迪亚曼特(El Diamante)、拉斯克鲁塞斯(Las Cruces)、埃尔多罗(El Dorothy Hamm)和普罗维登斯(Providence)等。

5. 梅里达有色金属与煤、磷矿产成矿带(Ⅲ-5)

该成矿带为前中生代—中生代的煤、磷、有色金属成矿带,以弧后环境为特征。成矿类型多以沉积型或层控型为主。区内磷矿床主要分布在加勒比海多山体系西部、塔奇拉(Táchira)地区中部和东南部以及佩里哈山脉地区中北部,三大地区成矿规模依次递减,分别为大型、中型和小型,均为层控型矿床。

6. 加勒比海岸铁、铜、镍、钛成矿带(Ⅲ-6)

该成矿带为铁、铜、镍、钛成矿带。成矿大多与中生代超镁铁质岩有关,以发育与中生代超镁铁质岩有关的红土型镍矿、钛铁矿-磁铁矿矿床为特征。其中,由超镁铁质岩石风化而成的红土型镍矿床中以洛马德耶罗(Roma de Hierro)矿床为最大,镍储量为 5000×10^4 t,矿石品位为 1.5%;在雍拉贵州北部的斜长岩和斜长辉石岩中发现了原生和次生的钛铁矿-磁铁矿矿床,钛储量为 3900×10^4 t,TiO_2 品位为 6.55%。

二、中安第斯成矿省

中安第斯成矿省位于安第斯成矿带中段地区(大致在南纬 3°—39°之间),其北界大致以哥利哈尔瓦(Grijalva)断裂带为界与北安第斯成矿省相分,南界以智利南部的瓦尔迪维亚(Valdivia)断裂带为界与南安第斯成矿省相分。地理区划上包括厄瓜多尔南部、秘鲁全境、智利中北部、玻利维亚西部和阿根廷西部—西北部。根据地球物理资料,南部边界的瓦尔迪维亚(Valdivia)断裂带是太平洋纳斯卡板块与南极洲板块分界断裂,在该断裂带发育有一系列的洋底转换断层。其北部属纳斯卡板块,向南美大陆的俯冲角度相对较平缓,为25°~30°(Bourgois et al.,1996;卢民杰等,2016),俯冲速率大概为每年8cm;南部属南极洲板块,俯冲速度较慢,大概为每年2cm,俯冲角度尚不清楚。在火山-岩浆活动特点上,该成矿省表现为其南、北两侧发育有不同类型的活动火山弧,北部有更活跃的火山-岩浆活动等,这些特点显示了这一分界断裂的存在。

该成矿省基底主要由新元古代—早古生代增生在原始冈瓦纳大陆上的阿雷吉帕-安托法拉(Arequipa-Antofalla)、库亚尼亚和智利尼亚等准原地地体构成,是西太平洋板块向南美板块俯冲形成的典型陆缘火山弧。中安第斯成矿省具有太平洋板块向南美板块俯冲倾角逐渐变缓的俯冲模式,火山-岩浆作用以钙碱性的安山质、英安质和流纹质为主。在演化过程中,伴随洋壳俯冲角度逐渐变缓,岩浆弧逐渐向东迁移,火山岩带自西向东越来越年轻。该成矿省成矿地质条件十分优越,是安第斯成矿带中铜、钼、铅锌、金、多金属矿成矿作用最为强烈、资源最为丰富、找矿潜力最大的地区,区内产有一系列世界著名的大型—超大型铜、金、多金属矿床。

依据成矿构造环境和成矿类型,中安第斯成矿省可划分为海岸安第斯、西安第斯、安第斯中部高原、东安第斯和次安第斯5个Ⅲ级成矿带(图3-22)。

1. 海岸安第斯IOCG型铁、铜、金成矿带(Ⅲ-7)

该成矿带位于中安第斯成矿省中南段西侧(图3-22),其主体部分位于秘鲁南部—智利北部一带,总长度大于2000km。该成矿带的形成与洋壳俯冲背景下岛弧造山带的拉伸环境有关,主要为火山弧、弧前(内)盆地和弧后盆地的构造环境,矿床主要赋存在火山-沉积岩系中。成矿类型主要以中生代IOCG型铁、铜、金矿床为特征(Gerardo et al.,2001;Francisco,2005;赵文津,2007;李建旭等,2011a,2011b;贺明生等,2014),并有少量的富金斑岩型铜矿和浅成低温热液型矿床等。

在秘鲁,该带被称为海岸山带中生代铁-铜-金成矿带,成矿时代为中—晚侏罗世和早白垩世,可被进一步划分为:

Ⅳ-1. 中—晚侏罗世铁-铜-金(IOCG型)成矿亚带;

Ⅳ-2. 早白垩世铁-铜-金(IOCG型)成矿亚带。

区内主要金属矿产为IOCG型铁、铜和金,其中以早白垩世形成的马尔科纳-胡斯塔(Marcona-Mina Justa)矿床最为典型。

在智利,该带被称为科迪勒拉海岸山铁、铜、金和银成矿带。位于南北向阿塔卡玛(Atacama)断裂西侧,长约1000km,并可进一步划分为3个Ⅳ级成矿亚带:前侏罗纪弧前增生楔与造山型金铜成矿亚带,侏罗纪—白垩纪主火山岛弧IOCG型和热液型金铜成矿亚带,以及弧盆反转构造带中IOCG型和浅成低温热液型金、银、多金属及斑岩型铜金成矿亚带(张立新等,2010;李建旭等,2011a;李建旭,方维萱,2011;方维萱,李建旭,2014)。典型矿床主要有坎德拉里亚(Candelaria)铜矿(116~114Ma)、曼陀贝尔德(Mantoverde)铜矿[117~(123±3)Ma]和埃索达多(El Soldado)铜矿(103±2Ma)等。各Ⅳ级成矿亚带主要特征如下。

(1)Ⅳ-3. 前侏罗纪弧前增生楔与造山型金铜成矿亚带:分布于科迪勒拉海岸山带西侧,前侏罗纪弧前增生楔主要为泥盆纪—石炭纪和二叠纪构造岩石地层单元,发生较强的变质变形,金属矿床形成与中生代阿塔卡玛断裂系统早期韧性变形阶段有关。

(2)Ⅳ-4. 侏罗纪—白垩纪主火山岛弧IOCG型和热液型金铜成矿亚带:主要分布在侏罗纪—白垩纪主火山岛弧带、弧间盆地和弧后盆地3个四级构造单元中。从北到南可分为3个矿集区:南纬12°—14°、南纬16°—22°和南纬23°—33°,大型矿床有Candelaria、Mantos Blancos、El Soldado、Mantoverde、Santo Domingo等。

(3)Ⅳ-5. 弧盆反转构造带中IOCG型和浅成低温热液型金、银、多金属及斑岩铜金成矿亚带:主要位于岛弧反转构造带、弧间盆地和弧后盆地反转构造带。浅成低温热液型金、银、多金属矿床和斑岩型铜金矿床常与IOCG型矿床形成叠加成矿或分带。

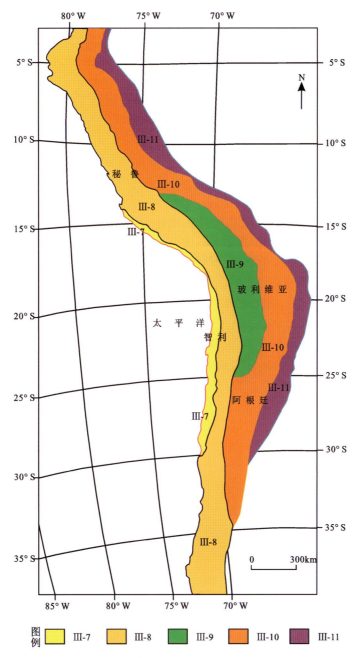

图 3-22 中安第斯成矿省Ⅲ级成矿带划分图(据卢民杰等,2016)

Ⅲ-7.海岸安第斯 IOCG 型铁、铜、金成矿带;Ⅲ-8.西安第斯斑岩型铜、金、多金属成矿带;Ⅲ-9.东安第斯金、银、多金属成矿带;Ⅲ-10.次安第斯成矿带(以金、银、铜、铅锌为主);Ⅲ-11.安第斯中部高原钾盐-锂-硝石成矿带

2. 西安第斯斑岩型铜、金、多金属成矿带(Ⅲ-8)

该成矿带位于中安第斯成矿省西侧,平行太平洋海岸线,呈北西—近南北向展布,从厄瓜多尔南部向南穿越秘鲁、玻利维亚西部、阿根廷西北部并一直延伸到智利南部(图3-22)。其成矿地质背景为中—新生代岛弧环境的构造-岩浆岩带,是中安第斯成矿省中最重要的斑岩型铜矿和金、多金属成矿带。

在秘鲁,该带被称为西安第斯中生代—新生代铜-钼-金-银成矿带,带内主要金属矿产为铜、钼、金、银、铅和锌。主要矿床类型为斑岩型铜(钼、金)矿床,如塞罗巴贝尔德(Cerro Verde)、夸霍内(Cuajone)、盖伊拜科(Quellaveco)、托克帕拉(Toquepala)、拉格兰哈(La Granja)和特罗莫克(Toromocho)等十几个超大型矿床,以及属于斑岩型成矿系统的热液型金、银矿床和矽卡岩型多金属矿床,如亚纳科查

(Yanacocha)和安塔米纳(Antamina)矿床等。此外,还有与侵入岩相关的多金属矿床,如塞罗德巴斯库(Cerro de Pasco)和卡斯特罗维雷纳(Castrovirreyna)矿床等,以及与火山岩有关的块状硫化物矿床。

该成矿带可进一步划分出15个Ⅳ级成矿亚带:

Ⅳ-1. 中侏罗世斑岩型铜-钼成矿亚带;

Ⅳ-2. 晚侏罗世阿尔比阿勒(Albiano)火山块状硫化物成矿亚带;

Ⅳ-3. 晚白垩世与侵入岩体有关的金-铅-锌-铜成矿亚带;

Ⅳ-4. 晚白垩世斑岩型铜-钼成矿亚带;

Ⅳ-5. 晚白垩世—古新世火山块状硫化物铅-锌-铜成矿亚带;

Ⅳ-6. 晚白垩世—古新世热液型金-银成矿亚带;

Ⅳ-7. 古新世—始新世斑岩型铜-钼和与侵入岩有关的多金属成矿亚带;

Ⅳ-8. 始新世与侵入岩有关的金-铜-铅-锌成矿亚带;

Ⅳ-9. 始新世—渐新世斑岩-矽卡岩型铜-钼(金、锌)和与侵入岩有关的铜-金-铁成矿亚带;

Ⅳ-10. 始新世热液型金-银成矿亚带和始新世—渐新世—中新世多金属成矿亚带;

Ⅳ-11. 渐新世热液型金-银成矿亚带;

Ⅳ-12. 中新世斑岩型铜-钼-金、矽卡岩型铅-锌-铜-金成矿亚带和与侵入岩有关的多金属成矿亚带;

Ⅳ-13. 中新世热液型金-银成矿亚带;

Ⅳ-14. 中新世与侵入岩有关的钨-钼-铜成矿亚带;

Ⅳ-15. 中新世—上新世热液型金-银成矿亚带。

在智利,该带被称为主科迪勒拉成矿带,呈近南北走向,沿智利海岸延长约2000km,是智利最重要的铜、钼、金、多金属成矿带。智利的大型—超大型斑岩型铜-钼、铜-金矿床几乎都分布在该带,如丘基卡马塔(Chuquicamata)(铜储量为6637×10⁴t)、埃尔特尼恩特(El Teniente)(铜储量为9435×10⁴t)、萨尔瓦多(Salvador)(铜储量为1129×10⁴t)、安迪纳(Andina)、埃斯康迪达(Escondida)(铜储量为3249×10⁴t)、里奥布兰卡(Ferdinand)、洛斯布隆塞斯(Los Bronces)、迪斯普塔达(Disputada)、楚基北(Chuqui Norte)(铜储量为1655×10⁴t)和曼萨米纳(Nansa Mina)(铜储量为845×10⁴t)等矿床。根据新生代火山-岩浆弧和斑岩成矿带特征,该带进一步分为5个Ⅳ级成矿带:

Ⅳ-16. 北部火山-深成岩浆弧斑岩型铜-金-钼—浅成低温热液型金银多金属成矿亚带;

Ⅳ-17. 南部火山-深成岩浆弧斑岩型铜-金-钼—浅成低温热液型金银多金属成矿亚带;

Ⅳ-18. 前科迪勒拉造山带斑岩型铜-金-钼—浅成低温热液型金银多金属成矿亚带;

Ⅳ-19. Maricunga斑岩型金成矿亚带;

Ⅳ-20. 造山型金银多金属成矿亚带。

3. 东安第斯金、银、多金属成矿带(Ⅲ-9)

该成矿带位于中安第斯成矿省东侧,走向与西安第斯斑岩铜、金、多金属成矿带等其他成矿带相同,亦呈北西—近南北向展布。该成矿带从厄瓜多尔南部向南穿越秘鲁、玻利维亚和阿根廷,沿智利—阿根廷边界延伸到智利南部,并在此处与西安第斯斑岩铜、金、多金属成矿带合并。成矿地质背景为中生代—新生代岛弧及弧后环境的构造-沉积-岩浆带。成矿金属主要有金、银、铅、锌、铜、钼、锡、锑和钨,矿化类型主要为浅成热液型、沉积型、矽卡岩型及斑岩型等。其中,锡、银、金、钨和锑资源丰富,形成多个世界级的锡、银、铅、锌、多金属矿床。

在秘鲁,该带呈北西-南东向展布于秘鲁中部,带内主要金属矿产为金、铜、钼、银、铅、锌、锡和钨,成矿作用时代和矿床类型复杂多样,包括东科迪勒拉造山广泛分布的早古生代沉积型金矿床,如拉林科纳达(La Rinconada)矿床;中部高山区的石炭纪—二叠纪造山型金矿床,如莱达马斯-帕考伊(Retamas-Parcoy)矿床;中部的二叠纪矽卡岩型矿床,如科布雷萨(Cobriza)铜银矿等。在秘鲁,本带可进一步划分为5个Ⅳ级成矿亚带:

Ⅳ-1. 奥陶纪和志留纪—泥盆纪沉积岩型金成矿亚带;

Ⅳ-2. 石炭纪—二叠纪造山带型金-铅-锌-铜成矿亚带;

Ⅳ-3. 二叠纪斑岩-矽卡岩型铜-钼-锌和与侵入岩体有关的金-铜-铅-锌成矿亚带;

Ⅳ-4. 晚侏罗世斑岩型和矽卡岩型铜-金成矿亚带;

Ⅳ-5. 渐新世—中新世与侵入岩有关的锡-铜-钨和热液型银-铅-锌(金)成矿亚带。

在玻利维亚,本带呈近北西—南北向弧形展布于玻利维亚西部,是玻利维亚最重要的成矿带,以产有丰富的锡、银、锑、铅、锌和金等矿产著名。典型矿床有波托西塞拉里科(Cerro Rico)锡银矿、亚亚瓜(Llallagua)锡矿和卡尔玛(Kharma)锑金矿等。在玻利维亚,本带可进一步分为3个Ⅳ级成矿亚带。

(1) Ⅳ-6. 玻利维亚锡成矿亚带:位于玻利维亚西部,走向北西到南北向,延伸大约900km。该成矿亚带中发育含银、钨及高品位锡矿脉(1%～5%),空间上与过铝质花岗岩和斑岩有关,时代上从晚二叠世到中新世,以中新世为主(18～16Ma)。带内的锡矿床可以分为4类:斑岩型锡矿、火山岩型锡-银-铅-锌矿(包括富矿型银、锡)、沉积岩容矿的锡-银-铅-锌矿(也被认为属于玻利维亚多金属脉型矿床),以及锡-金-锌矿。多金属脉型矿床分布于玻利维亚锡矿带的南半部,包括脉状、细脉状、网脉状和浸染状矿石,围岩多样,成矿时代变化于22～4Ma。斑岩容矿的矿脉主要赋存于英安岩和粗安岩中,如亚瓜瓜(Llallagua)矿床。

(2) Ⅳ-7. 东安第斯金锑成矿亚带:呈北西—近南北向分布于玻利维亚中西部,可进一步细分为3个Ⅴ级成矿单元:呈北西走向的拉巴斯-奥鲁罗-阿玛亚巴姆巴(Amayapampa)矿集区、呈近南北走向的卡拉考塔(Caracota)-坎德拉里亚(Candelaria)矿集区和北西走向的阿波罗巴姆巴(Apolobamba)-考卡帕塔(Cocapata)矿集区。前两个矿集区沿玻利维亚高原和东安第斯带的边界分布,而后一个矿集区分布在玻利维亚东安第斯北部的中间地带。

(3) Ⅳ-8. 东安第斯铅锌成矿亚带:分布在玻利维亚东安第斯最南部的中间区域。重要的矿区包括Huara Huara、San Lucas、Toropalca、Cornaca、Tupiza和Mojo,主要产出于奥陶纪页岩及部分粉砂岩中的断裂和褶皱枢纽部位。该亚带的成矿时代不确定。

在阿根廷该带分布于阿根廷西部,呈南北向带状展布,是阿根廷最重要的铜、金、铅、锌、钼、锰和铀等矿产分布区。依据成矿时代、成矿构造环境和成矿组合,该带可进一步划分为15个Ⅳ级成矿亚带:

Ⅳ-9. 早古生代与蛇绿岩有关的铁、镍、铜成矿亚带;

Ⅳ-10. 早古生代铜、铅、锌、稀有金属成矿亚带;

Ⅳ-11. 早古生代铅、锌、银、金、锑成矿亚带;

Ⅳ-12. 早古生代铅、锌、银成矿亚带;

Ⅳ-13. 早古生代钨、锡、多金属与稀有金属成矿亚带;

Ⅳ-14. 早古生代铁矿成矿亚带;

Ⅳ-15. 中生代沉积型铜、铀成矿亚带;

Ⅳ-16. 晚古生代铜、钼、金、多金属成矿亚带;

Ⅳ-17. 侏罗纪铜成矿带;

Ⅳ-18. 白垩纪铜、钼、金、多金属成矿亚带;

Ⅳ-19. 新近纪铜、钼、金、多金属成矿亚带;

Ⅳ-20. 古近纪铜、钼、金、多金属成矿亚带;

Ⅳ-21. 侏罗纪铜、钼、铅、锌、银成矿亚带;

Ⅳ-22. 白垩纪铜、铀成矿亚带;

Ⅳ-23. 白垩纪铀成矿亚带。

4. 次安第斯成矿带(以金、银、铜、铅锌为主,Ⅲ-10)

本带分布于中安第斯成矿省最东侧,由古生代的海相硅质碎屑沉积岩和中生代、古近纪—新近纪陆相沉积岩组成。带内成矿作用以火山-沉积成矿作用为主,矿化类型主要以密西西比河谷型(MVT型)、浅成低温热液型、沉积型为主,矿种以金、银贵金属,以及铜、铅锌多金矿为主。

在秘鲁,本带位于秘鲁中北部地区科迪勒拉造山带东部的山脚,主要矿床类型为 MVT 铅锌矿,规模普遍不大,如索罗科(Soloco)铅锌矿,此外沿沟谷和水系有砂金矿床分布,可进一步划分为:

Ⅳ-1. 始新世—中新世 MVT 铅锌成矿亚带;

Ⅳ-2. 砂金成矿亚带。

在玻利维亚,本带发育在玻利维亚中南部的次安第斯(Subandean)一带,主要集中在奎沃(Cuevo)盆地,有 MVT 型锌、银和铜矿。在贝尼(Beni)河流的部分支流盆地中具有来自晚中新世和上新世 Tutumo 组砾岩侵蚀的冲积型砂金矿,如代盖亥(Tequeje)河和玛尼革(Maniqui)河。在堆赤(Tuichi)河中还可能存在冲积型金刚石砂矿。

在阿根廷中部,特别是在圣胡安(San Juan)和门多萨(Mendoza)的前科迪勒拉(安第斯)山区,有喷流-沉积型(Sedex 型)锌-铅-钡(铜)矿床和浊积岩中的金-锑矿床、早古生代的脉状和角砾岩中的锑矿床(不同成因)、与岛弧岩浆岩有关的斑岩型铜金矿床、二叠纪—三叠纪与碰撞后花岗岩和陆地流纹岩有关的斑岩型铜(±钼±金)矿床,以及古近纪与岛弧岩浆活动有关的矽卡岩型金矿床等。

阿根廷中东部的潘比亚地块,蕴藏有与结晶岩基底有关的伟晶岩型铍、锂、铌和钽矿,与蛇绿岩和基性—超基性岩体有关的铬、铁、镍、铜矿床,陆缘被动沉积喷流-沉积型锌-铅-钡-银矿床、喷流-沉积型钡矿床及脉状和角砾岩中(不同成因)的铅-锌-银(±金-钡)矿床,与碰撞后岩浆活动有关的钍、金云母-磷灰石-蛭石矿床,与花岗岩有关的锡、钼、铜、铅、锌和铀等矿产。北部盆地地区还有油气资源。

5. 安第斯中部高原锂-钾-硝石成矿带(Ⅲ-11)

该成矿带发育于中安第斯成矿省的中部,分布于玻利维亚中西部、智利中北部和阿根廷西北部一带。该成矿带主要由侏罗纪—早白垩世弧后沉积岩、晚白垩世—早古近纪火山岩和沉积岩、新近纪—第四纪凝灰岩和山麓沉积物构成,其间发育有一系列新近纪—第四纪的盐湖。由于新生代强烈的火山作用为盐湖提供了丰富锂、钾、钠、硼和镁等盐类资源,高原强烈的蒸发作用使湖水中锂、钾、硼、镁等资源富集形成矿产。

该带在玻利维亚被称为玻利维亚高原和西科迪勒拉蒸发岩成矿带,带内分布有众多的盐湖,常含有丰富的硼、钾、锂、镁和其他蒸发盐类矿物。其中,乌尤尼(Uyuni)为世界上最大含锂盐湖,盐湖面积约为 10 000km^2,湖中锂资源量可达 890×10^{4}t,还含有钾 19 400×10^{4}t、硼 770×10^{4}t 和镁 21 100×10^{4}t。科伊帕萨(Coipasa)盐湖是玻利维亚第二大盐湖,面积达 2500km^2,估算钾资源量为 320×10^{4}t,锂资源量为 20×10^{4}t。

在阿根廷,该带分布于阿根廷西北部的普纳高原区,被称为拼合后湖相蒸发盐型石膏-岩盐-钾盐-硼酸盐成矿带。在普纳地区分布有一系列盐湖,如胡胡伊(Jujuy)省的萨利纳斯格兰德(Salinas Grande)、胡胡伊和萨尔塔(Salta)省的翁布雷姆埃托(Ombu REM Peurto)和林孔(Rincon),以及萨尔塔省的塔卡塔卡(Taka Taka)、森特纳里奥(Centenario)和里奥格兰德(Playa de Genipabu)等。在不同的盐湖中,各种盐的富集比例不同,有氯化物、硼酸盐、硫酸盐,还有钠、镁、钾、钙和锂等。萨利纳斯格兰德盐湖富含硼酸盐与食盐,翁布雷姆埃托和林孔盐湖富含硼酸盐、石盐和锂,塔卡塔卡盐湖富含石盐,森特纳里奥盐湖富含硼酸盐以及萨尔塔的里奥格兰德盐湖富含硫酸盐等。硼和锂与当地的火山热液活动有关,从而导致这里盐的成分与次安第斯地区明显不同。

在智利称为中央盆地盐湖卤水型钾盐-锂-硝石成矿带。分布于智利北部中央(弧间)盆地内,主要为钾、锂和硝石等非金属矿产,其中硝石资源十分丰富。该带可被进一步划分为 3 个 Ⅳ 级成矿亚带:

Ⅳ-1. 智利中央盆地西侧 IOCG 型-浅成低温热液型金银多金属-斑岩型铜金成矿亚带,位于智利中央盆地西侧与科迪勒拉海岸山带过渡地带;

Ⅳ-2. 智利中央(弧间)盆地内钾盐-锂-硝石成矿亚带,分布于海岸山带与新生代岩浆弧中部的智利中央盆地,主要为钾、锂和硝石等非金属矿产;

Ⅳ-3. 智利中央盆地东侧浅成低温热液型金银多金属-斑岩型铜金成矿亚带,位于智利中央盆地西侧与科迪勒拉海岸山带过渡地带。

三、南安第斯成矿省

南安第斯成矿省位于瓦尔迪维亚(Valdivia)断裂(大致南纬 39°)以南,包括智利和阿根廷的南部,成矿省基底由属巴塔哥尼亚(Patagonia)地体的前寒武纪—古生代变质岩组成。中生代—新生代火山-岩浆活动相对中安第斯构造区较弱,且岩性较为偏基性,以玄武质或玄武安山质为主(任爱军等,1993;任爱军,1993)。成矿作用也与中安第斯构造区有很大差异,基本没有斑岩型矿床存在,浅成低温热液型金、银、多金属矿是本区重要的矿床类型,并且是石油、天然气、煤和铁等矿产富集区。

主要成矿类型有:与元古宙变质基岩有关的喷流-沉积型(Sedex 型)锌-铅-钡-银矿床和钡矿床;志留纪—泥盆纪与被动陆缘沉积有关的层状铁矿床和 Sedex 型锌-铅-钡-银矿床;与二叠纪—三叠纪碰撞后花岗岩和陆地流纹岩有关的浅成低温热液型锰矿床、浅成低温热液硫化物型金-银-铜矿床、火山成因铀矿、破碎带型铋-铜-金矿床和脉状及角砾岩中(不同成因)的萤石矿;侏罗纪—白垩纪与裂谷火山活动有关的浅成低温热液型金矿;古近纪—新近纪与热水沉积有关的沉积型钡矿床、沉积型层状钡-锶矿床和沉积型层状铜矿床等。

由于南安第斯成矿省地质研究工作程度相对较低,成矿分带特征相对北安第斯和中安第斯并不明显,依据构造环境和成矿特征,大体上南安第斯成矿省自西而东划分为 3 个Ⅲ级成矿带(图 3-23):

Ⅲ-12.海岸安第斯铂、金、多金属成矿带;

Ⅲ-13.主安第斯金、银、多金属成矿带;

Ⅲ-14.次安第斯成矿带(以铁和能源矿产为主)。

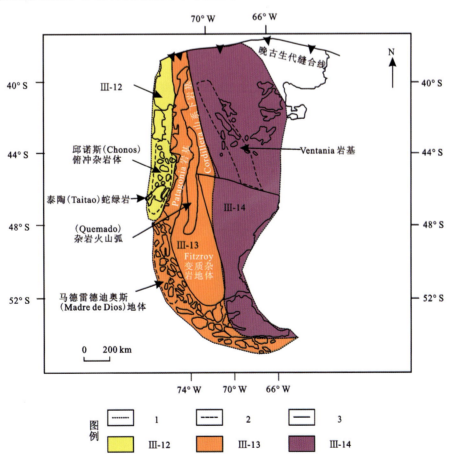

图 3-23 南安第斯成矿省Ⅲ级成矿带划分图(据卢民杰等,2016)

1.成矿带边界;2.盆地边界;3.地体边界;Ⅲ-12.海岸安第斯铂、金、多金属成矿带;Ⅲ-13.主安第斯金、银、铜、多金属成矿带;Ⅲ-14.次安第斯成矿带(以铁和能源矿产为主)

第四章 主要矿床类型与典型矿床

第一节 斑岩型矿床

一、基本特征与时空分布

斑岩型矿床是南美安第斯成矿带最重要的铜矿床类型。斑岩型铜矿一词最早源自20世纪初美国西南部(亚利桑那州、新墨西哥州)的斑岩型铜矿带,其原意是指产于强烈绢云母和石英化中酸性斑岩里的细脉浸染型铜矿,目前多数学者认为斑岩型铜矿是指与花岗质斑状侵入岩相关的,具有Cu、Mo、Pb、Zn、S等元素地球化学晕,且钾质硅酸盐蚀变普遍发育于岩体内部,岩浆期后热液形成的细脉浸染状和角砾状硫化物矿床,可以包括部分矽卡岩矿体(Singer et al.,2005),也可以包括与其有密切时空和成因联系的浅成低温热液铜银金矿床(Gammons,1997)。因此,这里所指的斑岩型铜矿系统包括经典的斑岩型铜矿床和与斑岩型相关的矽卡岩型、热液型矿床。

斑岩型铜矿常产于板块俯冲的上盘和陆内造山带。该类型矿床规模大,品位低,埋藏浅,多可露天开采,常含金和钼等伴生金属。矿体多呈等轴状、筒状,产于斑岩小岩体内部及接触带附近,具有钾长石(或黑云母)化、绢云母化、青磐岩化的蚀变分带。主要金属矿物有黄铁矿、黄铜矿、斑铜矿和辉钼矿,呈细脉浸染状产出。矿石含铜 $0.2\%\sim1.5\%$,原生矿铜品位偏低,次生富集带中品位较高,常伴生钼、金等(芮宗瑶等,2004a,2004b)。

1. 空间分布

在安第斯成矿带,按金属矿化类型矿床可分为斑岩型铜矿、斑岩型铜-钼矿、斑岩型铜-金矿和斑岩型金矿、斑岩型锡矿等。这些斑岩型矿床主要分布在中安第斯构造区,特别是该构造区的西安第斯构造带中北段的秘鲁南部—智利北部,以及玻利维亚西部和阿根廷西北部一带,在南北长约3000km的范围内。断续分布数十个大型—超大型斑岩型铜矿床,呈集群状产出,形成世界著名的斑岩型铜矿集中区。如在秘鲁南部的莫克瓜省附近约 $400km^2$ 范围内,就有托克帕拉、夸霍内及盖亚维科3个超大型铜矿床,构成一个大的矿田。往北不远还有塞罗贝尔德、圣何塞、恰帕等矿床。又如智利北部丘基卡马塔铜矿集中区,除丘基卡马塔矿床外,其北 6km 有丘基北矿床(即潘帕诺特斑岩型铜矿),控制铜储量约 $500\times10^4 t$,往东北 40km 有超大型阿布拉斑岩型铜矿(控制铜储量为 $1500\times10^4 t$),在丘基卡马塔之南 4km 有左基南矿(即埃克索提卡氧化矿),构成巨大的丘基卡马塔矿田。这里矿石类型齐全,矿床规模巨大,适宜大规模露天开采,是智利产铜最多的地区。

斑岩型矿床成矿具有明显的分带性。沿安第斯山脉自高山区向太平洋海岸带(自东向西),铜、金矿床类型和成矿时代均呈现出规律的变化。一般来说,斑岩型铜矿主要分布在海拔3000m以上的高山或高原区,矿化多与晚白垩世—新近纪的岩浆活动有关;层控型和火山热液型(包括IOCG型)铜矿主要分布在海拔2000m以下的太平洋海岸带,成矿时代多为侏罗纪—白垩纪,矿化主要与侏罗纪—白垩纪的火山-侵入活动有关。

矿床具体产出的构造位置通常有两类。一种为在两组断裂的交错处，如秘鲁夸霍内铜矿就产生在北西及近东西向两组断裂的交错处。这里构造破碎，岩石蚀变强烈，矿化发育，是形成铜矿的有利部位。对于同一个时代侵入的同一个成矿岩体，如不具备上述构造条件，岩体及围岩没有强烈的构造破碎和蚀变作用，矿化作用也就较差，往往就不含矿。另一种为产在一组大断裂的旁侧，如丘基卡马塔矿床产在西部近南北走向的断层（即菲什尔断层）的东侧，成矿斑岩沿断层侵入，矿体产在断层东部的小破碎带中，构成典型的网脉型斑岩型铜矿。沿着菲什尔断层往北，受该断层控制的还有潘帕诺特、阿布拉及魁北雷德布兰卡等铜矿床。

2. 成矿时代

在安第斯成矿带，斑岩型矿床大体可分为 6 个成矿期。晚古生代冈瓦纳旋回有两期：310～250Ma（晚石炭世—二叠纪）和 250～190Ma（三叠纪—早侏罗世）。安第斯旋回有 4 期：白垩纪（132～73Ma）、古新世—始新世（65～50Ma）、始新世晚期—渐新世（43～31Ma）和中新世中期—上新世（12～4Ma）。

冈瓦纳旋回的两期矿化规模都较小，分布局限，其中 310～250Ma（晚石炭世—二叠纪）斑岩型铜矿仅发育在智利东部和阿根廷西北部；250～190Ma（三叠纪—早侏罗世）斑岩型铜矿仅发育在智利东部（图 4-1）。该

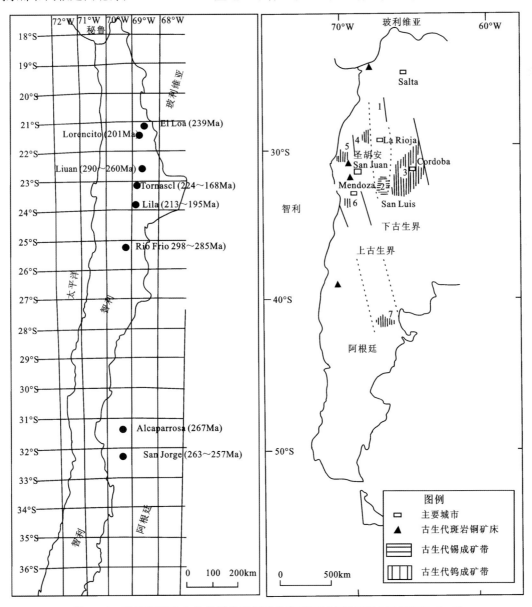

图 4-1　安第斯带晚古生代斑岩型铜矿分布图［据美国地质调查局（USGS），2008］

阶段表现出弱的矿化体系,可能是因为好的矿化被剥蚀或者是因为目前还没有揭露到好的铜矿化。早期矿化系统(310~250Ma)发生在冈瓦纳古陆俯冲阶段,克拉通周边岩浆弧初始建立时期。最晚一组(250~190Ma)矿化发生在圣拉斐尔(270~252Ma)挤压阶段,标志着冈瓦纳古陆俯冲结束。这两组斑岩主体呈南北走向,由花岗闪长岩岩基和钙碱性安山岩-流纹质火山岩序列组成。代表性矿床有Lila矿床(成矿时间为190Ma,矿储量大约为4000×10^4t,铜平均品位为0.5%)、Alcaparrosa矿床(267Ma)和La Voluntad矿床(281Ma)等。

安第斯旋回时期是本区斑岩型铜矿形成的主要时期,其中最主要的是始新世晚期—渐新世(43~31Ma)和中新世中期—上新世(12~4Ma)时期。据美国地质调查局的统计资料(表4-1),在安第斯成矿带已发现的铜资源量为5.9×10^8t,其中始新世晚期—渐新世时期形成的斑岩型铜矿为2.69×10^8t,约占已发现铜资源量的45.59%;中新世中期—上新世为2.42×10^8t,约占已发现铜资源量的41.01%。

表4-1 安第斯成矿带各斑岩型铜矿成矿期已发现的铜资源量

围岩时代	铜资源量($\times10^4$t)	占已发现资源量的比例(%)
晚中新世—早上新世	16 600	28.1
中新世—上新世	2890	4.9
中新世中晚期	4700	8.0
中新世	410	0.6
始新世—渐新世	26 900	45.5
古新世—始新世	6500	11.0
晚白垩世—中始新世	95	0.2
白垩纪	60	0.1
侏罗纪	900	1.5
晚三叠世—中侏罗世	0	—
二叠纪	200	0.3
合 计	59 000	100

资料来源:据Charles et al.,2008

3. 与大规模构造岩浆活动的关系

从智利的厄尔特尼恩特矿床到丘基卡马塔矿床,以及秘鲁的托克帕拉矿床到塞罗贝尔德矿床,成矿母岩和矿体的岩石大部分是不同成分(主要是中酸性)、不同类型(从侵入到喷出)的浅成—超浅成岩体。如塞罗贝尔德矿床的成矿岩体是古近纪始新世的英安斑岩、石英闪长岩,矿体底板岩石(围岩)是晚中生代的火山岩系;夸霍内矿床的成矿岩体是始新世闪长岩、石英粗安斑岩,矿体的底板岩石(围岩)是晚白垩世到古近纪托克帕拉火山岩(主要是安山岩);丘基卡马塔矿床的成矿岩体是渐新世花岗斑岩,其底板岩石及围岩也是一套酸性侵入岩;厄尔特尼恩特矿床的成矿岩体是上新世石英闪长岩、英安斑岩,矿体底板岩石(围岩)主要是晚白垩世—古近纪的安山岩。

由此可见,斑岩型铜矿矿体(含矿岩体)围岩大部分是晚中生代的火山岩,而成矿岩体则主要是新生代古近纪—新近纪的酸、中性浅成侵入体,主要类型有花岗斑岩、英安斑岩、石英二长斑岩、粗安斑岩等。斑岩型铜矿床通常产在大面积出露的中生代—新生代火山岩之上,含矿斑岩的侵入和这些大面积分布的火山岩关系密切,是中生代—新生代时期安第斯造山带大规模中—酸性火山岩浆活动进一步演化的产物。

二、铜矿化特征

1. 矿体赋存部位

矿体赋存部位一般有两类。一类是主要产在含矿的侵入斑岩中,以智利北部一些典型的网脉状斑岩型铜矿床为代表。如丘基卡马塔矿床矿体80%赋存在花岗斑岩中,花岗斑岩大部分都发生矿化,特别是东斑岩体矿化最强,基本达到了全岩矿化,另有约20%的矿体产在其围岩花岗闪长岩中。类似的例子还有丘基北铜矿(潘帕诺特)、阿布拉及魁北雷德布兰卡铜矿等矿床。秘鲁塞罗贝尔德铜矿矿体也主要赋存在含矿岩体英安斑岩、二长斑岩及石英二长斑岩小岩体中,含矿岩体的围岩包括早期侵入的闪长岩、前寒武纪片麻岩等,也有少量矿体分布。另一类矿体主要产在含矿岩体的围岩或其底板岩石中,而含矿岩体本身所含的矿体并不重要。以智利中部一些典型的角砾岩筒斑岩型铜矿床为代表,如厄尔特尼恩特铜矿的成矿母岩(英安斑岩)中所含矿体品位较富,但由于矿体规模太小,对整个矿床来说并不起决定性作用,该矿床80%的铜矿体均赋存在底板安山岩中。类似的情况还有萨尔瓦多铜矿,其70%的矿体产在含矿岩体的围岩安山岩中,约30%产在含矿的花岗闪长岩中,此外还有安第纳铜矿等。

除上述两种类型外,还有一种不太重要的类型是矿体产在含矿岩体之后侵入的角砾岩筒中,如厄尔特尼恩特部分矿体就产在勃列登建造及角砾岩筒的四周,围绕其边缘及外侧发育。秘鲁塞罗贝尔德铜矿也有一小部分铜矿体产在成矿岩体之后侵入的沿北西向构造带分布的含电气石石英角砾岩筒中。

2. 矿体形态简单,规模巨大

大部分矿体在平面上表现为圆形、椭圆形,剖面上为一个倒立的圆锥体或梨状,上部较大,往深部逐渐变小,延深一般都很大。由于在安第斯地区目前在产矿山大部分开采的都是次生富集矿,对下部的原生硫化物矿体只作一般控制,控制深度一般只有500m左右,但矿体的实际深度远远大于这个数字。据庄胜集团公司(吴斌等,2013)在秘鲁南部东哈维尔(Don Javier)铜矿的最新勘探结果,其钻探深度已达地下1400m,仍未见到铜矿体底板。

铜矿体规模巨大,许多矿床的单个主矿体的铜储量都超过100×10^4t,有的甚至达1000×10^4t以上。如秘鲁塞罗贝尔德铜矿,矿体长2200m(包括两个矿体),宽800m,控制深度500m,铜储量为800多万吨;夸霍内铜矿矿体长1200m,宽约1000m,控制深度在400m以上,铜储量约500×10^4t;厄尔特尼恩特矿床以含铜品位0.5%为边界,矿体长2400m,宽600m,控制深度800m,铜储量为4600×10^4t;萨尔瓦多矿床含铜大于1%的富矿体长1300m,宽900m,厚40~300m,虽已采出100多万吨铜,尚有储量400×10^4t;世界上最大的丘基卡马塔矿床,主矿体长3500m,宽1200m,延深1000m以上,矿石品位较富,几十年来虽已采出铜1200×10^4t,但目前还控制储量6000×10^4t,在800m以下的深处还有不少储量未计算在内。

3. 主要矿物成分及有用元素

在安第斯地区,铜矿床由于受到后期较强烈的次生淋滤作用,矿物组成种类较多。例如在氧化矿带有孔雀石、硅孔雀石、水胆矾、块铜矾等,次生富集带则有辉铜矿、铜蓝及少量自然铜,原生硫化物带有黄铜矿、黄铁矿、斑铜矿、硫砷铜矿、黝铜矿、辉钼矿、方铅矿、闪锌矿等。

矿石中含铜品位一般在1%左右,目前各矿山所采矿石铜品位大多数在1%以上,只有塞罗贝尔德及夸霍内矿床矿石品位较低,在1%左右。大部分矿床含钼为0.3%~0.4%,有的高达0.5%。铜和钼是主要的有用元素,除此以外不少矿床中还有少量的金、银、铂族元素等可综合回收。

4. 矿体具有良好的分带性

斑岩型铜矿床中金属矿物及有用元素,无论在矿体水平方向还是在垂直方向上都具一定的分布规律。

(1)水平分带。金属矿物及其含量由矿体的中心向两侧的分布特点是:在矿体中间部分以黄铜矿、斑铜矿、硫砷铜矿、辉钼矿为主,由中心向外为黄铁矿、辉铜矿,矿体边缘则有赤铁矿(镜铁矿)及少量方铅矿、闪锌矿等。黄铜矿和黄铁矿的含量比例也有规律性变化，通常矿体中心黄铜矿含量要高于黄铁矿，有的可高出几倍，自中心向外，黄铁矿含量增加，黄铜矿的含量相对降低，到矿体边缘黄铁矿含量大大高于黄铜矿。从金属元素种类看，由矿体中心向外侧大致按钼→铜→锌→铅次序分布，最外侧还可见含锰矿物。

(2) 垂直分带。由于秘鲁南部—智利北部一带地处南半球热带地区，气候炎热干燥，矿床次生淋滤作用强烈，矿体大多数具有典型的垂直分带特征。一般在矿体上部普遍可见红帽(即铁帽，由黄铁矿或赤铁矿被氧化淋滤而成的褐铁矿带)及绿帽(由含铜硫化物被淋滤氧化而成的孔雀石、硅孔雀石带)。前者一般不具工业价值，但它是良好的找矿标志。后者是斑岩型铜矿体最上部经济价值较高、较富的氧化矿体，含铜一般为 1%～2%。矿体呈板状或扁透镜体状，厚度从几米到几十米甚至几百米不等，大多数在几十米左右，在斑岩型铜矿体的上部构成一个不连续分布的氧化矿石带，是矿山初期开采的主要对象。

三、典型矿床

1. La Granja 斑岩型铜矿

La Granja 斑岩型铜矿位于秘鲁北部(图 4-2)，铜资源量为 $1836×10^4$ t，品位为 0.51%。该矿床为澳大利亚力拓公司所拥有，目前正处于储量升级阶段，于 2017 年第一季度投产，开采方式为露天开采。主要金属产品为铜、金、银、锌。

该矿床的成矿和热液蚀变与石英长石斑岩的上侵最为密切。成矿时代为渐新世、新近纪。矿区出露地层自下而上为下三叠统为该地区出露的最老地层，其上依次为下侏罗统 Zana 组安山凝灰岩，下白垩统 Goyllarisquizg 组石英岩，早白垩世阿尔必阶 Inca-Chulec-Pariatambo 组灰岩、粉砂岩、细粒砂岩(厚约 250m)，新近系 Calipuy 组的安山岩和流纹岩。

深成硫化物表现为脉状、裂隙充填和浸染状。矿石矿物主要为黄铜矿，斑铜矿次之，两种矿物都呈浸染状产出，其他为黄铁矿、辉钼矿。绢云母-黏土蚀变带中铜品位为 0.3%～0.8%。整个中央蚀变带都被淋滤帽覆盖，深度数米至 200m。硫化物几乎全被氧化为褐铁矿，铜矿化不明显，青磐岩化带淋滤较弱，次生富集带位于淋滤帽之下。富集带中包含一个 25～250m 的绢云母-黏土层。次生铜矿物为辉铜矿和铜蓝。绢云母-黏土蚀变带中铜品位为 0.5%～2%。

2. Toromocho 斑岩型铜钼矿

Toromocho 斑岩型铜矿位于秘鲁中部高地(图 4-3)，利马以东约 140km。铜资源储量为 $1066×10^4$ t，品位为 0.45%；钼资源储量为 $45×10^4$ t，品位为 0.019%。该矿床为中国铝业集团有限公司(以下简称中铝公司)所拥有，开采方式为露天开采。主要金属产品为铜、银、钼。

Morococha 背斜是该矿床的区域性控矿构造，该背斜呈北西展布。矿区出露的岩石为古生代褶皱岩系，主要为钙质沉积岩间夹火山岩，这套岩石遭受了多次岩浆侵入作用。出露的侵入岩为古近纪、新近纪侵入产物，结构与成分多种多样。在侵入岩与灰岩接触带，发育接触变质的矽卡岩、钙硅角岩和角岩。热液矿化既产于侵入岩中，也产于钙硅角岩中。

Toromocho 铜矿为斑岩型铜钼体系型矿化，赋存在沉积岩和接触变质矽卡岩内。矿石构造有脉状、细脉状、网脉状、层状、斑岩型浸染状构造。矿化赋存在侏罗纪灰岩，以及古近纪和新近纪闪长岩、花岗闪长岩、石英二长岩和石英斑岩中。热液角砾岩和侵入角砾岩是绝大多数铜矿化的主要容矿岩石。

矿床发育有很好的同心环状硅酸盐蚀变带(图 4-4)。中心部位为钾化带，含有次生黑云母、石英和黄铁矿；外围为泥化带，含有石英、绢云母；最外围为青磐岩化带，含有绿帘石、绿泥石、方解石和榍石。侵入体斜切灰岩，致使灰岩变质为矽卡岩。矽卡岩中铜品位一般较高，构成高品位带。所有岩石均有不同程度的角砾岩化。矿床也发育很好的金属矿化分带现象，矿床中心部位为浸染状铜钼矿化，外围有近环状铅锌矿化，铅锌矿化大多呈脉状，也见浸染状，更外围为铅银脉状矿化。

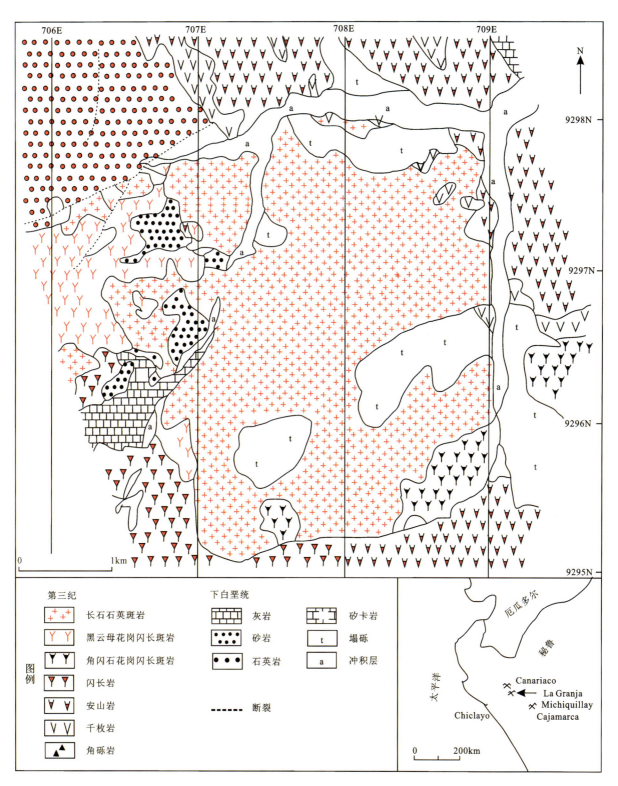

图 4-2 La Granja 斑岩型铜矿床矿区地质图(据 Schwartz,1982)

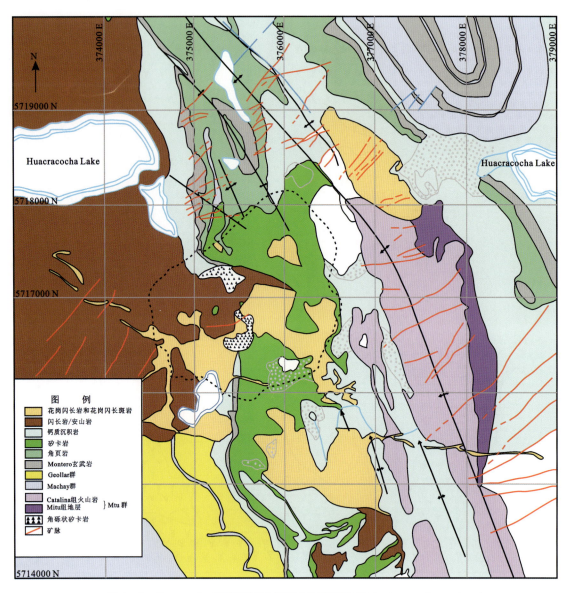

图 4-3 Toromocho 斑岩型铜矿床矿区地质略图（据 Bendezú et al., 2008）

Toromocho 铜矿的岩体大体在垂向上呈圆柱状形态，但其形态细节较复杂。侵入体斜切钙硅角岩。钙硅角岩型矿化好，常形成大的叠置的扁平状富矿体，有些矿体后来又被侵入角砾岩型铜矿化所叠加。硫砷铜矿可见于高品位带内，常构成高品位矿脉，一般呈北东东向分布，但在大多数矿体中不存在。硫砷铜矿和其他带状特征预示着，目前的钻孔尚处于斑岩体系的顶部，矿体还可延深到目前的勘探深度之下。

Toromocho 铜矿经历了强烈的次生富集作用，地表为淋滤贫化带组成所有矿体的盖帽层，平均距地表 20m，铜品位不超过 0.2%；其下为次生富集带，位于盖帽层之下，原生矿之上，最深的底界为距地表 400m，最浅的底界距地表为 10～30m，大多在 100m 左右，铜品位大都超过 1%；向下为原生矿，铜品位变化较大，钼品位升高，矿体长 2000m，宽 1000m，厚度变化在 500～600m 之间。

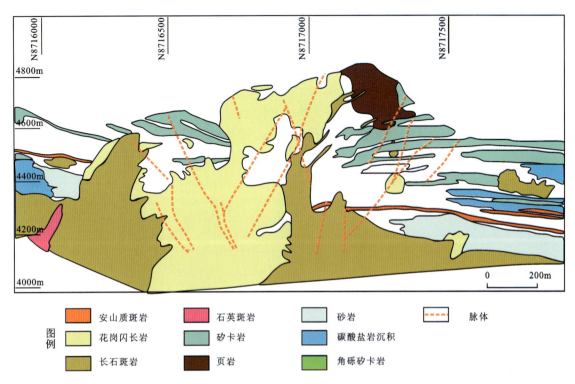

图 4-4　Toromocho 斑岩型铜矿 27W 剖面图(据 Bendezú et al.,2008)

3. Cerro Verde 斑岩型铜矿床(塞罗贝尔德斑岩型铜矿床)

矿床位于秘鲁南部阿雷基帕市以南 24km,海拔 2600~2800m,为南秘鲁铜矿带的重要组成部分,也是秘鲁目前最大的斑岩型铜矿床之一。目前保有铜资源储量为 $1825×10^4 t$,品位 0.38%。该矿床由美国自由港公司控股和运营,占股比例 53.56%。目前该矿床正处于生产阶段,开采始于 1977 年,开采方式为露天开采。主要金属产品为铜、银、钼,2012 年年产铜 $27×10^4 t$、钼 3628t。

矿区内出露地层有前寒武纪片麻岩、古生代沉积岩、侏罗系巧克力组(Chocolate)火山岩、苏柯沙尼组(Socosani)灰岩及尤拉组(Yura)细碎屑岩。古近纪、新近纪有各种火成岩侵入到上述岩层中。古近纪、新近纪早期有闪长岩侵入,接着是花岗闪长岩沿北西向侵入,呈岩基产出,铜矿床即位于此岩基的东南端。花岗闪长岩有先后两期,早期为亚拉瓦姆巴(Yarabamba)花岗闪长岩,是岩基的主要组成部分;晚期为迪亚瓦亚(Tiabaya)花岗闪长岩。此后,有英安斑岩、二长斑岩、石英二长斑岩等小侵入体沿北西向构造带分布,随后还有一连串电气石-石英角砾岩岩筒产出。主要成矿母岩为石英二长斑岩、英安斑岩等斑岩体。

矿区构造以断裂为主,主要构造线方向为北西向,它控制着古近纪、新近纪的一系列小侵入体、角砾岩筒及矿化带的展布(图 4-5);东西向构造次之,一般表现为矿体的长轴方向。英安斑岩、二长斑岩及石英二长斑岩小侵入体的侵入期为主要的成矿期,成矿时代为 56.9Ma。矿体主要赋存在这些小侵入斑岩中,部分矿体赋存在电气石-石英角砾岩筒中,小部分矿体产在早期侵入的闪长岩、花岗闪长岩及前寒武纪片麻岩中。矿床围岩蚀变强烈,具有典型斑岩型矿床的蚀变分带,由中心向两侧依次可划分出钾化带、石英绢云母化带及青磐岩化带。各蚀变带的主要特点是:钾化带位于矿体的中心和深部,塞罗贝尔德矿体于地下 100m 处见到钾化带,而圣达罗莎矿体要在地下 300m 处才见到该蚀变带。主要蚀变矿物有钾长石、黑云母、绢云母。金属硫化物有黄铁矿、黄铜矿及辉铜矿,呈浸染状。蚀变带中硫化物含量为 2%~4%,黄铜矿和黄铁矿的含量比一般为 1:1。该带中原生矿石含铜 0.2%~0.6%,个别大于 1%。

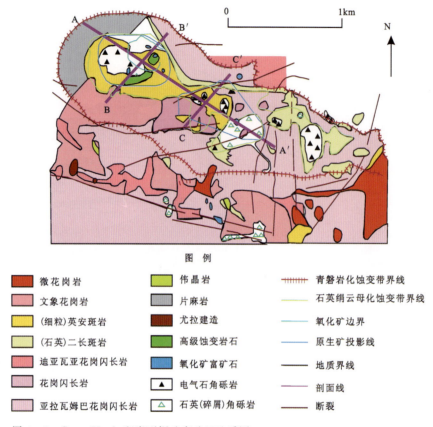

图4-5 Cerro Verde斑岩型铜矿床矿区地质图(据冶金工业部情报研究所,1980修改)

石英绢云母化带包围着钾化带分布,蚀变带范围约4.5km×1.0km,与主矿体的范围大致一致。蚀变矿物有石英、绢云母。硫化物有黄铜矿、黄铁矿、辉铜矿,少量方铅矿、闪锌矿、辉钼矿,矿石大多呈细脉浸染状。该蚀变带中硫化物含量为4%～7%,最高可达14%。由中心到外侧,黄铜矿和黄铁矿的含量比从2∶1过渡到1∶4,说明愈往外侧,黄铁矿含量愈高。

青磐岩化带位于矿体的外侧,包围石英绢云母化带分布,主要蚀变矿物有绿泥石、绿帘石以及少量方解石。黄铁矿是主要的硫化物,黄铜矿含量很少。硫化物的含量为2%～4%(图4-6)。

矿体的垂直分带比较发育。在淋滤带下方是氧化矿石带、次生富集带,最下部是原生硫化物矿体。塞罗贝尔德矿体上部淋滤带厚150～200m,氧化矿石带厚150m,由沥青铜矿、孔雀石、铜蓝、赤铜矿、硅孔雀石及水胆矾等矿物组成,矿石铜平均品位1%。次生富集带厚30～90m,由辉铜矿、斑铜矿、铜蓝等组成,矿石铜品位在1%～2%。圣达罗莎矿体上部淋滤带厚60～70m,地表未见氧化矿石带;次生富集带厚20～70m,主要矿物也是辉铜矿、斑铜矿、铜蓝等。

上述两个矿体的原生矿中主要金属矿物有黄铁矿、黄铜矿,少量的辉钼矿、方铅矿、闪锌矿、硫砷铜矿、砷黝铜矿等。

4. 夸霍内(Cuajone)斑岩型铜矿床

矿床位于秘鲁南部莫克瓜区奥古省,西距伊洛港90km,东南离托克帕拉矿区25km,平均海拔3450m,最高3800m。现保有铜资源量为$1094×10^4$t(铜品位为0.48%),钼资源量为$39×10^4$t。该矿为南方铜业公司所有,于1976年正式投产,目前处于正常生产阶段,开采方式为露天开采。主要金属产品为铜、银、钼、金,2012年年产铜$15.88×10^4$t,回收率84.5%,产钼2900t,入选品位为0.01%,回收率71%。

区内大片出露的最老岩层是上白垩统到古新统、新近系的层状火山岩,即托克帕拉世火山岩。该岩

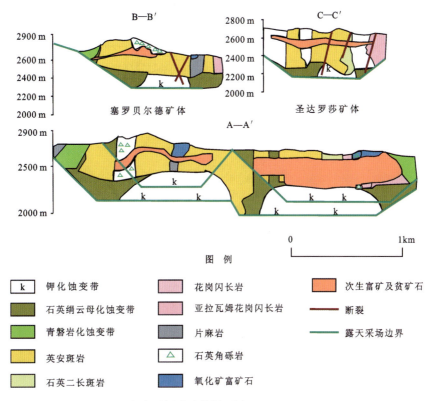

图 4-6 Cerro Verde 斑岩型铜矿矿体剖面图(据冶金工业部情报研究所,1980 修改)

层由下往上可分为:夸霍内玄武岩,岩石深绿色到褐色,显微斑状结构,在托拉托河谷深处有大量露头,厚约 285m,其下伏岩石不清楚;往上为夸霍内安山岩,粒度很细,灰绿色,厚 240m;盖亚维科流纹斑岩覆盖于夸霍内安山岩之上,含有细小的石英晶粒,有少量褐铁矿化,厚约 255m;最上部是托克帕拉英安流纹岩,斑状结构,细晶粒、薄层状、深绿色,厚 230m,地表露头很少,仅在钻孔中可见。这套岩层组成了夸霍内矿床的底板。古近纪和新近纪渐新世的闪长岩、花岗闪长岩及石英二长斑岩、石英粗安斑岩、安山岩等侵入到上述底板岩石中,产生强烈的围岩蚀变和矿化作用。成矿后的角砾岩带沿着夸霍内断裂呈北西向分布,这些不同类型的带棱角的火山岩碎块充填于断裂带内,并切割矿体的西南部分,构成一个不含矿带,只有在矿化区内角砾岩碎块才构成矿石。这些含矿岩体及不含矿的角砾大部分被上新世—更新世火山岩(主要有流纹岩、凝灰岩)所覆盖。这套成矿后的火山岩可分为下部火山岩(奥亚利亚建造)和上部火山岩(群德卡拉建造)。

矿区内构造以断裂为主,主要构造线方向为北西向,横切西南走向的安第斯山脉。主要断层为夸霍内断层,走向北西 50°,南西向倾斜,倾角近于直立。它切过矿区,很可能和密卡拉瓜及英卡波奎亚断裂同时发展。在矿区西部不远还有一条北西走向的小断层,长 6km,宽 40m,它没有穿过成矿后的下部火山岩(奥亚利亚建造)。塞罗波特弗拉柯断层形成最晚,它切割了下部的火山岩,断层长 9km,宽 40m,呈"之"字形排列,倾角接近直立。其次是东西向构造,如在托拉达南有一条东西向的破碎带切割夸霍内矿区的中部。成矿岩体(如二长斑岩)往往沿东西向分布,而粗安斑岩则以北西向分布。矿化又受次一级的北西向和北东向剪切带控制,蚀变和矿化集中在构造活动强烈的网脉状破碎带中(图 4-7)。

夸霍内铜矿的形成和该区频繁活动的中生代末期到新生代早期强烈的岩浆侵入活动有关。含矿岩体是一套从酸性到中性的多期多次侵入的杂岩。含矿岩体在早期是闪长岩和花岗闪长岩侵入,而主要成矿期的岩体则是其后期演化产物(石英二长岩、石英粗安斑岩)。含矿最多的岩石是石英粗安斑岩,其次是玄武岩、二长岩、侵入安山岩和夸霍内安山岩,含矿量依次减少,盖亚维科石英斑岩只有少量矿石。

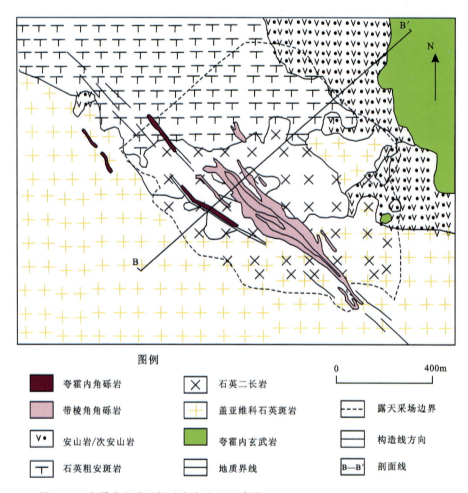

图 4-7　夸霍内斑岩型铜矿床内矿区地质图(据冶金工业部情报研究所,1980 修改)

据石英二长岩的同位素年龄资料,成矿时期约为 50Ma,属古近纪—始新世。

石英绢云母蚀变是矿区最强烈的蚀变,主要发生在含矿斑岩体的中部,也影响到矿体底板岩石。蚀变使岩石结构发生变化,全部被细粒的石英和很薄的绢云母及黏土所代替,蚀变矿物除石英、绢云母外,还有少量黏土(蒙脱石)及钾长石(图 4-8)。

黑云母蚀变主要发生在夸霍内玄武岩的大部分地区内,形成的大量黑云母使岩石变为黑色。黑云母晶粒很细,有的呈鳞片状,伴生少量石英、绢云母、绿泥石。青磐岩化蚀变发生在含矿杂岩体的边缘及安山岩、玄武岩的广大地区内,蚀变带宽约 4km,其特点是绿泥石、绿帘石、方解石比较发育,最多的矿物是绿泥石,伴随有少量石英、绢云母,此外还有大量方解石脉、黄铁矿脉。硅化蚀变带主要发生在盖亚维科石英斑岩中,其特点是形成细粒状硅石。细颗粒的硅石从破碎带一直扩展到大块岩石中,具玻璃状结构。与围岩蚀变作用一样,矿化作用发生在含矿岩体强烈蚀变的范围内,在侵入体外部只有少量矿化。

矿体在平面上呈椭圆形,长轴长 1200m,宽 1000m,走向北西。在剖面上呈一个倒立的圆锥体状,向西缓倾斜,到深部逐渐尖灭。向两侧和深部矿化都比较均匀,蚀变强度和破碎程度一致。矿石以原生矿为主,上部为氧化矿石带,次生富集带均不厚,原生矿控制延深在 400m 以上。矿石矿物主要有黄铁矿、黄铜矿、辉铜矿,其次有方铅矿、闪锌矿、辉钼矿、硫砷铜矿、孔雀石、蓝铜矿等。硫化物含量为 5%~8%,黄铜矿、黄铁矿比为 1∶2 到 1∶1,平均含铜 1%,含钼 0.03%。矿体大部分被厚 20~240m 的上新世—更新世火山岩(主要是流纹岩)所覆盖,只有在河流两侧切割较深处,才见到下伏矿化露头。含矿岩石的蚀变作用和后期氧化淋滤作用形成的褐铁矿、孔雀石等是重要的找矿标志。矿石的垂直分带比较明显,各带的简要特点如下。

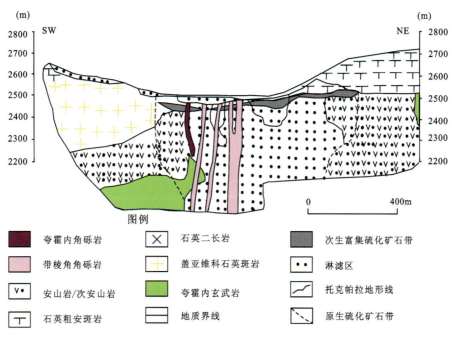

图 4-8 夸霍内斑岩型铜矿 B—B'地质剖面图(据冶金工业部情报研究所,1980 修改)

(1)淋滤带:在矿床的底板岩石托克帕拉世火山岩及上部的托克帕拉粗玄岩和盖亚维科石英斑岩中均残存淋滤作用的痕迹。淋滤带岩石破碎,大部分被石英、氧化铁胶结。淋滤带最大的厚度约100m,有大量赤铁矿产出。

(2)氧化矿石带:大部分出露在矿体的北部,南部只有3个互不相连的小氧化矿体,在平面上呈半圆形,剖面上为板状、透镜状,顶底板波状起伏,厚度比较均匀,平均厚度15m。该带与上、下部的淋滤带和次生富集带无明显的界线。矿石矿物有褐铁矿及较大量的硫化物。氧化矿石中有一半的铜呈硫化物存在。主要矿物有孔雀石、硅孔雀石,呈厚约10cm的枝状,有的地方可见自然铜。脉石矿物主要是针铁矿、赤铁矿、石英和明矾石。

(3)次生富集带:在平面上和下部原生矿石带范围相近,厚度不规则,平均厚约20m。主要矿物是辉铜矿和黄铁矿,少量黄铜矿、铜蓝,更少量的斑铜矿、辉钼矿。在矿化作用强烈的地区,可见到辉铜矿交代斑铜矿、黄铜矿,以及部分交代黄铁矿的现象,而铜蓝又经常交代辉铜矿且在其边缘分布。

矿体中矿石矿物以黄铁矿、黄铜矿为主,有一定数量的斑铜矿,少量辉铜矿,微量的硫砷铜矿、砷黝铜矿及方铅矿。辉钼矿分布不均匀,大部分充填在石英颗粒之间,且在石英脉中间呈细分散状富集。辉铜矿主要分布在两个平行的侵入安山岩之间。除了脉石矿物之后蚀变形成的绢云母、石英、黑云母、绿泥石、黏土外,还可见到少量次生石英脉及方解石脉。从总体看,夸霍内铜矿体有3个特征:①矿体的形状是规整的;②无论矿体的边缘或深部,铜品位的分布是均匀的;③矿物组分是简单的。

5. Toquepala 斑岩型铜(钼)矿床

矿床位于秘鲁南部塔克纳区,海拔3100～3600m,地理坐标为:南纬17°41′,西经70°36′。矿床东南距塔克纳市90km,离西部伊洛港85km。该矿床现保有铜资源量为$1765×10^4$t,铜品位为0.364%,钼资源量为$77.5×10^4$t。该矿为南方铜业公司所拥有,于1956年开始矿山建设,1959年正式投产,目前处于正常生产阶段,开采方式为露天开采。主要金属产品为铜、银、钼、金、铼,2012年年产铜$15.5×10^4$t,入选品位0.66%,回收率90.8%,产钼4500t,入选品位0.03%。

该矿总的区域地质、岩浆活动和构造特点等与夸霍内矿床基本一致。矿床位于北西走向的安第斯山脉西侧。区内广泛出露中生代—新生代火山岩系,最老的岩层是上白垩统—古新统、新近系托克帕拉世火山岩,由下而上可进一步细分为夸霍内玄武岩、夸霍内安山岩、盖亚维科流纹斑岩及托克帕拉粗玄岩,这4套岩石组成矿床的基底。岩层近于水平,微向西倾,厚度大于1500m。后期有花岗闪长岩、闪长岩侵入到上述地层中,组成了安第斯山的岩基。在含矿的英安斑岩等侵入之后,有侵入角砾岩形成。在矿体北部有被斑岩充填的爆破角砾岩筒,同时包裹了大小不同成分不一的流纹岩、英安岩、集块岩碎块。在闪长岩、花岗闪长岩的演化后期,英安斑岩的侵入形成期则是主要的围岩蚀变及成矿作用时期。后期侵入的爆破角砾岩筒和成矿作用也有关系。含矿岩体有花岗闪长岩、闪长岩,但主要是英安斑岩小岩体,角砾岩筒中也有部分矿体(图4-9)。

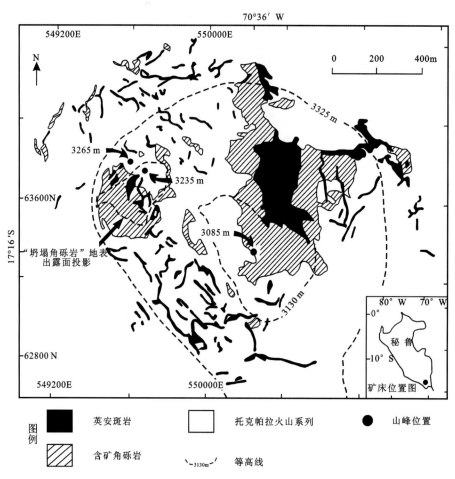

图4-9　Toquepala矿床矿区地质图(据Richard and Courtright,1958)

矿床的围岩蚀变比较发育,可以分成3个蚀变带:①青磐岩化蚀变带,由绿泥石、绿帘石、方解石和黄铁矿组成;②泥化蚀变带,主要由石英、白色黏土或高岭土组成;③石英绢云母(千枚岩)蚀变带,由石英、绢云母和黄铁矿组成。蚀变带的面积要比矿体范围大,主矿体和石英绢云母带的范围相一致。除了最后侵入的粗安斑岩墙外,所有的底板岩石(托克帕拉世火山岩)和侵入岩都有蚀变现象,另外盖亚维科石英斑岩主要发育硅化蚀变。

矿化作用、成矿特点比较简单,矿体品位分布比较均匀,矿石主要由铜硫化物组成,小部分由钼硫化物组成。矿体平面上为圆—椭圆形,直径大于1km,剖面上呈圆锥状,深度大于400m。矿体有明显的垂直分带,上部为淋滤带及氧化矿石带,中部是次生富集带,深部是原生硫化矿石带。矿石属硫化物矿,在含矿岩体中铜硫化物呈1~2mm大小的颗粒浸染状散布;黄铁矿是最多的硫化物矿物,黄铜矿是最多的铜硫化物矿物,辉铜矿是上部形成的最重要的铜硫化物;次生富集带基本上为水平状,微向西倾斜,厚度在0~150m之间,最高品位2%,主要由辉铜矿组成。经矿物流体包裹体研究,成矿温度在225~475℃,属中温热液型,成矿时代为58.7Ma。

6. Quellaveco 斑岩型铜矿床

矿床位于秘鲁南部 Moquegua 大区,北距塔克纳(Tacna)144km,平均海拔为 3600m。现铜资源量 1317×10^4 t,含铜品位 0.454%;钼资源量 47×10^4 t,含钼品位 0.016%。该矿由英美资源公司控股与运营,所占股比 81.9%,目前该矿床已完成可行性研究,预期于 2016 年投产,开采方式为露天开采。主要金属产品为铜、银、钼。

矿床位于秘鲁南部著名的安第斯中部古新世—早始新世斑岩型成矿带内。3 期石英二长岩斑岩筒侵入到等粒状花岗闪长岩体中(出露面积达 $3km^2$),后者穿切了晚白垩世—早古新世的流纹质火山岩。Quellaveco 斑岩筒中的 3 期侵入活动:①大范围的早期斑岩,有强烈的钾化蚀变,包括典型的含黄铜矿的 A 型、含辉钼矿的 B 型石英脉,前两者被含石英-黄铁矿-黄铜矿的 D 型石英脉穿切;②成矿间斑岩,穿切钾化、绢云母蚀变以及铜-辉钼矿化,但成矿间斑岩本身钾化较弱,A 型、B 型和 D 型细脉零星分布,且铜品位仅为 0.26%;③成矿后斑岩,成矿后斑岩晚于所有钾化和绢云母化蚀变,仅发育少量青磐岩化蚀变,铜品位为 0.01%(图 4-10)。

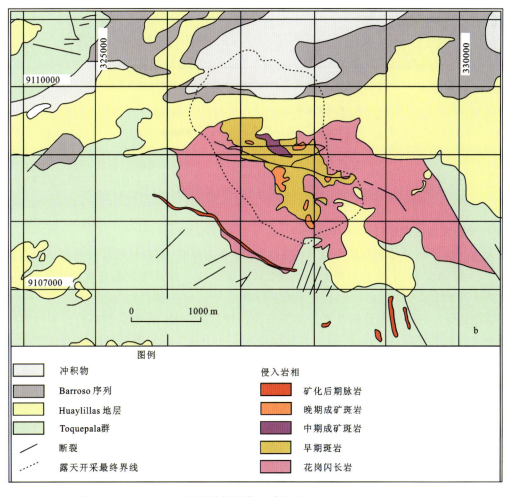

图 4-10　Quellaveco 斑岩型铜矿床地质图(据 Sillitoe and Mortensen,2010)

随着成矿时间推移,矿脉强度明显变小;成矿后斑岩中未见 A 型、B 型和 D 型矿脉;部分 D 型,以及许多 A 型和 B 型矿脉被成矿间斑岩穿切,这在其他典型斑岩型铜矿中相对少见;斑岩的围岩蚀变由早期和成矿间的钾化蚀变逐渐过渡到成矿后的青磐岩化蚀变(图 4-11)。

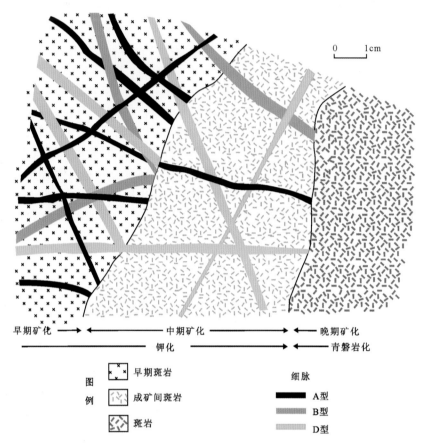

图 4-11 Quellaveco 斑岩型铜矿床地质图(据 Sillitoe and Mortensen,2010)

7. 智利埃斯康迪达铜矿(Escondida)

埃斯康迪达铜矿处于智利北部海拔 3050m 的阿塔卡玛沙漠,属智利埃斯康迪达矿业有限公司,于 1990 年投产。20 世纪 80 年代初期美国一个地质队曾断定这个像月球表面景观的地区有 6×10^8 t 铜。埃斯康迪达矿床长 3000m,宽 1000m,矿石平均品位为 2.5%,有些富矿品位高达 5%。

埃斯康迪达铜矿的控股权目前基本上掌握在外国投资者手中,其中必和必拓公司(BHP-Billiton)拥有埃斯康迪达铜矿约 57.5% 股份,第二大股东力拓公司(Rio-Tinto)则拥有约 30% 的股份,以日本三菱集团为首的财团拥有 10% 股权,其余的股权则由世界银行下属的国际金融公司(IFC)持有。近年来,智利铜产量占全球铜产量的 35.5%,稳居世界第一,而埃斯康迪达铜矿年铜产量则占智利总产量的 20%,精炼铜主要出口到日本、德国、加拿大、瑞士、巴西、韩国和法国。

2005 年智利埃斯康迪达铜矿公司净利润总计为 25.78 亿美元,2004 年为 17.26 亿美元,公司净利润同比大幅增长 49.4%。铜价上涨与产量增长是利润增长的主要原因。2005 年,公司铜销量同比增长 5.8%,销售收入增长 38.4%,总计为 43.6 亿美元,平均铜售价为每千克 0.7575 美元,同比上涨 28.5%。铜产量增长主要是由于矿石加工厂产量增长以及选矿厂回收率提高所致。2004 年公司每千克铜的现金成本为 0.196 美元,2005 年增加到了 0.244 美元。矿石加工费、精炼费以及能源和运费上涨是成本增长的主要原因。2005 年公司共产铜 127.1472×10^4 t,2004 年为 119.5×10^4 t,同比增长 6.4%。

8. 埃尔特尼恩特(El Teniente)铜矿

科德尔科(Codelco)公司在智利的 El Teniente 铜矿是世界上最大的地下铜矿。矿体沿走向长 2.8km，宽 1.9km，延伸到地面以下至少 1.8km 深处。埃尔特尼恩特矿体位于安第斯山脉边缘丘陵地带，因此已知储量的下部边界在海平面以上。总矿石储量约 70×10^8 t，含铜 0.79%。该矿查明的铜品位为 1.19% 的矿石储量共计 15×10^8 t。

该矿位于科德尔科铜公司的丘基卡马塔矿以北 40km。首次开采约在几个世纪以前，而地下采矿始于 20 世纪初。从第二次世界大战结束到 1967 年间，该矿的所有权属美国阿纳康达(Anaconda)公司，并进行了一定的勘探，科德尔科公司在 20 世纪 70 年代中期，钻了 100 多个探孔。其实该矿床的巨大储量 20 年前就已探明，但当时由于该矿硫化物含量太高，使开发受阻，目前萃取、电解技术又使它恢复生机。已探明的露天矿面积超过 $4km^2$，埃尔阿夫拉公司对阿纳康达、科德尔科和塞浦路斯等公司实施的 437 个探孔(累计 100 630m)进行了检测化验，资源储量估算结果为：氧化矿储量为 9.58×10^8 t，铜品位为 0.52%，折合为 490×10^4 t 精铜；硫化矿储量为 5.86×10^8 t，铜品位为 0.61%，折合为 360×10^4 t 精铜。仅可开采的氧化矿储量为 7.98×10^8 t，铜品位为 0.54%，折合为 430×10^4 t 精铜，按 78% 的回收率计，可产精铜 336×10^4 t。至今，矿区边界是根据现有的钻探圈定的，氧化露天矿面积超过 $9km^2$，大约是现在圈定的氧化矿储量面积的两倍。几乎所有已探的钻孔包括现有勘探区外围的钻孔，都是有经济价值的氧化矿。

9. 科亚瓦西(Coilahuasi)铜矿

科亚瓦西(Coilahuasi)铜矿位于丘基卡马塔(Chuquicamata)的东北偏北、伊基克(Iquique)东南 200km 的安第斯山海拔 4500m 处。探明地质储量总计约为 2054×10^6 t，远景储量约为 1054×10^6 t，边界品位为 0.4%，铜平均品位为 0.82%。在科亚瓦西铜矿有两个主要的斑岩型铜矿床——罗萨里奥(Rosario)矿床和乌吉那(Ujina)矿床，以及外部的维金提帕矿床正在开发，1979 年发现罗萨里奥矿床，而 1991 年才发现其以东 7km 的乌吉那矿床。首先开采乌吉那矿床是由于其品位高和建矿初期良好的经济环境。乌吉那矿床是一个典型的斑岩型铜矿床，风化较好，有利的构造使其形成了一个厚大连续的次生富集带。罗萨里奥斑岩型矿床面积 $1km^2$，位于半径 5km 的热液蚀变区域内，斑铜矿矿脉和黄铜矿矿脉横切斑岩型成矿带。在乌吉那矿床实际上没有矿脉，罗萨里奥矿床结构复杂是由于成矿后期的断裂改造。

拉格兰德(La Grande)矿床是一个高品位块状硫化铜矿脉系，周围形成 50m 的次生富集带，此矿床仍需全面勘探。维金提帕外部氧化矿床是由于氧化铜沉积在罗萨里奥段古河道上游，与砾石层胶结所形成。第四纪斑岩矿系的普罗丰达(Profunda)矿床，覆盖着约 400m 厚矿化的古近纪—新近纪熔结凝灰岩。普罗丰达和拉格兰德矿床是科亚瓦西铜矿地区将来勘探的对象，目前尚没有可行的对策来研究。

罗萨里奥和乌吉那斑岩矿床中大量的次生硫化矿及氧化矿覆盖在大量的原生黄铜矿矿石上，还有银铜矿脉、金及含银硫化矿脉与这些大的矿床相互交错。罗萨里奥和乌吉那矿床的氧化矿将用浸出工艺处理，而原生矿物和不同程度的次生矿将用浮选工艺处理。维金提帕矿床的氧化矿也将采用浸出工艺。

科亚瓦西矿于 1998 年底竣工，建设时间近 3 年，总投资近 20 亿美元，建设成当时世界第四大铜矿。1999 年，投产第一年的铜产量达 45×10^4 t，相当于当年整个智利铜产量的 10%，占世界铜产量的 3.5%，负责开发经营该矿山的是唐娜伊内斯矿业公司(Compania Minera Dona Ines)。科亚瓦西斑岩型铜矿床共有 3 处矿体，共有矿石储量为 34.86×10^8 t，品位为 0.79%，铜金属资源储量为 2754×10^4 t。Rosari 和 Ujina 为斑岩型铜矿体，下部为原生黄铜矿，上覆次生硫和氧化矿带；Huinquintipa 矿体为氧化矿。Rosario 和 Huinquintipa 都在 Ujina 矿体的西面，分别距 Ujina 矿体 7km 和 10km，其中 2 个矿体正在用露天法进行开采。在这 3 处大型矿体周围有一些含铜、银、金的矿脉。

10. 丘基卡马塔(Chuquicamata)铜矿

丘基卡马塔(Chuquicamata)铜矿位于智利北部 Antofagast 地区 Calama 市北约 20km 的 Loa 峡谷断裂带北部，矿区宽 25km，长 33km。目前探明的铜矿石储量为 170×10^8 t，可采储量为 8000×10^4 t，即

按目前的生产规模还可以继续生产 100 年。这一范围内主要有 3 个铜矿开采：Chuqicamata、Radomiro Tomic 和 Sur Mines 矿床，均为露天采矿。其中 Chuqicamata 开采场最大，长 4500m，宽 3000m，深 800m，主要为硫铁铜矿石，矿石的平均品位约 1%，其铜矿石资源量为 $27×10^8$ t；其余 2 个开采场矿石主要是氧化矿。

Chuqicamata 铜矿由美国公司建立于 1915 年；1969 年，智利政府收购了 51% 的矿山股权；1971 年，智利阿连德政府完全将其收归国有；1976 年，皮诺切特政府成立了智利国家北部铜矿公司。国家北部铜矿公司业务包括了矿石开采、铜矿冶炼和电解，直到生产出 99.997% 含量的精铜产品的完整过程。国家北部铜矿公司只出售 99.997% 的精铜产品，而其他公司则出售不同含铜量的产品，这是因为其他公司一般不具备国家北部铜矿公司的冶炼和电解生产流程。

国家北部铜矿公司首先采用爆破的方法在采场采集矿石，然后使用大型矿石运输车运往冶炼厂。矿石运输车采用从德国和日本进口的大型柴油运输车，每辆车一次可运载矿石 360t。这样的大型运输车在 3 个开采场共有 130 多辆，其中 Chuqicamata 就有 80 辆，每天运送矿石约 $60×10^4$ t。这些矿石中大约含铜矿石 $18×10^4$ t，每天可以生产 1900t 含量 99.997% 的精铜。在冶炼厂的破碎车间，这些矿石经过大型滚筒粗磨和细磨，破碎成细粉，然后送往浮选车间进行浮选；随后再进行提炼，可以使铜的含量达到 33%；之后再送往冶炼车间进行冶炼，炼炉温度为 1250~1350℃；从冶炼车间出来的铜胚，含铜量达到了 99.7%，然后再送往电解车间进行电解，采用阳极电解法生产，每个电解棒约 180kg；最后生产出 99.997% 的精铜。

炼铜中使用的水为循环水，重复使用了 5~6 次后，即通过地下渠道排放到 45km 外的废水池中。由于这里人烟稀少，所以废水对环境和人口影响不大。目前智利铜矿公司正在加紧进行生物炼铜技术的研究，对这些炼铜废水准备使用生物技术进行再处理，回收其中的铜。

除冶炼外，国家北部铜矿公司使用的另一种方法就是通过湿法炼铜提取尾矿中的铜，湿法炼铜的年产量约为 $13×10^4$ t。这里尾矿的含铜量大约在 0.3%，可使用溶液对其进行淋漓处理，最后采用铝板置换，达到回收铜的目的。

除生产铜之外，国家北部铜矿公司的另外一个副产品就是钼，年产量为 25 000t。钼的国际市场售价为每千克 14.515 美元，大部分销往日本。仅此一项收入就相当于整个智利国家北部铜矿公司的运营成本。因此，其铜的销售收入为净利润，同时国家北部铜矿公司是世界上生产铜的成本最低的公司，其成本大约为每千克 20.4 美分，而国际市场铜的售价在 2004 年达到每千克 65.77 美分。

11. 巴哈代拉鲁穆波莱拉斑岩型铜-金矿

巴哈代拉鲁穆波莱拉斑岩型铜-金矿位于阿根廷西北部的卡塔马卡省 Hualfin 区 Belen 镇，海拔标高 2560m，是南美最大的铜金矿产地之一，2009 年年产 12.05t 的金和 $14.3×10^4$ t 铜，该矿也是阿根廷唯一生产铜的矿山，它的铜产量就是全国的铜产量。至今确定的铜储量为 $391×10^4$ t，铜品位为 0.51%，金储量为 491t，品位为 $0.64×10^{-6}$。矿体产于中新世中晚期形成的潘比亚山区 Farallon Negro 火山岩内，由喷出的安山岩和英安岩组成（熔岩、角砾岩、砾岩等）。中心区域有闪长岩-二长岩侵入（Alto de la Blenda 二长岩）。在火山活动的晚期发生了英安岩斑岩侵入，与矿化有关的侵入岩体则是由一系列英安斑岩组成，此外安山岩也有矿化。现在矿体的出露高度在当时矿化斑岩体的地下 2.8km 处（图 4-12、图 4-13）。

巴哈代拉鲁穆波莱拉矿床的蚀变带集中在几个斑岩体内。这些蚀变带从中部的铁硫化物和金矿化、钾化（黑云母、钾长石、石英）核心带向外过渡为青磐岩化带（绿泥石、伊利石、绿帘石、方解石）。矿化中的泥化蚀变组合（绿泥石-伊利石±黄铁矿）形成于该矿床顶部和侧翼的钾化蚀变带内，并向外过渡为绢英岩化（石英、白云母、伊利石±黄铁矿）蚀变（图 4-14）。流体 ^{18}O 和 D 值（分别为 8.3‰~10.2‰ 和 -33‰~-81‰）证实最早期的钾质蚀变为初始岩浆成因。低温钾质蚀变发生于 D 值较低（低达 -123‰）的岩浆流体。这些亏损组成与大气水迥然不同，而与来源于下伏岩浆的岩浆流体的脱气和挥发组分相吻合。

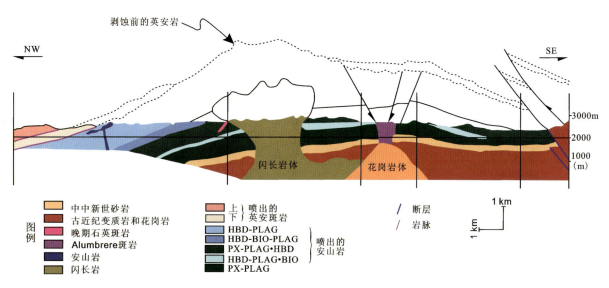

图 4-12 巴哈代拉鲁穆波莱拉斑岩型铜-金矿成矿示意图（据 Proffett,2003）

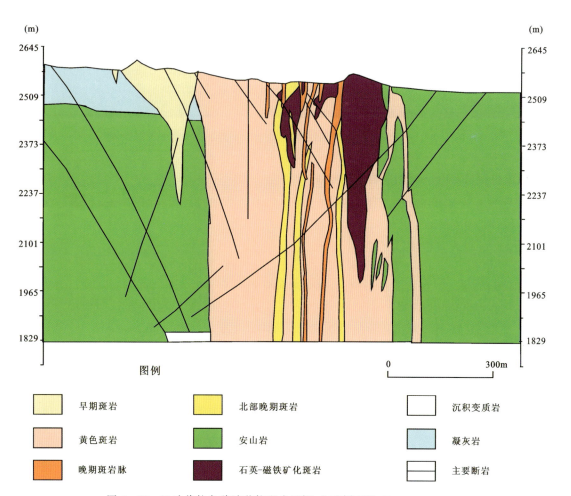

图 4-13 巴哈代拉鲁穆波莱拉斑岩型铜-金矿剖面图（据 Proffett,2003）

岩浆水与矿床上覆中级泥质蚀变组合的形成直接相关。与蚀变带伴生的流体的 $\delta^{18}O$ 和 δD 值分别为 4.8‰~8.1‰ 和 −31‰~−71‰。与绢英岩化蚀变伴生的流体的组成(分别为 −0.8‰~10.2‰ 和 −31‰~−119‰)与中级泥质蚀变组合的值部分重叠。由此推断绢英岩化蚀变组合形成于下列两个阶段：①含 D 亏损水的高温阶段，可能形成于岩浆脱气或新的岩浆水注入成分不同的热液体系内；②低温绢英岩化蚀变阶段，流体为岩浆水和大气水的混合。其后热液体系演化期间的成矿作用可能与岩浆流体的进一步冷却有关，部分系液-岩相互作用和相分离的结果，pH 值和氧逸度的变化也可引起成矿作用。

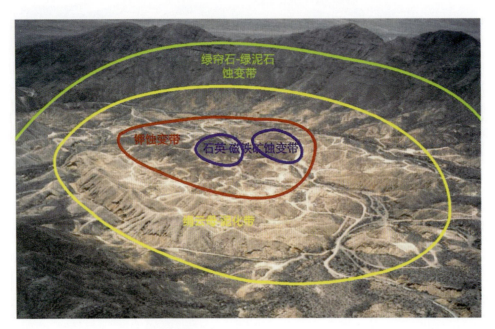

图 4-14　巴哈代拉鲁穆波莱拉斑岩铜-金矿蚀变分带图(据 Proffett，2003)

12. 拉宝伦达(La Voluntad)斑岩型铜矿床

拉宝伦达(La Voluntad)斑岩型铜矿床位于距离阿根廷萨帕拉市西南部 74km，矿床的蚀变与矿化与二叠纪 Chachil 深成侵入杂岩体英云闪长岩有关。该英云闪长岩侵入到早古生代的变质岩中，上覆三叠纪的 Choiyoi 组火山岩(图 4-15)。

在拉宝伦达(La Voluntad)斑岩型铜矿区，英云闪长岩和众多浅色岩脉(Aplitico)及 Chachil 深色深成侵入岩(辉绿岩)侵入到花岗闪长岩中，岩体中各种断裂发育。西利托(Sabalúa，1975)将矿脉、岩墙、断裂之间的关系绘制成玫瑰花图。在英云闪长岩中，通过对矿脉密度的量化测定，可以确定其与矿化强度的关系。从图 4-16 可以看出矿脉主要是沿东北方向优先定位，其次是西北方向。

拉宝伦达(La Voluntad)斑岩型铜矿的蚀变和矿化主要发生在英云闪长岩内，花岗闪长岩次之。钾化蚀变是渗透性的，强度较低，受矿脉控制；绢英岩化蚀变强度大，与成矿关系密切。

在英云闪长岩中，确定了 3 种蚀变：钾化、绢英岩化和青磐岩化，其中绢英岩化发育最好(图 4-17)。

(1)钾化：在英云闪长岩的中心部分表现出渗透性蚀变，它主要由黑云母、钾长石、绢云母及石英组成，还有少量金红石和磷灰石。

(2)绢英岩化蚀变：绢英岩化蚀变具有鲜艳的颜色，且叠加在钾化蚀变上，由石英及绢云母组成。蚀变强度变化大。以对斜长石和黑云母斑晶的初期交代开始，一直到形成石英和绢云母集合体。绢英岩化是该矿床最重要的蚀变，矿脉具有不同的厚度，在英云闪长岩中心从几微米的厚度，到边缘地带的矿脉厚度达到 30cm。

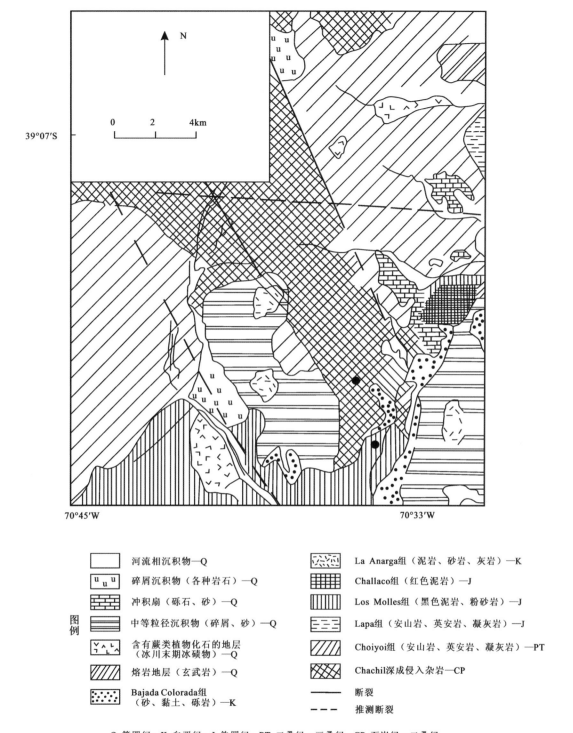

图 4-15 拉宝伦达(La Voluntad)斑岩型铜矿床地区地理位置以及区域地质图(据 Leanza,1990)

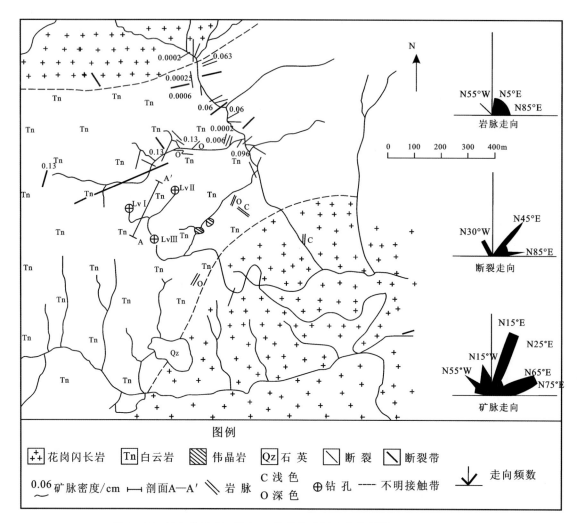

图 4-16 拉宝伦达(La Voluntad)斑岩型铜矿床地质图(据 Sabalúa,1975)
注:图中岩脉、断裂、矿脉走向玫瑰花图显示矿脉及岩脉、断层密度的分布频率

(3) 青磐岩化蚀变:该蚀变对成矿影响不大,它由绿泥石、方解石、绿帘石及沸石组成。绿泥石占主要地位,交代黑云母及英云闪长岩中的角闪石,发育绿帘石,有少量方解石、石英和沸石(浊沸石)。

(4) 次生矿化:该矿床次生矿化不发育,地表仅发现有少量孔雀石、辉铜矿、蓝铜矿、赤铁矿及褐铁矿。

拉宝伦达(La Voluntad)斑岩型铜矿热液蚀变及矿化至少发生两期:第一期是低强度的钾化渗透性蚀变,矿化分散且较少,以含黄铁矿、黄铜矿及少量辉钼矿的浸染状矿化为主;第二期为高强度的绢英岩化,与成矿关系密切,且叠加在钾化之上,形成黄铁矿、黄铜矿、斑铜矿、闪锌矿、辉钼矿、含砷黄铁矿及少量的黑钨矿。根据已发现的成矿矿物特点,确定共生序列如图 4-18 所示。

13. 亚亚瓜(Llallagua)锡矿床

亚亚瓜(Llallagua)锡矿床位于拉巴斯市东南 323km 处,属于东科迪勒拉山脉中部,是玻利维亚最大的脉状锡矿床,也可能是世界上最大的锡矿床。该矿床估计的总储量超过 100×10^4 t。20 世纪初期,锡的矿石品位平均为 12%~15%,至 1924 年降低到 5%,1964 年仅为 0.8%。经历超过 100 年的开采期后,该矿床已结束开采。

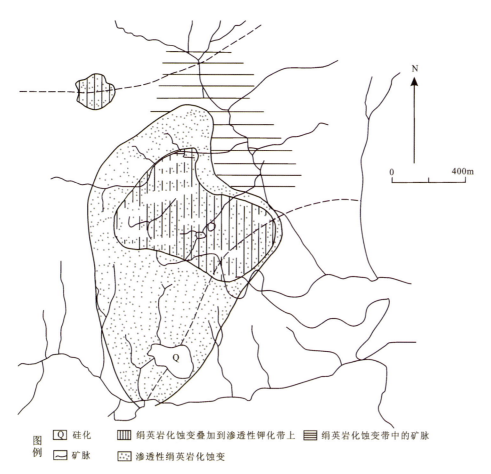

图 4-17 拉宝伦达(La Voluntad)斑岩型铜矿床热液蚀变分布图(据 Garrido et al.,2008)

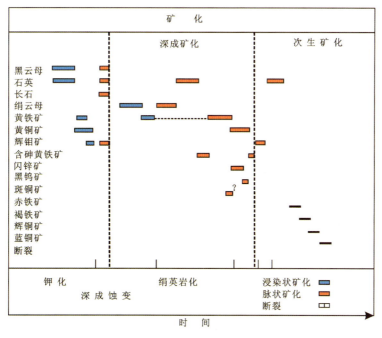

图 4-18 拉宝伦达(La Voluntad)斑岩型铜矿床的共生序列(据 Garrido et al.,2008)

矿床寄主于 La Salvadora 斑岩中,年龄存在争议,K-Ar 年龄分别为 20.6±0.35Ma 和 9.4Ma。矿体呈网脉状赋存于区域背斜的轴部,走向为 NW335°,被认为与两条主要断裂有关,呈近南北向和北西向分布。

椭圆状岩株的出露区域超过 1600m×1200m,侵入于志留纪—泥盆纪低级变质碎屑岩中(Cancaniri 组和 Llallagua 组)。该岩系从底到顶由混杂陆源沉积岩、砂岩、石英岩和页岩组成(图 4-19)。岩株可分成 4 个共生相:①流纹英安质核部;②流纹英安质角砾岩;③切穿侵入体的流纹英安质岩脉;④热液角砾岩。岩株位于火山通道中,在矿化前的碱性-硅质事件中发生了强烈蚀变,在火成杂岩体边缘形成了塌陷角砾岩,且从北至南形成了不同年龄的次一级侵入体系列。

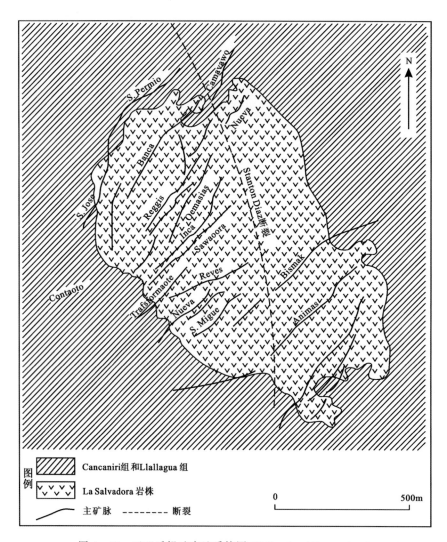

图 4-19 亚亚瓜锡矿床地质简图(据 Hyrsl and Petrov,2006)

侵入体核部的特征为含锡矿化作用,由于热液淋滤作用的影响,锡的品位很低。但是斑岩体的边缘包含了矿床的 47 条主要矿脉以及超过 1500 条细矿脉,矿脉主要由石英-电气石-锡石-硫化物矿物组成。

主矿脉的走向在 NE20°~40°之间,倾向为北西向或南东向。它们呈现出带状和晶簇状结构,局部为角砾状。富锡石矿体位于矿床的中间位置(250~450m)。在矿床的上部和下部,锡石的丰度降低,而黄铁矿和白铁矿的含量增加。向深部,矿化作用更富集钨,其形成与钨锰铁矿-毒砂-黄铁矿-石英有关。钨的形成明显要晚于锡的形成阶段。

侵入于邻近的沉积岩（混杂陆源沉积岩）中的部分矿脉，它们呈现出与岩株中矿脉的差异。这些矿脉与背斜轴部垂直，被认为是早于 La Salvadora 岩株侵入形成的，它们由磁黄铁矿、黄铁矿、锡石、辉铋矿、闪锌矿、黄铜矿、黝铜矿和黄锡矿组成。

次火山岩和沉积岩均呈现出强烈热液蚀变的证据。主要的蚀变矿物集合体为石英-绢云母，以及少量的电气石化作用（随深度增加）和富氯酸盐青磐岩化集合体。

次火山、低级变质岩普遍受到绢云母化和电气石化的蚀变，前者在岩株的顶端和侧面更突出，而后者的强度往中心和深处不断增大，更远处的蚀变包括钾交代和高岭土化。岩株内部的长石和黑云母几乎全部被替代。Gordon(1944)报道在石英斑晶内存在一些黑云母残余，局部也出现了硅化带。Sillitoe 等(1975)和 Dietrich 等(1997)发现最大斑岩岩脉远端的热液蚀变强度较小，仅达到绢云母化到青磐岩化。虽然 La Salvadora 岩株的斑岩结构明显提示为火山岩至次火山岩，但直接界定岩株的主要矿物成分和化学成分是很难的，可能性极小，所有成岩矿物甚至包括部分石英斑晶，全部发生蚀变。据此，全岩化学成分非常分散，这与蚀变类型相关。根据 SiO_2-Zr/TiO_2 火山岩辨别图，斑岩为英安质—流纹英安质，与该地区其他矿化火山中心的弱蚀变岩石类似。

电气石主要出现在围岩中，但在早期的石英矿脉和蚀变斑岩散布的锡石与黄铁矿中也有可能发现一些电气石。电气石化与角砾的形成有一定的关系，但与矿脉结构并不完全匹配，在斑岩岩株内形成了不规则状的富电气石矿体。早期矿脉填充物的主要矿物集合体包含锡石、磁黄铁矿、石英、白云母、电气石周围的磷灰岩（氟磷灰岩；有时为主要的尾矿）、辉铋矿、自然铋和黑钨矿。根据 Gordon(1944)研究，磁黄铁矿形成于该矿物组合最早的阶段，随后磁黄铁矿被强烈置换，形成了黄铁矿、白铁矿、菱铁矿，以及少量的闪锌矿、辉锑锡铅矿、砷黄铁矿、黄锡矿、黄铜矿、辉碲铋矿和方铅矿。矿化带的另一显著特征是在开放的矿脉空间出现了多种晚期的磷酸盐矿物，包括放射纤维磷铝石、蓝铁矿、蓝磷铁矿、磷铁铝矿和准蓝磷铝铁矿。但要注意的是，在岩株蚀变斑岩的整个岩石分析中发现的磷酸盐成分相当低。尽管可以清楚地界定共生次序中一些相对年龄关系，但是不同阶段的重叠、矿床内的空间分布和在单个矿脉结构中的定位表明，矿化形成于近地表条件下，属于温度和压力迅速变化的单一热液事件。这一结论得到了流体包裹体数据的进一步支撑，数据显示温度从 500℃ 以上降至 70℃ 以下，盐度也从 50% 开始降低。

第二节 IOCG 型铁铜金矿床

一、基本特征与时空分布

IOCG 型铜金矿床（铁氧化物型铜金矿床）是近年研究的热点矿床类型之一。该类矿床以矿石中含有大量的铁氧化物（磁铁矿或赤铁矿），且伴有很强的区域性钠质、钙质和钾质蚀变为特征。一般认为(Hauck et al.,1989；Hitzman et al.,1992；Hitzman and Valenta,2005；Haynes et al.,1995；Barton and Johnson,1996；Williams,1999；Chen,2013)，该类矿床可分为 4 类：①奥林匹克坝型（Olympic Dam）；②克朗克里型（Cloncurry），叠加于先存的 BIF 建造之上的热液铜金矿化；③帕拉博瓦（Phalaborwa）-白云鄂博型，与碱性侵入体（脉体）有关的富磁铁矿的稀土-磷灰石矿床；④基鲁纳型（Kiruna），发育金属铁矿化，而很少含铜和金，为磁铁矿-磷灰石矿床，且基鲁纳型铁矿是 IOCG 型矿床的端元类型。

此类矿床在形成时间上从太古宙到新生代都有出现。该类矿床形成的 3 种主要构造环境是：内陆造山崩塌、内陆非造山岩浆活动带和与俯冲相关的大陆边缘伸展区。这 3 种构造环境中都有着与幔源底侵作用相关的大规模岩浆活动，存在相对氧化的高温流体，并且在大部分地区发育蒸发岩。此类型矿床具有规模大、品位高、元素多、埋藏浅和易采选等特点。

在安第斯成矿带，此类矿床主要分布在中安第斯构造区海岸安第斯构造带，特别是秘鲁南部—智利北部一带,呈狭长的带状展布。在智利北部一带,沿阿塔卡玛断裂带,呈南北向延长达 1000km,矿床集中分布于南纬 20°—34°之间。主要被辉长质至花岗闪长质组分的深成杂岩体及同期断层系统所控制。

从成矿时代看,安第斯成矿带的 IOCG 型矿床主要形成在两个时期:中—晚侏罗世和早白垩世,尤以早白垩世占多数。其中,前者主要分布于靠近海岸地区,产生于中生代岩浆弧内;后者分布于更东部的中生代弧后盆地(图 4-20),如坎德拉里亚(Candelaria,116~114Ma)铜矿、曼陀贝尔德[Mantoverde,117~(123±3)Ma]铜矿、El Soldado(103±2Ma)铜矿等;少数形成于晚白垩世—古新世,如 Dulcinea 矿床形成于 65~60Ma(Iriarte,1996)。总的来说,成矿时代自西向东逐渐变新。

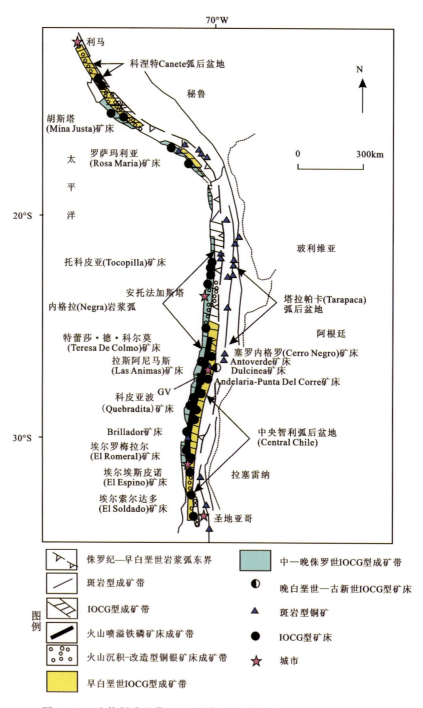

图 4-20 安第斯成矿带 IOCG 型铜金矿床分布(据 Sillitoe,2003 修编)

矿床主要赋存在火山-沉积岩系中,如在智利海岸山带北部众多曼陀型(IOCG型)矿床主要赋存于白垩纪浅海相玄武岩、玄武质安山岩、安山质熔岩、凝灰岩和薄层沉积岩系中。火山岩由于埋藏作用导致地热梯度升高而普遍发生区域性葡萄石-绿纤石浅变质作用。

矿床中的主要含铜矿物为黄铜矿、黄铁矿、斑铜矿、辉铜矿。矿物分带明显,单个矿体从中心到外部依次为斑铜矿-辉铜矿带→斑铜矿-黄铜矿带→黄铜矿-黄铁矿带,如 El Soladado 铜矿(Boric et al.,2002)。围岩蚀变主要以碱性蚀变为特征,并呈明显分带性,深部早期形成钠钙蚀变,矿物组合为钠长石-磁铁矿-阳起石-磷灰石;中浅部为钾化近源蚀变,主要有黑云母＋钾长石＋磁铁矿＋黄铁矿＋黄铜矿;浅表蚀变为钾长石、白云母±绿泥石±碳酸盐(绢云母蚀变)。地表常发育粗晶方解石脉(带),代表了热液晚期活动,部分矿床浅部也有黄铁矿化、硅化、绢云母化和(或)高级泥化蚀变。通常来说,钠化和磁铁矿化有关,钾化-绢云母化蚀变常与镜铁矿(赤铁矿)化相关。大型矿床蚀变类型更为复杂,钾化和钠化可单独出现或相互交叠,灰岩的存在常形成矽卡岩化。如智利北部坎德拉里亚(Candelaria)矿床,早期为钠质蚀变,后期钾质蚀变与铜矿化密切相关,蚀变范围大于 30km^2,蚀变矿物组合主要为黑云母-石英-磁铁矿±钾长石(Arévalo et al.,2000;Marschik and Fontboté,2001a,2001b)。智利 Panulcillo 矿床、El Soldado 矿床则以弥漫型的钠化、赤铁矿化为主,伴有强烈绿泥石化和碳酸盐化(Boric et al.,2002)。Mantoverde 矿床围岩蚀变主要为钾长石化和绿泥石化,而绢云母化和黑云母化不发育(Vila et al.,1996)。

根据方维萱和李建旭(2014)的研究成果,按成矿作用和矿床矿物组合,安第斯成矿带的 IOCG 型矿床分为火山喷溢型铁磷矿床(如 Cerro Negro Norte 铁矿和 El Romeral 铁矿)、火山喷溢-岩浆期后热液叠加型铁铜金(铅锌)矿床(如 Candelaria 铁铜矿床等)和火山沉积-改造型铜银矿床(如 El Soldado 铜银矿床等)3 类。火山喷溢型铁磷矿床通常伴生铜金,铁矿被认为是 IOCG 型矿床的端元类型(Sillitoe,2003)。针对火山沉积-改造型(曼陀型)铜银矿床由于含较少铁氧化物、不含金的特点能否作为 IOCG 型矿床的端元类型存在较大异议。智利的火山喷溢型铁磷矿床、火山喷溢-岩浆期后热液叠加型铁铜金(铅锌)矿床、火山沉积-改造型(曼陀型)铜银矿床,从构造环境、时空关系、矿化及矿石和地球化学特征等方面均呈现规律的变化,构成了智利铁氧化铜金矿床组合(图 4-21)。3 类矿床特征有很多相似性,但又存在一定的差异。以智利北部海岸安第斯带代表性典型矿床为例,各类矿床特征对比见表 4-2。

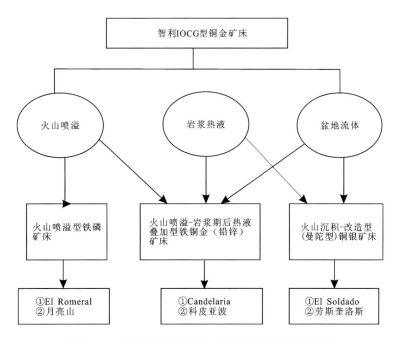

图 4-21 智利海岸山带 IOCG 型铜金矿床组合类型

表 4-2　安第斯带不同类型铁氧化物铜金(IOCG型)矿床特征对比

矿床类型	火山喷溢型铁磷矿床	火山喷溢-岩浆期后热液叠加型铁铜金(铅锌)矿床	火山沉积-改造型(曼陀型)铜银矿床
典型矿床名称	El Romeral、月亮山	Candelaria、科皮亚波	El Soldado、劳斯奎洛斯
地质背景	岩浆(火山)弧	弧后盆地	弧前(内)盆地
深成矿化	磁铁矿、黄铁矿、少量黄铜矿	磁铁矿、黄铜矿、黄铁矿	黄铜矿、黄铁矿
矿产	铁、磷(铜)	铁、铜、金、银、锌、铅、稀土	铜、银(金)
蚀变类型	钠长石、钠柱石、阳起石、绿帘石、磷灰石、碳酸盐	钠长石、钠柱石、钾长石、黑云母、方解石、钙闪石、绿帘石、透辉石	钠长石、钠黝帘石、钾化、绿泥石、碳酸盐
侵入岩	闪石玢岩、闪长岩	闪长岩、花岗闪长岩	闪长岩、二长岩脉
构造控制	韧性剪切带	北西向脆性断裂、北东向韧性剪切带、地层控制	近南北向、北西向、北东向脆韧性断裂,地层控制
成矿年代	～110Ma(El Romeral)	～115Ma(Candelaria)	～103Ma(El Soldado)
成矿作用	富铁质岩浆火山喷溢	火山喷溢、岩浆热液、盆地流体	盆地流体
资料来源	Oyarzún and Frutos,1984	Marschik et al.,2000	Boric et al.,2002

通过对比分析认为:

(1)月亮山火山喷溢型铁磷矿床产于岩浆弧侵入岩与火山岩接触带,矿体整体呈层状、似层状顺层产出,含有较高的铁,并伴生少量铜、金、钼,发生强烈钠化蚀变,磁铁矿矿石呈厚层状或块状,与 Cerro Negro Norte 矿床及 El Romeral 矿床有相似特征,在智利这种高品位的磁铁矿矿床通常可与基鲁纳型 (Kiruna)铁矿床类比,但磷灰石的含量有较大变化,如智利 Laco 铁矿中磁铁矿石含 P_2O_5 可达 1%,但一般作为副矿物大量存在于蚀变岩中(如 Cerro Norte 和 El Romeral 矿床),在中安第斯成矿区,这种高品位的铁矿本身常含有少量的铜、金(或者钼),并与铜、金矿床空间关系密切,所以本书将其划分为火山喷溢型磷铁矿床。

(2)劳斯奎洛斯火山沉积-改造型铜银矿床产于弧内盆地火山沉积岩中,矿体呈群脉状沿脆韧性断裂带产出或呈缓倾斜层状沿层间破碎带产出,有较高的铜银含量,相类似的矿床还有 El Soldado 矿床等。

(3)科皮亚波火山喷溢-岩浆期后热液叠加型铁铜金矿床产出于弧后盆地,磁铁矿矿体沿矽卡岩带产出,热液角砾岩化铜矿体呈脉状叠加于磁铁矿矿体之上,伴生有金银铅锌钼等,受控于脆韧性剪切带,相类似的典型矿床还有坎德拉里亚铜矿等。

这些矿床均产出于中生代岩浆弧,具有相同岩浆、构造背景及矿化蚀变特征,主要特征及差异表现在以下 4 个方面。

(1)矿床在空间上共存于中生代构造-岩浆带,时代相近或交叠,火山喷溢型铁磷矿床多形成于更西部靠近海岸地区的岩浆弧,岩石建造以侵入岩+陆相火山岩、缺少沉积岩为特征;火山喷溢-岩浆期后热液叠加型铁铜金(铅锌)矿床多位于东部弧后盆地,以侵入岩+火山岩或灰岩为特征;火山沉积-改造型铜银矿床多与弧前(内)盆地有关。

(2)矿体整体呈层状或似层状。火山喷溢型铁磷矿床呈层状或板状,与上、下地层为整合关系;叠加型铁铜金矿床中铁矿体与铜矿体在空间上叠加,早期磁铁矿发生赤铁矿化后,同期形成赤铁矿-铜硫化物;火山沉积-改造型铜银矿床具有明显的层控特征,主要矿体群限于一定的地层层位中,但明显受后期切层构造带的控制。在热液角砾岩筒中,形成的铜-铁-金-银-钼具多期多阶段成矿特征。

(3)矿石结构构造和矿物组成具相似的特点。深成矿物主要为磁铁矿和黄铜矿,火山喷溢型铁磷矿床含有高品位磁铁矿,常伴生少量稀土、金和铜,但矿床规模较小;叠加型铁铜金矿床含有磁铁矿、赤铁矿(镜铁矿),伴生较高铜、金、银、铅、锌及稀土等,铁含量相应减少,矿床规模较大;火山沉积-改造型铜银矿床具有较高铜、银品位,铁含量则大量减少,可形成较大规模。

(4)碱质蚀变普遍存在,主要矿化蚀变为钠化、钾化、绿泥石化、碳酸盐化。磁铁矿化与钠化有关,而含有较多的铜金矿化与钾化有关。

二、典型矿床

1. 马尔科纳(Marcona)-胡斯塔(Justa) IOCG 型铁-铜-金矿床

矿床位于秘鲁中南部伊卡省纳斯卡县,矿集区中心地理坐标为南纬 15°11′、西经 75°6′,距太平洋海岸线约 18km,平均海拔 800m。矿集区包括马尔科纳(Marcona)铁矿和胡斯塔(Justa)铜矿两个矿床。

马尔科纳(Marcona)铁矿由首钢秘鲁秘铁公司所有(占股 98.4%)。该矿于 1870 年被发现,1943 年开始进行地质勘探,1953 年正式开采,1975 年被当时的秘鲁政府国有化,1992 年私有化运动时期,被中国首钢集团购买。历经几十年的勘探和生产,目前铁矿区内共发现铁矿体 117 个,其中被勘探并参与储量计算的有 57 个矿体,探明保有储量 $17.58×10^8$ t(图 4-22)。在已勘探的 57 个矿体中,单个矿体储量超过 $1×10^8$ t 的有 Mina2-3-4 号、Mina5 号、Mina9-10 号、Mina14 号和 Mina21 号等 8 个矿体。除

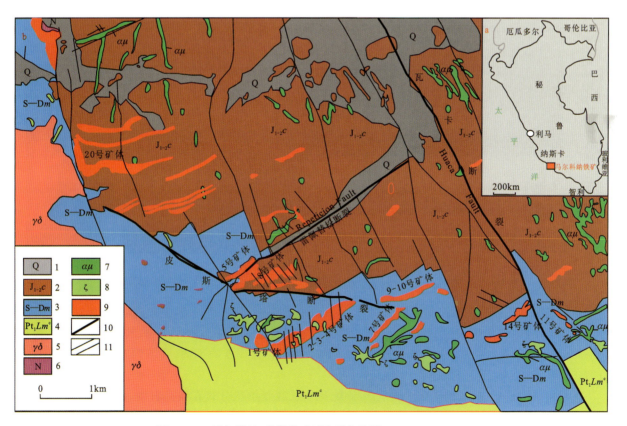

图 4-22 马尔科纳-胡斯塔矿区地质构造图(据尚潞军等,2017)

1.第四系;2.下—中侏罗统塞里托斯组($J_{1-2}c$);3.志留系—泥盆系马尔科纳组(S—Dm);4.古元古代洛马斯杂岩(Pt_1Lm^c);
5.花岗闪长岩;6.基性岩;7.安山玢岩;8.英安岩;9.铁矿体;10.主干断裂;11.一般断裂

Mina21号矿体是赋存于中生界塞里托斯组地层的火山-沉积岩系中外,其他已勘探的矿体均赋存在古生代马尔科纳组地层的海相沉积岩系中。赋存在马尔科纳组地层中的矿体铁含量较高,平均含铁55%~65%,平均含铜0.12%。部分矿体中铜含量较高,如Mina1号和Mina11号、Mina16号矿体等,平均铜含量超过0.32%,有的含铜品位甚至达到0.64%(如Mina1号矿体)。部分矿体中锌含量较高,如Mina14号矿体。矿体多呈层状、似层状产出(图4-23、图4-24),总体走向为北东向或近东西向,倾向北西(或北),矿体与围岩总体上整合接触,边界清楚,也存在呈不整合的楔状矿体或伴生角砾状不规则矿体。单个矿体走向延长最大可达2000~2700m,厚度100~300m,倾向延伸长度为200~1000m。马尔科纳铁矿成矿年龄为160~154Ma(绢云母K-Ar年龄)。

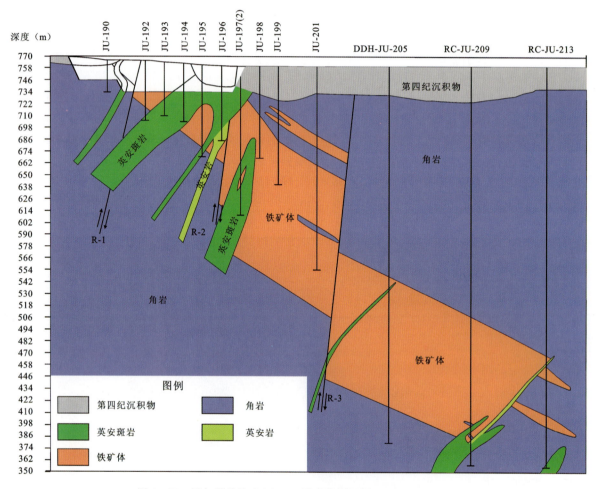

图4-23 马尔科纳铁矿Mina10号矿体剖面图(据尚潞军等,2017)

马尔科纳铁矿床的矿石矿物以磁铁矿为主,其次是黄铁矿、磁黄铁矿、黄铜矿,偶见方铅矿。矿体具垂直分带特点,即氧化带、过渡带和原生带。氧化带在矿体最上部,厚20~40m,其次为过渡带,厚度10~30m,下部为原生带。矿体受所处环境之差异和风化淋滤程度的不同,在不同地段各带厚度也有差别。

在马尔科纳铁矿中,黄铜矿化主要呈细脉状、斑块状或浸染状分布在铁矿石中,铜矿化为后期热液叠加的产物。

胡斯塔(Justa)铜矿位于马尔科纳铁矿东北约5km。该矿原属首钢秘鲁铁公司矿权区的一部分,首钢地质勘查院曾在1997—1999年在该区开展过铜矿普查找矿工作,并发现了胡斯塔铜矿,预测铜资源量至少为150×10^4t。1999年,首钢秘鲁铁公司为缓解资金困难,以350万美元的价格卖掉了胡斯塔铜矿57.5%的股份,由力拓公司继续在该区开展勘探工作。力拓公司在首钢地质勘查院1997年地质填图和岩石地球化学测量圈定的13号异常处,钻到了视厚度达142m的铜氧化物,铜平均品位为1.36%,最高为26.47%。在首钢地质勘查院预测的以7号、8号和13号铜异常为中心的热液或矿化活动处,钻到了视厚度达131.2m的原生铜矿,铜平均品位为2.62%,其中钻孔278.5~299.5m处的铜平均含量为10.02%。

后来该矿又几经转手,现在该矿由Minsur南美公司控股与运营,占股70%。目前,该矿床已控制铜资源量为$325×10^4$t,铜平均品位0.787%,并伴生有1570.6t的银和13.3t的金。

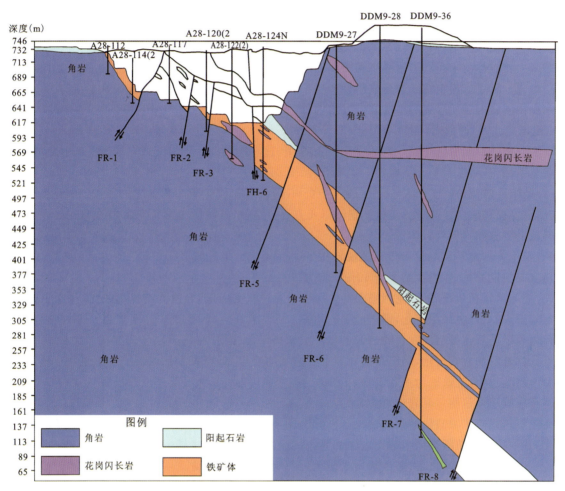

图4-24 马尔科纳铁矿Mina14号矿体剖面线(据尚潞军等,2017)

在该铜矿区,出露的地层主要为下侏罗统塞里托斯组。该地层主要由安山质火山岩、火山碎屑岩组成,并伴有少量的砂岩、石英岩和灰岩夹层等。铜矿体和磁铁矿矿体就赋存在该火山-沉积岩系中,并被晚期安山斑岩脉(Ocoite)所切割。安山斑岩脉是形成于白垩纪Tunga安山岩在该区的延伸,该岩脉切割了该区的铁矿和铜矿,岩脉的岩性与塞里托斯组中的气孔状—杏仁状安山岩相似。推测安山斑岩脉与塞里托斯组的火山岩是同一活动的产物,安山斑岩脉是在火山活动晚期形成的。铜矿化出现在成矿前的所有地层中,地层的走向与马尔科纳铁矿主矿体的走向一致。与其他岩性相比,安山质砂岩内的铜矿较多。

铜矿体在地表多呈脉状产出,单个矿脉一般宽几米至十几米,延长数十米至上百米,并常成群成带分布,构成具一定规模的矿脉带。而据物探和钻探资料证实,深部矿体则呈似层状或囊状产出,单个矿体的厚度可达200余米,矿体延长达500多米。与铜矿化有关的围岩蚀变主要有青磐岩化、硅化-绢云母化、碳酸盐化、石膏化、阳起石-透闪石化、镜铁矿化和钾长石化等,尤其以硅化-绢云母化、阳起石-透闪石化和镜铁矿化蚀变最为发育,是区内重要的找矿标志之一。

胡斯塔(Justa)矿床的深成铜硫化物矿化就位于晚白垩世重新活化的铲状拆离正断层中。黑云母、金云母、阳起石、镁铁闪石和钾长石的 $^{40}Ar-^{39}Ar$ 地质年代学研究显示,岩浆和热液过程至少经历了 80Ma(177～95Ma)的脉动演化历史,在此期间富金属矿化事件先形成,在其形成过程中穿插有几个贫矿化蚀变阶段。

目前,胡斯塔(Justa)铜矿开采方式为露天开采、地下开采,主要金属产品为铜、银、金。

2. 曼陀贝尔德(Manto Verde)铜金矿床

曼陀贝尔德铜金矿床属于铁氧化物铜金型矿床,位于智利科皮亚波市(Copiapo)北西方向约 110km,可采储量为 $600×10^4t$,铜平均品位为 0.5%,伴生金品位为 $0.10×10^{-6}$。

矿区主要岩性由一系列暗绿色细粒斑状安山熔岩和砂岩,以及被白垩纪花岗岩墙侵入的早白垩世灰岩层组成。阿塔卡玛走滑断裂形成同期产生了岩浆侵入活动,在曼陀贝尔德矿床的北部数千米的断裂带中存在同期或后期形成的糜棱岩带。区内铜矿化主要沿着曼陀贝尔德断裂(MVF)分布,该断裂长 12km,走向北北西,倾向东,倾角 40°～50°。

一系列地质单元对曼陀贝尔德矿床起控制作用,这些地质单元长 1.5km,走向上近平行于曼陀贝尔德断裂系统,这些地质单元从西向东如下所述(图 4-25)。

(1)曼陀贝尔德角砾岩(矿体下盘):宽 5～25m,断裂引起成矿期后角砾岩的形成,角砾成分为安山岩,胶结物为褐铁矿、含铜黏土、镜铁矿细脉以及方解石细脉,其西侧为蚀变安山岩并有宽 5～30m 的北北西向花岗岩脉和闪长斑岩体侵入。

(2)曼陀贝尔德断裂东侧和西侧糜棱岩化带、角砾岩带:角砾成分为粒径 1～30cm 的安山岩碎屑,胶结物主要为镜铁矿(体积含量大于 60%),次为方解石。

(3)曼陀贝尔德角砾岩、曼陀阿塔卡玛角砾岩以及斑状安山岩,普遍受到钾化蚀变,并且热液黑云母交代角闪石,随后产生绿泥石化,钾化蚀变通常呈细脉状和斑点状,磁铁矿通常被细粒的赤铁矿交代。

钾化和绿泥石化被不甚发育的绢云母化叠加和交代,该蚀变在花岗岩脉和糜棱岩带中更发育。云英岩可见具有弱的电气石化,局部产生弱到中等强度的硅化,具石英细脉、钾长石和镜铁矿化。在曼陀阿塔卡玛角砾岩中,镜铁矿为主要矿物,局部产生磁铁矿、电气石和石英。大量的豆荚状和不规则细脉状方解石在曼陀贝尔德角砾岩中更为常见。

曼陀贝尔德矿床的演化序列归纳为 5 个阶段:①闪长岩侵位于安山岩中;②安山岩破碎,花岗岩侵入;③沿着曼陀贝尔德断裂产生韧性左旋断裂,断裂形成的同时产生铁、铜、金矿化;④后期过渡带产生矿化;⑤东侧深部产生矿化,沿着曼陀贝尔德断裂产生脆性倾向滑动。

在曼陀贝尔德矿体中主要存在两种明显的铜矿化类型。曼陀阿塔卡玛角砾岩及过渡带普遍含有细粒褐铁矿、水胆矾以及蓝铜矿、孔雀石和氯铜矿,后 3 种矿物在近地表更加富集。曼陀贝尔德角砾岩含孔雀石,少量的蓝铜矿、水胆矾、氯铜矿和硅锰石,并含较多的褐铁矿。氧化带延深 250m,该深度浅于曼陀贝尔德角砾岩。深部的硫化物矿化较弱,黄铜矿主要呈星点状、微细脉状或团块状,在镜铁矿之内有少量的黄铁矿和斑铜矿。次生富集带厚 3～5m,带内可见少量的自然铜、斑铜矿和辉铜矿。

曼陀贝尔德矿床深部铜-铁矿化受曼陀贝尔德走滑断裂控制,断裂主要为矿化期后上盘(东盘)向下位移的正断层运动,曼陀贝尔德角砾岩(下盘)形成于较曼陀阿塔卡玛角砾岩更大的深度。曼陀贝尔德断裂的西部花岗岩脉可能暗示了深部存在更大的花岗岩体,花岗岩侵入体是岩浆热液流体的主要来源,在曼陀贝尔德矿床引起蚀变和铜-铁矿化。

3. 坎德拉利亚(Candelaria)铜铁金矿床

智利坎德拉利亚铜铁金矿床位于科皮亚波南 20km,该矿山为智利菲尔普斯道奇(Phelps Dodge)公司所拥有。可采储量为 $460×10^4t$,铜平均品位为 0.95%,伴生金品位为 $0.20×10^{-6}$,伴生银品位为 $4.5×10^{-6}$,铜的边界品位为 0.4%。该矿床(山)属于典型 IOCG 型铜铁金矿床。

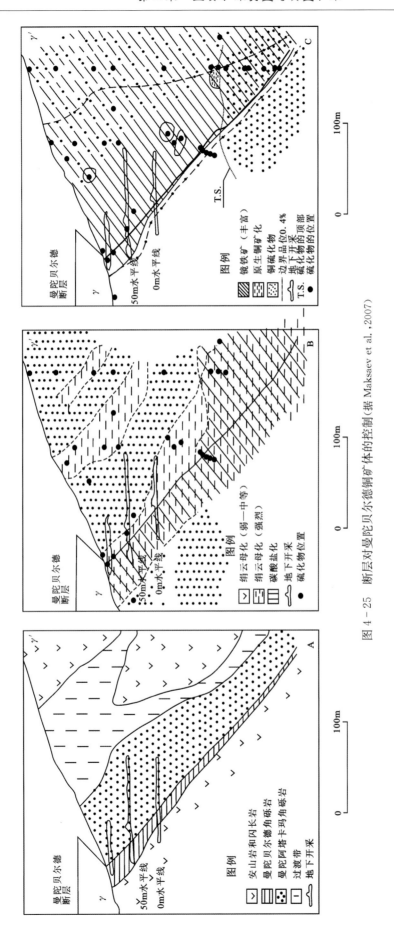

图 4-25 断层对曼陀贝尔德铜矿矿体的控制（据 Maksaev et al.，2007）

矿床位于迪艾拉·阿玛利亚(Tierra Amarilla)复背斜的西翼。区内与坎德拉利亚矿床有关的地层主要为广泛分布的下白垩统尼欧可木阶(Neocomian)的布恩达·戴尔·高布莱(Punta del Cobre)组地层。该组地层自上而下分为两段,依次为:Algarrobos 段和 Geraldo-Negro 段。其中,Algarrobos 段以火山碎屑岩为主,含粉砂岩、粗砂岩和细砾岩的沉积岩夹层,夹块状安山岩和玄武岩透镜体。该段地层以厚度和沉积相在横向上变化为特征,在横向上和纵向上逐渐过渡到 Chañarcillo 组(Abundancia 段或 Nantoco 段)的钙质岩层;Geraldo-Negro 段上部为强烈碱交代的英安岩,下部为块状安山岩。这些地层单元均遭受到强烈的变质、交代和晚期热液蚀变,并受到西部岩基和构造事件的叠加改造(图 4-26)。复杂的地质历史事件使原岩的识别异常困难,地层相互关系复杂。

距矿床西侧不足 1km 处为闪长岩基,矿床位于由该岩基引起的热液蚀变晕内。矿体产于斑状到隐晶质的黑云母化蚀变岩石中,这些蚀变岩的原岩可能为火山岩或次火山岩。矿体顶板蚀变为磁铁矿-角闪石矽卡岩,具黄铜矿化、黄铁矿-磁黄铁矿化。矿体底板向深部依次为:磁铁矿±角闪石和钾长石,具黄铜矿化和黄铁矿化的近水平的角砾岩、石英角岩和钠柱石—方柱石—石榴子石矽卡岩等。

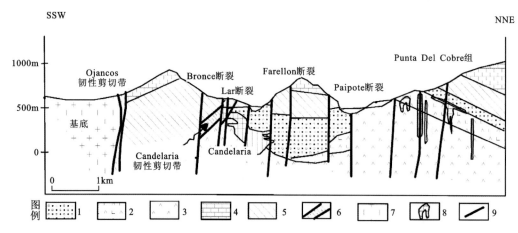

图 4-26 坎德拉利亚矿床构造模式(据 Marschik et al.,2001b 修编)

Punta del Cobre 组:1. Algarrobos 段;2. Geraldo-Negro 段上部英安岩;3. Geraldo-Negro 段下部安山岩(Chañarcillo 组):
4. Nantoco 段;5. Abundancia 段;6. 韧性剪切带;7. Copiapó 岩基;8. 矿体;9. 断裂

早期,西部基岩岩浆沿着坎德拉利亚次级断裂侵入,引起早期的热液蚀变,形成较宽的角岩蚀变晕(半径约 2.5km)以及黑云母化蚀变安山岩。之后为热液交代过程,在下部安山岩和凝灰岩上叠加热液黑云母和磁铁矿-角闪石矽卡岩,该事件伴随矽卡岩化从凝灰岩底部向上演化。同期在灰岩和火山沉积岩中生成石榴子石矽卡岩和石英角岩。

在构造方面,下部安山岩的上方近水平剪切带的演化可能反映一个早期的深部韧性变形事件。坎德拉利亚断层控制岩基侵入的最早阶段在白垩纪岩浆弧的演化期间,一些矿体和其断裂分支有关可能表明早期矿化阶段和这个时间基本是同时期的,稍后或者期间产生扭性断裂,北北西向走滑断裂(北西向张性断裂)稍早于这个时期形成。

闪长岩侵入体岩浆侵位,为主矿化阶段开始后的主要动力,它使越靠近其同蚀变安山岩的接触部位钾化蚀变愈强。矿床被高角度转换扭性断层控制,下部蚀变安山岩同上覆蚀变凝灰岩的接触带为矿体形成的重要部位。

早期形成的矿化被低角度逆断层叠加,可能和坎德拉利亚断层的倒转有关,其产生于一个压应力体系。在晚白垩世期间,该压应力体系引起局部褶皱和弧后盆地的关闭。

主工业矿体主要位于蚀变凝灰岩的底部和其下部的蚀变安山岩的顶部,晚期阶段的矿化与黄铜矿-黄铁矿-方解石-赤铁矿以及局部断层活动有关。

4. 埃尔阿布拉(El Abra)铜矿

埃尔阿布拉(El Abra)铜矿位于智利北部,与太平洋海岸的内陆距离为140km。埃尔阿布拉矿床地质与位于其南面42km处的丘基卡马塔铜矿相同。埃尔阿布拉铜矿床位于智利第二大区洛阿省(El Loa),矿床中心位置是在南纬21°55′,西经68°50′。位于圣地亚哥以北1650km,卡拉马市以北55km,矿床出露在塞罗帕若纳尔山(Cerro Pajonal)南坡,海拔3900~4100m处,矿床地表被4条深谷分割,谷脊高度为40~70m。厂区设施和宿舍布置在其下3300m标高处的平缓冲积坡上,在矿床东南15km处。

在西班牙占领智利之前,当地人们就在开采埃尔阿布拉的绿松石和硅孔雀石;1900—1926年开采期间,于地下浅部发现了富铜矿脉;1945—1967年间,美国阿纳康达公司拥有了埃尔阿布拉矿床的开采权,在矿区内施工了7个斜孔;1972—1976年期间,智利国家铜公司继续开展矿山评估,又施工了109个直孔;1983年,比奇特尔(Bechtel)公司为智利国家铜公司完成了开发初步可行性研究,重点是采硫化矿,其上的氧化矿只用来生产沉淀铜,规模有限;20世纪80年代,推广应用萃取-电解工艺来处理氧化铜矿;1994年,智利国家铜公司、比奇特尔公司、美国塞浦路斯公司联合投资开发;1995年2月初,埃尔阿布拉铜矿项目开始基建施工。

埃尔阿布拉矿床露头占地面范围超过4.0km²。美国阿纳康达公司、智利国家铜公司和美国塞浦路斯公司曾先后施工437个钻孔对矿床进行勘探,共计99 463m,其中79 743m为金刚石岩芯钻(308个孔),19 720m为反循环钻孔(129个孔)。氧化矿查明与推测储量为9.58×10^8t,品位为0.52%,铜金属量490×10^4t;硫化矿查明与推测储量为5.06×10^8t,品位为0.61%,铜金属量为358×10^4t。

已填图的氧化铜矿床露头面积约有9km²,这相当于现已圈定的氧化矿区域面积的2倍。几乎全部钻孔开孔都在露头上,即使施工在勘探网度外的钻孔也含有达到经济品位的氧化铜矿物。地质填图情况不断表明:在现有勘探网范围以外,很可能有新增的氧化铜矿储量。

在氧化铜矿储量中,硅孔雀石是主要的含铜矿物,但是假孔雀石的含量也颇丰富,这两种矿物占氧化铜矿石矿物成分的95%以上。PAH公司估计:在氧化铜矿体下部埋藏有5.0×10^8t以上硫化铜矿储量,铜平均品位为0.61%。有一半以上的硫化矿储量可以从氧化矿露天采场平坦的坑底以零剥采比采出。随着钻探力度的加大,硫化矿储量还会有增大。已圈定的硫化矿储量大约有28%是浅成的,这种矿石可以比较经济地进行堆浸。

5. 曼陀型铜银矿床

曼陀型铜银矿床为赋存于层状火山岩中的铜矿床,主要分布在圣地亚哥南纬34°以北,从北到南分为5个成矿区,分别为Arica-Iquique、Tocopilla-Taltal、Copiapó、La Serena和Santiago。北部矿床形成于侏罗纪,南部带则形成于早白垩世到第三纪弧后盆地中,在圣地亚哥地区形成了Lo Quilos曼陀型成矿区。通常认为矿化蚀变与岩石结构的渗透性有关,常形成热液蚀变晕圈,表现为弥漫型钠质(钠长石化)和含钙的绿帘石、方解石、绿泥石、绢云母、钙闪石(阳起石)和石英蚀变。

Sato(1984)将矿体分为3类。

(1)层控板状矿体:矿体多位于安山角砾岩和沉积岩的边界层位,受断层控制(Camus,1980),一般规模较小,如Talcuna矿床,矿体赋存于火山砾凝灰岩、凝灰质砂岩层位(Kamono and Boric,1982),厚2~12m。

(2)群板状矿体:矿体赋存于熔岩杏仁体的顶部和钙质沉积页岩或粉砂岩的蚀变部位,如在Buena Esperanza(Palacios and Definis,1981)矿床,28条矿体平行分布于侏罗系La Negra组,矿化限定在安山质熔岩顶部的杏仁体中;下白垩统Los Prado组灰岩中的Los Maquis矿床由多条0.5~3m厚板状矿体组成(Carter,1961)。

(3)准同生矿床:矿体常斜切穿地层或岩石,形成大型或超大型矿床。典型实例如El Soldado矿床的矿体沿地层及断裂呈浸染状或面型矿化而露天开采,Mantos Blancos矿体呈不规则似毯状,单矿体厚100~200m。

矿床中常可见到大量的深成侵入杂岩体呈岩脉、岩枝、岩墙产出。岩性为中基性、I 型或磁铁、钙碱性系列，主要为辉长岩、闪长岩、二长岩、花岗闪长岩和石英二长岩（Ishihara et al.，1984；Marschik et al.，2003）。

曼陀型矿床以含高品位的铜和银、大量辉铜矿与斑铜矿为特征，形成于高渗透性热液角砾岩、气孔杏仁状熔岩等构造带。矿石简单易选，呈浸染状、杏仁状充填，网脉状和薄脉状构造。矿物分带明显，从内带辉铜矿、斑铜矿，到最外带黄铜矿-黄铁矿。矿床通常形成于氧化边界，形成赤铁矿蚀变晕上覆盖层或侧面缺乏硫化物（Sillitoe，1992）。

6. 曼托斯布兰科斯（Mantos Blancos）铜银矿

曼托斯布兰科斯铜银矿位于智利第二大区，距智利安市东北 45km，海拔 1000m（图 4-27）。1995 年开采前，该矿床探明矿石资源量在 1.7×10^8 t，其中氧化矿资源量为 9100×10^4 t，铜品位为 1.4%，铜金属储量约 127×10^4 t；硫化矿资源量为 8900×10^4 t，铜品位为 1.6%，银品位为 17×10^{-6}，铜金属储量约 142×10^4 t，银金属储量为 1513t。最近勘探结果表明，累计探明矿石资源量为 5.0×10^8 t，铜品位为 1.0%，铜金属储量品位为 500×10^4 t。曼托斯布兰科斯铜银矿开采区面积为 3000m×1500m，深度为 450m，2006 年产铜约 9.2×10^4 t。早期（155Ma）发生可能与酸性岩浆热液角砾岩有关的绢英岩化；晚期（142~141Ma），受钾化、钠化、交代作用以及同期闪长岩和花岗闪长岩的岩株和岩床、闪长质岩脉叠加改造。主要矿石形成于第二次热液叠加改造，主要由热液角砾岩组成，矿石呈浸染状、网脉状矿化分布，伴有钠化。深成硫化物组合显示出明显的以岩浆热液角砾岩为中心，形成了矿化蚀变的纵向与水平向分带。次生高品位辉铜矿位于角砾岩体中心部位。黄铁矿-黄铜矿矿化带上部与边部为黄铜矿-辉铜矿和黄铜矿-斑铜矿矿化带。黄铁矿-黄铜矿矿化带下伏为无铜矿化的黄铁矿蚀变体。

该铜银矿区地层主要为中—上侏罗统拉内格拉组火山岩，岩性为双峰式安山岩-流纹岩组合。该矿床受 3 组断层控制：①北东向和北西向陡立断层，具有明显的左旋和右旋运动特征；②南北向正断层，倾向西，倾角为 50°~80°；③南北向正断层，倾向东，倾角为 50°~80°。这种构造体系与平行主造山带断裂带应力场相同。岩浆岩和火山岩的岩石单元为闪长岩-花岗闪长岩岩株，侵入到流纹岩岩穹的穹顶，形成了岩浆热液角砾岩相带。晚期闪长岩-花岗闪长岩岩株上升侵入到岩浆热液角砾岩中，这些岩石单元都有不同程度的矿化。晚期基本上都是贫矿化铁镁质基性岩脉，横切了早期岩石单元。

主要构造-岩相学有 5 个相带单元，包括流纹斑岩穹顶相带、流纹质岩浆热液角砾岩相带、闪长岩-花岗闪长岩岩株与岩床相带、闪长质—花岗闪长质岩浆热液角砾岩相带、基性岩脉群相带。

（1）流纹斑岩穹顶相带：代表了酸性次火山岩侵出相，分布于该矿床中部，穹顶结构经地质体建模为墙体状（Chávez，1985）。近水平和垂直方向流体具典型层状结构，其厚度 1~4cm，主要为酸性凝灰岩（火山喷发相）和安山岩熔岩流（火山溢流熔岩相）组成，流纹斑岩构成了流纹岩穹顶，其发育碎裂溶蚀状石英与强蚀变长石斑晶。闪长岩和花岗闪长岩为侵入相体。

（2）流纹质岩浆热液角砾岩相带：由垂直单循环基质模式的流纹质岩浆和热液角砾岩筒构造组成，该相带侵入到长英质岩穹的穹顶。该相带垂直范围 100~250m，横截面形态为半椭圆形—圆形，其直径为 50~100m，由受到强烈动力变质作用的流纹岩碎屑和浸染状硫化物所组成。受变质作用影响的岩石碎块，形状不规则，分选差，角砾大小不等，角砾砾径大于 1cm。在成矿中心位置，流纹质岩浆与热液角砾岩相体被晚期的闪长质—花岗闪长质岩浆热液角砾岩侵入。

（3）闪长岩-花岗闪长岩岩株与岩床相带。斑状闪长岩与花岗闪长岩以岩株和岩床形式侵入到流纹岩穹顶，岩床为次火山侵入。缓倾岩床至少存在 5 种岩石类型，其厚度为 10~50m。岩株与岩床以运移通道相联系。花岗闪长斑岩中斑晶含量为 10%~30%，斑晶为角闪石、斜长石、石英和黑云母；基质成分为石英、长石、黑云母和赤铁矿微晶。斑状闪长岩中斑晶占 5%~10%，斑晶为辉石和角闪石，基质为细粒辉石、斜长石和磁铁矿。次火山侵入相带边缘相发育隐晶质斑状结构。闪长斑岩中发育毫米级杏仁孔状构造，其中填充有石英和石英硫化物。花岗闪长岩和闪长岩普遍相互交切，花岗闪长岩中闪长岩包体之间界限为火焰状，闪长岩中发育花岗闪长岩包体则具有尖锐边缘或边缘角砾岩化。此外，部分岩

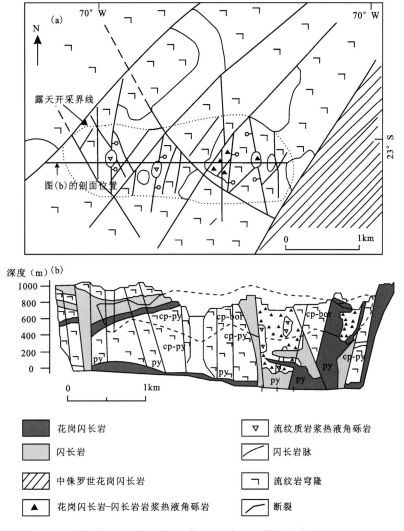

图 4-27 曼托斯布兰科斯铜银矿含矿岩浆-热液角砾岩体及分带(据 Ramirez et al.,2005)

床具有两类岩浆熔体混合形成的火成角砾岩特征(混合岩浆角砾岩相)。晚期花岗闪长岩年龄为 142.18±1.01Ma,闪长岩年龄为 141.36±0.52Ma(角闪石 $^{40}Ar-^{39}Ar$;Oliveros,2005)。

(4)闪长质—花岗闪长质岩浆热液角砾岩相带:该带位于闪长岩-花岗闪长岩岩株顶部,与南北向断层有关的两个复成分岩浆热液角砾岩岩筒赋存于流纹质穹顶中,具有岩浆热液系统受构造释压形成了顶部坍塌和角砾岩化特征。两个闪长岩岩床与一个花岗闪长岩岩床,穿切了区内规模最大的中央角砾岩体。近垂直的角砾岩筒构造垂深可达 700m,平面上直径为 100~500m。角砾岩相带(筒)的基质主要由热液成因的矿石矿物和脉石矿物组成,角砾为棱角状和次圆形的流纹岩、花岗闪长岩及斑状闪长岩,砾径 1~15m。角砾岩筒深部受岩浆热液控制明显增强,表现为矿化闪长岩基质中存在蚀变花岗闪长岩角砾、闪长岩基质中发育花岗闪长岩角砾,并且具有热液蚀变晕圈和烘烤反应边构造,属于多期复成分岩浆热液角砾岩相。

(5)基性岩脉群相带:该带近似直立,走向主要为北北东向,次为南北向和北北西向,宽 1~12m,体积占整个矿床的 15% 左右。基性岩脉具有斑状结构,斑晶占 10%~25%,由蚀变斜长石、角闪石以及微晶辉石组成,基质由细粒长石、角闪石、微晶黑云母和磁铁矿组成。基性岩脉群相形成时代为 142.69±2.08Ma(角闪石 $^{40}Ar-^{39}Ar$;Oliveros,2005)。

不同阶段的细脉叠加矿化揭示了本矿区具有两期热液矿化与蚀变。第一期热液蚀变与矿化系统形成在流纹岩岩穹的穹顶相中，由流纹质岩浆热液角砾岩化作用形成。第二期热液叠加成矿与蚀变，为主要成矿期，集中在闪长质—花岗闪长质岩浆热液角砾岩岩体、闪长岩岩床及流纹岩穹顶相中，与闪长岩-花岗闪长岩岩株侵入密切相关。第一期热液蚀变与矿化系统形成范围明显比第二期叠加矿化蚀变范围大，矿物组合为黄铜矿-斑铜矿-黄铁矿-石英-绢云母。

主要富集规律为：①以浸染状产于不规则和近似垂直的流纹质岩浆热液角砾岩岩体中；②面状分布的细脉矿化与蚀变；③以浸染状产于流纹质穹顶与热液角砾岩中；④以单晶体形式产于流纹岩岩穹的石英斑晶中，或环绕产出于流纹岩岩穹的石英斑晶边部。在流纹质岩浆热液角砾岩中，硫化物以黄铜矿和斑铜矿为主。沿裂隙充填的细脉硫化物常伴有弱绢云母化-硅化，成矿年龄为155.11±0.786Ma（绢云母$^{40}Ar-^{39}Ar$法；Oliveros，2005）。

第二期热液叠加成矿与蚀变带主要集中在闪长质—花岗闪长质岩浆热液角砾岩相带，为与花岗闪长岩-闪长岩岩株和岩床同期形成的热液角砾岩相。该带东西向长3000m，宽1000m，深600m，成矿带中心位于720～450m。铜富集成矿集中在岩浆热液角砾岩筒内和周缘，高品位铜矿体位于角砾岩筒中，向角砾岩筒边部铜品位逐步降低，揭示岩浆热液角砾岩筒为矿液运移的主要构造通道。在早阶段为钾化-青磐岩化蚀变，晚阶段为钠化蚀变。钾化-青磐岩化蚀变集中在闪长质—花岗闪长质岩浆热液角砾岩中，晚阶段钠化蚀变主要发育在闪长岩岩床中，钠长石呈浸染状和杏仁气孔状。钾化蚀变主要为钾长石和黑云母，伴有石英、电气石和绿泥石，形成了磁铁矿、黄铜矿和辉铜矿，少量黄铁矿。

第三节 浅成低温热液型矿床

一、基本特征与时空分布

浅成低温热液型矿床在安第斯成矿带分布广泛。在北、中、南安第斯构造区都有分布，是区内金、银、铅锌、多金属矿的主要矿床类型之一。

在全球范围内，浅成低温热液型金银矿床主要形成在岛弧带、板内走滑断裂带、上叠火山盆地和陆内裂谷等构造环境中，是与陆相火山岩或次火山有关的矿床，形成于中—低温（一般低于300℃）、浅成条件（一般低于1500m）（低压$n×10^7Pa$），矿石常由一系列低温矿物组成。金属矿物有辰砂、辉锑矿、雌黄、雄黄、自然金、自然银、自然铜、黝铜矿、黄铜矿、斑铜矿、方铅矿、闪锌矿、辉银矿、白铁矿等。非金属矿物有石英、冰长石、萤石、重晶石、明矾石、高岭石、沸石以及碳酸盐类矿物等。矿石结构一般有细粒结构、胶状结构等，矿石构造包括脉状、条带状、浸染状、角砾状、皮壳状、梳状、环状及晶洞状等。

矿体主要受各种断裂系统、角砾岩筒、层间破碎带等构造控制。矿体形态复杂多样，由充填作用形成的矿体主要呈各种脉状、透镜状和似层状等，由交代形成的矿体主要呈囊状、似层状和层状浸染体等。

在安第斯成矿带中，浅成低温热液型金银矿形成时代主要集中在5个时期，分别为侏罗纪—白垩纪（190～110Ma）、晚白垩世（90～70Ma）、古近纪（65～45Ma）、古近纪末期—新近纪初期（25～20Ma）和新近纪中期（14～6Ma）。

含矿地层特征为安山岩、火山角砾岩、熔结凝灰岩、凝灰岩、流纹岩和英安岩，还有闪长岩和花岗闪长岩。晚侏罗世—古近纪期间形成的金银矿，含矿岩相主要为安山质熔岩、安山质火山角砾岩。新近纪形成的金银矿，含矿岩相为流纹岩和英安岩。安山岩-英安岩类和花岗岩-花岗闪长岩-闪长岩侵入体是主要含矿岩石，其次少量为变沉积岩类。

在南美活动大陆边缘和大陆岛弧带中，形成了多条浅成低温热液型金银铜成矿带。如在智利，从西到东可以划分为5个成矿带。

（1）弧前增生楔地体中热液型金银铜成矿带。目前以小型金银铜矿为主，与智利海岸山带IOCG型成矿带属于同一成矿带,属于具有较大勘查前景的金银铜成矿带,宽 50~100km。具有与造山型金矿类似或过渡特征,一般发育在弧前增生楔地体泥盆系—二叠系中,在侏罗纪—白垩纪花岗岩侵入构造带附近,或大型脆韧性剪切带中。热液型金银铜矿床常与 IOCG 型矿床和造山型金矿形成不同成因类型的矿床分带。该成矿带为本次提出的金银成矿带,主要为低硫化型浅成低温热液型金银矿。

(2) 海岸山带东部岛弧和弧后盆地反转构造带中低硫化型浅成低温热液金、银、多金属成矿带。该带宽 20~100km,成矿时代为 190~110Ma,分布一系列浅成低温热液型、斑岩型、矽卡岩和脉状铜金矿床,该成矿带为本次提出的金银成矿带。这些不同成岩类型矿床形成了区域矿床组合或矿床分带。

(3) 低硫化型浅成低温热液型金、银、多金属成矿带。该带处于走滑断裂带分布区,位于智利最大的斑岩型铜矿带西侧与 IOCG 型成矿带之间,成矿时代为 130~70Ma,主要为低硫化型浅成低温热液型金银矿(冰长石-绢云母型)。

(4) 古近纪(70~45Ma)浅成低温热液型金、银、多金属成矿带。该成矿带主要位于古近纪斑岩型铜矿附近,或在古近纪斑岩型铜矿尖灭和消失部分,发育一系列斑岩型和浅成热液型脉状矿床,成矿时代为 70~45Ma。区域矿床组合模式为斑岩型-浅成低温热液型金、银、多金属矿,部分高硫化型浅成低温热液型金、银、多金属矿常叠加在斑岩成矿系统之上。

(5) 斑岩型-高硫化型浅成低温热液型金、银、多金属成矿带。主要成矿时代为古近纪末期—新近纪初期(25~20Ma)和新近纪中期(14~6Ma),按照形成时代可以划分为两个亚带。区域矿床组合为斑岩型金矿-高硫化型浅成低温热液型金、银、多金属矿,部分高硫化型浅成低温热液型金、银、多金属矿常叠加在斑岩金矿成矿系统之上;在智利—阿根廷和智利—玻利维亚接壤处,区域矿床组合为斑岩型金矿-高硫化型浅成低温热液型金、银、多金属矿-造山型金矿。

浅成低温热液型矿床根据硫的氧化状态可分为低硫化型、中硫化型和高硫化型。低硫化型矿床含黄铁矿、磁黄铁矿、毒砂和高铁闪锌矿,典型蚀变矿物组合为石英-冰长石-绢云母-碳酸盐岩;成矿流体以大气降水为主,含有来自岩浆的 H_2S 和 CO_2 等挥发分,蚀变矿物组合和矿脉中的矿物组合反映了近中性的 pH 值,H_2S 是成矿流体中主要的含硫介质。矿石沉淀温度小于 300℃,盐度小于 3.5%。CO_2 和 H_2S 浓度的升高会增加初始沸腾的深度。中硫化型矿床的特征硫化物组合为一套具有中等硫化状态的矿物组成:黄铁矿-黝铜矿-砷黝铜矿-黄铜矿-低铁闪锌矿。与富金的低硫化型矿床相比,中硫化型矿床富含银和贱金属,多数情况下可能反映了盐度的差异。高硫化型矿床含黄铁矿、硫砷铜矿、四方硫砷铜矿、铜蓝,深成前进式泥化蚀变相(石英-明矾石-高岭石-叶蜡石)。成矿流体以岩浆成分为主,来自岩浆的 SO_2 分解形成氧化的酸性流体,产生大量硫酸和少量 H_2S。温度变化范围较宽(100~400℃),但是盐度通常较低,一般小于 5%,然而也有不少高硫化型矿床,含矿流体盐度大于 5%。对于高硫化矿床来说,如果金作为氯化物络合物在酸性的氯化物卤水中迁移,那么在与地下水混合期间由于稀释、冷却或 pH 值增加,都可能导致金沉淀。相反的,如果金以硫化氢络合物在稀释的酸性水中迁移,那么金可能由于沸腾沉淀,也有可能流体混合导致氧化而沉淀,但不会是由于温度、盐度和 pH 值变化导致金沉淀。

高硫化型和低硫化型浅成低温热液型金矿床都有分布,并受所在构造单元与动力学背景控制明显。高硫化型矿床主要形成于挤压应力场环境,流体混合导致了成矿物质沉淀;低硫化型矿床主要产于张性或中性环境,由于流体的沸腾使得矿体形成。高硫化型与低硫化型金矿床不仅在矿物组合上具有显著差别,而且在形成的构造背景、成矿机理等方面也明显不同。浅成低温热液型金矿床主要形成于活动大陆边缘之上,金成矿带一般主要受深成岩浆弧带、岛弧迁移带、发生构造扭转的弧后盆地与岩浆弧叠加带等构造控制。高硫化型矿床形成的构造背景为:板块垂直俯冲,俯冲板块的倾角中等,区域应力场为弱挤压或扭压性质,板块聚合速度快(>100mm/a)。低硫化型矿床形成的构造背景为:板块斜向俯冲,俯冲板块的倾角较陡,区域应力场为中等(Intermediate),板块聚合速度较快。

控制银金矿床的构造样式有:①火山口、破火山口和火山岩穹丘等不同类型的火山机构,古火山口不但是构造脆弱带,而且在岩浆-热流体多次隐爆-爆破-液压致裂等一系列物理、化学作用下岩石孔隙度和渗透率较好,因此是浅成热液循环对流体系形成和演化的最佳构造-岩相学场所,如埃尔印第奥(El Indio)-坦博(Tambo)、埃尔布朗斯(El Bronce)等;构造运动影响古地形地貌并对矿床形成具有控制作用,如(El Indio Pascua)浅成低温热液型金、银、铜矿带受第三阶段发育的山前侵蚀平原的控制;②多期活动断层和不同方向断层交会地带,如 Los Mantos、El Tigre、El Capote 等;③斑岩型铜矿成矿体系外围侵入构造体系,如安达克约(Andacollo);④层间断层-裂隙-岩相等组成的构造-岩相学相带控制,如拉科依帕(La Coipa)、安达科约(Andacollo)、圣克里斯托尔(San Cristobal)、埃尔韦索(El Hueso)等。

低硫化型(冰长石-绢云母型)浅成低温热液型金银矿床的主要矿物有石英、黄铁矿、黄铜矿、方铅矿、闪锌矿,次要矿物有碳酸盐类矿物、重晶石、赤铁矿、硫酸盐;高硫化型(明矾石型)主要矿物组合有石英、重晶石、黄铁矿、硫砷铜矿,次要矿物为黄铜矿、方铅矿、闪锌矿、硫酸盐及银硫化物。自然金、银金矿和铜金矿与黄铁矿及毒砂等硫化物有关,部分金矿床中自然金赋存在闪锌矿、黄铜矿和黝铜矿裂隙中;自然银或银硫化物富集与方铅矿、硫盐类、硫酸盐类矿物密切有关,有时也以单矿物形式产出。

矿化通常表现为多阶段性,不同的金属元素通常形成在不同的矿化阶段,例如紧接着银矿化阶段很可能是金矿化或贱金属矿化等。

与成矿有关的蚀变类型主要有石英-绢云母化、硅化、高级泥质化、绿泥石-绿帘石化、钾长石-冰长石化、明矾石化等。其中:①石英-绢云母化和泥质化蚀变最为发育;②高级泥质蚀变发育规模很大,矿物组合为高岭石、埃洛石、地开石、叶蜡石和明矾石,局部可见氯黄晶;③热液角砾岩体发育,并伴随强烈和大规模热液蚀变体;④高级泥化蚀变岩相中为脉型金银矿体,硅质蚀变岩相和泥化蚀变岩相中主要为网脉型或浸染型矿体,在一些网脉和浸染型矿床中,硅质蚀变岩相以石英细脉形式出现,伴有绢云母泥化,并共生有高级泥化蚀变岩相,矿物组合为高岭石-蒙脱石-埃洛石,明矾石-叶蜡石-自然硫-氯黄晶;⑤冰长石绢云母蚀变相主要与低硫化型浅成低温热液型金银矿密切有关,如 Faride 金矿中发育冰长石化;⑥高级泥化蚀变岩相和明矾石化蚀变岩相主要是高硫化型浅成低温热液型金银矿找矿标志;⑦金银矿区外围,主要为青磐岩化相。

在地球化学岩相学中,矿物组合、岩相学特征和元素组合可用于野外现场大致判断成矿流体地球化学特征,碱性-酸性相、氧化-还原相:①明矾石-高岭石-叶蜡石蚀变相属强酸性氧化相蚀变,指示了强酸性氧化态流体作用的空间范围;②伊利石-蒙脱石蚀变相代表弱酸性流体;③冰长石-方解石-白云石蚀变相代表近中性到碱性流体;④赤铁矿-硬石膏-明矾石-重晶石蚀变相(±菱铁矿),在缺少菱铁矿时,这种蚀变相指示了强酸性氧化蚀变相,经常为强酸性氧化淋滤环境,形成无矿酸性蚀变相,在菱铁矿发育时则揭示有碱性还原性流体混合作用发生,对于金银富集成矿有利;⑤磁黄铁矿-毒砂蚀变相代表还原性流体;⑥玉髓代表由沸腾引起的迅速冷却。

二、典型矿床

1. 波特沃勒低温热液型金矿床

波特沃勒金矿位于厄瓜多尔南西,距马查拉(Machala)港约 100km,属低温热液型金矿。波特沃勒矿区一直是厄瓜多尔的采矿中心,1950 年以前,由南美开发公司(South American Development Co.)开采。矿石品位:铜品位为 1.09%,锌品位为 1.74%,金品位为 6.8×10^{-6},银品位为 63×10^{-6}。矿床迄今已开采出 120 多吨金和 250 多吨银。

波特沃勒地区在中新世火山活动中形成了一套安山质岩系,随后发生塌陷。塌陷后流纹质岩浆活动形成了强烈的蚀变矿化,从而形成了矿脉带。控矿、赋矿主体为安山岩系内的南北向张性断裂带。以流纹岩为中心,发育有一系列与塌陷相对应的环状构造,并形成了一个以石英-绿泥石-绢云母-冰长石为核心、外围为大规模的青磐岩化的接触变质带。石英-绿泥石-绢云母-冰长石-方解石等矿物组合是最普遍的近矿围岩蚀变。主要矿石矿物组合为硫化物、大量的硫酸盐和游离金(银金矿),脉石矿物包括石英、方解石等,系十分典型的冰长石-绢云母浅成热液矿床。矿化与中新世火山活动中心有密切关系。

矿床以火山岩为主体的蚀变矿化覆盖面积在150km²以上，但有经济价值的矿化主要分布在该范围的东部，呈南北向连续延伸达15km以上，最宽超过4km，垂直延伸超过1400m。露头最高位于扎鲁马北部(1600m)，最低位于波特沃勒矿区，标高200m。由于波特沃勒较深的矿井被淹没，缺少地质观测，矿带的垂直分带不好确定。

矿脉矿化具有张性裂隙充填与韵律沉淀等典型特征（如梳状构造、胶状构造、条带结构、条纹和晶洞），并与流纹岩、次火山岩侵入体及地表火山碎屑沉积密切相关，其母岩为安山质至流纹质。在经济价值上，金和银为最重要的金属，并伴生贱金属硫化物（闪锌矿、方铅矿、黄铜矿）。银赋存在硫酸盐中（黝铜矿、车轮矿），并以固溶体形式存在于金和方铅矿中，金大多呈自然金。以往成果数据表明：波特沃勒金矿银金比在8∶1左右，平均脉宽1.3m。

在空间上，矿化分布在3个矿带中（图4-28、图4-29）。在1号矿带内，黄铁矿化呈浸染状分布在细脉中（图4-28b），它的强烈发育与大面积硅化有关，在圣达巴巴拉和扎鲁马乌克山一带的网脉状、板状、碎裂状、角砾状石英脉中常见黄铁矿化。含有大量硫化物的含金石英脉和石英-冰长石脉出现在一个弧形矿带中（2号矿带），包括波特沃勒—扎鲁马一带和圣达巴巴拉山地区的最北部。3号矿带含金石英脉和石英-冰长石脉含有大量硫化物和少量硫酸盐，位于以硫化物带为中心的一个大接触变质带上。总之，它们都位于该区中心。通常，同一条脉中存在两种矿化。阿亚帕巴（Ayapamba）、米纳斯（Minas）、路华斯（Nuevas）和厄尔特波龙（El Tablon）等外围脉带为仅有的贫硫化物脉带。矿床在矿化、蚀变和流纹岩密切的共生组合和空间展布显示后者在成矿的控制和发生上扮演着一个重要角色。斑岩及相关矿化之间错综复杂的关系表明火山活动后期发生塌陷并伴有岩浆和热液活动。

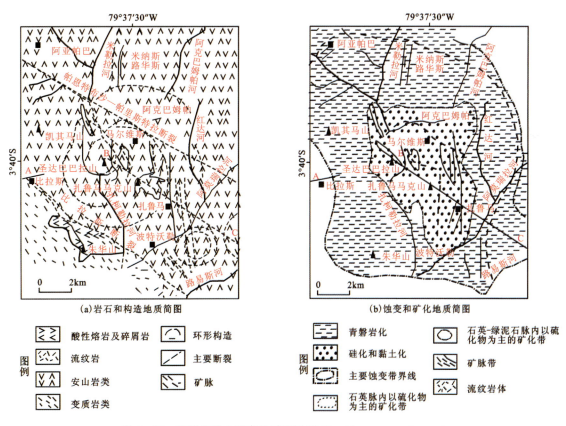

图4-28 波特沃勒金矿床地质略图（据Van Thournout et al.,1996）

矿化可划分出3个连续的成矿期。第一期为外围沉淀，形成他形乳白色石英，伴生有乳白色方解石、冰长石、黄铁矿和一些富铁的闪锌矿。在厄尔特波龙（El Tablon）南部乳白色方解石为主要脉石矿物，往脉中心部位，矿物组合渐变为第二期（图4-30）。第二期中，石英呈无色至烟灰色，伴生有无色方解石、冰长石、绿泥石和少量的萤石。少见的垂深(1400m)可能是由已知发生在该区成矿后的块断位移而形成。第三期主要形成他形乳白色石英和少量的硫化物、硫酸盐。乳白色石英往往贯穿早期阶段，表生、次生富集的矿物为孔雀石和铜蓝。从矿石结构、大量的硫酸盐、方解石、冰长石-绢云母等蚀变特征上可将波特沃勒矿床划入冰长石-绢云母低温热液型矿床。本矿床规模较大，可与智利的厄尔布鲁斯(El Bronce)矿床相类比，并均与相似的有利构造条件的结合关系密切，包括平推断裂之间的张性膨大断裂间隙的演化。另外，厄尔布鲁斯矿床中与贵金属矿化相对应的盐度(4%～10%)和液态包体均一化温度(235～344℃)亦可与波特沃勒矿床成矿流体特征相类比。

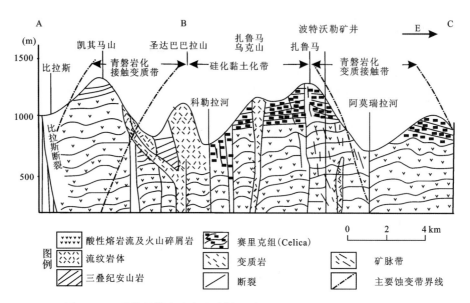

图 4-29 波特沃勒金矿床地质剖面图(据 Van Thournout et al.,1996)

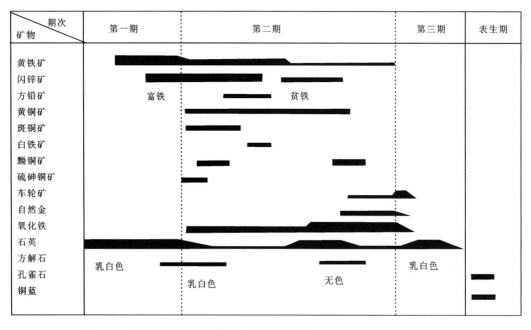

图 4-30 波特沃勒地区矿物的一般共生次序(据 Van Thournout et al.,1996)

2. 亚纳贡恰(Yanacocha)金矿床

亚纳贡恰(Yanacocha)金矿床位于秘鲁北部卡哈马尔卡(Cajamarca)市以北20km,平均海拔4270m。现保有金资源量382t,银2923t。该矿由Newmont矿业公司控股与运营,所占股51.35%,该项目于1993年第三季度投产,目前处于正常生产状态,开采方式为露天开采。主要金属产品为金、银、铜。

矿区处于安第斯山成矿带中段,是世界主要的金富集地之一,具有大储量和高产量、低成本的特征(图4-31)。赋矿围岩为长期活动的大片火山杂岩,成分为中等钾含量的安山岩-英安岩-流纹岩。矿区已识别出的火山-沉积相主要有3种。最老的下部安山岩不整合地位于白垩纪基底岩石之上。该安山岩之上为一套火山碎屑岩,包括下部的富晶屑岩石单元和上部的富岩屑岩石单元。火山碎屑岩之上为多样的安山岩溢流、穹隆和少量火山碎屑岩。整个火山岩堆被多阶段安山岩脉和英安岩-石英英安岩岩枝与英安岩-石英英安岩岩脉所穿切。英安岩-石英英安岩岩枝和英安岩-石英英安岩岩脉与一些矿床的深部斑岩型金铜矿化有关。

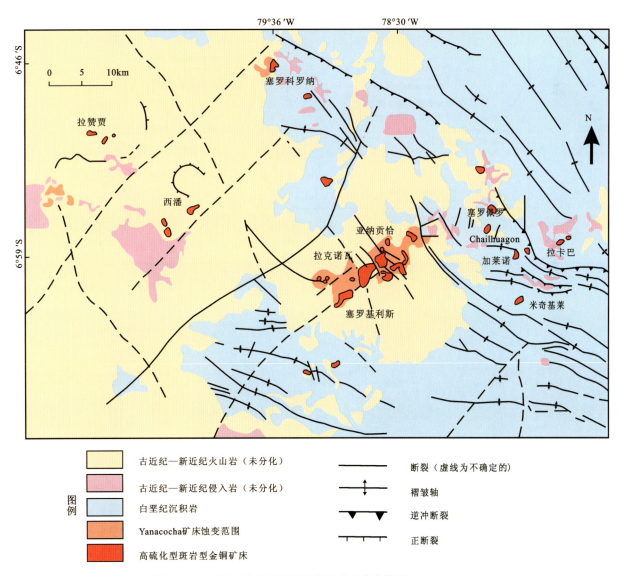

图4-31 亚纳贡恰地区区域地质和矿产分布简图(据Teal,2010)

矿区由一系列高硫化型浅成低温热液型金矿床和一个富金冲积型矿床(La Quinua)构成,这些矿床呈北东向展布。金矿床赋存于呈北东走向的中新世亚纳贡恰(Yanacocha)火山杂岩单元中。区域矿化分布在横贯安第斯山的北东向Chicama-Yanacocha构造带内(Turner,1997),北西向的安第斯区域断裂与该构造带交会。这两个构造方向形成该区主要构造格架,控制着角砾岩、侵入体和金矿化的分布。不是很连续的东西向破碎带被认为是张性的,其对局部上控制金矿化起到重要作用(图4-32、图4-33)。

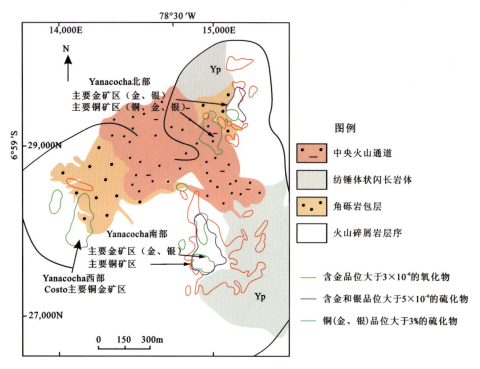

图4-32 亚纳贡恰矿床地质图(据Teal,2010)

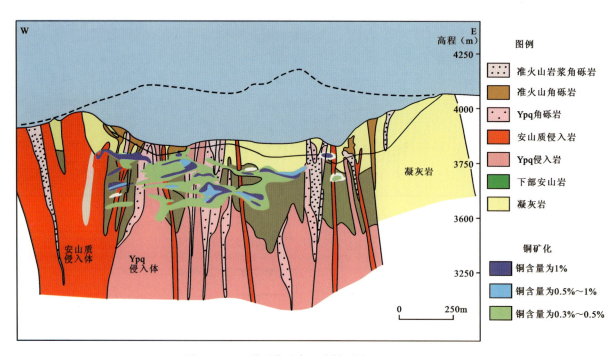

图4-33 亚纳贡恰矿床地质剖面图(据Teal,2010)

亚纳贡恰矿现在通常被描述为产于火山碎屑岩中的高硫化型浅成低温热液型矿床,形成时间介于 13.6~8.2Ma(Longoand Teal,2005),并与两个形成于 10Ma 的超大型斑岩型矿床(Minas Conga 铜金矿和 La Granja 铜钼矿)位于同一成矿带上。这些矿床在时间上与约 4Ma(Noble and McKee,1999)最终停止的与秘鲁平缓板片俯冲有关的岩浆活动密切相关。

3. 帕塔斯-帕尔考依(Pataz-Parcoy)金矿

矿区位于秘鲁利马东北方向 800km 的帕塔斯(Pataz)省的 Pataz-Buldibuyo 金矿带中,平均海拔为 2800m。现保有金资源量为 16.8t,平均金品位为 12×10^{-6}。该矿由 Consorcio Minero Horizonte Sa 公司拥有,目前处于正常生产状态,开采方式为地下开采。主要金属产品为金,2012 年年产金 4t。

帕塔斯-帕尔考依(Pataz-Parcoy)金矿带位于秘鲁中北部,由于石英脉和斑岩脉的密切相关而被归为与氧化的深成岩体有关的金矿床类型(Sillitoe,1991;Mc Coy et al.,1997;Sillitoe and Thompson,1998;Lang et al.,2000),然而也有学者将其归为造山型金矿床(Bohlke,1982;Groves et al.,1998;Haeberlin et al.,2004)。帕塔斯—帕尔考依地区含金矿脉至少从印加人时期(15~16 世纪)和西班牙殖民地时期(16~19 世纪)就开始开采,在此期间主要开采氧化带矿石。该金矿带(南纬 7°20′—8°50′)至少有长 160km,宽 1~5km,沿 Marañón 河谷从 Bolívar 延伸至 Pataz 地区,然后南东向延伸至 Parcoy 和 Buldibuyo 地区。后 3 个地区均属 Pataz 省。该带北部很有可能延伸至 Balsas 地区(南纬 6°50′)。

在过去的 100 年里,在整个帕塔斯(Pataz)省至少分布着 16 个地下矿山,这些矿山总共生产了 170.1t 金,主要生产期为 1925—1960 年和 1980 年之后(表 4-3)。其中,38% 产于帕塔斯地区,55% 产于帕尔考依地区,7% 产于 Buldibuyo 地区。2000 年,帕塔斯省年产金量,包括小规模开采在内,总计有 1.08t,占秘鲁金产量的 9%。在已开采的富矿体中,金品位为 7×10^{-6}~15×10^{-6},局部达 120×10^{-6}。保守估计,仅有 15% 的矿脉已经被开采,在这一大于 160km 长的含金矿带中,其余的金资源量估计大于 11.34t。除石英脉中的金之外,在沿 Marañón 河及其支流,当地群众还发现有很小规模的冲积型砂金矿床。

表 4-3 20 世纪帕塔斯地区金产量估计表

公司名称	地区	时期	矿石量(t)	金品位($\times10^{-6}$)	金产量(盎司)
Cia. Minera Poderosa S. A.[1]	Pataz	1982—2000	2 127 361	13.66	934 307
Consorcio Minero Horizonte S. A.[2]	Parcoy	1990—2000	—	—	646 270
Cia. Minera Aurífera Retams S. A.[2]	Parcoy	1990—2000	—	—	1 180 350
Cia. Minera Real Aventura S. A.[2]	Parcoy	1990—2000	—	—	16 701
Northern Peru Mining smelting Co.[3]	Pataz	1929—1947	—	—	725 718
Cia. Aurífera Buldibuyo[3]	Buldibuyo	1936—1960	910 800	30.00	437 658
Sindicato Minero Parcoy[3]	Parcoy	1938—1960	1 435 500	11.00	763 913
小规模开采[4]	Pataz、Parcoy	1901—2000	2 227 500	12.00	1 257 620
累计产量					5 962 537

注:1.来源于 Cia. Minera Poderosa S. A.,Lima Peru;2.来源于 Ministerio de Energíay Minas,Lima,Peru;3.矿石量根据 Northern Peru Mining Smelting Co.,Cia. Aurifera Buldibuyo 和 Sindicato Minero Parcoy,日产量分别为 120t、150t 和 250t,以每年 330 天来计算(工厂生产能力依据公司年报);4.小规模开车金产量(脉状矿床)估计为在 1991—2000 年期间的 6172kg/a(来源于 Ministerio de Energíay Minas,Lima Peru)和 1991 年之前的 360kg/a(Haeberlin et al.,2004)。

在帕塔斯—帕尔考依地区,还存在一些具次要经济意义的其他类型金矿床,其中有报道称这些次要类型的矽卡岩型金矿点和浅成热液型金矿点与新生代基性深成侵入岩和火山岩在空间上相联系。主要的实例为位于帕塔斯省南部的 La Estrella 铁金矽卡岩型矿点,其金品位高达 $10×10^{-6}$。这一矽卡岩就位于 Pucará 灰岩周围的辉石闪长岩体附近。金以赋存在块状磁铁矿和磁黄铁矿中,以显微金的形式产出,可能与退化矽卡岩阶段的黄铜矿和赤铁矿为同一阶段。

在 Lavasén 组岩石中,一些含铁-锰氧化物、碳酸盐岩和重晶石的石英细脉也显示出弱的金异常。这些细脉与火山岩中的泥化、绢云母化和硅化被认为是与中新世—上新世火山活动有关的低硫化型浅成热液系统的构成部分。近年来,金还被发现于一些细网脉中,这些细网脉赋存于晚白垩世二长斑岩侵入体以及其附近的帕塔斯岩基和帕尔考依地区 Mitu 群砾岩中。这些矿化很可能与晚白垩世岩浆活动有关,由含磁铁矿、磁黄铁矿和黄铜矿的石英-绿泥石细脉,以及热液角砾岩和富钾蚀变组成。

4. 奇拉-帕乌拉(Shila-Paula)金(银)矿

矿床位于秘鲁南部的阿雷基帕市(Arequipa)东南 150km,平均海拔为 5000m。现保有金资源量为 13.2t,金平均品位为 $11.13×10^{-6}$;银资源量为 305t,银平均品位为 $257×10^{-6}$。该矿由 Cia De Minas Buenaventura S. A. 公司拥有,最早于 1990 年开始开采,目前处于正常生产状态,开采方式为地下开采。主要金属产品为金、银、铅,2012 年产量金 0.55t、银 2.69t。

奇拉-帕乌拉(Shila-Paula)矿床位于秘鲁南部安第斯西部,是众多赋存于古近纪、新近纪火山岩中的低硫化浅成低温热液型金银脉群之一(Petersen,1965;Sillitoe,1976;Chauvet et al.,2006)。奇拉-帕乌拉(Shila-Paula)地区大多数已开采的冰长石-绢云母型浅成低温热液型矿脉位于阿雷基帕市西北部的安第斯西部高山地区,海拔 5000~5300m。奇拉矿区的矿脉最近是于 1989 年由 Cedimin S. A. 开采的,到 1997 年该矿区生产了 436 065t 矿石,金品位为 $10.2×10^{-6}$,银品位约 $265.3×10^{-6}$。帕乌拉地区则在 2002 年才开始进行储量评价,并准备进入生产阶段。奇拉矿区进一步分为 Sando Alcalde、Pillune、Apacheta、Ticcla、Puncuhuayco 共 5 个部分,每个部分都是由许多矿脉组成的脉群,其中前两部分(Sando Alcalde 和 Pillune)位于奇拉火山碎屑岩的西部边缘,第三部分(Apacheta)位于同一单元的角砾岩相内。其他一些小矿床也有不少位于该区,如 Los Desemparados、Ampato、Colpa 和 Tocracancha 等矿床,但这些矿床的经济价值有待进一步探明(图 4-34)。

在区域上,大范围的古近纪、新近纪火山岩单元覆盖了变形的中生代和古生代地层。奇拉-帕乌拉矿床的褶皱基底由侏罗系—白垩系 Yura 组(Murco 群和 Arcurquina 群)砂岩、页岩和灰岩组成。其上不整合地覆盖有渐新世—新近纪火山杂岩体,这一杂岩体赋存许多矿床。帕乌拉地区矿脉赋存在 Fullchulna 火山事件形成的英安岩、安山岩和流纹英安岩内部。从 Pillune 和 Sando Alcalde 地区新鲜英安岩和矿脉中挑取出的冰长石单矿物的 K-Ar 年龄分别为($12.9±0.6$)~($13±0.6$)Ma 和($10.94±0.13$)~($10.56±0.12$)Ma。

脉群走向为东西向(Pillune、Sando Alcalde、Nazareño)、北西向(Apacheta、Colpa、Tocracancha),个别走向北东(Apacheta,Puncuhuayco)。该区矿脉通常较窄,宽 0.2~2.5m,倾角陡,平面延伸约 100m,垂向延伸很少超过 150m。大多数矿脉表现出多阶段充填,通常呈条带状,可见垂向分带。矿化至少可分为两个阶段:阶段 I 为主要充填在东西向构造中的石英-冰长石-黄铁矿-方铅矿-闪锌矿-黄铜矿-金银矿脉;阶段 II 包括了大多数贵金属矿化,可以分为富矿囊前和富矿囊两个亚阶段。富矿囊前亚阶段由石英-冰长石-碳酸盐岩组合组成,这些组合充填于 NW300°~315°的次级脉中,呈细脉状切割阶段 I 矿物组合。富矿囊亚阶段充填在后期的两组构造中,特征的矿物组合为贫铁闪锌矿、黄铜矿、黄铁矿、方铅矿、砷黝铜矿、黝铜矿、硫锑铜银矿、砷硫银矿、金银矿。主脉中的矿石呈角砾状构造,而次级脉或晶洞中的矿石则由开放空间的结晶作用形成。两个阶段中的闪锌矿以及阶段 II 中的石英和方解石的包裹体测温结果显示,成矿流体盐度为 0~15.5%,均一温度介于 200~330℃,另外还发现有 CO_2、N_2 和 H_2S 等次生包裹体。可以用 3 个的阶段构造模型来解释该区矿脉的形成,构造阶段 I 对应于东西向左行剪切带,并与安第斯成矿带规模的北东向缩短作用下的北西 300°劈理有关,在这些构造中赋存成矿阶段 I

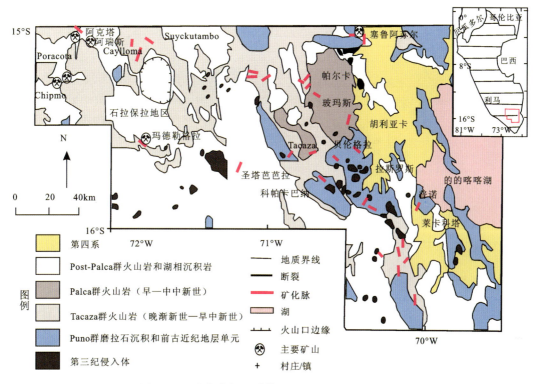

图 4-34　秘鲁南部地质简图（据 Chauvet et al.，2006）

的矿物组合，这些矿物组合在其后的构造变形中发生角砾岩化；构造阶段Ⅱ是在北西向缩短作用下，对早期构造的复活，这一缩短作用使得先存片理再次张开，并形成少见的呈 NE50°走向的 S_2 劈理面，该劈理面充填有富矿囊前亚阶段矿物组合；构造阶段Ⅲ与次级的 NW300°～315°向矿脉和东西向矿脉核部开放空间中的富矿囊亚阶段矿石沉淀相对应。

5. 赛罗德巴斯库（Cerro de Pasco）铅锌多金属矿床

矿区位于秘鲁中部安第斯高原巴斯库（Pasco）大区，位于利马北东方向 200km。现保有银资源量 17 425t，平均品位为 $93×10^{-6}$，铅资源量为 $234×10^4$t，锌资源量为 $423×10^4$t。该矿由 Volcan Compania Minera SA 公司所拥有，该项目最早的开采活动始于 1905 年，目前处于正常生产状态，开采方式为露天开采和地下开采。主要金属产品为铅、锌、银、铜、金。2012 年该矿床年产锌 $6.14×10^4$t，铅 $1.74×10^4$t，银 157.33t。

赛罗德巴斯库（Cerro de Pasco）矿床为在空间上与中中新世火山颈-火山穹杂岩体有关的锌、铅、银、铜、铋矿床，被认为是属于科迪勒拉型贱金属矿床，也被称为浅成低温热液型多金属矿床。

矿床处于中中新世火山颈-火山穹杂岩体的东部边缘，由两个矿化阶段组成。第一个矿化阶段由黄铁矿-石英脉交代早中生代 Pucará 碳酸盐岩和较少的火山颈角砾岩组成。第二个矿化阶段与第一阶段有部分叠加，由矿床西部赋存于火山颈角砾岩中的具有分带的东西向铜、银、（金、锌、铅）硫砷铜矿-黄铁矿脉和发育良好分带的锌、铅、（铋、银、铜）碳酸盐岩交代矿体组成。

在矿区，古生代变质岩和中生代沉积岩被一条区域性的南北向断裂分开，这一南北向构造被认为是倾向 NW345°的高角度逆断层。区内出露最老的岩石是弱变质的泥盆系埃克塞尔西奥（Excelsior）组页岩、千枚岩和石英岩，分布在火山颈-火山穹杂岩体东部，形成一个走向南北、向北倾伏的名为塞罗（Cerro）的背斜。角度不整合覆盖于其上的是二叠系—三叠系 Mitu 组砂岩和由石英卵石及 Excelsior 型黏土质碎屑组成的砾岩（图 4-35）。

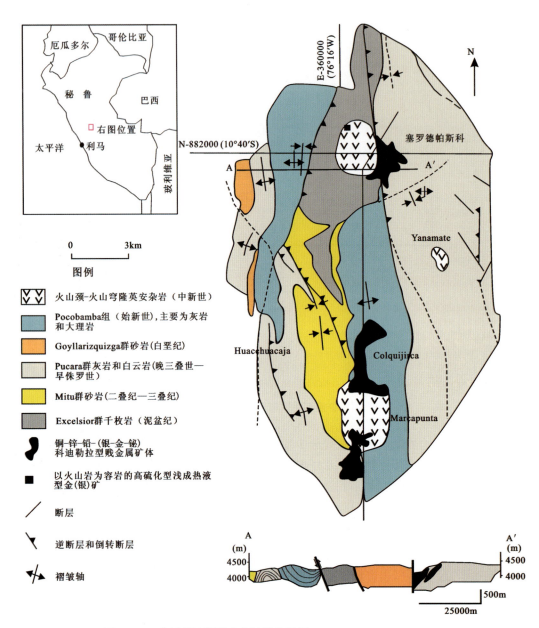

图 4-35 赛罗德巴斯库矿床区域地质图(据 Bendezú et al.,2008 修改)

容矿岩石为白垩纪灰岩、砂岩,中新世流纹岩、石英安粗岩、英安岩和石英二长岩等。矿化受断裂和火山通道等构造控制。矿体复杂,按矿石组成可以分为黄铁矿-硅质体、铅锌矿体、铜银矿体和银-黄铁矿矿体。黄铁矿-硅质体分布于火山通道东南缘,受纵向断层和火山通道控制;铅锌矿体分布于黄铁矿-硅质体与灰岩接触带附近,矿体主要交代黄铁矿和灰岩而形成,次要呈脉状充填裂隙形成(图 4-36、图 4-37)。

铜银矿体位于火山通道东南侧,多分布在矿脉膨大或交会处;银-黄铁矿矿体分布在黄铁矿-硅质体的东部、铅锌矿体的两侧(主要为东侧)。许多矿体由浸染状斑铜矿-黄铜矿-黝铜矿矿石组成,产于近南北向分布的巨大新月形黄铁矿蚀变体中。

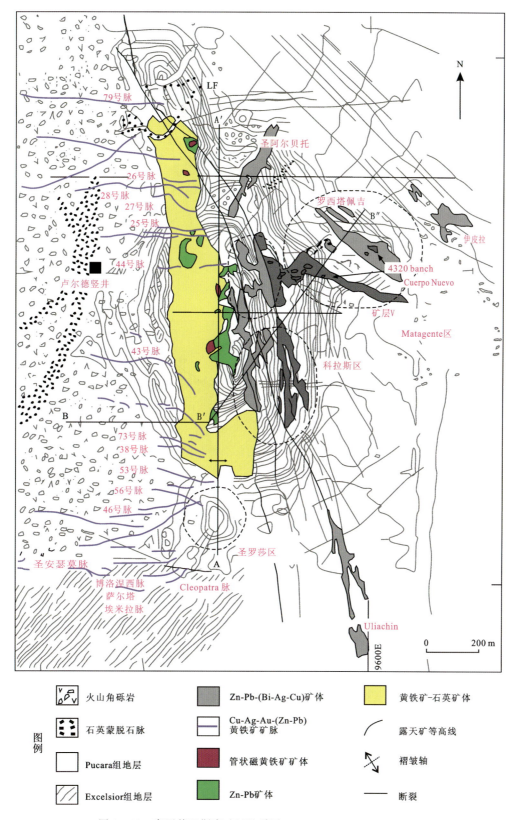

图 4-36 赛罗德巴斯库矿区地质图(据 Regina Baumgartner,2008)

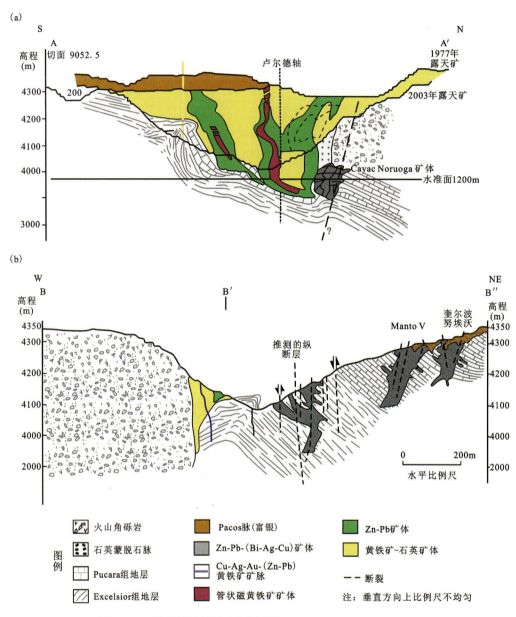

图 4-37 赛罗德巴斯库矿床剖面图(据 Regina Baumgartner,2008)

6. 塞拉里科(Cerro Rico)锡、银矿床

塞拉里科(Cerro Rico)锡、银矿位于玻利维亚南部城市珀塔西(Potosi)附近,是世界上最大的银矿。它蕴藏的财富使得西班牙成为 16、17 世纪的超级强国。塞拉里科(Cerro Rico)矿已被开采 450 多年,成为了玻利维亚的著名标志,国玺、货币和邮票上均印有它的画面。

塞拉里科矿床(在西班牙意为富山)早期银品位异常高,最初 27 年产出的银的平均品位为 198 446.66×10^{-6}(约 20%)。对银的大量开采持续到 19 世纪末,但到 20 世纪 30 年代基本上就停止了。塞拉里科矿床的银总产量超过 28 350t,可能已达到 56 700t。塞拉里科矿床锡的生产实际开始于 1912 年,当时正好有铁路修到珀塔西(Potosi),一直持续到 1985 年的锡价格暴跌。目前,塞拉里科矿床还保留有上千名农民矿工,利用原始的方法开采锌、银矿脉。

目前,矿区已经开采了 16 个中段,垂直深度已达 1150m。在塞拉里科山的上部,成群的、水平的、厘米级宽的细脉形成了席状的硅化和矿化地带,所剩余资源量估计有 143×10^6t,其中银品位为 174×

10^{-6}，锡品位为0.1%～0.25%。1993年玻利维亚国家矿业公司Comibol将此作为露天矿开采计划进行招标，但考虑到会破坏塞拉里科山的"神圣轮廓"及小矿工的迁移问题，最后撤销了招标。

另一个与塞拉里科山相关的银资源为塞拉里科山峰上端硅化区的剥蚀残留体，其聚集形成了山峰侧面的粗砾石矿床。这些矿床在当地被称为Pallacos，并不属于塞拉里科山"神圣轮廓"的一部分，露天矿的开采不成问题。在雨季，这些矿床已被矿工小范围开采。他们利用格槽缩样器、筛子和跳汰机冲洗砾石以回收锡石，由于技术不充分并没从Pallacos中能够回收银。

1）矿床地质

矿区可被大致描述为浅层、单相、漏斗状的英安岩斑岩岩株，侵入到厚度超过400m的中新世空落相凝灰岩、火山角砾岩和名为"Cerro Rico Series"的水底沉积物的区域。Cunningham等人（1996）认为Cerro Rico Series的基底部分（Pailaviri组地层）为射气岩浆喷发角砾岩；其上所覆盖的Caracoles组地层被认为是与季节性湖泊沉积相关的凝灰岩环。Caracoles组地层的凝灰岩环部分出现在Cerro Rico地区的东部和东北部；季节性湖泊沉积（Caracoles组地层的砂岩段和火山灰段）则位于Cerro Rico的西部和北部。英安岩斑岩岩株，Cunningham等人测定年龄为13.8Ma。侵入火山口壁处将Caracoles组的两段地层分隔（图4-38），已有证据（边缘缺少外来角砾岩碎屑、流动条带、龟裂纹理或同生角砾岩）显示其并没有破坏古地表。

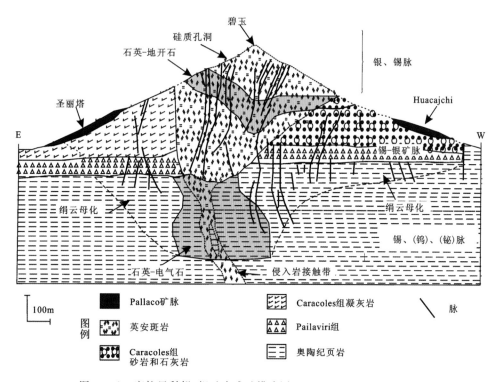

图4-38 塞拉里科锡、银矿床成矿模式图（据Cunningham et al.，1996）

塞拉里科矿床的基底为轻度变质的奥陶纪页岩层。该地区的其他岩石包括白垩纪红层、第三系Agua Dulce组（安山质到英安质火山岩）、第三系Mondragon组（粗砾岩和红色石灰质砂石）。由于处在矿区的远侧，未受蚀变和矿化的影响。出露在矿区南部的Huacajchi熔结凝灰岩和复杂流纹岩圆丘晚于Cerro Rico岩株和矿化带出现。

塞拉里科矿床的东边几千米处是面积为12km×32km的Kari Kari破火山口。年龄测定表明Kari Kari熔结凝灰岩的喷发比Cerro Rico岩株和相关矿化带的侵入早7Ma。研究人员所编制的地质图显示，Cerro Rico岩株在与此破火山口相关的环状断层附近不是直接侵入，其与Kari Kari火山作用或构造不存在直接联系。

2）矿化特征

塞拉里科矿床上部有 35 个矿脉和分支。在深部，这些矿脉和分支合并为 5 个主要的矿脉体系。所有的矿脉均出现在仅有轻微位移的正断层中。这些倾向陡直的细矿脉（通常宽度为 10～60cm）没有迹象显示受到围岩的影响。

塞拉里科矿床的矿物种类多样，矿脉体空间和时间的分布有分带性。虽然具体共生次序很复杂，但是也存在单一矿体的形成事件。第一阶段的热液事件以大规模蚀变的出现为特征；第二阶段形成的矿脉含有石英、黄铁矿、锡石和砷黄铁矿，矿床较深处有黑钨矿和辉铋矿；第三阶段是形成含黝锡矿、铁闪锌矿、闪锌矿、黄铜矿和黝铜矿的石英硫化物矿脉；第四阶段是形成含黄铁矿、闪锌矿、黝铜矿、方铅矿和硫铋银矿的充填矿脉组合；第五阶段是红宝石银、脆硫锑铅矿和硫锑铅矿的形成。

3）蚀变特征

塞拉里科矿床上部 250m 处有硅质孔洞蚀变带，孔洞岩石中的长石斑晶已经被渗滤，基质由硅取代，岩石普遍含有超过 95% 的硅。长石形孔洞通常为空的，但也可能存在含石英、赤铁矿、黄钾铁矾或白黏土的矿脉，残留有英安岩的石英斑晶和斑岩构造。塞拉里科矿床的硅质孔洞呈一个层状岩层覆盖在石英-伊利石和绢云母蚀变带上，这与在其他酸性硫酸盐热液矿床中通常所见的垂直岩筒和岩壁不同。塞拉里科矿床的硅质孔洞银品位通常为 $200\times10^{-6}\sim350\times10^{-6}$，其中大部分受侵蚀而直接进入 Pallacos 矿床，从而为这些矿床提供了银（和锡）。塞拉里科山顶端 10～20m 处的英安岩斑岩普遍被碧玉岩交代。该硅化带呈块状，没有残余孔洞，几乎由 100% 细颗粒的灰色玉髓组成，玉髓细矿脉切断并交代了残余的硅质孔洞。碧玉岩与 Summitville 局部出现的结构紧密的石英岩直接可以对比。硅质孔洞以下是 150m 厚的石英-地开石-伊利石-高岭土-叶蜡石蚀变区，在这个蚀变区还发现了 Svanbergite——一种含锶和磷酸盐的类明矾化合物。石英-地开石地带向下逐渐转变为的石英-绢云母-黄铁矿蚀变带，后者再过渡为矿床最深部的石英-电气石蚀变带。

7. 埃尔印第奥(El Indio)-坦博(Tambo)金、银、多金属矿床（高硫化型）

智利埃尔印第奥-坦博金、银、铜矿床位于拉萨琳娜东 125km，属于安第斯高原区（图 4-39）。矿区海拔约 4000m，矿区外围耸立的高山区一般为 6000m，Cerro Las Tortolas 高山达 6300m。智利矿业公司(ENAMI)在 1974—1976 年对矿床进行了初步调查；美国矿山公司(St.Joe)收购后，通过钻探和坑道勘探工程，1978 年探获矿石量为 180×10^4t，金平均品位为 13.4×10^{-6}；经过试验性开采后，在 1979 年，该矿山正式投产，建设初期日处理规模为 1700t，年生产能力为 50×10^4t。

区内古近纪火山岩平行于安第斯山脉方向呈南北向广泛分布（图 4-39），中新世晚期花岗岩体侵位于其中。含矿火山岩为安山质、流纹质凝灰岩和集块岩等。

热液蚀变带以埃尔印第奥为蚀变中心区，蚀变带规模宏大，宽 1.0～10.0km，南北向断续可达 200km，主要由各类蚀变岩组成。

1958 年，选矿级矿石和直接冶炼级矿石总量为 63×10^4t，生产金锭级产品 9151kg，伴生银 30 946kg，阴极铜 17 658t。在深部出现黝铜矿-砷黝铜矿组合，浅部为直接冶炼级矿石(Direct Shipping Ore,DSO)。1979—1981 年，采场生产 DSO 矿石 4.65×10^4t，金品位为 276×10^{-6}，生产金 13t。1986 年 1 月，累计矿石储量为 652.32×10^4t，直接冶炼级矿石储量为 4.2216×10^4t，金平均品位为 197×10^{-6}，银平均品位为 124×10^{-6}，铜平均品位为 4.44%；需选级矿石储量为 533.1×10^4t，金平均品位为 8.3×10^{-6}，银平均品位为 101×10^{-6}，铜平均品位为 4.77%；氧化（淋滤）级矿石储量为 115×10^4t，金平均品位为 1.7×10^{-6}。

在 1985 年底之前，累计生产了直接冶炼级矿石量为 13.933×10^4t，入炉平均品位金为 225×10^{-6}，银为 104×10^{-6}，铜为 2.4%，生产金 31.385t。需选矿石量为 210×10^4t，入选金品位为 $10\times10^{-6}\sim12\times10^{-6}$，银品位 $60\times10^{-6}\sim70\times10^{-6}$，铜品位为 3.2%。生产金金属量为 21.9t，银金属量为 105t，铜金属量为 5.9×10^4t。金回采率为 83%，银回采率为 73%，铜回采率为 95%。已生产金 53.285t，保有金金属储量为 54.52t，合计 108t。

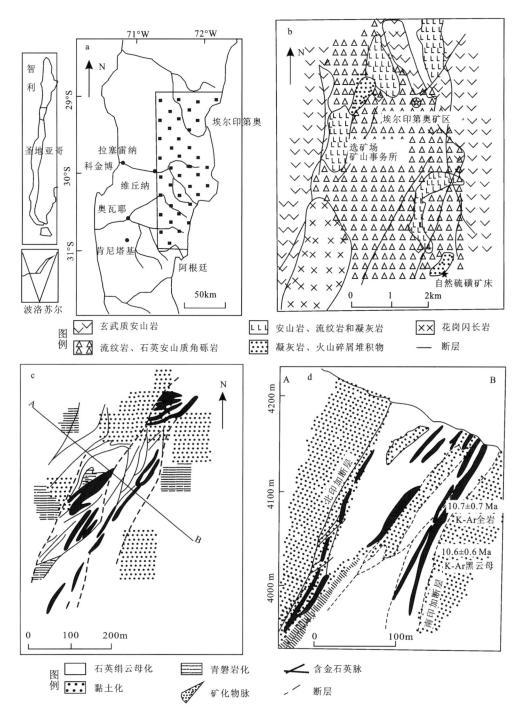

图 4-39 埃尔印第奥-坦博金、银、多金属矿床地质特征图(据 Araneda,1982)

注:a 图为矿床位置图;b 图为矿床地质图;c 图为矿体平面分布图;d 图为矿体剖面分布图

埃尔印第奥-坦博金、银、铜矿山开采方式为地下-露天联合开采,1989 年生产规模为年处理矿石量约 $120×10^4$ t。埃尔印第奥矿区矿石储量 $573×10^4$ t,金平均品位为 $6.4×10^{-6}$,银平均品位为 $100×10^{-6}$,铜平均品位为 4.9%。坦博矿区矿石量为 $171×10^4$ t,金平均品位为 $9.1×10^{-6}$,银平均品位为 $8×10^{-6}$。合计矿石储量为 $744×10^4$ t,金平均品位为 $7×10^{-6}$,银平均品位为 $79×10^{-6}$,铜平均品位为 3.77%。

埃尔印第奥矿区露天采场包括 4 个矿段,年生产规模约 $14.4×10^4$ t,总剥离量 $1200×10^4$ t。露天采场台阶高 6.5m 或 8m,边坡角 45°~47°,炮孔直径为 3 英寸(1 英寸=0.3048m),使用 3 台 G-D 型履带式钻机进行钻孔。在矿体中,孔距为2m×2m,2台Caterpillar矿石前装机机容5.5m³,装入7台12m³的Remanlt卡车运输,然后卸入地下矿石运输系统,从采场到露天堆放矿漏斗平均运输距离为1050~2000m。

地下开采中段为3900m水平,运输巷道长2650m,断面为3.5m×3m。采用分层充填法,优先开采可直接外送的薄矿体;采用深孔空场法开采顶底板稳固的厚矿体;富矿体圈定后,采用铺设底板防止矿岩掉落方式,沿富矿体打眼爆破矿石,使用1台铲运机将矿石运输到地面固定储矿场;在薄矿体开采中,穿爆厚度为1.5~1.8m,采用1台地下铲装车和铲运车将爆破后的矿石运输出井,并卸入通向主运输中段的矿石溜井;采用露天采场中生产的废石,经废石溜井充填,用铲运机将采场中废石回填至满为止,在充填区进出各中段是经过一条坡度为12%~15%的螺旋状斜坡道。

在Viento矿段,年生产规模为$12×10^4$t,采用深孔采矿法,炮孔直径为3.5~4英寸,孔深40m;在采场底部,用装载机将爆破后矿石按照放矿点间隔装入容量为15t的卡车,然后运到矿石溜井;在主运输中段,将地下及露天开采的矿石装入矿车内,由1台5.5t电机车牵引10台6吨矿车,运输到地表选场,平均运输距离为2000m。

1)区域构造-岩相学特征

矿床所在区域在构造-地貌上为智利东部安第斯山脉带、西部太平洋东岸海岸山脉和中央古近纪—第四纪山间断陷盆地(中央谷地带)(图4-40)。东部安第斯山脉主体是由中生代中酸性侵入岩、古近纪—新近纪中基性—中酸性火山岩和次火山岩组成,相当数量的安山质岩石源自智利安第斯山脉。下伏有晚古生代—晚三叠世花岗岩和花岗闪长岩的岩基,造山带花岗闪长岩类基底由上覆酸性火山岩系、石炭纪泥质片岩和沉积岩等构成。

花岗岩-花岗闪长岩的岩基以东地区,中生代火山岩在瓦卡斯海登斯地区出露。在智利—阿根廷接壤地带,古近纪安山岩分布范围南北向长15km,宽10km。古近纪火山岩与造山带古生代基底构造层以及中生代(侏罗纪)构造层之间,具有明显的角度不整合面构造。

安第斯造山带的古生代基底构造层被抬升到地表。古近纪火山岩带主要为层状安山岩相带,偶见层状玄武岩、安山质火山集块岩和流纹质凝灰岩,局部厚度在3000m以上。古近纪火山岩主体分布在半地堑火山盆地内,它们属安第斯造山带的中心部位,在遥感图像上能够识别火山喷口构造。古近纪安山岩经侵蚀作用,在半地堑盆地中局部形成了厚层粗砂岩和页岩相。渐新世末—中新世初早期(27~16Ma)和中新世晚期(16~11Ma)火山作用强烈,新近纪中新世半浅成岩株与强烈广泛分布的蚀变相带体侵入和穿切了古近纪安山岩。

新近纪中新世(11.4~8.2Ma)从安山岩熔岩相演化为火山喷发相,形成流纹质和英安质火山碎屑岩。在火山口附近形成火山碎屑岩相,形成单锥形相体和带状相体(沿断裂分布)。在古近纪古地形高差约为400m,底部为层状安山熔岩相体,上覆堆积了新近纪单锥形和带状火山碎屑岩相体。

蚀变岩岩相学的色系差异显著,在流纹质和英安质凝灰岩中,热液蚀变相带和褪色化强烈,与下伏暗绿色—绿色青磐岩化安山岩颜色差异显著。在热液蚀变相体中心,层状安山岩相体也发生了强烈蚀变,宽达数百米,指示了热液蚀变系统中心,成为勘探目标体。如埃尔印第奥-坦博矿床之间,塞罗康托图火山喷发沉积相由南北向主要由英安质凝灰岩(厚达800m)组成,英安斑岩和石英斑岩的岩脉为末期火山通道相。塞罗康托图和塞罗埃利法特两个热液蚀变中心控制了金、银、铜成矿系统。在火山缓慢衰竭后,火山碎屑岩相体遭受了后期火山隐爆作用,形成了异时同位叠加的火成碎屑岩相体和火山隐爆角砾岩相体。

坦博金、银、铜矿区热液角砾岩相体在空间上沿北东断裂展布,热液角砾岩相单体在平面上呈管状或拉长状,它们在地表具有抗风化和耐剥蚀特征。主体为强硅化蚀变相,基质为硅质、重晶石和明矾石,它们胶结了英安质凝灰岩中硅化碎屑。在塞罗康托图西坡电气石热液角砾岩中,从围岩弱液压致裂,逐渐变为围岩角砾具有角砾旋转,显示碎屑流的流体作用不断增强。热液角砾岩化相带与断层构造和岩脉带在空间上紧密相伴,这些相体可能代表了构造-热液相互耦合作用形成的热液角砾岩相体。

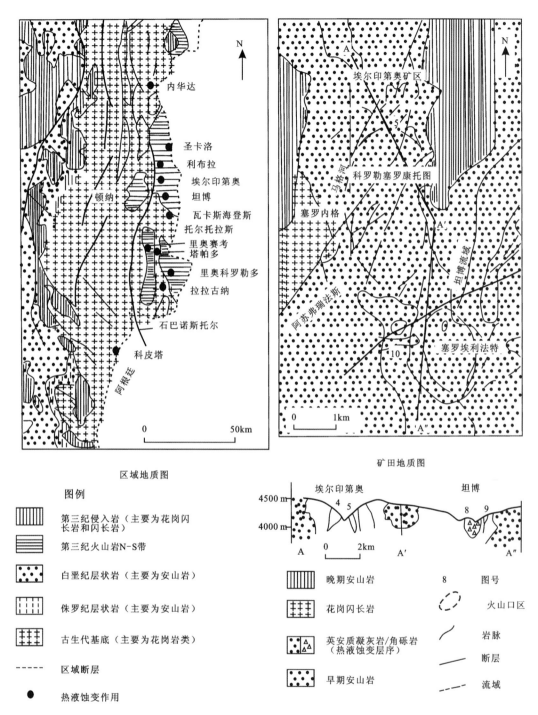

图 4-40 埃尔印第奥-坦博金、银、铜矿矿集区区域地质与矿田地质图(据 Araneda,1982)

火山碎屑岩带呈南北向分布,在阿苏弗瑞拉斯为厚层凝灰岩层堆积,在埃尔印第奥火山碎屑岩层变薄为 200m,这是火山锥体斜坡上相体厚度变化规律。在塞罗康托图、埃利法特和阿苏弗瑞拉斯等地段,古地形较高处为火山灰堆积、熔结凝灰岩和凝固浮石岩,上覆近水平状的自然硫-泉华沉积物,这些相体特征揭示火山岩相体剥蚀程度较小(200~400m)。在西部塞罗内格带有次火山岩相(花岗闪长岩),平卧粗面安山岩覆盖在埃尔印第奥火山机构之上。

2) 蚀变岩相与热液蚀变作用

(1) 强氧化酸性蚀变岩相以明矾石-石膏-重晶石为特征矿物组合(图 4-41)。富硫成矿热液形成了大量自然硫、硫化物和硫酸盐矿物，结晶或土状明矾石化和深成重晶石化分布广泛，黄钾铁矾化为表生蚀变作用产物。天然明矾石、硫华和石膏化沿断裂带分布。

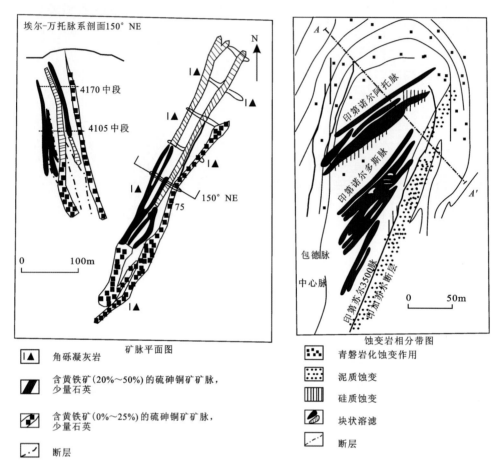

图 4-41 埃尔印第奥(El Indio)-坦博(Tambo)金、银、铜矿矿化蚀变特征(据 Araneda,1982)

(2) 硅化蚀变岩相呈斑点状和带状，围绕火山口和断层分布，硅化蚀变岩相与高品位矿石密切有关。

(3) 泥质蚀变岩相(浅成低温体系典型蚀变岩相)发育在英安质凝灰岩中，泥质蚀变岩相中，高岭石-绢云母-叶蜡石-蒙脱石-地开石等典型矿物组合为长石的蚀变产物，伴有脱玻化和硅化。

(4) 青磐岩化蚀变相主要发育在下伏似层状安山岩中，绿泥石-绿帘石为铁镁质矿物的蚀变产物。

3) 金、银、铜成矿特征

金、银、铜矿体呈脉状、网状脉和角砾岩体形，含矿岩相为蚀变英安质凝灰岩，部分(块状)硫化物脉赋存在青磐岩化蚀变安山质火山岩中。矿石矿物为硫砷铜矿、黄铁矿、黄铜矿、黝铜矿、砷黝铜矿、斑铜矿、辉铜矿、铜蓝和蓝辉铜，含少量闪锌矿和方铅矿等；脉石矿物主要为石英。主要矿脉有硫砷铜矿矿脉和含金石英脉两类，硫砷铜矿矿脉比石英脉宽度大，硫砷铜矿矿脉的倾角(平均 45°)小于石英脉(平均 65°)，脉宽大于 10m，硫砷铜矿矿脉金品位为 $8\times10^{-6}\sim12\times10^{-6}$，银品位为 160×10^{-6}，铜品位为 8%～14%。石英脉走向北西向，倾角 65°，脉宽 1～2m，矿物组合为自然金-黄铁矿-硫砷铜矿型，在石英脉下盘产出有断续分布的富矿石(金品位大于 100×10^{-6})。强烈的明矾石氧化酸性蚀变相分布在地表至 120m 的深部，因硫砷铜矿发生表生氧化作用，形成了明矾石、胆矾、黄钾铁矾、臭葱石、水碲铁矿、自然硫、褐铁矿等氧化酸性蚀变相的典型矿物组合，地表伴有十分显著的硅华(粗糙状石英)。在该氧化酸性蚀变相带中,铜品位降低(0.1%~0.5%),金品位(15×10⁻⁶)和银品位(500×10⁻⁶)明显升高,Ag/Au值明显升高,揭示银具有较显著的次生富集作用。

8. 拉科伊帕(La Coipa)金银矿床(高硫化型)

拉科伊帕(La Coipa)金银矿床位于智利北部第三大区阿塔卡玛,在圣地亚哥北部1000km处,科皮亚波东北部140km处,海拔高度为3800~4400m。1980—1985年该地区先后发现了拉科伊帕、埃斯佩、洛博-马特、萨尔瓦多、拉比帕和潘田罗斯等矿床,探明金储量达226.8t(图4-42)。

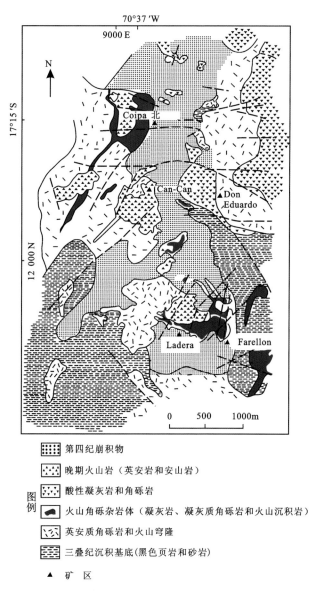

图4-42 拉科伊帕(La Coipa)金银矿地质简图(据 Maksaev et al.,2007)

拉科伊帕(La Coipa)金银矿年生产规模为处理矿石量630×10⁴t,年生产金约510kg,年生产银约190t。拉科伊帕金银矿包括拉科伊帕北部和Brecha北部的矿床,目前正在开采;Ladera-Farellon矿区已经采空;埃斯佩、玛莉莎和普仁北部属未开发矿床,现在开展可行性研究和勘探。

地球化学勘查在该金银矿的勘探和发现中发挥了较大作用。1981年,SMSA在拉科伊帕地区勘探,集中于北部地区(Coipa北)、4397号山(Can-Can)、Don Eduardo和4308号山(Ladera-Farellón)4个地区,合计面积12km²。金银地球化学异常面积为2km×3km,圈定了3个异常区(Adera-

Farellón、Don Eduardo 和 Coipa 北部）。在 Can-Can 地区探槽取样和鉴定后发现银含量极高，同时对其他元素进行了系统测试和研究。

1）区域构造与岩相学特征

拉科伊帕金银矿区位于智利玛日坎尕斑岩型金成矿带（Maricunga）北端，现已发现了一批金银多金属矿床，如山卡萨利、吉奥、马特和 El Hueso。金矿和银矿主要赋存于中新世英安质火山岩和三叠纪泥屑岩中，具有典型高硫化型浅成低温热液系统形成的金银富集成矿和蚀变系统等特征，特征蚀变矿物相是明矾石化，构造系统对金银富集成矿控制作用明显，其次为岩性控制。从蚀变中心区硅化相到外围泥化蚀变相矿区形成了明显蚀变分带，拉科伊帕北部矿体上部发育低温系统形成的蚀变帽。

拉科伊帕金银矿区出露的主要岩石地层为新近纪火山岩和基底地层（三叠系、泥盆系—石炭系）。拉科伊帕金银矿区出露泥盆纪—石炭纪长石砂岩、页岩和泥岩，二叠纪—三叠纪英安岩和安山岩、含碳页岩，侏罗纪海相灰岩和火山岩，晚侏罗世—早白垩世砂岩，晚白垩世火山碎屑岩，上白垩系—古新世安山角砾岩。在基底构造层中，晚三叠世黑色含碳页岩与金银成矿关系密切，在拉科伊帕和邻区三叠纪与古近纪以新近纪火山岩呈不整合接触。三叠纪与第三纪地层中有含页岩碎屑的角砾岩。Ladera 地堑和地垒中角砾岩发育，分布有高品位矿石。新近纪火山岩系呈北北东向分布，底部由晚渐新世—早中新世（25～20Ma）流纹质凝灰岩和火山角砾岩组成，其上为中新世初到中期（20～14Ma）火山岩，中新世晚期为砾岩和凝灰岩。新近纪火山岩覆盖在 La Ternera 岩层上，主要为火山碎屑岩、火山沉积物、凝灰岩和火山角砾岩。火山机构与构造-流体通道系统是十分重要的勘查对象。

在拉科伊帕矿区，北北东向地垒构造和地堑构造相间排列，由中新世早—中期逆断层控制，后期北西向正断层和北东向断层形成了叠加构造。在正断层和逆断层交会处，新近纪火山岩发育形成了火山喷发机构。南北走滑断层及断层右旋活动形成北东向次级构造系统，这些构造为岩浆流体成矿提供了有效构造-流体通道，成为勘探对象并得到验证。该金银矿田构造样式受破火山口构造和山间断陷盆地控制。该金银矿位于早中新世破火山口附近形成的断陷湖盆西缘。破火山口构造由熔结凝灰岩、岩屑凝灰岩和 3 个英安质火山穹隆构成，形成时代为 23～22Ma，主要热液蚀变相为明矾石化蚀变相、泥质蚀变相和硅化蚀变相。在英安质熔岩丘中发育黄铁矿-泥质蚀变相带，金属矿物有黄铁矿、闪锌矿、方铅矿、辉银矿和含银的硫盐等。

在拉科伊帕金银矿区北部和南部，分布晚古生代花岗岩，古新世—始新世英云闪长斑岩呈南北向分布于区内，局部有英安岩、长石岩和火山岩。拉科伊帕矿区有两种侵入岩，西部为粗安岩（21Ma），而英安岩是拉科伊帕矿区主要的侵入岩。这些胶结物出露在 Ladera-Farellón-Coipa 北部、主要矿化带的东部、北西-南东走向地带和 Quebrada Los Terneros 东部相同走向等部位。北东走向逆断层和北西向正断层构造交会部位控制岩浆侵入活动。

2）蚀变岩岩相学与蚀变作用

(1) 硅化蚀变相。硅化蚀变相位于富金银热液角砾岩相带附近，常见凝灰岩和凝灰质角砾岩，有贵金属胶结物。硅化热液角砾岩为褐铁矿和黄钾铁矾胶结。硅化作用在 Coipa 北部发育，在 Ladera 地区较弱，但 Ladera 地区最常见是晶簇状石英，形成于低温强酸性开放环境中，一般在最上部层位中发育，推测为古地面标志。

(2) 高级泥化蚀变相（明矾石-高岭石+地开石-石英）。高级泥化蚀变相体是高品位金矿石含矿岩相，在拉科伊帕北部和 Farellón 较为发育。网状和脉状矿脉中含明矾石，与黄钾铁矾-臭葱石伴生。Farellón 地区明矾石与金矿化关系密切，网脉状明矾石含中金品位最高。高级泥化蚀变相与高品位银矿体关系密切。Ladera 地区早期泥化蚀变相仅限于深部。

(3) 中级泥化蚀变相（伊利石-蒙脱石+绢云母）。中级泥化蚀变相分布在断裂破碎带及附近矿化区。中级泥化蚀变相中贵金属矿化不发育，可见银在局部富集，如 Ladera 地区和拉科伊帕北部富银矿体西端。

(4) 表生氧化酸性蚀变相（黄钾铁矾-针铁矿+石膏+重晶石）。表生氧化酸性蚀变相分布在 Ladera 区矿体中、Farellón和Coipa北部区矿体上部和深部，以及断裂带中。主要为黄钾铁矾-针铁矿，可见残留状石膏和重晶石。自形晶状石膏和重晶石多位于较深位置。

拉科伊帕金银矿是典型高硫化型浅成热液金银矿床，具有浅成低温热液成矿系统特征，在1000m深度范围内，成矿温度在50～200℃之间，少有达到400℃。硅化脉具有充填成矿特征，呈不规则断口，发育气孔构造，与成矿作用有关的裂隙系统与地面相通，为含矿流体流动和气相分离提供了构造环境和围岩条件。由于围岩和构造通道具有较高孔隙度和渗透率，温度和压力梯度从相对高温高压的成矿系统中心，到相对低温低压围岩，形成了成矿流体规模性运移。因此，围岩蚀变和蚀变分带特征明显，围岩蚀变发育。最主要蚀变类型有绿泥石化、绢云母化、明矾石化、沸石化、黏土化、冰长石化、硅化和黄铁矿化。

3) 金银富集成矿规律与成矿分带特征

金银矿体与深部侵入岩通过构造通道直接连通，它们是最典型的与新近纪火山成矿有关的金银矿床。金银富集成矿与拉科伊帕北部和东部高级泥化作用有关，高品位银矿伴生金；拉科伊帕西北部与硅化蚀变相和泥质蚀变相密切相关。在拉科伊帕金银矿区垂向方向上，上部银富集，中部为富集金银的氧化带，深部为富集金铜的原生矿石带。在蚀变岩浆岩和沉积岩中，形成浸染状金银矿体，与硅化蚀变相和高级泥化蚀变相密切相关。构造控制的金银富集成矿带通常在低海拔地区，含矿岩相为蚀变的泥屑岩和砂岩，品位较高。在Ladera-Farellón和Can-Can区，已经圈定了深成铜金矿，铜品位达4%，与曼陀型铜矿特征类似。在氧化带和次生富集带中，矿石矿物主要有角银矿、自然金、自然银，少量氯溴银矿、碘银矿和银铁矾。在硫化矿石带，典型矿物组合为硫砷铜矿-自然金，伴有黄铜矿、斑铜矿、蓝铜矿、闪锌矿和方铅矿，这些脉状硫化物分布在黑色变质页岩中。金富集成矿与粉末状明矾石密切有关，自然金分布在50μm到几微米的显微网脉状裂缝中。网脉状金矿石中常见黄钾铁矾-臭葱石。

该金银矿床可划分为4个成矿阶段：第一阶段为高硫化金银成矿阶段，第二阶段为深成矿化阶段，第三阶段为风化和表生蚀变成矿阶段，第四阶段为现今地面水平侵蚀阶段（矿床剥蚀程度）。

9. 埃尔布朗斯金铜矿(El Bronce)(低硫化型)

智利贝托卡(Petorca)埃尔布朗斯金矿(El Bronce)-定鼎(Tin-Tin)地区是典型浅成低温热液成矿系统发育地区，也是本次圈定的成矿远景区（图4-43）。

埃尔布朗斯金矿(El Bronce)大致地理坐标为南纬32°11′，西经70°56′，海拔在600～2700m之间。该矿为Compania Minera El Bronce de Petorca公司拥有。该公司在1955年，从El Bronce、El Espino和Pedro de Valdivia共3个矿山的采出矿石量为$50×10^4$t，金平均品位为$11×10^{-6}$，后因金价格下降导致矿山活动终止。该公司在1980年恢复采矿活动，截至1989年从Rosario Ⅲ号矿体累计采出了$250×10^4$t矿石量，金平均品位为$4.8×10^{-6}$，银平均品位为$20×10^{-6}$，铜平均品位为0.3%。截至1991年，该公司在该区生产金矿石量累计达$330×10^4$t，合计生产金17.86t。1991年，El Bronce矿山采选规模达1200t，年处理矿石量为$31.68×10^4$t，在2010年生产规模萎缩。金属资源储量中金为25t，银为105t，铜为$1.60×10^4$t(Camus et al.,1991)。

1) 区域构造与岩相学特征

含矿脉带主要赋存在下白垩统塞日莫拉东组(Cerro Morado)和白垩系拉斯赤卡斯组(Las Chilcas)，主要岩石类型由安山质火山角砾岩、凝灰岩和安山熔岩组成。晚白垩世MHC(Morro Hediondo caldera)半环状火山机构直径为14～16km，在火山口附近，上白垩统拉维乐组(Lo Valle)英安凝灰岩(83～80Ma;Camus et al.,1991)、安山质流体和角砾岩发育。在侵入岩组合和几何学形态上，早白垩世和晚白垩世侵入岩沿近南西向构造带侵位，早期石英二长闪长岩体侵位在贝托卡(Petorca)西部，侵入到下白垩统塞日莫拉东组(Cerro Morado)中。中期侵入岩组合为闪长岩和花岗闪长岩[呈岩钟（株）、岩墙和岩床]、贝托卡斑岩(86±3Ma)和闪长岩-英云闪长岩岩环、晚期环状闪长岩-英云闪长岩(80～79Ma)，这一侵入岩组合限定了MHC半环状火山机构边界。大规模热液硅化和泥岩蚀变带主要与上述两期岩浆侵入活动密切有关。

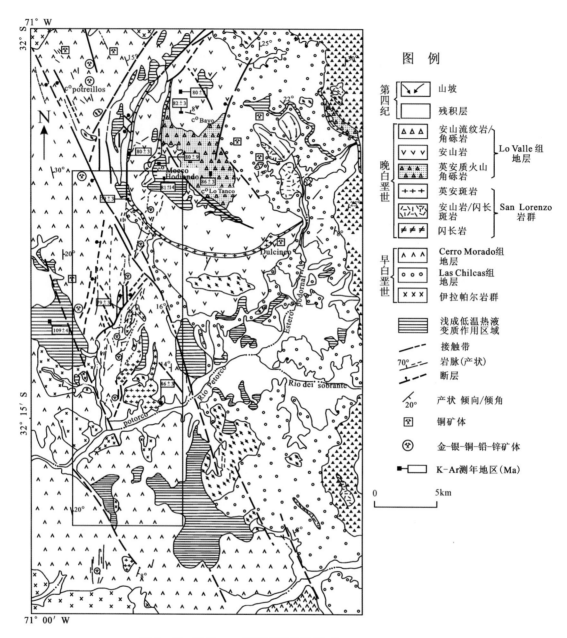

图 4-43 El Bronce 矿床区域地质图(据 Camus et al.,1991)

MHC 半环状火山机构是本区主要构造样式(图 4-43)。与火山口密切相关的断层和裂隙破碎带是最主要成矿作用的控制构造。在同中心(火山机构中心)辐射状的北向和北西向断裂构造系统中,最主要的构造系统是 QDC(Quebrada de Castro)和埃尔布朗斯(El Bronce)两个构造系统。El Bronce 构造系统宽 3000m,北东向长 17 000m,构造带内由伸展断裂、各类岩脉和热液脉体组成,本区主要有浅成低温热液型金银铜矿赋存在该构造系统中。在尖灭处被北北西-南东东向 QDC 和 PED(Petorca - El Durazno)右旋走滑断裂带截切了该构造系统。这些共轭断层组相对运动形成的构造扩容交切区控制矿体定位是最主要一级储矿构造样式。在一级构造扩容储矿构造区内,已经确认两组矿脉带:一是位于El Bronce Creek 断层北部 BGLS(El Bronce-Guanaco-La Olla-San Lorenzo)矿脉带;二是位于该构造南部 PE(Pedro de Valdivia-El Espino Norte)矿脉带,两组矿脉带呈垂直—近直立、走向北西-南东向。

主岛弧带断层结构为白垩纪安山质火山岩和火山碎屑岩层,主要地层单元有下白垩统塞日莫拉东组(Cerro Morado)、拉斯赤卡斯组(Las Chilcas)和伊拉帕尔岩群(Illapel),上白垩统杉咯恩仔岩群(San

Lorenzo)和咯维勒组(Lo Valle)等。

2)蚀变岩岩相学特征

(1)大规模热液硅化和泥岩蚀变带主要与贝托卡斑岩(86±3Ma)和闪长岩-英云闪长岩岩环、晚期环状闪长岩-英云闪长岩(80~79Ma)等两期岩浆侵入活动密切有关。

(2)热液角砾岩相和热液隐爆角砾岩相主要受岩浆侵位及侵入构造系统控制,在岩浆侵入构造带、断裂构造带和断裂交会处,常形成含金铜热液角砾岩体。

(3)与金铜成矿系统有关的热液蚀变主要为绢云母化、高岭石化、绿泥石化和碳酸盐化,主要发育在浸染状矿石和网脉状矿石的围岩中,在安山岩脉中主要为碳酸盐化蚀变作用,属于低硫化型浅成低温热液型金铜成矿系统,围岩蚀变属冰长石-绢云母型。

3)金银富集成矿规律与成矿分带特征

金银铜矿体由透镜状矿脉带组成,主要由4种矿石类型和安山岩脉组成,分别为热液角砾岩型矿石、块状矿石、网脉状矿石和浸染状矿石,金银铜矿体含有无矿安山岩脉。这4种矿石类型之间常发生突变,但也可见逐渐过渡变化特征。安山岩脉常出现突变,局部具有剪切面接触特征。矿石矿物主要为粗晶黄铁矿、闪锌矿、黄铜矿、方铅矿、黝铜矿-砷黝铜矿,少量斑铜矿。脉石矿物包括石英、碳酸盐矿物、重晶石和绿泥石等。5个成矿阶段的矿物共生组合为:①石英-黄铁矿-自然金;②石英-黄铁矿-闪锌矿-黄铜矿-自然金;③黝铜矿-砷黝铜矿-方铅矿-自然银;④重晶石;⑤碳酸盐矿物-绿泥石-闪锌矿。

成矿温度在235~344℃之间,成矿流体盐度为4%~10%,金成矿作用位于浅部热液沸腾区之下,成矿深度在古地形面之下400~1200m。成矿流体的温度和盐度在矿脉带浅部具有在垂向降低趋势,流体混合作用是导致矿质沉淀的成矿机制,高温、相对高盐度的富含金属矿质的成矿流体在上升过程中,与大气降水混合作用,导致了铁、铜和锌硫化矿物沉淀,随后发生金沉淀(Camus et al.,1991)。

10. 智利科皮亚波查尼亚西洛银矿

智利科皮亚波查尼亚西洛银矿区位于智利北部阿塔卡玛沙漠,北距科皮亚波市约50km,该区海拔为750~1000m。由于表生富集作用,该矿区矿石品位极高,在1832—1860年开采期间,主要矿脉银品位为$1700×10^{-6}$~$4250×10^{-6}$,附近波拉多斯银矿山最大一块自然银重2721.6kg,含自然银、氯溴银矿的矿石重达20 450kg,银含量为75%。

1)区域构造与岩相学特征

查尼亚西洛银矿位于侏罗纪弧后盆地中,三叠纪具有弧后(前陆)断陷盆地特征,弧后盆地内沉积充填最老地层为三叠纪碎屑岩,其上为侏罗纪海相沉积岩和火山岩。弧后盆地西边界为古生代和前寒武纪基底岩石(前弧增生地体构造带)。弧后盆地岩石地层单元中有中性侵入岩穿插。

查尼亚西洛群和白垩系斑杜里亚斯组在弧后盆地中和该银矿区内广泛出露。查尼亚西洛银矿床主要产于查尼亚西洛群和白垩系斑杜里亚斯组之间的相变带中,其次产于晚白垩世火山岩和沉积岩中。

控制银矿带最重要的构造样式为褶皱-断层-火山穹丘组合,查尼亚西洛银矿区位于一个开阔火山穹丘南翼。火山穹丘下部为花岗闪长岩侵入岩单元,在火山穹丘上发育一系列放射状含矿裂隙和北西向断层系。主要矿脉宽0.03~1.0m,矿脉延深约1000m,银矿石主要产于灰岩中。主要银矿脉常沿穹丘轴成直线排列,在矿脉交会处形成不规则矿囊,氧化带和表生硫化物富集带发育,早期矿山生产的大部分矿石属于表生硫化物富集带,一般限于灰岩中的矿石。

2)银金富集成矿规律与成矿分带特征

含银氧化带深度发育在表生硫化物富集带上第二层灰岩中,被中间厚度较大的火山岩层分隔。这层灰岩中矿脉氧化程度很高,总厚10m。在氧化带中以银卤化物发育为典型特征,包括角银矿、碘溴银矿、溴银矿、氯溴银矿、碘银矿、汞溴银矿和碘银汞矿等。这些银卤化物按照其相对溶解度成带状分布。由于地下水位波动,在表生硫化物富集带中局部发育氧化带,表生硫化物被银卤化物所交代;银卤化物形成后,在还原作用期,形成自然银和少量辉银矿。

含银表生硫化物富集带深度在50~150m之间。地表大气降水溶解的银沉淀在表生硫化物带上部,发生选择性富集,直至达到潜水面以下原生矿石带。从灰岩层顶部到底板,矿石品位逐渐降低。晚期正断层位移约50m,将本矿区分成南、北两部分,这有利于后期侵蚀和风化作用,使银矿物再次富集到银矿脉和岩墙的近地表部分。

本银矿区主要有50种矿物,可以划分为自然元素类、硫化物类、硫盐类和卤化物类4种主要类型。其中,深成矿物有黄铁矿、闪锌矿、黄铜矿、方铅矿、毒砂、钴砷化物、砷硫锑铜银矿、黝铜矿、淡红银矿、硫锑铜银矿和深红银矿。脉石矿物为方解石、重晶石、石英和菱铁矿。

(1)自然元素类矿物。该类矿物以自然银为主,自然银在方解石中呈交代银硫化物的丝状体产出,自然银最大个体长约8cm,直径为1.5cm。自然铜在氧化带中广泛产出,并部分为自然银所交代,最罕见的银汞矿呈银白色立方体产出。

(2)硫化物类矿物。大多数硫化物属原生硫化物。锑银矿呈树枝状产出,交代深红银矿和淡红银矿,与自然银密切伴生。罕见的结晶辉银矿(螺状硫银矿)是表生硫化物带特征矿物,由单晶和晶体群组成,生长在方解石之上的辉银矿单晶直径通常超过1.0cm,以八面体形态为特征。

(3)硫盐类矿物。深红银矿发育良好的偏三角面体形态,单晶长度超过1.0cm,淡红银矿晶体为偏三角面体形态,长10cm,其他硫盐类矿物有硫锑铜银矿、硫砷锑铜银矿、脆银矿、银黝铜矿、黄银矿、辉锑银矿。

(4)卤化物类矿物。氧化带中广泛发育银卤化物,偶尔呈结晶集合体产出,一般是通过交代锑银矿和自然银形成的,有角银矿、溴银矿、碘银矿、碘溴银矿、汞溴银矿、氯溴银矿和碘银汞矿,呈蜡状、无色到浅黄色的块体或结晶集合体。

11. 卡尔玛(Kharma)锑-金矿床

卡尔玛(Kharma)锑-金矿床位于玻利维亚的东安第斯山脉,为典型的细脉状锑矿床。矿床距玻利维亚珀塔西(Potosi)南西20km,位于著名塞拉里科(Cerro Rico)锡、银矿和Porco银-锌-铅矿的中间位置。该矿床的月产量为8～20t,其中锑含量达60%～65%。A Roempler - Gutierrez公司对卡尔玛锑矿床实行巷道式开采。金主要以伴生形产于锑矿石中,品位为1×10^{-6}左右(图4-44)。

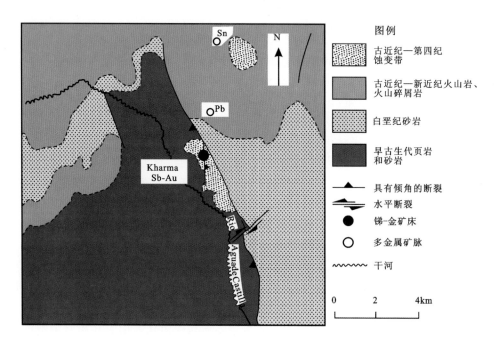

图4-44 卡尔玛锑-金矿床地质简图(据Dill,1998)

卡尔玛矿床的围岩主要包括黑色的泥岩以及散布的砂岩层。基于与其他地方相似岩石的对比，该岩石组合可能属于奥陶纪。由于该岩石中缺少生物化石以及用于定年的矿物，因此很难更精确地确定地层年代。该段含矿岩性组合厚度大约为15km。在矿化断层带的矿脉内含有大量呈细脉状的锑，有的宽度可达10cm，脉石矿物主要为石英。在地下开采巷道中发现，矿脉一般出现在剪切断裂和张裂隙中。矿床地下开采过程中发现晶洞内含针状的辉锑矿。这种特征在临近Finca Kharma村的白垩纪碎屑围岩开采结合带内也有报道。

断层控制的卡尔玛锑-金矿床大概可以分为5个成矿序列：①最初角砾岩化和断层泥的形成伴随着含砷黄铁矿和砷黄铁矿的沉淀，一般利用含砷黄铁矿与黄铁矿是否共生来评估成矿作用的物理化学条件，第一阶段的成矿作用发生在黏土质围岩的区域变质作用过程中，源岩富砷，看不到金存在；②在成矿的第二阶段，由于角砾化作用和断层的变形或者氧化反应等，使含砷黄铁矿变得不稳定，开始有金从含砷黄铁矿中释放，第二个成矿阶段的辉锑矿是除了石英之外矿石中含量最多的矿物；③第三阶段的主要特征是大量含银流体的涌入，改变了早期锑和含银金矿物的结构；④第四阶段主要包括金-锑氧化物、明矾石、高岭石和铁-锑氧化物，这些矿物都有相似的结构，它们围绕在原始金和锑矿物周围，可能和断层没有关系；⑤黄锑华和针铁矿反映了接近表面环境锑矿的浅成改变。

第四节 其他类型矿床

一、喷流型（海底火山热液型）矿床

安第斯成矿带的喷流型（海底火山热液型）矿床可以分为与火山成因有关的块状硫化物矿床（VMS型矿床）和混有一定量火山物质的沉积岩中的矿床[主要与喷气（流）热水沉积作用有关，简称Sedex矿床]两大类。如智利北部新元古代—早古生代海底火山成因的（铋）矿床、锌-铅-钡-银矿床，奥陶纪—泥盆纪喷流-沉积型锌-铅-钡-银矿床，早古生代被动陆缘喷流-沉积型锌-铅-钡-银矿床及喷流型和海底火山成因的塞浦路斯（Chipre）型矿床、本迪戈（Bendigo）型金-锑矿床等。

1. 拉普拉塔（La Plata）矿床

厄瓜多尔的拉普拉塔（La Plata）矿床属开采块状硫化物的矿床，该矿铜、锌、金的生产直到近期才停止，该矿储量为23.3×10^4t，矿石中铜品位为4.77%，锌品位为2.35%，金品位为2.87×10^{-6}，银品位为43.16×10^{-6}。该矿床原来由以奥托昆普公司为首的外国公司经营。由于技术和经营上的问题，以及资金不足和勘探力量有限，该公司于1982年12月将该矿关闭。

2. 厄瓜阿巴（Ecuaba）矿床

厄瓜多尔的厄瓜阿巴矿床是一个块状硫化物矿床，主要矿物是砷黄铁矿、黄铁矿、黝铜矿和铜蓝，还有少量闪锌矿、锡石和辉铝矿。现在的储量为156 315t，勘探报告指出储量可能再增加2倍。矿石中铜品位为1.3%，金品位为35×10^{-6}，银品位为63.7×10^{-6}t。目前，一家厄瓜多尔和玻利维亚合营的公司正在积极地勘探。

二、矽卡岩型、交代型矿床

安第斯成矿带的矽卡岩型（交代型）矿床，多形成于西安第斯带的中生代灰岩单元与中酸性侵入体（主要是花岗闪长岩、石英二长岩和二长花岗岩）的接触带或附近，其中主要为矽卡岩型铜矿床和多金属矿床。矽卡岩型铜矿床多形成于斑岩型矿床的外围，隶属于斑岩成矿系统。矿体常呈透镜状、囊状和不规则状产出，主要矿物有黄铜矿、黄铁矿及矽卡岩矿物，矿化不均匀，局部含铜较富，以安塔米纳（Antamina）铜多金属矿床为代表。

安塔米纳(Antamina)铜多金属矿位于秘鲁中部安卡什(Ancash)省的 Huarmey 北东方向 130km。现保有铜资源量 1732t,铜平均品位为 0.86%,锌资源量为 953×10^4t,钼资源量为 43×10^4t,银资源量为 2.12×10^4t。该矿由 Antamina 矿业公司(必和必拓占股 33.75%,Xstrata 占股 33.75%,Teck 占股 22.5%,三菱占股 10%)拥有,于 2001 年开始生产,目前处于正常生产状态,开采方式为露天开采。主要金属产品为铜、钼、铅、锌、银、铋。2012 年年产量中锌为 6.14×10^4t,铅为 1.74×10^4t,银为 157.33t。

矿床形成在小规模的二长花岗质斑岩体周围,赋存在晚白垩世碳酸盐岩地层中。矿化的矽卡岩分布面积达 $1.18km^2$,矽卡岩带穿切原侵入边界(图 4-45、图 4-46、图 4-47)。形成时代为 10.18~9.86Ma。

矿化矽卡岩外部边界受断层和岩墙控制呈北东-南西向展布,平面上呈椭圆状,即北西-南东宽 1km,北东-南西长 2.5km,其长轴与 Antamina 谷平行且垂直于碳酸盐岩的母岩的区域构造线方向。

随着深度增加,斑岩核部变宽,但到地下 400m 深为止,铜、锌品位没有明显变化。在矿床西北和东南边界,在内矽卡岩和外矽卡岩边界发育热液角砾岩,角砾穿切了斑岩核和被细粒石榴子石内矽卡岩带包围的岩筒。

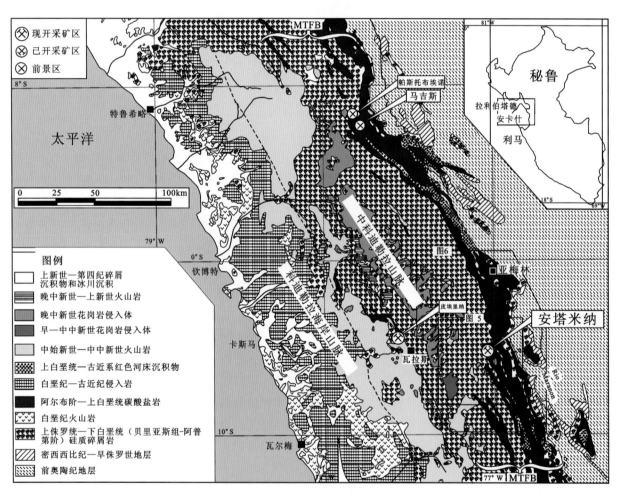

图 4-45　安塔米纳铜多金属矿床区域地质图(据 Love,2004)

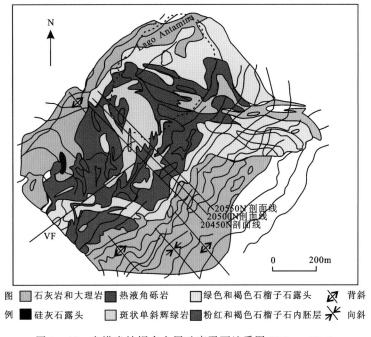

图 4-46 安塔米纳铜多金属矿床平面地质图(据 Love,2004)

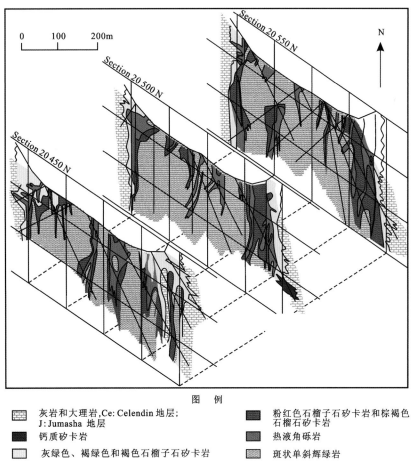

图 4-47 安塔米纳铜多金属矿床剖面图(据 Love,2004)

三、沉积型矿床

沉积型矿床类型丰富,矿种多样,本次主要研究其中的金属矿床,如产于白垩纪弧后盆地的沉积型铜矿床、砂岩型铀-铜矿床、沉积型层状钡-锶矿床。在北安第斯构造区的东科迪勒拉带广泛分布的早古生代的沉积型金矿床,如 La Rinconada 矿床;中部高山区的石炭纪—二叠纪造山带型金矿床,如 Retamas-Parcoy 矿床。在纳珀库图的古生代至第四纪的外来大陆基底陆相和海相沉积岩和火山沉积岩层序中,有沉积型铀矿,还有始新世古砂金矿及第四纪砂金矿。

委内瑞拉的磷块岩储量居南美地区前列,总资源量达 $2.54×10^8$ t,主要分布在法尔孔、塔奇拉、苏利亚和梅里达等州,成矿时代为白垩纪和中新世,均为沉积型磷矿床。白垩纪矿床分布在梅里达州、苏利亚州和塔奇拉州,有两种含磷建造,总资源量达 $2.09×10^8$ t,含 P_2O_5 约 16%;中新世矿床分布在法尔孔州东南,为滨海带含磷建造,集中分布于列西托和利萨尔多两大矿床,前者资源量 $2500×10^4$ t,含 P_2O_5 约 21.6%,后者储量 $2000×10^4$ t,含 P_2O_5 为 25.3%。

磷矿床主要分布在加勒比海多山体系西部、塔奇拉地区中部和东南部以及佩里哈山脉地区中北部,三大地区成矿规模依次递减,分别为大型、中型及小型,均为层控型矿床。

(1)加勒比海多山体系磷矿床。加勒比海多山体系地区磷矿床成矿年代区间为中新世,主要矿床有列西托磷酸盐岩矿床、利萨尔多磷酸盐岩矿床,P_2O_5 含量为 21.6%~25.3%,为滨海带含磷建造。

(2)塔奇拉地区磷矿。塔奇拉磷酸盐岩分布在塔奇拉新生代古近纪—新近纪沉积盆地中,主要集中分布在塔奇拉盆地中部和东南部地区。

(3)佩里哈山脉磷矿区。佩里哈山脉地区主要分布在中生界,磷酸盐岩矿床在其中产出,故矿床形成时代也为中生代白垩纪,其间发生大规模海侵,为海陆交互相沉积建造,具有绿纤石-葡萄石相到绿纤石-绿泥石相。古生界地层为一套浅变质沉积岩建造。

四、盐湖型锂、钾矿床

盐湖型锂、钾矿床是安第斯成矿带重要的矿床类型之一,主要分布在中安第斯成矿省中部高原锂-钾-硝石成矿带,即玻利维亚中西部、智利中北部和阿根廷西北部一带,被称为著名的"锂三角"地区。在 100 多万平方千米的范围内发育有 100 多个盐湖,由于中生代—新生代以来该区活跃的中酸性火山-岩浆活动带来了大量的锂、钾、硼等成矿物质;且该区长期处于蒸发量大于降雨量的干旱环境,使湖中富集形成了丰富的锂、钾等盐类矿产。据美国地质调查局(USGS,2015)资料,2014 年全球锂矿储量约为 $1350×10^4$ t,已探明资源量约为 $3950×10^4$ t(图 4-48),其中安第斯成矿带的盐湖锂资源约占全球已探明资源量的 58%。

位于玻利维亚东南部的乌尤尼盐湖是全球资源量最大的盐湖卤水型锂矿床,盐湖面积约为 10 000 km^2,湖中锂资源量可达 $890×10^4$ t,还含有 $19 400×10^4$ t 钾、$770×10^4$ t 硼和 $21 100×10^4$ t 镁。科伊帕萨(Coipasa)盐湖是玻利维亚第二大盐湖,面积达 2500 km^2,估算钾资源量为 $320×10^4$ t,锂资源量为 $20×10^4$ t。

科伊帕萨盐湖(Salar de Coipasa)位于玻利维亚奥鲁罗省南部,乌尤尼盐湖北部,为玻利维亚第二大盐湖,面积达 2500 km^2,海拔 3656m。盐湖所在地区气候干燥,蒸发量大,旱季时(3~11 月),盐湖大部分干涸,富矿卤水基本位于盐湖表层下。图 4-49 和图 4-50 分别是 12 月份和 6 月份遥感影像图,

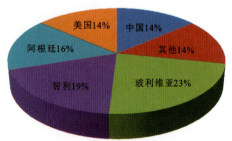

图 4-48 2014 年全球锂已探明资源量分布图(据 USGS,2015)

从中可以了解当地的基本地形地貌特征,盐湖西部为山区,北部和东部较为平坦,盐湖四周均有河水流入,中间靠北有一个岛屿,雨季盐湖水量充沛,整个湖泊均被水覆盖,旱季则仅在河流入口处附近被水覆盖。盐湖表层主要由 4 个部分组成,从上到下依次为:40cm 厚的 NaCl、30cm 厚的 NaCl 和 $MgCl_2$、10cm 厚的

$MgCl_2$和100m厚的$MgCl_2$晶体泥土层(图4-51)。科伊帕萨盐湖主要由四大河流补给(图4-52),分析表明(表4-4),它们是湖内锂、钾和镁等资源的主要来源。

图4-49 科伊帕萨盐湖12月份遥感影像图

图4-50 科伊帕萨盐湖6月份遥感影像图

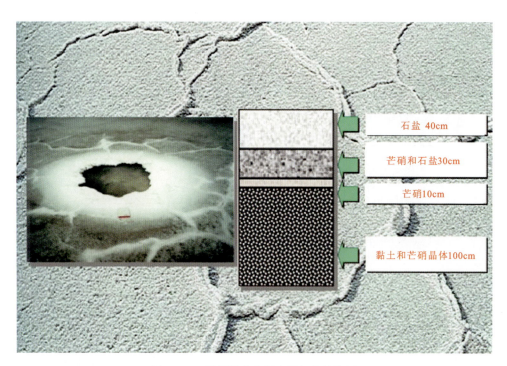

图 4-51 科伊帕萨盐湖表层组分结构图

图 4-52 科伊帕萨盐湖主要补给主要河流分布图

表 4-4 Lauca 河和 Uyuni 河主要化学元素含量

河流名称	采样点	Cl^- (mg/L)	HCO_3^- (mg/L)	Na^+ (mg/L)	K^+ (mg/L)	K^{+*} (mmol/L)	Li^+ (mg/L)	Ca^{2+} (mg/L)	Mg^{2+} (mg/L)
Lauca	L33	191.1	268.07	154	17.2	3.7	0.48	60.0	33.5
	L28	585.1	271.18	484	37.6	3.5	1.1	80.0	45.6
	L27	954.4	283.27	808	38.7	2.8	1.4	56.4	33.7
Uyuni		1580	—	908	41.9	1.1	4	202	56

通过在科伊帕萨盐湖取卤水样分析表明(表 4-5),盐湖中的锂、钾、镁总体浓度呈现从西向东递增的趋势(图 4-53、图 4-54)。经初步估算,盐湖中平均含钾 9.31g/L,估算钾资源量为 320×10^6 t;平均含锂 339mg/L,估算锂资源量为 20×10^4 t。

表 4-5 Salar de Coipasa 卤水样品化学组分

时期	纬度 度	纬度 分	经度 度	经度 分	Cl^- (mg/L)	SO_4^{2-} (mg/L)	HCO_3^- (mg/L)	Na^+ (mg/L)	K^+ (mg/L)	Li^+ (mg/L)	Ca^{2+} (mg/L)	Mg^{2+} (mg/L)	B^- (mg/L)
S1	19	15.173	68	12.681	184 392.0	41 013.9	2357.7	96 800	12 560	372	244	17 200	856
S5	19	15.578	68	3.556	191 881.2	35 433.8	4406.2	80 000	19 120	568	315	25 100	1405
S7	19	16.660	68	8.110	191 207.4	29 399.8	3514.8	87 200	15 440	436	360	20 400	1144
S9	19	18.825	68	12.620	183 707.4	42 290.9	2571.4	96 800	12 080	372	262	17 400	880
S10	19	18.813	68	3.534	191 182.6	34 831.1	3803.6	84 000	17 200	508	289	23 900	1187
S13	19	20.998	68	8.066	180 619.1	50 220.4	2111.2	99 200	11 420	352	221	16 500	787
S18	19	23.177	68	8.063	189 441.5	24 186.0	1571.9	101 200	9400	292	358	13 400	691
S20	19	23.173	68	1.293	188 902.5	44 064.8	2998.2	80 800	16 480	550	232	26 400	1416
S23	19	25.362	68	8.076	188 055.0	19 931.3	860.6	111 200	5540	164	428	7200	975
S25	19	25.360	68	3.489	191 778.3	24 007.1	2297.7	88 800	13 340	398	372	18 300	痕量
S28	19	12.280	68	18.280	188 505.4	15 152.1	629.4	118 400	3840	104	480	4100	182
S31	19	16.651	68	25.217	180 931.1	41 378.1	1190.5	114 800	6360	174	266	7500	441
S33	19	19.925	68	22.897	183 938.1	34 010.4	1170.0	107 600	7840	226	306	10 300	553
S36	19	22.096	68	25.195	182 881.4	34 682.0	890.4	106 800	5420	156	302	6600	314
S40	19	26.439	68	24.024	179 094.3	35 674.4	466.3	116 400	4500	138	260	6000	264
S45	19	24.269	68	14.915	188 771.3	24 630.4	1456.6	100 800	9220	282	350	12 400	674
S46	19	16.654	68	10.402	189 629.4	27 613.0	2709.3	92 800	12 300	384	333	17 700	951
S48	19	16.654	68	4.701	192 306.7	25 330.0	3604.5	86 000	14 880	440	416	19 700	1312
S52	19	18.823	68	8.087	188 299.7	31 961.7	2462.4	92 000	12 540	394	320	18 400	1123
S56	19	18.831	68	5.815	192 306.7	25 330.0	3604.5	86 000	14 840	440	416	19 700	1361
S60	19	23.165	68	5.799	187 416.7	28 710.0	1863.1	99 200	9880	302	334	13 800	1639
S62	19	25.363	68	22.889	182 477.2	24 707.2	741.7	112 800	5520	156	373	6500	759
S65	19	13.395	68	18.397	186 115.4	24 703.3	650.0	115 600	5100	150	353	6200	496

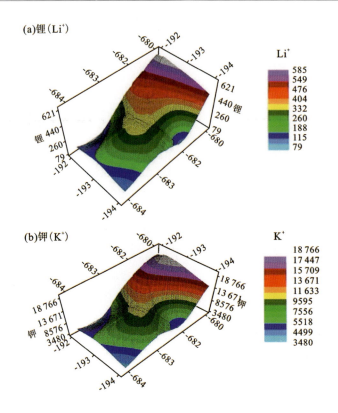

图 4-53 科伊帕萨盐湖锂(Li^+)、钾(K^+)浓度分布立体示意图

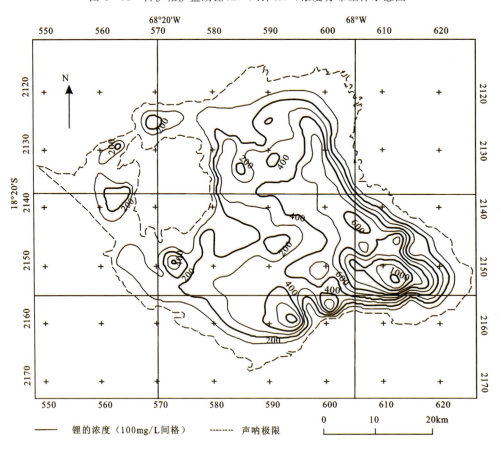

—— 锂的浓度（100mg/L 间格）　　-------- 声呐极限

图 4-54 科伊帕萨盐湖锂分布平面等浓度示意图

第五章 优势矿产资源潜力及找矿远景区

第一节 优势矿产资源潜力

安第斯成矿带是世界上金属矿产资源最为丰富的地区,带内的铜、金资源总量和开采量均居世界前列,是最有优势的矿产。此外,银、铅、锌、锡、钒、锑、铋、锂,以及石油、天然气、煤等储量也在世界上占有重要位置,并具有巨大的找矿潜力。

一、铜-钼、铜-金矿

铜是安第斯成矿带中最具优势的矿产。以 2011 年底全球铜储量 6.87×10^8 t 计,仅智利、秘鲁两个国家的合计铜储量就占世界总储量的 40%(2011 年底,智利铜储量为 1.9×10^8 t,秘鲁为 0.9×10^8 t,二者合计 2.8×10^8 t)。铜矿床类型主要为斑岩型,带内约 90% 以上的铜资源量来自此类矿床,常形成巨型斑岩型铜矿床。智利已发现的 39 个大型—超大型矿床中有 34 个为斑岩型铜矿,秘鲁已发现的 21 个大型—超大型铜矿中有 19 个是斑岩型铜矿。其次为 IOCG 型、矽卡岩型和火山块状硫化物型(VMS 型)等。钼通常与斑岩型铜矿伴生在一起,形成斑岩型铜、钼矿,区内比较少见独立的钼矿床。

美国地质调查局(USGS)在 2008 年联合阿根廷、智利、哥伦比亚和秘鲁等国家的地质调查机构,应用 USGS 的"三步式矿产资源潜力评价方法",通过对安第斯成矿带已知 69 个斑岩型铜矿床的研究和区域成矿地质背景与成矿条件的研究,对安第斯成矿带斑岩型铜矿床的资源潜力进行了评价,圈定了 26 个斑岩型铜矿成矿远景区,预测了 145 个未发现矿床,认为可能发现的新矿床数目将是已发现矿床数目的近两倍。现已发现的铜资源量为 5.9×10^8 t,未发现的铜资源量为 7.5×10^8 t,其中大约 4.7×10^8 t 铜资源量预测以一般斑岩型铜矿形式存在于 24 个成矿远景区中,另外 2.8×10^8 t 资源量预测以 8 个潜在特大型矿床赋存在 2 个成矿远景区中。保守估计安第斯成矿带铜资源总量近 13×10^8 t(包括已发现和未发现的),其中未发现铜资源量是已发现的近 1.3 倍(图 5-1)。

除铜以外,未发现的矿床中同样含有大量钼(2000×10^4 t)、金(1.3×10^4 t)和银(25×10^4 t)。这些估计的潜在资源量相当于世界铜资源储备的 80%,钼资源的 105%,金资源的 14% 和银资源的 44%(表 5-1)。预测结果显示,安第斯成矿带具有巨大的铜、钼、金、银找矿潜力。

在安第斯成矿带,斑岩型铜矿床主要分布在中安第斯成矿省,特别是该省的中北段,即南纬 3°—23° 之间,安第斯成矿带中已发现的大型—超大型铜矿床几乎均产在该段。从厄瓜多尔、秘鲁、到智利中北部,分布有一系列大型—超大型铜矿床,如厄瓜多尔的米拉多(Mirador)铜矿(铜金属量为 349×10^4 t,金金属量为 112t,银金属量为 927t)、秘鲁的塞罗贝尔德(Cerro Verde)铜矿(铜金属量为 1825×10^4 t)、夸霍内(Cuajone)铜矿(铜金属量为 1094×10^4 t,钼金属量为 39×10^4 t)、托克帕拉(Toquepala)铜矿(铜金属量为 1765×10^4 t,钼金属量为 77.5×10^4 t)、科亚维克(Quellaveco)铜矿(铜金属量为 1317×10^4 t,钼金属量为 47×10^4 t),以及智利的丘基卡马塔(Chuquicamata)铜矿(铜金属量为 2235×10^4 t)、埃尔特尼恩特(El Teniente)铜矿(铜金属量为 2159×10^4 t)、埃斯康迪达(Escondida)铜矿(铜金属量为 4500×10^4 t)、楚基北铜矿(铜金属量为 $1655×10^4$ t)、科亚瓦斯(Collahuasi)铜矿(铜金属量 $2549×10^4$ t)、拉多米罗托米克(Radomiro Tomic)铜矿(铜金属量 $1938×10^4$ t)等。

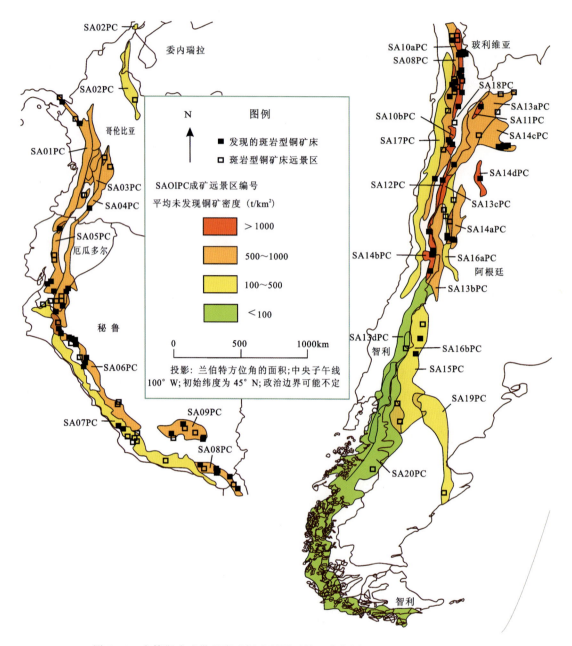

图 5-1　安第斯成矿带斑岩型铜矿预测远景区分布图(据美国地质调查局,2008)

美国地质调查局所圈定的 26 个斑岩型铜矿预测远景区中有 21 个分布在中安第斯成矿省(图 5-1)。其中,资源量最大的 4 个铜矿成矿远景区 SA10aPC-SA10bPC、SA14bPC、SA8PC 和 SA6PC 均分布在该区。上述 4 个成矿远景区潜在铜矿估计的可供开采资源量:SA10aPC-SA10bPC 成矿远景区为 $2.1×10^8$ t,SA14bPC 成矿远景区为 $0.69×10^8$ t,SA6PC 成矿远景区为 $0.49×10^8$ t,SA8PC 成矿远景区为 $0.43×10^8$ t。

斑岩型铜矿的成矿时代以新生代为主,据美国地质调查局资源潜力评价资料,在全部发现和估算潜在(或估算)的铜资源量中约 90% 矿床的围岩时代是新生代(表 5-1),余下的成矿时代比例为:白垩纪占 4%,侏罗纪占 4.4%,二叠纪占 1.6%。其中,在新生代主要的成矿期是始新世—渐新世,约占发现的和估算潜在的铜资源量的 39%,其次为中新世—上新世(29%)、古新世—始新世(11%)、中新世

(11%)。在圈定的潜在特大成矿远景区中,也以始新世—渐新世和中新世—上新世为主(如特大成矿远景区 SA10aPC-SA10bPC 和 SA14bPC)(图 5-1)。

表 5-1 安第斯成矿带斑岩型矿床铜、钼、金、银潜在资源量

围岩时代	发现的铜储量和资源量($\times 10^4$t)	估算未发现铜资源量($\times 10^4$t)	铜资源总量(发现+未发现)($\times 10^4$t)	估算未发现钼资源量($\times 10^4$t)	估算未发现金资源量(t)	估算未发现银资源量(t)	未发现铜资源占比(%)
晚中新世—早上新世	16 600	11 900	28 500	328	1600	40 000	42
中新世—上新世	2890	6770	9660	170	1620	22 500	70
中新世中晚期	4700	4900	9600	120	1200	16 000	51
中新世	410	4350	4760	108	1060	14 400	91
始新世—渐新世	26 900	24 820	51 720	723	2200	82 300	48
古新世—始新世	6500	7600	14 100	191	1790	25 000	54
晚白垩世—中始新世	95	1500	1600	36	340	4700	94
白垩纪	60	5290	5350	127	1240	16 500	99
侏罗纪	900	4970	5870	122	1200	16 100	85
晚三叠世—中侏罗世	0	590	590	15	140	2100	100
二叠纪	200	1950	2150	48	450	6300	91
合计	59 000	75 000	134 000	2000	13 000	250 000	—

资料来源:美国地质调查局《南美安第斯斑岩型铜矿铜、钼、金、银资源潜力评价报告》,2008。

二、金、银矿

金、银是安第斯成矿带中仅次于铜的两个主要优势矿种。据美国地质调查局安第斯成矿带矿产资源潜力评价资料(2008),仅斑岩型铜矿中伴生金的估算潜在资源量就达 1.3×10^4t,银潜在资源量为 25×10^4t 左右。据统计,委内瑞拉、哥伦比亚、秘鲁、智利、阿根廷、玻利维亚 6 个国家已发现的金资源量约为 1.43×10^4t,秘鲁、智利、阿根廷、玻利维亚 4 个国家已发现银资源量约为 27.08×10^4t(表 5-2)。其中,秘鲁是世界银储量最多的国家,其银储量占世界银总储量的 22.22%。

表 5-2 安第斯成矿带相关国家已发现的金、银资源量

国家	委内瑞拉	哥伦比亚	秘鲁	智利	阿根廷	玻利维亚	合计
金资源量(t)	4353	1000	2200	3100	2500	1156	14 309
银资源量(t)	—	—	120 000	70 000	65 476	15 314	270 790

区内金矿床类型除作为斑岩型铜矿的伴生矿产外,主要的原生矿床类型还有浅成低温热液型(微细浸染型)、IOCG 型、热液石英脉型、矽卡岩型、层控型等,而且铜和金、金和银伴生关系密切,常与铜矿伴生形成斑岩型铜金矿床或 IOCG 型铜金矿床。与银伴生的矿床主要为浅成低温热液型、层控型和矽卡岩型矿床,银与铅锌、锡等矿产伴生关系密切,常形成热液型银-铅-锌矿或锡-银-铅-锌矿或金-铋-锌-

铅-银-硫等多金属矿床组合。

斑岩型铜金矿床或 IOCG 型铜金矿床主要分布在中安第斯成矿区,而浅成低温热液型(微细浸染型)和热液石英脉型则星罗棋布,从南至北遍布在整个安第斯山成矿带内。成矿时代以中生代—新生代为主。比较有代表性的大型金矿床主要有秘鲁的亚纳贡恰(Yanacocha)金矿(金储量为 382t)、贡卡(Conga)金矿(金储量为 577t)、委内瑞拉拉斯科立斯提纳斯(Las Cristinas)金矿(金储量为 561t)、厄瓜多尔埃尔多拉多金矿(金储量为 462t)等。

由于近几年,中安第斯成矿省海岸安第斯带内相继发现了一些规模较大的铜金矿床(如 Candelaria 铜矿、Justa 铜矿等),而且海拔相对较低,交通和矿床开采条件较好,因而引起了众多矿业公司的注意。众多矿业公司增强了中安第斯地区海岸带的找矿工作。

此外,从成矿地质条件和成矿环境对比来看,玻利维亚安第斯成矿带和北安第斯成矿带、南安第斯成矿带具有较好的浅成低温热液型和热液脉状金、银矿的成矿地质条件,且地质工作程度较低,应具有较好的金、银找矿潜力。

三、钨、锡矿

钨、锡矿是中安第斯成矿区较有优势的矿产资源,主要分布在中安第斯成矿省的东安第斯带,在国别上主要分布在秘鲁中南部和玻利维亚一带,从秘鲁南部到玻利维亚主要形成钨、锡矿化带。其中,玻利维亚锡资源量为 67.18×10^4 t,约占世界总资源量的 25%;秘鲁锡资源量为 31×10^4 t,占世界锡资源总量的 6.32%。

玻利维亚东安第斯成矿带是著名的锡矿带,呈近南北向,延伸大约 900km。其成因主要与过铝质花岗岩和斑岩有关,成矿时代主要为新近纪,主要矿床类型有斑岩型锡矿、火山岩型和沉积岩容矿的锡-银-铅锌矿等。该带虽有较长的锡矿开采历史,但地质工作程度较低,仍具有较好的钨、锡找矿潜力。

四、锂、钾盐矿

锂和钾盐是南美安第斯地区较有优势的矿产资源之一,主要分布在中安第斯成矿省南段的中部高原钾盐、锂、硝石成矿带中,分布于玻利维亚中西部—智利中北部—阿根廷西北部一带。在这里分布有一系列第四纪盐湖,由于新生代强烈的火山作用为盐湖提供了丰富的锂、钾、钠、硼、镁等盐类资源,高原强烈的蒸发作用使湖水中钾、锂、硼、镁等资源富集,形成了丰富的盐湖卤水型的锂、钾盐等矿产。近几年来,由于新能源技术的发展和应用需求,盐湖锂资源开发日益受到重视。此区盐湖众多,仍有许多盐湖资源尚未开展系统的调查和资源评价工作,有较大的勘查、开发潜力,值得重视。

除上述矿产外,中安第斯成矿省的铋、锑、铅、锌、钒、锂,北安第斯成矿省的煤、镍、铂,以及石油、天然气等都是安第斯地区比较有优势的矿产资源(表 5-3)。

表 5-3 安第斯成矿带各国主要优势矿产

序号	国家	优势矿种
1	哥伦比亚	石油、天然气、铁、镍、金、铜、绿宝石
2	智利	铜、铁、硝酸盐、贵金属、钼
3	秘鲁	铜、银、金、石油、铁、煤、磷酸盐、硝酸钾、天然气
4	厄瓜多尔	石油
5	委内瑞拉	石油、天然气、铁、金、铝土矿、金刚石
6	阿根廷	铅、锌、锡、铜、铁、锰、石油、铀
7	玻利维亚	锡、天然气、石油、锌、钨、锑、银、铁、铅、金

第二节 重要找矿远景区

一、远景区圈定原则和方法

基于收集到的资料及以往研究基础和研究程度,本次找矿远景区的圈定主要是以安第斯成矿带各国1:100万地质图、矿产分布图、部分国家中比例尺地质图件,以及所收集到的各国物探、化探、遥感等资料为基础,通过区域成矿地质背景、区域成矿特征与成矿条件和典型矿床研究、成矿区带划分与区域成矿规律的初步总结,概略性地圈定了找矿远景区,主要圈定原则如下。

1. 成矿地质条件和找矿潜力

选定的成矿远景区必须要有有利的成矿地质背景和良好的成矿地质条件。圈定的找矿远景区必须处于上述斑岩型、IOCG型、浅成低温热液型3类矿床的Ⅲ、Ⅳ级重要成矿区带内,并考虑区域范围内是否有探明的大型矿床产出,可能存在的矿化类型是否具有大型及大型以上的成矿类型,已经显示的成矿信息包括遥感、航空物探、区域地球化学、区域地质、矿点分布等是否有利,是否存在具有特殊找矿价值的信息,是否有勘查经验可供借鉴等。重点考虑近年来有新发现和突破的地区。

2. 工作程度和矿业权权益状况

按照"熟地冷选,生地热选"的原则,在成矿地质条件相同或相似的条件下,优先考虑地质工作程度相对较低和矿业权登记相对较少的地区,因为在这些地区,通过综合研究和勘探,可能会有更多的找矿机会和找矿潜力。

3. 基础设施及勘查外部条件

基础设施等外部条件包括:所选远景区的道路、交通运输、水电设施、物质供应、地形地貌等条件。在上述1、2条相同的条件下,优先考虑基础设施及相关外部条件相对较好,或近期内有望获得改善的地区,为将来的勘探、开发留有余地。

4. 开发投资环境与社区政策

该方面因素包括找矿远景区所在国家的矿业法律法规、税收政策、吸引外资投资政策、环境保护政策是否健全完善,是否有利于保护外国投资者;所在国家政府的稳定性、社会治安环境,以及找矿远景区所在地区的社区民众对资源勘查开发的态度等。在国家投资环境相同的情况下,优先选择社区问题较少的地区。

总之,圈定找矿远景区必须综合考虑上述各种因素,既要考虑是否有能找到有价值矿床的地质条件,又要考虑找到矿后能否被开发利用。对于企业投资来讲,就是要综合考虑是否能有勘查、开发投资回报。

在远景区圈定方法方面。在地质上主要是采用了相似条件类比法,即通过对已知矿床成矿地质背景、成矿条件、成矿特征与成矿规律、控矿地质因素和找矿信息标志对比的研究,发现相似条件的地区,进行远景区圈定。

在本次研究中,以划分Ⅲ、Ⅳ级成矿构造单元为基础,以成矿规律研究(IOCG型、斑岩型铜金矿,浅成低温热液型金、银、多金属矿床)为准则,以成矿模式与勘查模式研究为核心,并充分考虑地质、地球物理、地球化学和遥感等综合信息,并研究它们之间信息的转换规律,达到圈定远景区的目的。

考虑到安第斯成矿带各国的矿业投资环境有一定差异,本次找矿远景区的圈定将以国别为单元,综合各种因素,将按照智利、秘鲁、阿根廷、玻利维亚、厄瓜多尔、哥伦比亚、委内瑞拉的顺序进行排序。

由于目前的工作程度和研究程度都显得不足,本书基于目前掌握的部分资料和粗浅研究状况,对安第斯成矿带的北段和中段进行了粗略选区研究。本次共圈定找矿远景区83处,其中智利21处,阿根廷16处,玻利维亚6处,厄瓜多尔6处,哥伦比亚4处,委内瑞拉1处。

二、重要找矿远景区

(一)智利

本次在智利划分的Ⅳ级成矿带中初步圈定了21个战略性找矿远景区,见表5-4。

表5-4 智利战略性找矿远景区及特征一览表

序号	编号与靶区	主攻类型与矿种	勘探目标
1	E1 费尔南多-兰卡瓜-塔拉甘特	浅成低温热液型金银铜矿	大型铜银矿床和金矿床
2	EP1 科利纳-定鼎	浅成低温热液型金银铜矿+斑岩型金铜矿	大型—超大型铜银矿床和金矿床
3	P1 迪斯普塔达-布兰卡	斑岩型金铜矿	超大型铜金矿床
4	IE-2 洛斯比洛斯-科金博	IOCG型+热液型	大型铜银矿床和金矿床
5	EP2 圣费利佩	斑岩型+浅成低温热液型金铜矿	超大型铜金矿床
6	E2 劳斯奎劳斯-贝多卡	浅成低温热液型金银铜矿	大型铜银矿床和金矿床
7	IE-1 拉利瓜	IOCG型+热液型	大型金矿床
8	EP3 伊拉帕尔-安达科约-拉塞琳娜	浅成低温热液型金银铜矿+斑岩型金铜矿	超大型铜金矿床
9	EP4	浅成低温热液型金银铜矿+斑岩型金铜矿	超大型铜金矿床
10	IE-3 巴耶纳尔-科皮亚波	IOCG型+热液型	超大型IOCG型矿床
11	E3	热液型+韧性剪切带型金矿	大型金矿床
12	IE4	热液型+韧性剪切带型金矿	大型金矿床
13	IE-4 月亮山-塔尔塔尔	IOCG型+热液型	超大型IOCG型矿床
14	EPI-1 嘎林-阿尔塔米拉-古纳科	热液型+斑岩型+IOCG型	超大型矿床
15	EP5 拉科皮亚-萨尔瓦多	高硫化型浅成低温热液型+斑岩型金+斑岩型铜矿	超大型铜矿床和金矿床,大型金、银、多金属矿
16	IE-5 塔尔塔尔-帕蒂路斯港	IOCG型+热液型	大型IOCG矿床
17	P2 特索罗雷诺-丘基卡马塔	斑岩型金铜矿+高硫化型浅成低温热液型金银铜矿	超大型铜矿床和金矿床、大型金、银、多金属矿
18	P3 埃斯贡地达-加北	斑岩型金铜矿+高硫化型浅成低温热液型金银铜矿	超大型铜矿床和金矿床、大型金、银、多金属矿
19	P4 洛马斯-圣卡塔利纳	斑岩型金铜矿	超大型铜矿床
20	P5 智利中央盆地东侧	斑岩型金铜矿	超大型铜矿床
21	P6 科拉瓦西-乔皮林克	斑岩型金铜矿	超大型铜矿床

1. 智利科迪勒拉海岸山带铁-铜-金-银战略性找矿远景区（Ⅳ级成矿带）

智利科迪勒拉海岸山带为前侏罗纪弧前增生楔地体，在晚古生代属被动大陆边缘，在石炭纪—二叠纪期间，演化为弧前盆地，这些前侏罗纪地层、火山岩和岩浆岩等组成的构造单元，在侏罗纪—白垩纪演化为弧前增生楔地体，这种成矿地质背景对于金属成矿十分有利，属于铁、铜、金、银战略性勘查靶区。

弧前增生楔在智利北部、中部和中南部发育。在智利中部，由于弧前增生地体作用强烈，弧前盆地已经拼接在弧前增生地体之上，与弧前基底地层（寒武系—二叠系）构成了统一的弧前增生楔地体。在韧性剪切带形成过程中，伴随同构造期岩浆侵入或者中生代岩浆叠加侵位，以往对弧前增生楔和造山带型金铜矿研究不够，该类型具有较大找矿潜力和开发条件。对侵入岩相和含金剪切带型金矿（造山型金矿）及含金铜剪切带型金铜矿（造山型金铜矿），建立靶区优选标志，进行勘查靶区和成矿区带优选。在Ⅳ级构造单元中，弧前盆地经历了构造变形，并且位于脆韧性剪切带+侵入岩体叠加的构造-岩浆岩带上，成为本次选区的重要成矿地质条件，该区域存在一系列带状分布的金矿、铜矿和铁矿。

在中生代弧前增生楔地体构造带中，主要有热液型金铜成矿带，主要矿床类型为含金剪切带型金矿（造山型金矿）和含金铜剪切带型金铜矿（造山带金铜矿），局部具有IOCG型矿床找矿潜力。本次圈定了IE-1拉利瓜、IE-2洛斯比洛斯-科金博、IE-3巴耶纳尔-科皮亚波等5个战略靶区。

2. 智利科迪勒拉海岸山带IOCG型矿床找矿远景区（Ⅳ级成矿带）

智利中部和北部构造发育齐全。四级构造单元划分为中生代火山主弧带、深成岩浆弧带、弧内盆地、脆韧性剪切带和岛弧反转构造带，主要构造-岩浆标志为阿卡塔玛断裂带和次级北西向、北东向和南北向断裂，发育同构造期侵入岩、同岩浆侵入期脆韧性剪切带，并发育区域性钠质蚀变岩、铁质超基性岩、铁质基性岩、铁质中性岩等（侵入岩和火山岩等不同岩相学类型）。

主要矿床类型为IOCG型矿床和浅成低温热液型金、银、多金属矿，产于侏罗纪—白垩纪主岛弧带、弧间盆地和弧后盆地，以及岛弧带、弧间盆地和弧后盆地的反转构造带中。IOCG型成矿序列包括岩浆喷溢型铁磷矿、曼陀型铜银矿和铁氧化物铜金型，局部有低硫化型浅成低温热液型金、银、多金属矿床。

本次圈定了（表5-4）IE-3巴耶纳尔-科皮亚波、IE-4月亮山-塔尔塔尔和IE-5塔尔塔尔-帕蒂路斯港3个战略性找矿靶区，并对智利科皮亚波月亮山铁铜矿及其周边进行了资源潜力评价。在智利科皮亚波月亮山及附近可合作矿业权区中，超大型铁铜矿床普查靶区面积为100 km^2，勘探靶区面积为25 km^2，可合作与收购采矿权面积合计25 km^2，总计面积为50 km^2，预测的（333+334）资源量：铁矿石量为15×10^8～18×10^8 t，铜金属资源量为570×10^4 t，金资源量100 t。

3. 智利中央山间盆地西侧IOCG型-斑岩型-浅成低温热液型金属成矿带（Ⅳ级成矿带）

该成矿带位于智利中央山间盆地西侧或中央山间盆地构造消失部位，主要分布在智利北部和圣地亚哥以南—Valdivia一带。智利中央山间盆地西侧主要是与科迪勒拉海岸山带（CC）IOCG型成矿带（Ⅳ级成矿带）接壤和过渡区域，具有寻找与石炭纪—二叠纪斑岩有关的斑岩型铜矿和低硫化型浅成低温热液型金银矿的前景，同时具有IOCG型矿床和热液型金铜矿床、沉积型铜矿和次火山热液型铜矿叠加与区域成矿分带的成矿地质条件。中央山间盆地向东过渡为第四纪含盐、锂沉积盆地，大面积第四纪沉积物覆盖区具有寻找隐伏矿床潜力。再向东过渡为前安第斯冲断褶皱带，形成低硫化型和高硫化型浅成低温热液型金银矿的潜力较大。

4. 智利中央山间盆地东侧IOCG型-斑岩型-浅成低温热液型金属成矿带（Ⅳ级成矿带）

该成矿带位于智利中央山间盆地东侧或中央山间盆地的构造消失部位，主要分布在智利北部和圣地亚哥以南—Valdivia一带，东与智利斑岩型铜矿、斑岩型金矿、低硫化型和高硫化型浅成低温热液型金银矿成矿带接壤与过渡，在中央山间盆地覆盖区渐变为IOCG型、斑岩型、浅成低温热液型金属成矿带（Ⅳ级成矿带），在中央盆地广大的第四纪覆盖区具有寻找隐伏超大型铜、金、银、多金属矿床的潜力，值得高度重视。

四级构造单元划分为：①山间盆地；②岩浆弧之间的弧前山间盆地。在智利中央山间盆地覆盖区，属于侏罗纪—白垩纪弧后盆地发育位置,在中生代末期—新生代发生了构造反转和向东迁移的深成岩浆弧叠加。

本次圈定了 EPI-1 嘎林-阿尔塔米拉-古纳科战略靶区划定为金、银、铜成矿带,主要矿床类型为 IOCG 型、斑岩型和低硫化型浅成低温热液型金、银、多金属矿,具有寻找大型—超大型金、银、铁、铜矿床的巨大找矿潜力。

5. 主科迪勒拉造山带(PC)斑岩型铜矿-浅成低温热液型金、银、多金属矿(Ⅲ级成矿带)

主科迪勒拉造山带(PC)发育在智利中部地区,主要矿床类型为斑岩型铜矿和浅成低温热液型金、银、多金属矿。四级构造单元划分为:①古近纪—新近纪深成岩浆弧带;②岩浆弧之间的弧前山间盆地;③安第斯型冲断褶皱带;④脆韧性剪切带。

6. 前科迪勒拉构造带斑岩型铜矿-浅成低温热液型金、银、多金属矿(Ⅲ级成矿带)

前科迪勒拉构造带(FC.冲断褶皱带,FP.前弧带,P.阿根廷前科迪勒拉带),主要为造山型金矿和浅成低温热液型金、银、多金属矿。四级构造单元划分为:①古近纪—新近纪深成岩浆弧带;②岩浆弧之间的弧前山间盆地;③安第斯型冲断褶皱带;④脆韧性剪切带。

本次圈定了(表 5-4)E1 费尔南多-兰卡瓜-塔拉甘特、E2 劳斯奎劳斯-贝多卡、EP1 科利纳-定鼎、P1 迪斯普塔达-布兰卡、EP2 圣费利佩、EP3 伊拉帕尔-安达科约-拉塞琳娜、EP4、EP5 拉科皮亚-萨尔瓦多、P2 特索罗雷诺-丘基卡马塔、P3 埃斯贡地达-加北、P5 智利中央盆地东侧等 15 个战略靶区。今后将进一步划分四级成矿带。

其中,E2 劳斯奎劳斯-贝多卡找矿靶区,推断的和预测的(333+334)铜金属资源量为 105×10^4 t,勘探目标为浅成低温热液型金、银、铜矿;智利定鼎(Lohpan Alto)金、银、铜矿成矿带,推断的和预测的(333+334)铜金属资源量为 150×10^4 t,勘探目标为浅成低温热液型金、银、铜矿;兰卡瓜(Naltagua)金、银、铜矿成矿盆地,预测的资源量规模中金为 100t,银为 2000t,铜为 200×10^4 t。

(二)阿根廷

依据已收集到的资料和对阿根廷区域成矿地质特征和成矿条件的分析研究,本次初步选定阿根廷西北部的米娜·皮日凯达斯(Mina Pirquitas)作为重点找矿潜力区进行了研究,结合工作区的遥感地质解译和遥感蚀变信息提取,在成矿特征综合分析的基础上,划分出 16 个遥感找矿远景区(图 5-2)。

米娜·皮日凯达斯(Mina Pirquitas)研究区是阿根廷历史上最重要的金、铜、锡、铅、锌矿采区,在阿根廷矿业史上占有重要的地位,开采历史已有几百年,目前仍然是阿根廷最主要的金、锂和铅锌矿产区。该区的主要金矿床类型为产于奥陶纪浊积岩中的金矿,成矿时代为古生代,分布在 Rinconada - Antofalla 金矿成矿带内;另一类是产于火山岩中的低温热液型金矿和斑岩型铜矿,成矿时代是新生代,主要分布在 Caldericos Puna 金矿成矿带内。此外,该区河流、盆地、阶地、残坡积物中普遍含有砂金矿。

1. T-01、T-02、T-04 和 T-13 遥感找矿有利区(图 5-3、图 5-4)

该遥感找矿有利区位于米娜·皮日凯达斯(Mina Pirquitas)地区附近,成矿有利区划分依据类似,主要包括:①地处多级环形构造交会处,同时有多条交叉断裂;②位于奥陶纪沉积地层与古近纪—新近纪火山岩接触带周边,具有较好的铁染和羟基蚀变矿物信息;③区内有零星的已知矿床(点)。

2. T-03 遥感找矿有利区(图 5-5、图 5-6)

该遥感找矿有利区位于林科纳达东北方向约 7km,成矿有利区划分依据为:①具有独立典型的环形构造,同时有多条交叉断裂;②新近纪中新世的英安质火山碎屑熔岩,围岩为奥陶纪沉积地层,具有较好的铁染和羟基蚀变矿物信息。

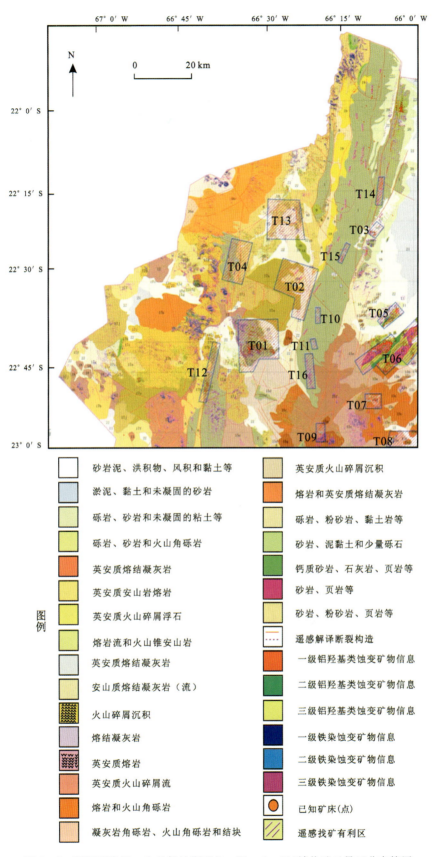

图 5-2 阿根廷米娜·皮日凯达斯(Mina Pirquitas)区域找矿远景区分布简图

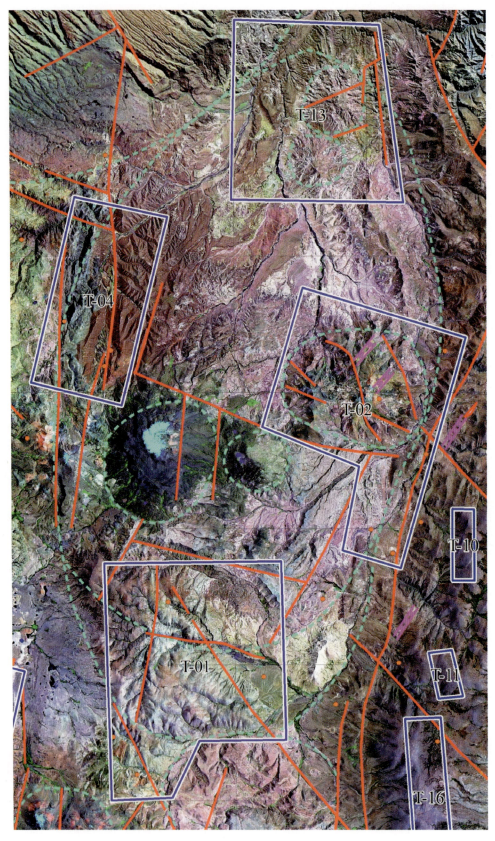

图 5-3 阿根廷西北部米娜·皮日凯达斯附近地区线环构造分布图

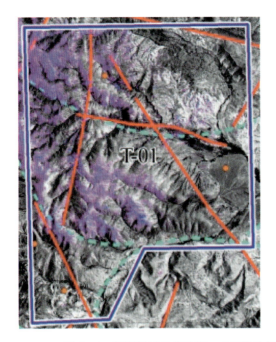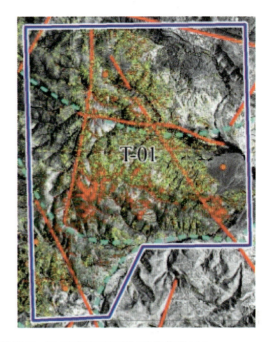

图 5-4 阿根廷西北部米娜·皮日凯达斯附近 T-01 遥感找矿有利区铁染信息(左)与铝羟基类信息(右)分布图(ASTER 数据源)

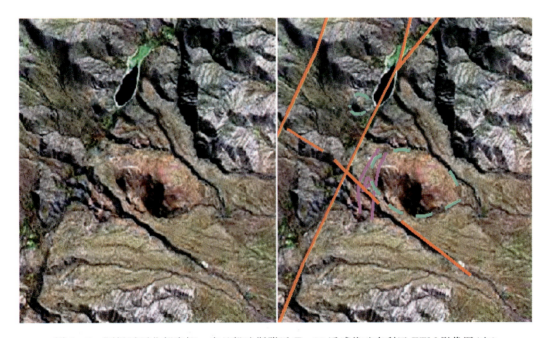

图 5-5 阿根廷西北部米娜·皮日凯达斯附近 T-03 遥感找矿有利区 ETM 影像图(左)和线环构造(右)分布图

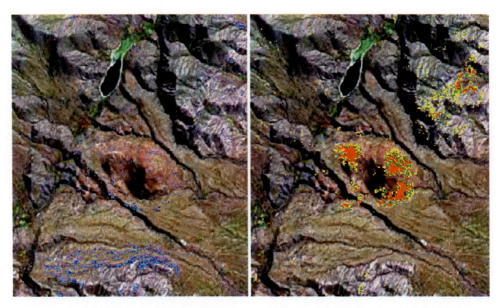

图 5-6　阿根廷西北部米娜·皮日凯达斯附近 T-03 遥感找矿有利区铁染信息(左)
与铝羟基类信息(右)分布图(ASTER 数据源)

3. T-05 和 T-06 遥感找矿有利区(图 5-7、图 5-8)

该遥感找矿有利区位于 Mina Pan Azúcar 附近及其南部地区,成矿有利区划分依据类似,主要包括:①内有多个环形构造,同时有断裂和构造破碎带;②位于奥陶纪沉积地层与古近纪—新近纪火山岩接触带周边,具有较好的铁染和羟基蚀变矿物信息;③区内有零星的已知矿床(点)。

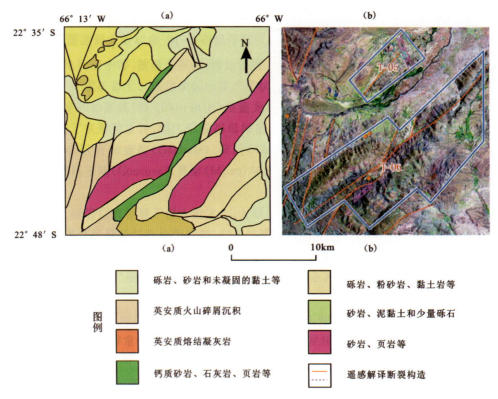

图 5-7　阿根廷西北部米娜·皮日凯达斯附近 T-05 和 T-06 遥感找矿有利区遥感解译
地质图(左)和线环构造(右)分布图

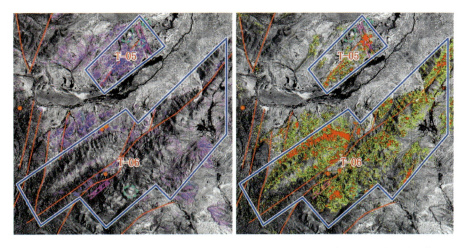

图 5-8　阿根廷西北部米娜·皮日凯达斯附近 T-05 和 T-06 遥感找矿有利区铁染信息(左)
与铝羟基类信息(右)分布图(ASTER 数据源)

4. T-07、T-08 和 T-09 遥感找矿有利区(图 5-9)

该遥感找矿有利区位于米娜·皮日凯达斯(Mina Pirquitas)地区东南角附近地区,成矿有利区划分依据类似,主要包括:①位于不同时期不同成分的古近纪—新近纪火山岩接触带周边,具有较好的铁染和羟基蚀变矿物信息;②有线性构造通过,局部有已知矿床(点)。

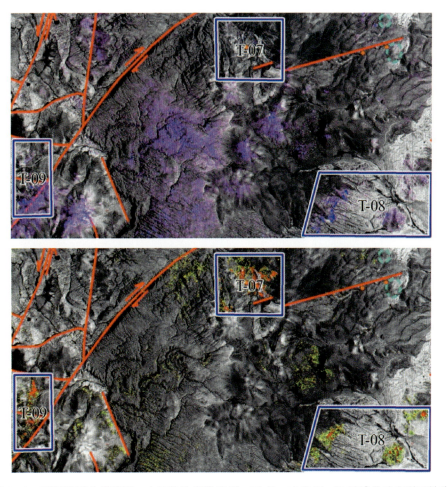

图 5-9　阿根廷西北部米娜·皮日凯达斯附近 T-07、T-08 和 T-09 遥感找矿有利区铁染
信息(上)与铝羟基类信息(下)分布图(ASTER 数据源)

5. T-10、T-11 和 T-12 遥感找矿有利区(图 5-10、图 5-11)

该遥感找矿有利区位于米娜·皮日凯达斯(Mina Pirquitas)工作区中东部,成矿有利区划分依据类似,主要包括:①高分辨率卫星影像图上可见岩脉产出,具备勘探工程;②具有较好的铁染和羟基蚀变矿物信息。

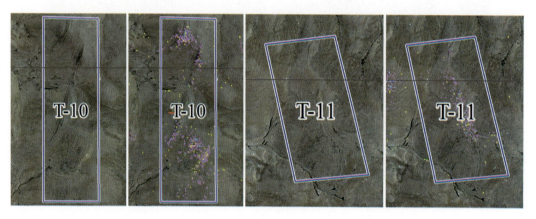

图 5-10 阿根廷西北部米娜·皮日凯达斯附近 T-10 和 T-11 遥感找矿有利区高分辨率卫星影像图(左)和蚀变异常信息(右)分布图

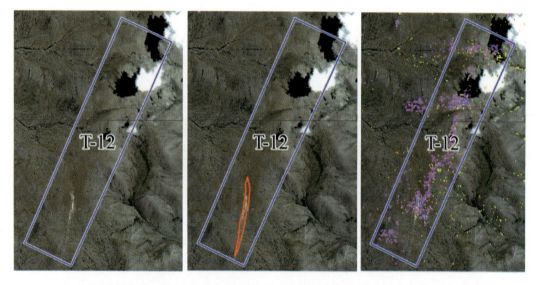

图 5-11 阿根廷西北部米娜·皮日凯达斯附近 T-12 遥感找矿有利区高分辨率卫星影像图(左)、脉岩(中)和蚀变异常信息(右)分布图

6. T-14 遥感找矿有利区(图 5-12)

该遥感找矿有利区位于米娜·皮日凯达斯(Mina Pirquitas)工作区西南部,成矿有利区划分依据类似,主要包括:①内有北北西向断裂通过,局部有已知矿床(点);②位于奥陶纪沉积地层与古近纪—新近纪火山岩接触带周边,具有较好的铁染和羟基蚀变矿物信息。

7. T-15 和 T-16 遥感找矿有利区(图 5-13)

该遥感找矿有利区位于米娜·皮日凯达斯(Mina Pirquitas)工作区东部,成矿有利区划分依据类似,主要包括:①内有北北西向断裂通过,局部有已知矿床(点);②有构造破碎带和石英岩脉分布;③具有较好的铁染和羟基蚀变矿物信息。

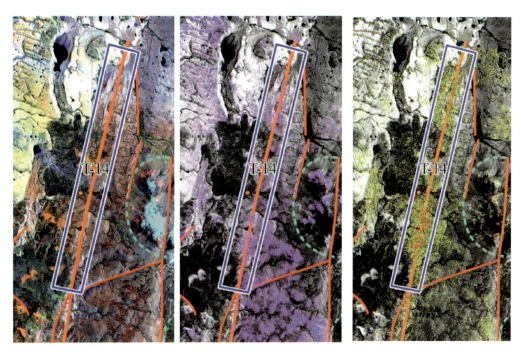

图 5-12　阿根廷西北部米娜·皮日凯达斯附近 T-14 遥感找矿有利区线环构造（左）、
铁染信息（中）与铝羟基类信息（右）分布图（ASTER 数据源）

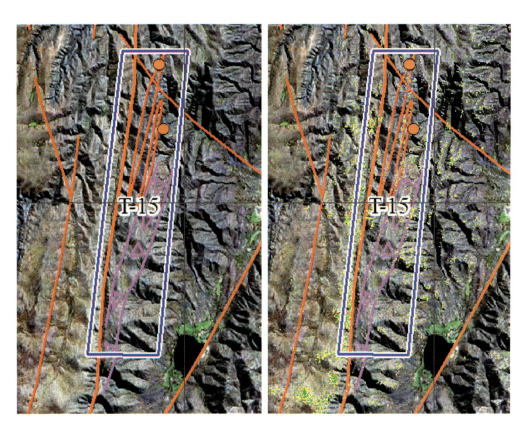

图 5-13　阿根廷西北部米娜·皮日凯达斯附近 T-15 遥感找矿有利区线环构造（左）与石英脉、
铁染与铝羟基类信息（右）分布图（ASTER 数据源）

(三)玻利维亚

在对玻利维亚各成矿区(带)潜力分析的基础上,本文初步圈定了6个战略性找矿远景区。

1. 西科迪勒拉(安第斯)多金属找矿远景区

玻利维亚西科迪勒拉(安第斯)多金属找矿远景区具有大量的、明显的地球化学异常(主要为地表的测试结果),例如 Berenguela、La Riviera、Titicayo、Canasita、Orkho Pina、Sonia-Susana、Chullcani、Khoyalita 和 Cachi Laguna 等地区。部分异常被遥感数据证实,某些情况下其可能与浅成热液系统和斑岩型铜矿有关。金刚石和反循环钻孔数据发现,存在一处 5~50m 宽的金、锌矿化,金和锌的品位分别近似为 $1×10^{-6}$ 和 $1‰$,还包括 100m 的品位为 $0.5×10^{-6}$ 的金矿化(例如 Orkho Pina 和 Auqui-Canasita)。这些远景区值得进一步勘探,从而定义出连续的矿体进行经济开采,具体的地区如下所列。

(1)靠近玻利维亚边境的智利 Choquelimpie 矿床形成于 6.6Ma,其金的近似储量为 25t。这表明玻利维亚邻近的该类型浅成矿床很可能存在,尤其在那些与层状火山有关的地区,该类型火山可能垮塌或被冰川事件侵蚀。

(2)Carangas 和 Salinas de Garci Mendoza 地区被认为是贵金属矿床很可能出现的地区,可能分别沿 Co. Jankho Willkhi 断裂和 Co. Kancha 褶皱北翼分布。这些地区在构造上受北西向和北东向断裂控制,断裂很可能是矿化作用流体的通道。

(3)在科迪勒拉的 Lipez 地区,近似 100 个金、银、贱金属、铋、锑和赤铁矿成矿远景区被发现,主要可能与斑岩系统有关。一些矿床从殖民时期至今一直间断开采,例如 Mesa de Plata、Escala、Himalaya、Buena Vista、San Cristobal、Guadalupe、Todos Santos 和 Santa Isabel 矿床。此外,该地区还存在重要的未勘探区域。

目前,该地区正在勘探的远景矿区包括 Santa Isabel、Lipena-Lamosa、Jaquegua、Buena Vista、Mesa de Plata、San Antonio de Lipez 和 Leoplan。它们中包含有重要的金属资源,部分很可能在不久的将来进行开采。

2. Altiplano 高原北部和中部锡-银-锌-钨-铋-锑-金多金属找矿远景区

Altiplano 高原的西北和南部地区,具有锡-银-锌-钨-铋-锑-金等成矿特征。矿床寄主于若干中生代—新近纪岩浆活动中心,由 S 型长英质侵入体或英安质—安山质组成的侵入体构成。可能存在的矿床类型包括"玻利维亚"型多金属矿脉,斑岩型铜-金矿床和浅成贵金属脉状矿床,具体的地区如下所列。

(1)在 Titicaca 湖和 Poopo 湖之间的地区,航空磁测数据和重力数据限定了一个 15~50km 宽的异常,由含不同运动方向和拉张断裂的块体组成。相似的通道在 Poopo 湖南部和 San Vicente 断裂之间也存在,其长度为 280km。1996 年对该异常的钻孔数据发现,在约 80m 的钻孔视厚度范围内,存在一个多金属矿化,其中铜的品位为 $0.4‰$,还存在铋和金的异常,主要受控于 San Vicente 断裂。

(2)在 Altiplano 高原北部,多金属矿化作用最主要的是锌,多出现在 Tiwanaku 地区(例如 Jesus de Machaca 远景采矿区)。矿点主要寄主于古近纪—新近纪陆相沉积岩中,部分矿床也出现在 Co. Chilla 的 Arequipa 山丘的前寒武纪变质沉积岩中。

(3)北部、中部 Altiplano 高原的东部,中新世岩浆作用与主要的区域断裂有关(例如 Coniri 断裂),控制了金、银矿床的出现位置。其中 Kori Kollo 矿床是玻利维亚第一个通过堆浸工艺露天开采的矿床,矿石的原始储量为 $6500×10^4$t,金和银的品位分别为 $2.33×10^{-6}$ 和 $14×10^{-6}$。

(4)沿 Altiplano 高原东部边缘的系统勘探发现,Kori Kollo 矿床的南部至东南部区域可能是一个新兴的金矿区,其受控于 Poopo-Uyuni 断裂(Coniri 断裂系统的一部分),该断裂将 Altiplano 高原和东科迪勒拉山脉隔开。该金矿区范围近似为 150km×10km,从北到南包括 Iroco(Kori Chaca)、Vinto、Antofagasta、Golden Snake、Chalviri、Korimina、Isvaya、Candelaria、Nobel、San Bernardina 和 Ajata 远景采矿区。该地区包含了锡、钨和银、铅、锌矿化作用区域,包括 San Jose、Japo、Morococala、Santa Fe、

Huanuni 和 Poopo 等矿床。

(5)沿西东科迪勒拉山脉与 Altiplano 高原之间的南向构造区域,地球物理异常暗示其存在被埋藏的斑岩。Arica Flexure or Elbow 的横向断裂与 Titicaca 湖和 Coipasa 的 Salar 之间长 250km 的 Coniri 断裂系统交叉。Kori Kollo 和 Laurani 矿床,以及东科迪勒拉山脉的大型锡矿床,均位于这些交叉点位置。

3. Altiplano 高原南部锡-银-锌-钨-铋-锑-金多金属找矿远景区

Altiplano 高原南部 Ulacayo 矿床(或 Huanchaca 矿床)是位于 Altiplano 高原和东科迪勒拉山脉之间的、玻利维亚最重要的多金属矿床之一。它与中新世火山作用有关,在 19 世纪末被高度开发。1891 年银价格猛增,Pulacayo 矿床开采了超过 70t 的银、1120t 的铜、3191t 的铅和 18 652t 的锌。这一地区的 San Cristobal 矿床位于 Altiplano 高原的南部、与中新世火山作用有关,已证明的储量为 $25\,900\times10^4$t 矿石,银、锌和铅的品位分别为 62×10^{-6}、1.57% 和 0.55%。San Cristobal 矿床是现存的世界级矿床,它每年出产 622t 的银、85 000t 的铅和 182 500t 的锌,因此被认为是世界第三大的银矿床和第四大的锌矿床。该矿床与 Pulacayo 矿床的特征类似,受控于主要的断裂系统(即 Khenayani 断裂)。该远景区同样可能存在的矿床类型包括"玻利维亚"型多金属矿脉、斑岩型铜金矿床和浅成贵金属脉状矿床。具体的地区如下所列。

(1)通过 Uyuni 的 Salar 东北部渐新世凝灰岩中的油井钻孔,在 450m 深部发现了富铜矿化作用,其可能与斑岩型铜矿床系统有关。

(2)Emicruz 实施的航空磁测调查发现,在 Altiplano 高原存在许多磁性异常,可能代表了被埋藏的矿床。尽管部分已经进行了钻孔工作,其他仍然未经评估,主要是在的的喀喀(Titicaca)湖的北部和南部、Uyuni 的南部。

(3)玻利维亚拥有世界上最大储量的碱金属(例如锂和钾)以及碱铁金属(例如镁和硼)。这些矿床位于 Uyuni 的 Salars、Coipasa、Pastos Grandes、Capina、Hedionda Norte 和 Empexa,形成于中、晚中新世至今,这些区带仍然是世界上最大储量的碱金属(例如锂和钾)找矿区。

4. 东安第斯北部深成岩地带钨-锡-金-铋-锌-铅-银-锑找矿远景区

东科迪勒拉北部或深成岩地带主要包括 Reall 山脉、Munecas 山脉以及 Apolobamba 山脉,覆盖面积超过 50 个区域,包含火成岩及沉积岩中的钨-锡-金-铋-锌-铅-银-锑脉型矿床。这些矿床的形成均与岩基、浅成二云正长花岗岩和花岗岩岩株系列有关。具体的远景区特征如下所列。

(1)Aucapata-Yani 段中有重要的金矿资源储藏在矿脉、含金石英矿层,以及砂矿中。沉积岩中也有层控型金矿化,其形成主要与块状铅-锌矿化以及铜矿化相关,主要分布在 Yani 西北 15km,同时在 Yani 西南 Charazani 和 Akamani 也局部可见。

(2)含金矿脉和矿层中部分造山型金(±锑)矿中矿体有 $1000\times10^4\sim1500\times10^4$t 矿石,金品位为 16×10^{-6},含金矿 150~300t。冲积型金矿主要起源于矿脉和矿层的侵蚀,金矿资源总储量超过 1000t,其中相当一部分已经被开采。个别冲积型金矿床面积可达 $300\times10^4\sim500\times10^4$m^2,金平均品位为 0.73×10^{-6}。其中若干矿床开采容量为 1000m^3/d,主要通过汞氢化法找矿。

(3)San Jose de Ayata 和 Yumaran 地区位于东科迪勒拉北部,主要被 Huato 岩基围绕。

(4)在西北部段 Charazani 地区,"玻利维亚"型多金属(锌、银、金、铅)脉主要出现在 Amarete 和 Akamani 远景采矿区,同时该地区破裂带还有可观的沥青铀矿和铜铀云母矿。

(5)南部的 Lake Titicaca、Matilde 多金属矿地区中,锌矿是最显著的金属矿种。

5. 东安第斯中央区域与侵入作用有关的多金属找矿远景区

东安第斯中央区域主要包括超过 1000 个多金属"玻利维亚"型脉状矿床,其中包括 Potosi 和 Llalagua 两个世界级的矿床,这两矿床跟其他较小的矿床如 Oruro、Cilquiri、Bolivar 矿床相比,银产量超过 50 000t,锡产量约 1×10^6t。这样矿床的形成通常与中新世侵入中心有关。

本区域中重要的资源储备包括：①Huanuni 矿床，具有 $125.5×10^4$t 锡（锡 4.46%）；②Bolivar 矿床，有 $150×10^4$t 锡、锌、银，以及铅矿（锡品位为 0.6%，锌品位为 9.68%，银品位为 $307×10^{-6}$，铅品位为 1.06%）；③Colquiri 矿床，具有 $123×10^4$t 锡和锌（锡品位为 1.56%，锌品位为 7.88%）。Colquiri 矿床有 5 年的矿山年龄，Huanuni 矿床有 8 年的矿山年龄，Bolivar 矿床有 11 年的矿山年龄。Japo 矿床位于 Morococala 地区，具有 $1600×10^4$t 的矿产资源，锡品位为 0.4%，其中包括 $407.3×10^4$t 的锡矿体（锡品位为 0.59%）。Oruro 的 San Jose 矿床锡和银储量约 $12×10^4$t（锡品位为 0.44%，银品位为 $666×10^{-6}$），另外尾矿中含有 $117×10^4$t 锡矿（锡品位为 0.33%）和银矿（银品位为 $89×10^{-6}$）。最后，位于 Catavi 地区的 Kenko 矿床尾矿中具有约 $10×10^4$t 品位为 0.25% 的锡矿，具体的远景区如下所列。

（1）科迪勒拉中央地段东部，位于 Potasi 的 La Cobra 远景采矿区和 Cochabamba Viluyo 地区的后生沉积岩中具有弥散分布的金矿点。主要存在于白垩纪 La Puerta 砂岩中。

（2）安第斯山东翼沿线，发育一个重要的铅、锌、银成矿带，包括 Quioma 矿床。

（3）沉积岩中的矿脉和弥散型金（±锑）矿出现在 Amayapampa 地区，与 Altiplano 的 San Bernardino 矿床类似，具有金矿资源储量约 93t。该区域向西北延伸至 Chalviri（锑、金、钨）。其他矿床还包括 San Luis-Angeles（锑-钨）矿床以及 Ladia（锑-金-钨）矿床。

（4）东科迪勒拉中央部分同时也是世界较大型的富银地区之一，Cerro Rico 矿床中含银矿总量约 $45\,000×10^4$t。目前，该地区开始运营一新的矿床，即位于沿 Cero Rico 斜面的 San Ranolome 矿床，具有银矿石储量为 $3700×10^4$t，银品位为 $122×10^{-6}$。

6. 东安第斯南部区域多金属找矿远景区

（1）金-锑矿带延续至山脉南部，重要的矿床如 Chicobija 矿床，从 Caracota - Churquini - Candelaria 带延伸到 Argentina 北部边界。经推断，该区域金矿储量约 35t，锑矿储量约 $19×10^4$t。

（2）另一重要的成矿带包括 Quechisla 群的矿床，如 Chorolque、Siete Suyos-Animas-Gran Chocaya 以及 Tatasi-Portugalete，具有重要的锡、银、金、铅、锌以及钨矿资源。玻利维亚南部的铅锌矿带被分为两组矿床，西部组包括 Toropalca-Coenaca、Tupiza-Suipacha 以及 Mojo-Villazon 地区，而东部组主要由 Huara Huara 和 San Lucas 地区组成。两组总体矿床资源储量为 $4000×10^{-6}\sim4500×10^4$t，锌品位为 10%，铅品位为 5%~7%，银品位为 $70×10^{-6}\sim80×10^{-6}$。

（3）科迪勒拉山脉南部区域西部，San Vicente 和 Monserrat 地区具有 $15\,000×10^4$t 的富银矿石，可实现银品位 $1000×10^{-6}$ 的开采，矿体中银品位为 $450×10^{-6}$ 和 $900×10^{-6}$（Pinto et al.,1989a）。附近的 El Asiento 远景采矿区含有约 $5000×10^4$t 矿石，银品位为 $80×10^{-6}$。

（4）在 Tupiza 东北，蓝铜矿和黄铜矿常见于白垩系 Aroifilla 组玄武岩中。这种层控型玄武质铜矿化资源储量大约为 $500×10^4$t，铜品位为 2%~2.5%。其他铜异常的出现主要与锌铅矿脉有关，但其经济价值尚不明确。

（5）喷流-沉积型成矿与 Argentina 的 Aguilar 矿床（$3200×10^4$t，锌品位为 8%，铅品位为 6%，银品位为 $140×10^{-6}$）类似，通常见于早古生代碎屑岩中。东科迪勒拉中主要的矿化有铂族元素、镍、铜、钴、磷酸盐岩，以及含铁鲕粒矿化。

（四）厄瓜多尔

通过对厄瓜多尔成矿地质条件、成矿区带及厄瓜多尔优势矿种资源潜力的初步分析，结合厄瓜多尔已有矿床资料，本文划分出了 6 个具有较大找矿潜力的远景区（图 5-14）。

1. 厄瓜多尔首都基多西北铜、金、银、铅锌找矿远景区

远景区（1 号远景区）位于厄瓜多尔首都基多西北部。在大地构造上属安第斯山间地堑，受瓜亚基尔断层与西部断层控制。该地堑系哥伦比亚考卡-帕迪亚（Cauca - Patia）坳陷的南延部分，地堑内分布有厚层的渐新世—中新世火山沉积岩和火山岩。区内地层分布有白垩系、前寒武系—泥盆系等。该远

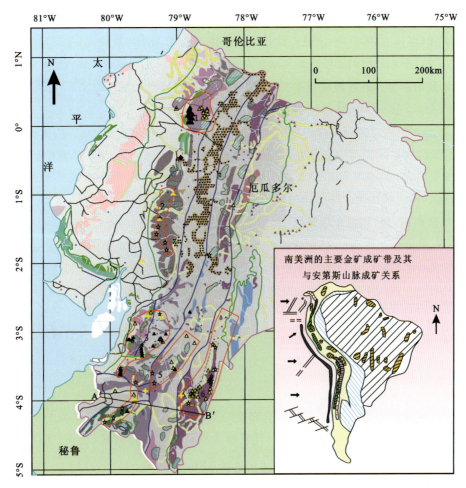

图 5-14 厄瓜多尔找矿远景区分布图

景区内已发现多处低硫化型浅成低温热液矿床、高硫化型浅成低温热液矿床及部分未分类的浅成低温热液型矿床,矿种以铜、金、银、铅锌、钼居多,进一步在该地区开展铜、金、银、铅锌等矿种资源浅成低温热液型矿床勘查工作,将会取得较好的找矿效果。

现在,有关公司正在 1 号远景区所在的西北地区开展勘探工作,主要是勘查块状硫化矿矿床,同时继续进行乔昌(Chaucha)矿的勘探评价工作,以确定一个矿段的储量。估计储量可能扩大到 2×10^8 t,铜的平均品位为 0.5%,氧化铝平均品位为 0.03%,还有金和银等金属储量,该矿潜力巨大。

2. 厄瓜多尔中部金、铜找矿远景区

远景区位于厄瓜多尔中部偏西,在大地构造上 2 号远景区属安第斯山间地堑,受瓜亚基尔断层与西部断层控制。区内地层分布有白垩系、第四系及少许的前寒武系、泥盆系。该远景区内矿床类型为斑岩型铜金矿、斑岩和角砾岩型铜金矿、斑岩和角砾岩型铜钼矿,以及少量的 VMS 型(火山岩型块状硫化物)矿床和矽卡岩型铜、金矿床,目前已发现 6 处该类型铜、金矿床(点),其成矿地质条件和 1 号远景区相似,但工作程度较之略显落后。预计通过系统的物探、化探和钻探工作,仍有希望于该区取得金、铜等矿产找矿的重大进展。

3. 厄瓜多尔西南(3 号、4 号)部金、铜、铅锌、多金属找矿远景区

远景区位于厄瓜多尔西南隅,在大地构造上属西科迪勒拉山脉区(The Cordillera Occidental)构造带,受厄瓜多尔境内的中部断层与瓜亚基尔断层控制。区内地层分布有第四系、白垩系、前寒武系—泥盆系,岩浆岩主要有前寒武纪火山岩、白垩纪—古近纪火山岩及中生代火山岩。远景区内矿床类型有低硫化型浅成低温热液型矿床、斑岩型铜金矿、角砾岩型铜金矿、斑岩和角砾岩型铜钼矿、部分未分类的浅成低温热液型矿床、高硫化型浅成低温热液型矿床及中温热液型矿床,目前已在区内发现多处上述类型金、铜、铅锌、锰矿床(点)。总体说来,该成矿远景区地质勘查工作程度相对较高,今后可进一步通过系统的地球化学勘查工作,加大区内铜金矿的地质勘查力度,有望取得该区铜金矿及铅锌锰矿的重大突破。

4. 厄瓜多尔西南部金、铜、银找矿远景区

远景区位于厄瓜多尔西南部偏东(5号远景区),在大地构造上属主科迪勒拉山脉区(Cordillera)构造带,受中部断层和东部断层控制。区内地层主要有前寒武系—泥盆系、第四系,岩浆岩主要有前寒武纪火山岩。该远景区内矿床类型为未分类的浅成低温热液型矿床、矽卡岩型矿床及中温热液矿床,目前区内有多处上述类型铜、金、银矿床(点)。其成矿地质条件与4号远景区相似,工作程度与之相当。预计通过系统的物探、化探和钻探工作,今后有希望于该区取得金、铜、银等矿产找矿的重大进展。

5. 厄瓜多尔东南铜、金、钼找矿远景区

远景区位于厄瓜多尔东南角(6号远景区),在大地构造上属主科迪勒拉山脉区(Cordillera)构造带,受中部断层和东部断层控制。区内地层主要有白垩系、前寒武系—泥盆系,岩浆岩主要有前寒武纪与白垩纪—古近纪火山岩。该远景区内矿床类型分布较广,有未分类的浅成低温热液型矿床、低硫化型浅成低温热液型矿床及矽卡岩型矿床,目前区内有多处上述类型铜、金、钼矿床(点)。其成矿地质条件与5号远景区相似,工作程度较之更高。预计通过进一步的系统工作和深部勘查,今后有望在该地区取得金矿和铜矿的重大进展,该区找矿潜力巨大。

(五)哥伦比亚

根据对哥伦比亚成矿地质条件、矿产资源分布及对哥伦比亚优势矿种资源潜力的初步分析,并在结合成矿区带划分的基础上进一步筛选出了4个具有较大找矿潜力的远景区(图5-15),并对其做出定性分析。

1. 哥伦比亚中部波哥大层状金-铜-铀和祖母绿找矿远景区

远景区位于哥伦比亚中部,波哥大东侧,构造位置上位于安第斯成矿省的Ⅲ-4东安第斯铜、钼、金、银、多金属与能源矿产成矿带上。该远景区内富产层状金-铜-铀矿床,也是祖母绿的重要找矿远景区。

远景区内白垩系和始新统(厚10km以上)是蓝龙斯(Lanos)和达丽娜(Dalena)盆地巨厚堆积的产物,其在新生代遭受了变形和反转,随之形成祖母绿的两个成矿带,分别位于东科迪勒拉的两个前缘。区内重要的祖母绿矿区有加查拉(Gachala)、契沃(Chivor)、玛卡纳尔(Macanal)、佩尼亚斯布兰卡斯(Peñas Blancas)、哥斯圭斯(Coscuez)、莫索(Muzo)与亚科皮(Yacopi)等。由此表明该区是重要的祖母绿找矿远景区。

同时,区内地区砾岩层直接覆于侵入岩之上,上覆的石炭系—二叠系在走向上、厚度和倾向上岩相有相应的变化。该层序底部是红灰色粗砂岩,向上过渡为红色泥岩,该泥质岩是主要的金矿目标层位,被认为是最有找矿潜力的层位。在米莱科(Mineralco)地区,该层有沿走向长100km、宽100m的地球化学异常,而从马默德苏摩巴斯(Bamo de Sumapaz)到哥伦比亚村庄向南延伸,不连续的矿化可进一步延伸达150km长。

通过对远景区圣塔玛利亚(Sta. Maria)地段详细的研究工作,发现该区除是金矿的重要矿产区外[克塔梅(Quetame)地段金异常最大达到10.18×10^{-6}],区内发现的铀异常也相当可观。在圣塔玛利亚(Sta. Maria)地段所研究的一个100m长的区段内,铀矿集中于一个2m厚的、具有发射性的、已氧化的灰绿色粗砂岩层内,其中还含有孔雀石、蓝铜矿和软锰矿。区段内铬和镍的异常表明,其原岩是镁铁质和超美铁质的。区内铀矿的共生组合是:铜铀云母-沥青铀矿-钒钙铀矿-铀钒-钒钾铀矿。

综上所述,本远景区系层状金、银、铜、铅、钒、铀及祖母绿等矿种的综合找矿远景区域。

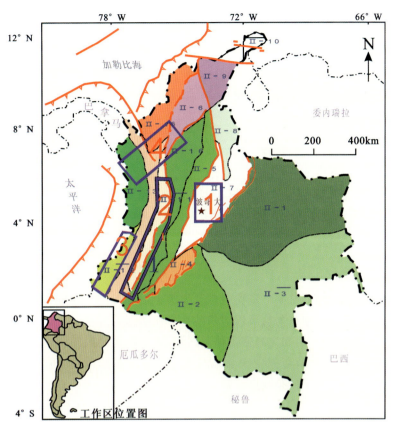

图 5-15 哥伦比亚找矿远景区分布图

1. 哥伦比亚中部波哥大层状金-铜-铀和祖母绿找矿远景区;2. 哥伦比亚西南部马尔玛多(Marmato)金银矿找矿远景区;3. 哥伦比亚的东南部丘库(Choco)冲积型金矿找矿远景区;4. 哥伦比亚的西北安蒂奥基亚省与乔科省交界处火山岩型大型金矿远景区

2. 哥伦比亚西南部马尔玛多(Marmato)金银矿找矿远景区

马尔玛多(Marmato)远景区位于哥伦比亚西部及西南部分区域,位于安第斯成矿省的Ⅲ-2西安第斯铜、钼、金、铁、铀、多金属成矿带和Ⅲ-3中安第斯铜、镍、钴、铬、贵金属、多金属成矿带的交界地区,是浅成低温—中温热液金银矿的找矿远景区。

马尔玛多(Marmato)远景区是白垩纪—古近纪、新近纪岩浆弧的一个组成部分。该岩浆弧带发育蛇绿岩和一套由早期的辉长岩到晚期的花岗闪长岩成分的深成岩石组成的岩浆岩带。金矿化的最早阶段与晚白垩世的石英二长岩和花岗闪长岩有关,金矿化产于接触带及附近围岩里。目前该区内最大的金矿床是下马尔玛多(Lower Marmato),该矿床位于马尔玛多城附近的一个北西向剪切系统中,且属开采程度最高的地段。另外,该矿床的一个突出特征就是在斑岩侵入体和有关的火成碎屑岩中的青磐岩化相带中有异常高的金、银背景值,金和银的平均值分别高达 1.58×10^{-6} 和 56×10^{-6}。在马尔玛多,石英脉中高品位的金矿化也与后期的钾交代作用(冰长石-绿泥石-绢云母-方解石-黄铁矿)相伴生,并沿破碎带通道富集。综上,该区为各种浅成低温—中温热液金、银矿床找矿远景区。

3. 哥伦比亚的东南部丘库(Choco)冲积型金矿找矿远景区

丘库(Choco)远景区位于哥伦比亚东南部的图马科地区,与厄瓜多尔邻近,位于北安第斯成矿省的Ⅲ-1海岸安第斯铁、铜、镍、贵金属、多金属成矿带上。区内主要是金、铂砂矿类矿床找矿远景区。

丘库区域是一个典型的冲积层金产区,该地区漫长的开采史表明,在现有水系中活动的冲积物中,存在着广泛的改造和相继的金和铂的不断补充。区内冲积砾石层的上部层位也发现有可采的矿化富集,并与辉长岩砾岩的胶结物中的重矿物有明显的相关性。保守估计,在辛塞莱霍地区中可采的砂金有 25~50t 的储量。几乎普遍存在的金与燧石碎屑共生现象表明,金与喷气作用形成的 SiO_2 之间有着十分重要的源岩关系。辛塞莱霍地区尚未迁移的、呈细发丝和树枝状的原生金的存在表明,在与下伏灰色黏土层的接触带中或其下黄色森林地表腐泥中的风化面处有一定程度的金的富集。辛塞莱霍矿床是一个有很长开采历史的冲积型金矿的典型实例。虽然这些河流遭受了广泛的改造,但在老的砾石阶地和古河道中仍有相当大的潜在储量有待开发。

4. 哥伦比亚的西北安蒂奥基亚省与乔科省交界处火山岩型大型金矿远景区

远景区位于哥伦比亚的西北部,行政上属于安蒂奥基亚省与乔科省。区内地层主要有第四系及古近系、新近系。该区在构造上位于Ⅲ-1海岸安第斯铁、铜、镍、贵金属、多金属成矿带、Ⅲ-2西安第斯铜、钼、金、铁、铀、多金属成矿带和Ⅲ-3中安第斯铜、镍、钴、铬、贵金属、多金属成矿带交界地区。该区现有乔科金矿及安蒂奥基亚金矿等火山岩型大型金矿床,且多为露天开采。该区域主要为火山岩型金矿的找矿远景区。

(六)委内瑞拉

根据对委内瑞拉成矿地质条件、矿产资源分布及优势矿产资源潜力的分析,初步圈定了1处战略性找矿远景区,即委内瑞拉塔奇拉中央盆地及周边磷酸盐岩找矿远景区。

磷矿床主要分布在委内瑞拉加勒比海多山体系西部、塔奇拉地区中部和东南部,以及佩里哈山脉地区中北部。重要的找矿远景区为塔奇拉中央盆地及周边。塔奇拉磷酸盐岩分布在塔奇拉新生代古近纪—新近纪沉积盆地中,主要集中分布在塔奇拉盆地中部和东南部地区。

塔奇拉中央盆地磷酸盐岩的分布面积较大,磷矿石分布的具体城镇有 Lobatera、莫利纳(La Molina)、Las Adjuntas、El Corozo 等。据目前资料,以上城镇中已经小规模开发利用的磷矿是莫利纳(La Molina),磷矿石进行破碎和粉碎后,可作为天然肥料使用,可见磷矿的利用率是很低的。塔奇拉盆地东南部磷矿位于 Caparo 河的支流 Navay 和 Camburito 之间。许多地点已经被几年前 Conan 的探矿结果所证实有大量磷酸盐岩的存在。

塔奇拉中央盆地含量磷岩系:下部为晚白垩世深灰色页岩,岩性坚硬,有部分钙质化;上部岩性由层状灰岩、黑色泥岩、碳质沥青、硅质岩及含铀磷酸盐岩等组成。

塔奇拉盆地东南部 Navay 磷酸盐岩带地区所形成的含铀磷酸盐岩主要由砂岩、硅质页岩、硅质岩、细粒砂岩、钙质砂岩和页岩磷酸盐组成。

这些磷酸盐岩中磷的含量从 2% 至 5% 不等。Qunque 一直在对塔奇拉盆地的磷酸盐岩做一些细致的研究,但研究范围和统计资料不是很充分。然而,塔奇拉中央盆地在这一地区形成的广泛的地理分布范围似乎可以表明这些磷酸盐岩应该有足够多的储量。莫利纳(La Molina)是唯一被认为探明储量的磷矿资源,其中确定储量为 50 000t, P_2O_5 平均含量为 22.5%。而在塔奇拉盆地东南部,现在地质学家的建议是对 Navay 进行密集的含铀磷酸盐岩勘探。然而,这些研究区的工作目前都在评估阶段(185km^2),迄今推断估计约有 $0.3×10^8$ t 的平均含量为 17% 的磷酸盐岩资源。虽然磷矿中有铀的存在,但目前尚不清楚其含量是否达到了可开采利用水平。

第六章 矿业政策、投资环境及投资建议

第一节 矿业投资环境概述

自20世纪90年代中期以来,拉美地区以其丰富的矿产资源禀赋和优越的矿业投资环境一直是非铁类金属矿产勘查无可争议的最佳目的地,尤其是位于安第斯成矿带上的智利、秘鲁、阿根廷、哥伦比亚、厄瓜多尔等国更是矿业投资者首选的目的国,吸引着全球矿业巨头聚集到这里进行矿产资源的勘查开发。拉美地区的矿业投资在2012年达到52.24亿美元的最高值之后,随着国际矿业形势低迷,矿业勘查投入也同其他地区一样出现大幅萎缩,到2016年降到19.831亿美元,2017年开始企稳回升,并以23.8亿美元位居全球各地区年度勘查投入之首(图6-1),比2016年增长了20%(4.01亿美元),远高于全球平均14%的增长值,在全球勘查投入中的份额由2016年的28.5%提高到了2017年的30%。在这些投资当中,60%投资到了智利、秘鲁、阿根廷、哥伦比亚、厄瓜多尔等安第斯地区国家(图6-2)。安第斯地区继续成为最受追捧的矿产资源勘查目的地。这说明该地区除具有巨大的找矿潜力外,良好的矿业投资环境也是其重要因素之一。

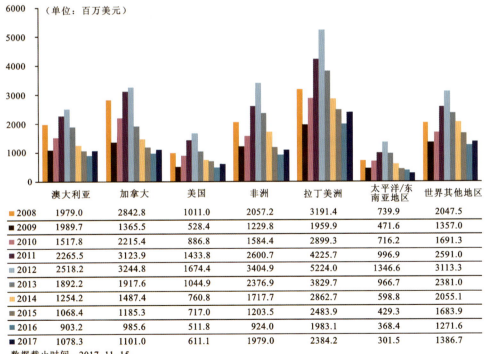

图6-1 2008—2017年全球非铁矿产勘查投资主要目的地分布柱状图

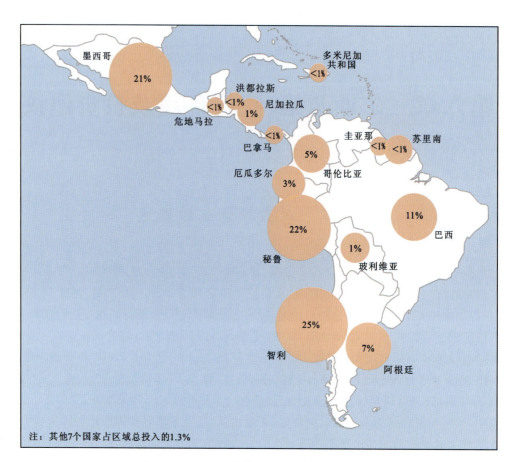

图 6-2 2017 年拉美地区矿业勘查投入比例
资料来源：S&P Global Market Intelligence，2017。

表 6-1 是全球著名的评级机构穆迪（Moody's）、标准普尔（S&P）和惠誉（Fitch）在 2017 年发布的南美安第斯地区国家风险评级、主权利差及与国际货币基金组织（IMF）的关系。从表中可以看出，智利、秘鲁是安第斯地区最安全的矿业投资目的地之一，标准普尔等评级机构把智利评为 A＋以上，秘鲁评为 BBB＋级以上，哥伦比亚评为 BBB 级以上，均是矿业投资风险较低的国家。

表 6-1 安第斯地区国家风险及与国际货币基金组织的关系

国别	国家风险评级[1]			主权利差[2]		与国际货币基金组织的关系[2]
	穆迪	标普	惠誉	2015-11	2016-11	
智利	Aa3	AA－	A＋	97.73	72.5	改革有可能推动经济增长和减少
秘鲁	A3	BBB＋	BBB＋	125.23	124	受外部条件影响，预计活动将加速
阿根廷	B3	B－	B		489	预计经济从 2016 年的经济衰退中反弹
哥伦比亚	Baa2	BBB	BBB	96.38	195.8	新的灵活信贷额度为 115 亿美元
厄瓜多尔	B3	B	B		664.1	为抗震救灾提供的金融支持 3.64 亿美元
玻利维亚	Ba3	BB	BB－		88.6	需要继续建设内需
委内瑞拉	Caa3	CCC	CCC			自 2004 年以来尚未咨询

资料来源：1.彭博社（Bloomberg）；2.国际货币基金组织国别页：根据国际货币基金组织协定条款第四条，国际货币基金组织通常每年都会与成员进行双边讨论。工作人员访问该国，收集经济和财务信息，并与该国经济发展和政策官员进行讨论。

加拿大弗雷泽研究院（Fraser Intustitute）每年都对全球重要矿产资源国家和地区的矿业投资环境进行总体评价，2015 年对全球 109 个矿产资源国家或地区进行了调查研究，内容主要包括各个国家（或）地区的矿业政策指数及矿产资源潜力指数。政府矿业政策对投资吸引度的指数是一个综合性指数，用以度量政府政策对勘查工作的影响。与吸引勘查投资能力有关的政策有 10 多项，包括现行法规的行政管理、解释和执行的不确定性，环境法规、各类法规的一致性和不一致性，税收体系（包括个人所得税、公司税、工资总额税、资本税等）与税收有关的复杂性，当地土地占有（使用）权的不确定性，公园、遗迹等保护区的不确定性，此外还有基础设施、有关社会经济的各类协议、政治稳定性、劳工法规、雇佣协议、地质数据库（包括各类不同比例尺图件的质量、获得信息的难易程度）、安全性、是否可以获得劳动力、熟练的工人等。

根据弗雷泽研究院发布的报告，将 2015 年度矿产勘查开发公司调查报告数据与 2011—2014 年度调查评价结果进行了综合排序对比（表 6-2），排序结果表明：近 5 年来，在全球矿业投资吸引力排名中，安第斯地区国家比较靠前的有智利、秘鲁、哥伦比亚，以及阿根廷的主要矿业省份萨尔塔省和圣胡安省等。其中，智利近 5 年的排名均在前 11 位，秘鲁在前 39 位，哥伦比亚在前 63 位，阿根廷萨尔塔省和圣胡安省基本居中（Ministrio de Energia Minas de Peru，2008；袁华江，2010；唐尧等，2013；唐尧，2014）；而委内瑞拉近 5 年始终是垫底，排在倒数第一或第二位，玻利维亚、厄瓜多尔排名也都很靠后。

2014 年中国矿业联合会为深入跟踪了解我国境外矿业投资情况，对中国境外矿业投资企业进行了广泛函调，请企业结合自身投资运营情况和切身感受体会，按照项目所在地区腐败现象、工会社区阻力、地方保护主义、盗采现象、人员安全隐患、排外传统、矿权转移条件、矿区是否处于敏感区、自然灾害、政治体制、政府稳定性、交通条件、原住民阻力、劳动力供应、法律法规政策及环评审批 16 项内容给全球各地区的矿业投资环境打分，结果见表 6-3。

表 6-2 安第斯带国家 2011—2015 年矿业投资环境综合排名情况表（Taylor and Kenneth，2015）

国家或地区	评估年度	投资吸引力		政策潜力		矿产资源潜力	
		分数	排名/总数	分数	排名/总数	分数	排名/总数
智利	2015	79.81	11/109	83.50	26/109	0.77	11/109
	2014	81.86	9/122	83.16	22/122	0.81	6/122
	2013	82.54	4/112	85.89	21/112	0.80	4/112
	2012—2013	78.52	11/96	83.80	18/96	0.75	8/96
	2011—2012	85.16	6/93	91.03	10/93	0.81	18/93
秘鲁	2015	69.26	36/109	66.80	55/109	0.71	25/109
	2014	75.35	26/122	68.37	58/122	0.80	9/122
	2013	69.85	34/112	65.29	60/112	0.73	19/112
	2012—2013	63.23	39/96	60.57	59/96	0.65	35/96
	2011—2012	74.49	29/93	63.22	55/93	0.82	14/93
哥伦比亚	2015	62.75	55/109	53.75	70/109	0.69	29/109
	2014	61.29	61/12	57.23	81/122	0.64	47/122
	2013	58.61	63/112	50.53	87/112	0.64	38/112
	2012—2013	66.68	32/96	60.19	61/96	0.71	21/96
	2011—2012	73.13	34/93	53.75	56/93	0.80	22/93

续表 6-2

国家或地区		评估年度	投资吸引力		政策潜力		矿产资源潜力	
			分数	排名/总数	分数	排名/总数	分数	排名/总数
委内瑞拉		2015	31.88	108/109	0	109/109	0.53	75/109
		2014	31.80	122/122	0	122/122	0.53	80/122
		2013	24.27	112/112	0	112/112	0.40	99/112
		2012—2013	27.60	96/96	0	96/96	0.46	75/96
		2011—2012	35.36	93/93	0	93/93	0.59	65/93
厄瓜多尔		2015	45.36	92/109	43.41	86/109	0.47	89/109
		2014	46.94	97/122	27.36	118/122	0.60	59/122
		2013	40.02	105/112	23.54	108/112	0.51	77/112
		2012—2013	41.90	87/96	23.74	92/96	0.54	60/96
		2011—2012	50.00	84/93	27.66	88/93	0.65	51/93
玻利维亚		2015	44.56	94/109	36.40	95/109	0.50	78/109
		2014	44.74	99/122	29.34	115/122	0.55	73/122
		2013	42.87	102/112	22.27	110/112	0.57	61/112
		2012—2013	35.60	92/96	15.50	94/96	0.49	67/96
		2011—2012	42.36	90/93	19.05	91/93	0.58	66/93
阿根廷	萨尔塔省	2015	56.69	71/109	62.30	62/109	0.53	76/109
		2014	73.71	32/122	73.28	48/122	0.74	28/122
		2013	63.02	55/112	68.08	55/112	0.60	49/112
		2012—2013	54.28	67/96	62.20	57/96	0.49	67/96
		2011—2012	60.03	61/93	68.25	48/93	0.55	74/93
	圣胡安省	2015	54.97	75/109	53.61	72/109	0.56	68/109
		2014	72.78	35/122	67.94	60/122	0.76	19/122
		2013	58.57	64/112	58.91	73/112	0.58	54/112
		2012—2013	58.44	54/96	60.60	58/96	0.57	50/96
		2011—2012	66.76	42/93	64.11	54/93	0.69	35/93
	卡塔马卡省	2015	42.29	96/109	44.35	85/109	0.41	98/109
		2014	69.14	41/122	60.35	74/122	0.75	23/122
		2013	43.57	99/112	48.24	92/112	0.40	100/112
		2012—2013	58.37	55/96	60.43	60/96	0.57	50/96
		2011—2012	65.56	48/93	61.63	59/93	0.68	39/93
	丘布特省	2015	37.75	104/109	25.13	105/109	0.46	90/109
		2014	49.94	92/122	34.86	109/122	0.60	58/122
		2013	43.40	100/112	37.26	104/112	0.48	88/112
		2012—2013	42.50	86/96	34.26	89/96	0.48	71/96
		2011—2012	70.73	38/93	50.26	73/93	0.84	9/93

续表 6-2

国家或地区		评估年度	投资吸引力		政策潜力		矿产资源潜力	
			分数	排名/总数	分数	排名/总数	分数	排名/总数
阿根廷	胡胡伊省	2015	49.57	86/109	42.68	88/109	0.54	72/109
		2014	58.92	65/122	54.31	82/122	0.62	55/122
		2013	46.94	92/112	60.29	71/112	0.38	104/112
		2012—2013	51.28	71/96	41.20	80/96	0.58	47/96
		2011—2012	54.29	77/93	60.73	60/93	0.50	80/93
	里奥哈省	2015	28.86	109/109	22.15	107/109	0.33	106/109
		2014	41.96	107/122	37.40	108/122	0.45	99/122
		2013	38.92	106/112	39.99	101/112	0.38	103/112
		2012—2013	49.64	76/96	40.10	81/96	0.56	55/96
		2011—2012	—	—	—	—	—	—
	门多萨省	2015	38.51	101/109	35.56	98/109	0.41	100/109
		2014	38.09	114/122	27.72	117/122	0.45	101/122
		2013	44.50	97/112	43.24	98/112	0.45	95/112
		2012—2013	45.63	84/96	39.07	83/96	0.50	64/96
		2011—2012	48.54	86/93	35.64	83/93	0.57	69/93
	内乌肯省	2015	45.17	93/109	25.43	104/109	0.58	60/109
		2014	52.02	86/122	49.05	95/122	0.54	75/122
		2013	43.28	101/112	49.32	88/112	0.39	102/112
		2012—2013	41.39	89/96	49.48	69/96	0.36	90/96
		2011—2012	—	—	—	—	—	—
	里奥内格罗省	2015	38.75	100/109	32.58	101/109	0.43	95/109
		2014	43.48	102/122	51.70	88/122	0.38	109/122
		2013	40.56	104/112	47.92	93/112	0.36	106/112
		2012—2013	47.18	81/96	51.96	66/96	0.44	79/96
		2011—2012	62.39	56/93	53.70	67/93	0.68	42/93
	圣克鲁斯省	2015	42.59	95/109	40.86	90/109	0.44	93/109
		2014	55.81	77/122	42.02	103/122	0.65	46/122
		2013	53.94	77/112	47.78	94/112	0.58	57/112
		2012—2013	55.75	60/96	46.37	75/96	0.62	40/96
		2011—2012	62.63	55/93	59.35	62/93	0.65	52/93

资料来源：Survey of Mining Companies：2015，Fraser Institute Annual。

表6-3 中国境外矿业投资企业对全球主要地区矿业投资环境的评价情况表

统计项	亚洲	北美洲和大洋洲（澳大利亚）	独立国家联合体	非洲	拉丁美洲
项目所在国是否存在腐败现象	35.71	94.44	80	35.19	50.00
当地工会、社区、绿色环保组织力量	51.85	27.78	10	42.59	25.00
政府地方保护主义情况	51.79	77.78	80	53.70	58.33
盗采现象是否存在	82.14	97.22	90	72.22	77.78
项目所在地是否存在人员安全隐患	78.57	88.89	100	61.11	86.11
矿区所在地区是否有排外的传统	73.21	88.89	100	85.19	77.78
矿业权转移条件	61.11	97.22	80	76.00	79.41
矿区是否处于军事、文化敏感区或者自然保护区内	96.43	94.44	100	92.59	100.00
矿区自然灾害是否严重	85.71	100.00	100	98.15	91.67
项目所在国的政治体制和政府的稳定性	60.71	97.22	70	62.96	77.78
矿区的交通条件如何	48.15	58.33	40	37.04	63.89
公司与矿区原住居民之间，是否已达成协议	80.36	69.44	70	50.00	88.89
矿区附近有没有足够合适劳动力的供应	75.00	77.78	20	87.04	77.78
水资源和电力是否有充足供应	55.36	61.11	40	55.56	69.44
法律法规对探矿采矿权所有权的保护是否明确	67.86	94.44	100	88.46	100.00
假如有需要，政府会不会帮助修建道路	32.14	32.35	20	24.07	41.67
环境评估报告是否已获批准	86.54	47.06	100	56.25	69.44
综合评价分	66.00	76.71	70.59	63.41	72.59

资料来源：中国矿业联合会"2013年中国企业境外固体矿产投资报告"，2014。注：大洋洲在此处特指澳大利亚投资评分。

综合评价统计打分表明：北美洲和大洋洲（澳大利亚）得分76.71，位列第一；拉丁美洲得分72.59，位列第二，其他依次为独立国家联合体（70.59分）、亚洲（66.00分）和非洲（63.41分）。其中，对拉丁美洲的总体评价是：投资环境较好，社会治安稳定，法律法规完善，基本无原住民问题。但是，该地区工会势力过于强大，腐败现象较多，地方保护主义猖獗，社区问题突出，基础设施建设有待增强。

尽管国际各矿业投资评估机构和国内境外矿业投资企业依据的标准不同、评价指标千差万别，但拉美地区一直以其丰富的矿产资源禀赋、较为健全完备的矿业法律法规体系和稳定的政局获得了较好的矿业投资环境评价（宋国明，2001，2013；李欣宇和孙文海，2015；卢佳义等，2017）。其中，智利、秘鲁、哥伦比亚、阿根廷由于矿业投资政策比较稳定，多年来一直排名靠前，为矿业投资环境较好的国家（陈玉明和杨汇群，2013；卢佳义等，2017）。

玻利维亚、厄瓜多尔、委内瑞拉被评为矿业投资环境较差的国家（王海军等，2006；王海军和王义武，2007；Wilburn，2014），主要是因为这些国家虽然矿产资源丰富，但国家经济不发达，基础设施落后，人们生活贫困、缺乏法制观念，发达国家及其矿业公司从这些资源国中获得巨额暴利的时候，资源国的人民却还生活在困苦之中，他们不仅失去不可再生的自然资源，而且自然环境遭受极大破坏，生态恢复将付出高昂代价，这不可避免地产生了尖锐的矛盾（于银杰和赵宏军，2013；郑会俊，2013）。特别是前几年火热的国际矿业形势也刺激了新一轮资源民族主义热潮蔓延，资源主权意识不断增强，不少国家先后出台了一些新的政策和法规,其中一些规定开始对矿业投资,特别是对外商投资不利(Black,2005;卢佳义等,2017)。如玻利维亚实施的石油、天然气及部分重要矿产资源国有化政策,虽然是想起到保护资源和使本国人民在资源开发中享受更多利益的作用,但实际上却限制了矿业投资,阻碍了外资的进入。而委内瑞拉由于受近年来国际油价持续下跌的影响,国内经济情况不断恶化,政治、经济不稳定,法律政策反复无常,严重影响了外国投资者在该国的投资。

基于这样一种互相矛盾的对立局面,玻利维亚、厄瓜多尔和委内瑞拉在以欧美等国家为主导的国际矿业投资环境评价中的排名都很靠后,被评为最不适宜进行投资的国家之一。

对于中国企业而言,虽然智利的矿业法律政策、矿业投资环境以及成矿地质条件都很好,矿产资源丰富,但由于其矿业开发程度高,许多重要的成矿带和找矿有利地段都已被西方大型跨国公司瓜分完毕,对于后来者的中国企业已很难插足(吴荣庆,2001;刘伟,2008;王威,2013;王京等,2014)。相比之下,矿业开发程度稍逊一筹的秘鲁却给中国企业提供了更多的投资机会(陈秀法等,2013)。因此,依据安第斯地区各国矿产资源潜力、矿产勘查开发程度、基础设施条件、矿业法律法规政策、社会投资环境,以及对中资企业的市场投资机会等多方面的综合对比,中资企业在安第斯地区进行矿业投资优先选择国家顺序依次为:秘鲁→智利→阿根廷→哥伦比亚→玻利维亚→厄瓜多尔→委内瑞拉。

对于矿业投资环境较差的玻利维亚、厄瓜多尔和委内瑞拉来说,鉴于中国政府近几年来与上述国家良好的经贸关系,可选择适当时机,谨慎对这些国家进行矿业投资。

第二节 安第斯地区各国矿业政策与矿业法律特点

安第斯地区各国政体均属总统制民主政体,其中智利、秘鲁、玻利维亚、厄瓜多尔、哥伦比亚和委内瑞拉属总统共和制,阿根廷属总统联邦制,各国法律制度均属大陆法系(杨建民,2010;宋国明和胡建辉,2013)。各国为了吸引外资投资矿产资源开发,支撑本国经济发展,都制定了相对比较完善的矿业法律法规。除委内瑞拉外,其他各国还都不同程度地制定了保护外国投资者的政策(CIDOB,2005)。相比较而言,秘鲁、智利、哥伦比亚和阿根廷4个国家的矿业法律法规更为完善,且比较稳定,而委内瑞拉、玻利维亚和厄瓜多尔由于本国经济发展落后,特别是近几年来受资源民族主义势力的影响,矿业政策不稳定,变化较大,对其吸引矿业投资产生了不利影响。下面分别对安第斯地区各国的主要矿业法律要点和相关政策做简要介绍。

一、秘鲁

采矿业在秘鲁国民经济中占有非常重要地位,被称为秘鲁经济继续增长的发动机。秘鲁矿产资源丰富,被认为是世界最富有的矿产国之一。根据美国地质调查局公布的最新数据(2016年),秘鲁铜矿储量占世界的11%,金占5%,银占21%,锌占12.5%,铅占8%,锡占3%。同时秘鲁也是矿业生产大国,是世界第二大铜生产国,也是金、银、锌等矿产品的主要生产国。世界许多大型矿业公司在秘鲁进行矿产资源的勘查和开发,包括嘉能可-斯特拉塔股份有限公司(Glencore-Xstrata)、淡水河谷公司(Vale)、自由港麦克莫兰铜金公司(Freeport-McMoRan)、力拓(Rio Tinto)、英美资源集团(Anglo American)、中国首钢集团公司、中国五矿集团有限公司(MMG,以下简称五矿集团)、中国铝业集团有限公司(Chinalco)和巴里克公司(Barrick)等。

据2016年秘鲁能源矿业部资料,秘鲁有大约200座经营矿山,只有0.96%的领土面积在进行矿业开发(2015年为0.93%)。在拉丁美洲,秘鲁被认为是具最新发现和最大矿业开发生产潜力的国家,已连续多年成为世界勘探投资的首要目的地。中国是秘鲁目前采矿项目中最大的外国投资者,其次是美国、加拿大和澳大利亚。

秘鲁成为全球矿业投资的首选目的地,一部分原因在于该国丰富的矿产资源禀赋且具有大部分尚未进行勘探的地区,另一部分原因是其具有吸引力的矿业立法和监管环境。

在秘鲁,所有的矿业活动都由能源矿业部负责行政管理,与能源相关的活动由秘鲁国家石油公司代表政府管理。秘鲁的矿业主管部门为秘鲁能源矿业部,其主要职能是:负责制定与能源和矿业开发相关的方针政策,对矿业开发活动进行宏观管理并协调下属企事业单位之间的关系等。能源矿业部下设矿业、石油天然气、电力、计划4个总局,还有国家能源委员会、能矿咨询委员会、投资委员会、内部监察办公室以及公共关系办公室、法律顾问办公室等直属机构。其中,矿业总局的任务是协调、规划和执行矿业项目的咨询活动;监督执行政府总体的矿业发展计划,负责控制和监督法律的实施,并保证矿山生产的安全等。该局还管理一些企事业单位,如秘鲁地质矿业冶金研究院、秘鲁国家矿业特许权和矿业地籍协会、秘鲁矿业银行等。秘鲁法律规定,除特殊情况外外国投资者同秘鲁公民一样,对在秘鲁领土内所收购的财产均享有同等的权利。

(一)矿业政策

秘鲁国家政局较稳定,市场体制较健全,法律体系较完善,实行鼓励勘探开发矿产资源政策,矿业国际化程度高,被国际银行列为全球投资环境最好的地区之一。

1. 矿业基本政策

在秘鲁与矿业相关的法律法规主要有:1991年通过的《外国投资促进法》,这是吸引外资的法律基础;1992年秘鲁通过的《矿业总法》,对矿业活动进行了规范。此外,秘鲁还出台了环境法规,尤其是《矿产勘探活动环境问题规定》,对矿产勘查活动予以规范管理,根据矿产勘查活动对环境的影响程度将矿产勘查活动分为两类(Ⅰ类和Ⅱ类)。《矿山闭坑法》旨在预防、减轻和控制采矿公司作业结束后,可能导致的健康、人身安全、环境和财产风险。此外,根据政府相关的法律,采矿用水、废料排放等活动都需要获得秘鲁政府相关部门颁发的许可证或授权证,之后才可以开展与用水相关的基础设施工程和进行废水、废物或废气等的排放。对于劳动合同,秘鲁立法规定了包括各种时间期限的合同、工程合同或服务合同等多种不同的模式,并要求在秘鲁成立的公司可以雇佣企业职工人数20%的外籍雇员,外籍雇员的报酬不能超过公司相应职位的当地雇员的30%。外籍劳动者的合同必须是书面的并有确切期限的,期限一般为3年,可以延期。秘鲁的法律法规比较完善,投资政策比较稳定,这为推动秘鲁矿业的快速发展打下了良好的基础。

2. 投资政策

秘鲁政府制定了旨在鼓励外国投资的《外国投资促进法》和《私有投资增长基本法》,鼓励和保障外国投资;承认外国投资者和本国投资者在权利、义务和保障方面的待遇相同;资本自由汇进、汇出;股息、技术转让费、酬金自由汇出,商业贷款没有限制;货币兑换自由;进出口自由,是拥有世界上对外资最开放制度的国家之一。

(二)矿业权管理

秘鲁相关法律规定所有矿产资源包括地热资源归政府所有,若要进行矿产资源勘查与开发活动必须得到政府颁发的矿业许可证,具体管理工作由能源和矿山部负责。矿业许可证包括4种:采矿许可证、矿产加工许可证、一般服务许可证和矿业运输许可证。

1. 采矿许可证

采矿许可证授予持证人勘探和开采矿床不确定深度的矿产资源的权利(采矿权与地表权相分离),授权面积在陆地为100~1000公顷(1公顷=10 000m^2),在海域为100~10 000公顷。

持证人拥有的权利包括:①自由使用许可范围内的非耕地用于采矿;②有权向矿业主管部门要求自由使用许可边界外的非耕地用于采矿;③由于开采需要,有权要求在补偿基础上使用第三方土地建设附属设施;④如果不影响或干扰其他许可证持有人的采矿活动,有权要求授权在其他许可证持有人的地表用于采矿或建设附属设施;⑤如果证明由于公共政策方面的考虑,采矿活动优先于某不动产目前的用途,则持证人有权要求在补偿基础上对其征用。

持证人的义务主要包括:①按规定支付年租地费,通常按每公顷 3 美元支付年租地费,日生产能力低于 350t 的小矿山为每公顷 1 美元;②按规定时间进行开采并在许可土地范围内为矿业生产投入必要的资金,如果采矿许可证持有人已经取得了权益,9 年后还没有投入生产或没有再投资以实现生产,则需要支付罚款(加倍征收年租地费)。

2. 矿产加工许可证

持证人有权实施各种物理的、化学的和物理化学的加工处理,提取或浓缩矿石的有价值部分,以及提纯、选冶金属材料或矿产。概括起来主要包括 3 个步骤:选矿、冶炼和精炼。

3. 一般服务许可证

该许可证赋予权利人提供采矿辅助性服务的权利,如通风和污水处理等,一般都与矿井或巷道的工作有关。

4. 矿业运输许可证

持证人有权在一个或多个不同的采矿中心和港口、选矿厂或精炼厂之间修建相关设施并实施大宗的、持续的矿产品运输。秘鲁的矿业运输许可证的申请限制条件较少,任何公司或个人、合法持有秘鲁居留证的外国人和在秘鲁正式注册的外国公司,都可以申请取得矿业运输许可证,程序也比较简单。许可证持有人有权将许可证转让和抵押,手续便捷。

(三)矿业优惠政策及稳定协议

1. 主要的优惠政策

政府为鼓励矿业投资者提供的优惠政策包括:①税收、外汇和行政管理的稳定性;②仅对矿业公司分配的股息征收所得税;③生产前的勘查费用、可行性研究费用可在所得税的应税收入中扣除;④对向公共服务基础设施的投资或旨在为工人提供住房和福利的资产投资(由相关部门批准)实行税收扣减;⑤对工人及其家属提供的健康服务的成本可作为社会保险费用;⑥在外汇(包括管理、汇率)或其他经济措施上实行非歧视政策;⑦自由转移利润、红利,自由获得外币;⑧在秘鲁和国外自由销售产品;⑨简化行政管理程序等。

2. 稳定协议的有关规定

矿业投资通常是一项投资期长且风险大的项目,虽然政府对矿业活动有一系列的鼓励政策,但投资者对未来仍会感到有许多不确定性。对此秘鲁政府可与其签订稳定协议的政策。投资者还可以通过与秘鲁政府签订稳定协议的方式将上述优惠在一个规定期限内保持下来。不过签订稳定协议是有条件的,只有下列企业才有权与秘鲁政府签订稳定协议。

(1)日生产能力在 350～5000t 的新开工项目的许可证持有者,协议期限最长为 10 年,从投资完成之日起计算。

(2)扩建产量最高达到每日 5000t,而且比目前产量增加 50% 以上的许可证持有者,其年限根据增产幅度确定,增产 100% 时为 10 年,增产幅度在 50%～100% 之间的,稳定年限按比例递减。

(3)最低投资额为 200 万美元或相等的国内货币时,许可证持有者必须向矿业主管部门提交附有投资计划的详细申请,协议年限最多为 10 年。

(4)新开工或扩建使日生产能力超过 5000t 的许可证持有者,稳定协议年限为 15 年。

(5)新投资 2000 万美元或扩建投资 5000 万美元的许可证持有者,协议年限为 15 年。

(6)通过私有化方式购买国有矿业企业资产在 5000 万美元以上者,必须向矿业主管部门提交申请。

签署稳定协议对于中、大型矿业活动的好处主要包括:①税收稳定,保证自项目可行性研究批准之日起的税收待遇在协议有效期内不变,不对许可证持有人征收新税,不改变征税基础的计算办法,但许可证持有者可以在协议期间决定采用新税制;②在秘鲁或国外自由使用出口产生的外汇;③对于将出口离岸价值或当地销售收益结转使用外汇时,汇率不受歧视;④贸易自由;⑤特别待遇的稳定性,如扣减、临时许可等;⑥协议提供的保证不能进行单方面的修正;⑦经矿业管理部门批准,对利润再投入实行免税处理。

在秘鲁中央银行参与的稳定协议中还可获得的优惠包括:①通过合同方出口获得的外汇可以在秘鲁或国外自由储蓄;②合同方在秘鲁销售取得的当地货币可以自由兑换为外币;③在外汇管理和汇率方面享受非歧视性待遇。

关于大型矿业协定应包含下列内容:①外汇账户,合同方可以要求其账户按美元或投资货币记录,要求该外汇账户保留5个财政年度,不按通货膨胀进行调整,按当地货币纳税时采用的汇率对于秘鲁税收管理机构是最有利的;②折旧率,根据项目的具体特点,合同方有权将其固定资产的年度折旧率最高提高到20%,矿业主管部门在批准项目的可行性研究报告后批准以上确定的最高折旧率,合同方可以在不超过上述界限(除非所得税法授权更高的折旧率)的条件下进行年度调整。

二、智利

智利是全球矿业投资环境最好的国家之一,除矿产资源丰富外,完备、健全的矿业法律法规也是各跨国矿业公司争相在智利开发矿业的主要原因。

(一)矿业法

智利1982年颁布的《宪制矿业特许权基本法》、1983年颁布的《矿业法典》和1980年颁布的《矿业安全条例》是国家管理各类矿产资源和矿业活动的现行法规,1974年颁布的《外国投资法》("第600号法令")中含有关于外资企业在智利进行矿产资源调查和矿业活动投资的条款,补充了对外资矿业企业的管理法规。这4项法规构成了智利矿产资源开发利用、保护的法律体系,国家最高行政机关据此颁布了矿业的各项国家法令。

在智利,国家矿业协会负责对本国矿业进行管理。目前执行的法律是1983年颁布的《矿业法典》,其上位法是1983年修订的《宪制矿业特许权基本法》。

1. 矿业特许权

矿业特许权分为矿产勘查特许权和矿产开发特许权,限于国家规定的可租让矿产的资源和地区。任何人都可以通过法定程序申请和获得矿业特许权,可以进行采样试验,预期发现矿产,并有权申请勘探许可证或采矿许可证。在智利,矿业活动或合同均受民法调整,除非宪法和矿业法另有规定。《矿业法典》第1条至第9条规定,国家对矿产资源享有主权,具有绝对不可侵犯性。所有自然人或法人都可以申请购买正在履行手续或已建立好的开发特许权或矿区的部分开发特许权。此种特许权是一种真实的、不动产权益,与占有地面财富不同,它可以转让、转移、抵押,与其他不动产一样受民法的约束。矿产开采特许权是建立在无可争议的法院裁决和无其他当局或个人干预的基础上的,每年缴纳营业执照费,就可以得到法律保护。

2. 探矿权

矿产勘查特许权的最大申请面积为5000公顷,初始期限为2年,到期可续延一次,但要缩减一半面积,每公顷收费1美元。采取鼓励勘探的措施,只要在勘探的范围内找到矿,一定能获得采矿权,即探矿权人在探矿权有效期及其范围内拥有取得开采权的优先选择权。

根据智利《矿业法典》申请矿产勘查特许权应遵循:首先向申请勘探权区域有管辖权的民事法院提出申请,并一次性缴纳税款。法院将命令申请人持申请副本到矿产所有者发现登记局注册,并将申请副本在矿业官方日报上发表。申请者在缴纳勘探执照费后,应该请求裁决勘探特许权的法院对其特许权予以保护。法官根据国家地质和矿产服务署的批准报告裁决勘探特许权。裁决书应摘录发表在矿业官方日报上,并到矿产所有者发现登记局进行注册。

3. 采矿权

任何人都可以申请采矿权,采矿权的最大申请面积为1000公顷,可以申请多个,但有申请时间和先后顺序的限制,每公顷每年收费5.1美元。具体收费标准由国库部长每年3月确定并定期公布,提供给法院执行。取得采矿权后,唯一不丧失的条件就是按时缴纳费用。采矿权人逾期未缴的将加倍补缴,两年不缴取消其特许权。采矿权人丧失矿业权后,法院将采取公开招标的方式将采矿权授予他人。

根据智利《矿业法典》申请矿产开采特许权应遵循以下程序:首先向采矿权区域有管辖权的民事法院申请。申请者应当在申请期内一次性缴纳税款。法院将命令申请人将申请副本到矿产所有者发现登记局注册,并将申请副本在矿业官方日报上公开发表。申请者应当请求法院对属区进行测量,并将请求书在矿业官方日报上发表。其后可能出现第三者提出异议的现象。如没有发生异议或给予第三者发表异议的期限已过,就可以请矿业民事工程师或申请方指定的专家进行测量工作。国家矿业和地质服务局将从技术角度宣布测量结果。一旦得到该局确认有关测量结果的通知书,法院将予以裁决。裁决书应摘录刊登在矿业官方日报上,还应将裁决书和测量证明文件到矿产所有者财产登记局进行注册。

第20235号法令对矿业领域活动及产品销售税收做出规定,根据该法令,年销售额超过相当于5×10^4 t精铜价值的矿业企业统一缴纳5%的矿产资源税;年销售额高于1.2×10^4 t但低于或等于5×10^4 t精铜价值的矿业企业,矿产资源税按销售额分为7档,税率分别为0.5%、1%、1.5%、2%、2.5%、3%、4.5%。

2010年10月13日,智利国会通过智利新矿业税法:自2018年起提高大型矿企矿业特别税(ROYALTY),税率为5%~14%,并根据企业规模浮动。

(二)智利矿权登记程序及收费

在智利申请矿产权一般需要经过以下程序进行办理。

1. 矿业权申请要提交的材料

矿权申请时,需要提交申请书给法院,申请书中包括矿权区域的中点坐标、长度和宽度信息及申请人的签名。如果申请人为公司则需要提交经公证行公证过的公司章程复印件。

2. 受理矿业权申请的政府管理机构

在智利,勘探权与开采权的受理机构为法院,而不是政府机关。申请人将申请材料提交给矿权所在地的法院,由法院裁定是否将矿权授予申请人。

3. 办理时间周期及办事费用

在智利,勘探权的申请大约10个月能完成,开采权的申请大约需要26个月的时间,如果矿权所在地为矿业大区的话,时间会变得更长一些。

矿权的申请不需要向法院缴纳任何费用,但需要向政府缴纳申请税(10号税)及年税(勘探权为41号税,开采权为40号税)。勘探权的10号税大约为0.4美元/公顷,开采权的10号税大概为0.8美元/公顷,勘探权的41号年税约为1.47美元/公顷,开采权的40号年税约为7.37美元/公顷。10号税只缴纳一次,年税需要每年缴纳一次。当然,矿权申请过程中还需要向测量师缴纳制图费和测量费,向报社缴纳登报费,向矿山登记处缴纳矿权登记费等。

(三)外国矿业投资的相关规定

智利鼓励外国投资开发矿业,国家外资委员会和国家矿业部制定了相应的政策,其中《外国投资法》("第600号法令")专门就外国投资智利矿业做出了详细规定,包括矿权的获取、矿业开发享受国民待遇、税收政策等。

外国投资者在智利投资矿业一般需要经过以下途径和程序进行办理。

1. 签订外资合同

根据智利政府 1974 年颁布的《外国投资法》，外国投资者欲在智利投资开矿，事先应该与智利政府签订投资合同，开发矿床则必须符合智利中央银行《国际准则简编》第 14 章的有关条款并事先得到中央银行的授权同意。鉴于大部分投资与《外国投资法》有关，下面简述必须遵循的投资程序。

凡是愿将可以自由兑换的外币、投资贷款、资本化的债务和利润、资本化的财产及技术转移到智利，并居住在国外的外国人和智利自然人以及法人，均可在智利进行矿业投资活动。

根据《外国投资法》规定，外国投资委员会(CIE)是批准外国投资的法定国家机构，并由其制订外资合同条款。

投资方法定代表应向外国投资委员会递交《外国投资申请表》一份，同时交上总额为 25 000 美元或 25 000 美元以上的款额。申请表中要求列明投资者的履历和相关投资项目的特点。

外国投资委员会收到申请表后送智利铜业委员会技术和专家部门进行研究和评估，并在 15 天内做出评估报告。如果申请表中的方案被采纳，投资额在 500 万美元以下的，由外国投资委员会行政副主席在 20 天内签批；如投资额超过 500 万美元，或以国家名义或以公共法人身份递交申请的，则外国投资委员会在 45 天内集体讨论通过。

申请表一旦获得通过，即着手制订外国投资合同。合同签署双方分别为：投资方由其法人代表签署；智利方根据合同不同情况，由其国家代表外国投资委员会主席（由财政部长兼）或者行政副主席出面签署。合同中包含有智利政府 1974 年颁布的第 600 号法令中所有不可撤销的权利和义务，故自签署之日起，合同即成为具有法定效力的合同，只有经过双方同意，方可修订。

2. 外国投资者可以得到的保障

智利法律给予外国投资者的权力包括：①可以以世界兑换市场上最优惠的条件无期限、无数额控制地将所获利润汇到自己的国家，企业自有收益一年起，可以以同样的条件将资本汇到国内；②有两种所得税率可供选择，选择所得税率 42%，税率 10 年不变，并且如果进口智利不生产的某些机械设备，还可免交增值税，如在第 1、2、10、12 号行政区内进行矿产勘查和开发，所得税再减免 10%；也可选择 35% 的所得税率，但选择的机会只有一次，一旦选择这个税率，即不可更改；③投资额在 5000 万美元以上者，可以得到比 10 年更长的时期内享受 42% 不变的所得税税率以及以外币结账和灵活出口所得外汇汇出手续等优惠；④可以自由申请智利商业银行贷款。

(四) 矿业公司类别

智利法律允许自然人或法人开发矿产，一般都通过成立公司来从事开发活动。此类公司主要有以下几种形式。

1. 法定矿业公司 (Siciedad Legal Minera)

这种公司不同于其他任何一种公司，它可以以一个法人的名义进行登记注册，也可以由两个或两个以上的法人发表共同声明进行登记注册，还可以用已经以一个法人名义登记注册的矿产开发特许权的一部分进行登记注册（《矿业法典》第 173 条）。

2. 矿业契约公司 (Sociedad Contractual Minera)

矿业契约公司由各股东自愿组织，并受矿业法准则约束。成立公司时应发表声明，并在公司籍下的"矿产所有者登记"名下或在"一个或几个矿所有者股东登记"名下进行注册（《矿业法典》第 105 条）。

3. 股份有限公司 (Sociedad ANÓNIMA)

股份有限公司是具有独立法人地位的公司，由各责任股东出资组成的共同基金会组成，由可以被撤换的人员组成的领导机构管理（《外国投资法》第 18 章第 46 条）。

股份有限公司有公开的和匿名的两种形式。那些对其股份进行公开报价的,或拥有500股或500股以上的,或其每100股股金等于至少10%的注册资本的公司,为公开的股份有限公司。这类公司应该进行"有价证券登记"注册,并受有价证券和保险总监署的监督。匿名股份有限公司则无需履行公开股份有限公司所履行的手续,也不受有价证券和保险总监署的监督。

4. 责任有限公司(Sociedad de Responesarll Limitada)

责任有限公司属于集体性质的公司。其股东成员不能超过50名,对第三者而言,其责任限于每个股东所出的股金或限于公司章程规定的最大额度。

5. 合作经营公司(Sociedad Colectiva)

合作经营公司为由两个或多个人员联合签署合同而成立的公司,合同中规定了公司所得的分成。在正式营业前,公司应该从财政部国税局那里得到纳税号(RUT)和开始营业许可证。

(五)矿业投资方式的规定

智利矿业投资方式灵活多样,没有固定的模式。根据企业的资金、技术等综合情况,投资者可以选择独立申请矿业权、同本地公司合作、购买现有公司手中的矿业权、通过间接持股的方式投资等方式在智利矿业领域进行投资。

三、阿根廷

(一)矿业政策

1. 阿根廷矿业基本政策

阿根廷政府提供了优惠的政策,以鼓励对矿产资源勘探的投资,加强对其境内矿藏的了解,以便为后续的矿产开发提供条件。目前鼓励矿产勘探的主要的政策有勘探费用的双重减免、附加值税的退税、各省所辖地区的开放、现行矿业法的修改。

阿根廷与矿业生产有关的税费主要包括公司所得税、矿产权利金、矿地租金等。

(1)公司所得税。税率为35%。

(2)矿产权利金。按照其相关法律规定,权利金由各省政府征收,费率各省有所不同,但最高不得超过已开发矿区的已采出矿石坑口总额的3%。第25161号法律第22条规定,权利金的税基为所采矿产初次销售价格减去矿产离开矿山后所发生的所有直接成本。

(3)矿地租金。按年征收,勘探期间每500公顷征收400比索,采矿期间每公顷征收80比索。

2. 阿根廷《矿业法》

阿根廷《矿业法》于1887年颁布,后经多次修改,日趋严谨成熟。目前阿根廷拥有一整套完备的法律体系,以保障投资者权益。其中包括:①《矿业法》("第456号法令"和该法的修正案"第25225号法令");②矿业投资法律法规,包括《矿业投资法》("第24196号法令"),《矿业调整法》("第24224号法令"),《联邦矿业协定》("第24228号法令"),《矿业改革法》("第24498号法令"),《矿业投资条例》(第2686/93号法令)和该条例的修正案("第25429号法令");③其他法律法规,包括采矿工业的环境保护法("第24585号法令")、权利金法("第25161号法令")等;④省级法律体系。

其中,阿根廷最新版的《矿业法》是1997年5月21日经议会批准的。该法规定了在阿根廷进行矿产勘查、开发和利用的相关权利、义务和程序,对如何租赁、购买和转让矿产资源做了清楚的规定。《矿业法》的一个基本要点是:除少数在私人土地发现的砂石、黏土和石材等矿产归土地主所有外,其他矿产均属于国家(实际上是各省所有)。各地方省政府负责向私营企业授予特许开发权限,并向特许经营者征收矿产权利金。私人土地所有者拥有其土地范围内的砂石、黏土和石材的使用以及开采权。

1993年批准的《矿业投资法》的一些重要特征包括:30年的财税稳定期,免征资本货物的关税,勘查费用的双倍减免和加速返还;《联邦采矿协议法》协调省一级的采矿程序,为大规模采矿项目建立公开投标制度;《矿业更新法》恢复了关于铀矿产开发的特许权制度。

1995年通过的《采矿工业的环境保护法》中明确规定了矿业开发领域需遵守的各项环保法律法规。区别于其他国家的环保法规,阿根廷的立法更侧重于预警而不是惩治,这减少了矿业投资者的环境风险。除此之外,阿根廷还建立了一套包括在线环境监测的预警体系,投资者可以了解到投资区域的整体环境状况,包括不利的投资环境信息。为完善环保法的实施以及衡量大型矿业项目对当地环境的影响,阿根廷政府正在着手发展一套矿业可持续发展的环境框架。

通过以上各项法规,阿根廷在矿业领域建立了一个比较稳定的司法体系,保障了该领域各项经济活动的进行。目前,阿根廷有关部门正加紧对现有法律法规进行完善和更新,协调统一国家级法律法规同省级法规之间的差异,以保证其司法的透明度。

阿根廷矿业能源秘书处目前正致力于对现行的矿业法做一些修改,具体如下。

(1)矿山租金将逐步增加。目前勘探公司采取每年支付固定租金的形式在一定期限内对特定区域进行勘探。修改后的矿业法将规定租金随时间的推移而上涨,这样就避免了由于投机目的租用土地而不开发的现象。

(2)可部分归还租用的土地。目前的《矿业法》规定,如果勘探公司认为其租用的矿区的一部分不具备开发价值,必须全部归还其租用的土地。但新规定允许只归还租用的部分区域,这样就降低了租用的成本。

(3)已承诺的投资额可以用于勘探新的区域。目前,勘探公司申请开发某矿区的许可时需要申报其承诺投资数额。新规定允许勘探公司可以将承诺的资金用于勘探阿根廷境内其他矿区。

综上所述,阿根廷矿业投资方面的有关法律政策要点包括:①矿产资源属于国家所有(实际上是各省所有);②各省政府负责向企业和个人授予特许勘查与开发权限;③各省政府向特许经营者征收矿产权利金;④外资企业享受国民待遇;⑤国家采取优惠政策鼓励国内外企业从事矿产勘查和开发;⑥阿根廷《外国投资法》规定了外国投资者享受阿根廷宪法规定的国民待遇;⑦外国企业在阿根廷可以不用事前申请、注册即可投资;⑧外国投资者可以随时、免税转移其利润;⑨外国投资者可以自由进入外汇市场。

(二)矿业优惠政策

为鼓励矿业开发投资,阿根廷政府在税收方面制定了一系列优惠政策,主要包括以下几点。

第一项政策为30年的财税稳定期。阿根廷《矿业投资法》("第24196号法令")规定,任何矿业开发计划,按照法律规定递交其可行性报告并获通过后,即从其递交文件之日起30年内,享有稳定的税收政策。所谓税收政策的稳定,指的是采矿公司除在其递交文件之日确定的关税和税率以外,不再受后来税率和税种的变动或增加的影响。此外,除汇率变动和出口退税之外的外汇政策也将保持稳定,但增值税(VAT)不包括在内。

第二项政策为勘查费用的双倍减免。《矿业投资法》规定,在矿业投资登记部门注册的公司用于项目可行性研究和勘查的费用可以减免公司所得税(包括考察、勘探、调研、制作初勘图等)。在计算所得税应纳额时,上述费用可以分两期抵扣,初期抵扣被视为矿山购置成本部分,可与矿山折耗一并摊销。二期抵扣是矿山投产后,上述费用还可以按折耗减免的方式进行处理,每年按所采储量占原始总储量的百分比计算。

第三项政策为加速折旧政策。《矿业投资法》规定,对于用于矿业开发的投资可以选择加快折旧的政策,即用于设备、建筑、基础设施方面的投资可以按照60%、20%、20%的比率在获得运营许可后的3年内完成折旧;包括机械设备、汽车和基础设施等固定资产可以按照年均1/3的速度完成折旧。

第四项政策为储量评估值的资本化。

第五项政策为所得税免除。股东获得的源于矿山或矿权的资本性利润免交所得税。

第六项政策为矿业企业进口用于生产的机器设备和材料免进口税及附加税。

(三) 矿业开发其他有利条件

除上述税收优惠政策外,在阿根廷进行矿业投资还有以下有利条件。

1. 有大量未开发的矿产资源

据有关专家介绍,阿根廷只有不到30%的国土面积进行过系统调查,矿产勘查开发潜力较大,为此吸引了大量的风险矿业资本。2005年阿根廷固体矿产勘查预算达到1.47亿美元,位于世界前10位。

2. 有利的外资政策

阿根廷于1993年颁布了《外国投资法》("第21382号法令"),规定了外国企业在阿根廷矿业领域投资的各项规定,其中规定了外国投资者享受阿根廷宪法规定的国民待遇等。该法还规定外国企业在阿根廷可以不需要事前申请、注册即可投资;可以随时、免税转移其利润;可以自由进入外汇市场。阿根廷同世界很多国家签署有双边投资协议,以避免双重征税的出现。另外,阿根廷还是多边投资保障机构(MIGA)、海外私人投资机构(OPIC)、国际投资协调中心(CIADI)等组织机构的成员。

3. 阿根廷电力能源的成本较低

全国53%的电力资源是使用成本比较低的天然气作为动力的热电,42%是水电,另有5%的核电。阿根廷是世界上能源成本比较低的国家。在拉美主要矿产国中,阿根廷的电力费用仅高于委内瑞拉,低于秘鲁、智利、巴西、危地马拉等其他矿产大国。

4. 阿根廷劳动力素质较高

阿根廷是世界上大学生比例较高的国家之一,在拉美国家居第一位。全国有200万高等学府教职员。国家实行公立、私立并存的教育体系,使更多的人有机会接受高等教育。

(四) 矿业登记程序及收费

从事矿业勘查和开发需要办理探矿权和采矿权,即勘查许可证和采矿许可证。

1. 勘查许可证

任何公司和个人都可以申请具有排他性的勘查许可证。申请时需要同时提交:①申请区域的地理坐标;②地表土地所有者姓名;③将开展的地质工作描述,包括投资预算和设备;④声明该申请不违反矿业法规,也不破坏勘查者将遇到的区域和环境。在提交勘查许可证申请时,申请者还必须支付勘查许可费。

如果申请被否定或被授予了一个面积比申请面积小的勘查许可证,那么预交的勘查许可费将全部或部分退还。如果没有提交已经缴费证明,那么该申请将被矿权管理部门自动否定。第一类和第二类矿产(金、银、铜、锂、盐等)勘查许可费是每申请单位(500公顷)400比索,而与被批准的有效期没有关系。勘查区域的边界必须是南北向和东西向的。

省或联邦矿权管理部门的主要任务包括:①登记许可证申请;②通知土地所有者;③在当地的政府公告中发布官方告示。任何人都可以在该公告发布后的20天内提出对将要勘查的土地拥有权益。如果没有人反对,那么管理部门将立即授予勘查许可证,并从发文之日起,所有的发现都属于许可证持有者,即使实际上是由第三方发现的。

2. 采矿许可证

联邦政府和各省是其领地范围内矿产的所有者。如果持有勘查许可证的任何公司发现了矿产资源,那么他们必须提交书面申请(被称为"声明发现"),管理部门会将采矿许可证授予发现该矿产资源的公司。

采矿许可证授予矿产发现者拥有该矿的永久财产权,但该权利受制于两个先决条件:①交付了每年的费用;②完成了最低投资额。如果持有者违反先决条件,采矿许可证将被没收。对于第一类矿产资源

(固体矿产)和大部分第二类矿产,每公顷每年 80 比索;对于其他第二类矿产,每公顷每年 40 比索。满足上述条件,采矿许可证持有者可以出售、租赁或以其他合同方式处置该采矿权。

(五)矿业税收

阿根廷矿业方面的税收包括以下内容:①所得税税率 35%;②权利金,各省不同但不超过 3%;③付给外国贷方的贷款利息预扣税 15.05% 或 35%(公司间贷款),计税时可以抵扣;④汇往国外的股息预扣税 35%;⑤付给外国咨询者的薪金和费用的预扣税,服务方面为 31.5%,薪金为 24.5%;⑥外国设备进口关税,大多数矿山免税但要征收 1% 的控制费,无矿产品出口关税;⑦本地采购销售税 3%,无国外采购销售税,对本地和外国所购物质或服务征收的增值税 21%;⑧勘查期间的矿权费每年每公顷 400 比索,采矿期间的矿权费每年每公顷 80 比索;⑨印花税各省不同,范围为 1%~3%;⑩环境储备金抵扣,营业成本的 5%。

四、玻利维亚

玻利维亚矿产资源丰富,历史上曾被称为"矿业共和国",拥有 150 多种矿物资源。其中,矿产资源从区域分布上来看,主要分为两大块:一是位于东部地盾区的铁锰矿资源;二是位于西部安第斯造山带的有色金属和化工资源。其铁矿资源储量达 400×10^8 t,在拉美地区仅次于巴西,且穆通铁矿是世界上尚未开发、资源储量最大的单体铁矿;其在安第斯造山带的锂资源量达 1050×10^4 t,居世界第一位;锡资源量为 140×10^4 t,居世界第六位。

矿业是玻利维亚支柱产业,目前矿业开发主要集中在钨、锡、锑、银、铅、锌等种类,矿产品产量在全球占有一定地位。其中,钨产量居世界第五位,锡产量居世界第四位,锑产量居世界第六位,银产量居世界第五位,铅产量居世界第六位,锌产量居世界第八位。

玻利维亚矿业开发存在几个方面的相对劣势。一是矿产资源地质勘查程度低,基础地质研究工作极为薄弱,基本上没有系统地部署过国家层次的固体矿产资源勘查和评价工作,该国大部分国土尚未开展基础性地质工作,对国内资源分布和资源储量缺乏系统全面的勘查评价,矿产资源勘查和评价工作落后,地质资料误差较大;二是玻利维亚为内陆国家,远离出海口,与智利、秘鲁、巴西、阿根廷、巴拉圭接壤,矿产品大规模输出需要与周边国家商谈协作,寻找出海口,建设大吨位港口;三是基础设施能力不足,大规模的矿业开发,除需要铁路等基础设施外,还需要配套供电、供水、通讯、港口设施等,玻利维亚为拉美地区最不发达国家之一,基础设施较薄弱,一定程度上制约矿业开发进程;四是工会势力比较强大。

整体而言,玻利维亚国内环境稳定,矿产资源丰富,矿业开发潜力巨大。玻利维亚是世界贸易组织成员国、拉美一体化协会成员国、安第斯共同体成员国和南美共同市场的伙伴国。玻利维亚政府为了鼓励外国资本来玻利维亚进行产业投资和资源开发,制定了相应的法律与政策,欢迎国际投资。2014 年 5 月 20 日玻利维亚颁布"第 535 号法令",出台了新的矿业法规(称为《新矿业法》),对 1997 年 3 月 17 日"第 1777 号法令"的矿业法进行了比较大的调整,总体上加强了国家对矿产资源的管控。

(一)《新矿业法》的一些主要条款

1. 矿产资源的绝对国家所有权

2014 年 5 月 20 日玻利维亚颁布"第 535 号法令",出台了《新矿业法》,规定:所有自然状态下的矿物,不论其来源和形式,是处于地表还是地下,都属于玻利维亚国家所有,任何组织或者个人,不得非法占有地表或地下的矿产资源,不因其拥有土地的所有权或者使用权而改变。

2.《新矿业法》的适用范围和例外情况

(1)玻利维亚境内地表和地下的所有矿产资源,包括金属和非金属矿产资源;其中包括花岗岩、大理石、石灰华、板岩、砂岩、黏土和其他岩石;工业矿物,比如石膏、盐、云母、石棉、磷酸盐、膨润土、重晶石、硫、萤石、盐水、硼酸盐、碳酸盐、菱镁矿、灰石等;半宝石,各类石英、玛瑙、紫水晶、石榴子石、黄水晶、绿柱石、方钠石、金刚石和祖母绿等宝石;此外,还包括稀土等的矿产。上述矿产都必须遵守本法规。

(2)天然气、石油和其他碳氢化合物、药用矿物质水、地热能源的开发活动不在本法管辖范围之内。

(3)建筑用的岩屑物料,如砂石、砾石、卵石、石料、碎石和细砂等也不在本法令管辖范围内。

3.《新矿业法》对矿业活动进行了界定

《新矿业法》第10条规定,矿业生产包括下述活动:①勘查,是对地表矿化现象进行基本的探查;②勘探,利用地质、地球化学、地球物理及其他理论,使用相应的工具和技术,搜寻地表和地下的矿化现象;③航测,通过精确的技术和理论,从空中搜寻地表和地下的矿化现象;④探矿,确定矿床的规模和特征、矿石质量和储量,为矿业开发进行矿床评估;⑤采矿,对矿床或矿山采矿准备和开发,挖取矿石,运送至井口、选厂或提炼厂;⑥选矿或提炼,对矿石进行物理、化学和技术处理,旨在提高矿物的含量或品位;⑦冶炼和精炼,将矿产品和金属产品转化成高纯度金属的过程;⑧矿物和金属交易,矿物或金属的国内外贸易;⑨工业化,根据本法规定,矿业生产工业化为将矿业开采所得的原材料——矿物和金属转换成资本资产、中间消费资产和最终消费资产的过程。

《新矿业法》第13条规定,上述矿业活动的开展需通过向矿业司法管理机构(AJAM)申请,才能被授予矿权或许可。

4. 矿权区块

《新矿业法》第14条规定,玻利维亚的矿权以方格为测量矿权区的单位,每个方格面积为边长500m的正方形,即25公顷。地表的顶点坐标使用通用横轴墨卡托网格系统(UTM)确定,用WGS-84坐标系统标注。这些方格的测量是由北向南,登记在军事地理研究所(IGM)出版的1∶5万国家地理图册上,按顺序定位,纳入矿山技术服务处(SETMIN)建立的国家方格系统内;只有在国际边界地区以及国家第19区、第20区和第21区带处,可以出现小于25公顷和一侧不到500m的方格。

5. 关于矿业权人的有关规定

《新矿业法》第29条规定,矿权对象可以是具有法人资质的境内或境外个人、集体;如果自身为法人,必须履行矿权人的权利和义务,遵守本法和其他相关司法条例规定的标准和程序。不论宪法和矿业法以任何形式授权的矿权,矿权持有者都拥有相应的权利和责任。

第30条规定:全国范围内,下述人员在履职期间,不得亲自或者通过相应人员购置或获取矿权,否则将按无效矿权处理,禁止行为将延续到其卸职的两年后。

(1)玻利维亚国家总统和副总统、参议员和国会议员、国家部长、副部长、局长、州长、市长和市级议员、矿业部和水资源环境部的公务员与顾问人员;与矿业活动相关的国家单位、企业和公司的公务员与顾问人员、部长、登记员;司法机构、宪法法院、农业环境法院、登记处委员会、公共部的法官和监察人员;国家当局、矿业司法管辖区内市和地区当局、国家总审计署、国家总监察处的公务员;军队和国家警察中从事资产服务的将军、领导、办公人员;市审计署的服务人员、自治政府的服务人员,包括市长和镇长。

(2)矿区周边2km范围内的矿业合作社的管理人员、员工、雇员、租赁方、承包商和合伙人、矿权人的技术人员和咨询人员。

(3)上述人员的配偶,到二级血缘关系以及一级亲属关系的晚辈和长辈。

6. 关于自由区申请的矿权的规定

《新矿业法》第16条规定,在本法出台之前,未设立或认购矿权、无特殊使用权及国家保留区域和矿点的所有矿区都属于自由区,均可以授给提出申请的矿业人。同时对在完成法律或合同规定的所有程序或手续之后,下述区域也将成为自由区:①提出调整申请但是申请被拒绝的矿权人所持有的以前矿权区;②申请人还未根据本法开始办理调整手续的以前矿权区,视为放弃;③已经授予勘查和探矿许可证的新矿区,如果表示放弃或者未按照本法第156条规定行使优先权的;④已经授予航测许可证的新矿区,如果表示放弃或者未按照本法第161条规定行使优先权的;⑤已经授予矿业管理合同的矿区,如果相关合同规定未最终落实、完成或者有效期已到期的;⑥被认定为无效的矿区;⑦被部分或全部放弃的矿区;⑧因本法规定的其他原因,由国家收回管理的其他矿区。

针对上段所述的每一个情况,相关州级或地方矿业司法管理机构(AJAM)当局,在事先通报了矿业地籍矿格局之后,根据具体情况,出具最终决议,确认矿区由国家收回管理、取消登记,并将在国家矿业公报上予以公告。

7. 矿业活动的主体

《新矿业法》第31条明确了玻利维亚矿业活动的主体包括国有矿业、私人矿业和矿业合作社。

(1) 国有矿业:国家矿业集团由玻利维亚矿业公司(COMIBOL)和独立于COMIBOL之外的、已设立或者将要设立的参与矿业活动的国有企业构成。

COMIBOL作为国营的战略性矿业公司,具有独立的法人资质,自负盈亏,拥有技术、管理、司法和财政自主权;代表玻利维亚国家和人民,在其及其分公司和下属公司的矿权区域内,进行矿产、金属、宝石和半宝石的勘查、探矿、采矿、提炼、冶炼、精炼、买卖和矿业工业化活动;可以通过生产部直接参与矿业活动;也可以通过其开设或者将要开设的分公司或下属公司,参与矿业生产活动;可以根据本法规定,与其他矿业活动者订立矿业合同。主要分公司包括:Huanuni矿业公司(EMH)、Colquiri矿业公司(EMC)、Coro Coro矿业公司(EMCC)、Vinto冶金公司(EMV)、Karachipampa冶金公司(EMK)等。

(2) 私人矿业:包括根据商业法由境内或境外企业构成的小型矿业企业、个体经济和混合所有制企业,其主要经营范围是从事矿业活动。小型矿业是指矿权人在特定的矿区内,使用手工、半机械化和机械化的方式,以个人、家庭或者联合社会团队的形式,进行的小规模矿业活动。

(3) 矿业合作社:指不以盈利为目的的、具有社会自营性质的社会经济机构。设立的基础是合作社法则及其章程,其矿业活动受本法管理。

(4) 合资企业:根据本法,从事矿业活动的私人矿业人可以按照具体条例规定,与国有矿业人一同设立和组成混合所有制经济社会单位、国有合资企业及合资企业。

8. 矿业财政储备区和战略类矿产资源的设立

玻利维亚为了加强对重要矿产资源和重要成矿带的管控,设立矿业财政储备区和战略类矿产资源,并明确规定国有企业具有在该区开展矿业活动的优先权。

《新矿业法》第24条通过总统令的形式,把国家境内的特定区域划为财政储备区,从事勘查、探矿和评估活动,确定储备区内的矿产潜力并识别新的利益矿区,设立的矿业财政储备区自其发布之日起,有效期不超过5年,到期无效。财政储备区有效期间,不得以本法规定的任何一种形式,授予储备区内的矿权。

第25条规定,在矿业财政储备有效期过后或者实现目的后,国家矿业公司(COMIBOL)可优先按照其属意的矿格数量,根据本法规定程序通过矿业管理合同的方式,提出矿区申请,开展矿业活动。矿业财政储备区到期后6个月内国有企业未提出的区域,将变成自由区域,可以通过合同的方式,授予其他矿业人。

第26条规定,国家可以通过法律保留战略类矿产资源,并将Uyuni、Coipasa、Chiguana、Empexa、Challviri、Pastos Grandes、Laguani、Capina、Laguna、Cañapa、Kachi、Colorada、Collpa、Lurique、Loromayu、Coruto、Busch、Kalina、Mama Khumu、Castor、Coranto、Celeste、Hedionda、Kara、Chulluncani、Hedionda Sud,在Saucarí的Salares、Sajama、Sajama Sabaya等盐滩和盐湖划为国家保留区域,将锂和钾作为战略性矿产资源,专门留给国有企业开发。

第27条规定,禁止非国有生产参与者开发放射性矿物。矿权人如在其矿权区域内发现放射性矿物和稀土,应立即上报给矿业部及国家矿业司法管理机构(AJAM),由其采取相关处理措施。

第28条规定,在距离国际边境线50km以内的矿区,外商不能以个人或集体名义在国家矿业司法管理机构(AJAM)处办理勘查和探矿许可,亦不得以个人或集体名义订立矿业管理合同,法律做出声明的国家特殊情况除外。

9. 关于矿权和撤销

《新矿业法》从第 92 条到第 126 条详细介绍了矿权的取得、矿权人的权利、矿业权的保护及矿权的撤销和终止,并对非法采矿、越界、相邻矿业权人之间的授权、使用区域内资源的权利、地表通行权、水资源使用权等都进行了细致说明,因篇幅原因,在此不细述。

10. 矿业活动的开展

在玻利维亚从事矿业活动(《新矿业法》第 10 条规定),投资者仅获得矿权是不够的,还需要签订相应的矿业合同及取得相关的许可证。

1)矿业管理合同

根据《新矿业法》,国家代表玻利维亚人民,通过矿业司法管理机构(AJAM),认可或授予符合条件的国有、私营和合作社矿业人矿权,并签订矿业管理合同,以便其在矿区内开展矿业活动;矿业管理合同属于行政行为,须经玻利维亚立法大会的批准后,签署授予,才具有法律效力(审批原件或复印件应列入公证书)。与矿业司法管理机构(AJAM)订立矿业管理合同的各方不得转移或转让合同所衍生的权利和义务。

《新矿业法》第 141 条规定,同一区域内矿业管理合同授予的最大矿区面积为 250 个方格;第 142 条规定,与私营企业订立的矿业管理合同期限为 30 年,自合同生效日起算;与国有和合作社性质生产参与者订立的矿业管理合同,符合本法第 18 条规定的前提下,永久有效;如果私营企业需要矿业管理合同延期,应在矿业合同到期前至少 6 个月,提出延期申请,获得 30 年的延期。

《新矿业法》第 144 条规定,同时根据本法第 18 条规定,未缴纳矿权使用费和未按要求启动并延续矿业活动,且损害社会经济利益的情况下,国家政府可以解除矿业管理合同,本法规定的不可抗力因素引起的情况除外;国家矿业公司(COMIBOL)管理的国有企业矿区,豁免矿权使用费;同时要求合同人应在合同生效一年内启动矿业工程,为保证矿业活动的持续性,矿权人不得放弃或中止矿业活动超过 6 个月。

2)矿业合作合同

矿业合作合同是玻利维亚国家政府通过国有矿业公司,与境内外矿业合作社或私营企业达成一致共识,在国有矿业公司的矿区内,合作开展矿业活动。该合同也必须经玻利维亚立法大会的批准后,签署授予,才具有法律效力。矿业合作合同不衍生新的法人实体,其名称后面应加上"C. A."标志。

《新矿业法》第 146 条规定,国有矿业公司根据程序,进行公开招标或邀请,订立矿业合作合同;对涉及矿区勘查环节之前矿业活动的合作合同可根据相关程序直接邀请或推荐企业订立。

《新矿业法》第 148 条规定,订立的国有合作合同中,合同双方协商持股比例,但任何情况下,国有公司的持股比例均不得低于 55%,利润分配时间和方式将在合同中明确。

3)勘测探矿许可证

《新矿业法》第 154 条规定,具有法律行为能力的自然人或法人均可开展勘查活动,但不得影响第三方权利和采矿冶炼活动;勘查活动不代表拥有矿区权利,也不代表拥有订立矿业管理合同的优先权。

《新矿业法》第 155 条规定,勘测探矿许可证是矿业司法管理机构(AJAM)向矿业权人发放的,用于在特定的区域内勘测和探矿活动的许可证,符合本法规定的要求前提下,在探矿期间矿权人只有在取得特别探矿成果时,才能优先进行临时性商业生产。

《新矿业法》第 156 条规定,许可证持有人在许可证到期之前,且没有违反本法规定而被撤销,具有申请并订立相应区域矿业管理合同的优先权;且可在上段所承认的优先权基础上,由许可证持有人与第三方合法矿业人一同享有;申请矿业管理合同的优先权可针对特定区域的部分地区进行行权,并且不影响许可证持有人继续在特定区域其他地区开展探矿活动。

《新矿业法》第158条规定，最大勘测和探矿面积不得超过500个方格；勘测探矿许可证持有人如无出现违反工作计划和财务预算的行为，可提出新的勘测探矿许可证申请；在勘测探矿许可证有效期内，持有人可放弃其不感兴趣的方格范围内的矿权。

《新矿业法》第159条规定，许可证有效期不得超过5年，自申请人收到矿业司法管理机构（AJAM）决议通知起，在符合合理的延期条件和放弃无兴趣的已探区域时，许可证可延期一次，期限3年；自许可证生效日起，一年内必须启动野外勘测和探矿工作；勘测探矿活动因不可抗力原因或其他事件无法实施时，本条第Ⅰ段和第Ⅱ段所列期限按暂停处理。

《新矿业法》第160条规定，勘测探矿许可证持有人每半年向矿业司法管理机构（AJAM）提交一次工作进度报告。如果矿权人未行使申请订立矿业管理合同优先权，则应向矿业司法管理机构（AJAM）提交勘测探矿工作最终结论报告，否则将按照本法规定予以处罚。

《新矿业法》第161条规定，矿权人可向矿业司法管理机构（AJAM）申请在玻利维亚国家境内进行航测工作；航测许可证下的最大面积为8000个方格，航测许可证有效期为6个月；航测许可证到期之前，持有人具有在自由区域申请勘测探矿许可证的优先权。

4）营业许可证

《新矿业法》第171条规定，从事整体或单独的矿物金属收购、分选、冶炼和（或）精炼（单项或全部）活动，需要矿业司法管理机构（AJAM）授予的营业许可证；在州级或地区级矿业司法管理机构申请营业许可证，说明开展收购、分选、冶炼和（或）精炼活动，并附上本法要求文件，如缺少资料，申请人应在10个工作日内补充提交，否则矿业司法管理机构（AJAM）将出具否决决议；营业许可证持有人需要开展交易业务，必须先在矿产及金属贸易登记与控制服务机构（SENARECOM）登记；矿业管理合同下的收购、分选、冶炼和（或）精炼或其他工业活动，无需办理营业许可证；营业许可证允许处理从第三方处所得矿物及收购、分选、冶炼和（或）精炼服务合同项目下的矿物，但每笔业务均须注明矿产来源；营业许可证持有人根据本法规定，行使权利，履行义务。

《新矿业法》第173条规定，矿权人生产的矿物或收购的矿物，首先出售给国有冶炼或精炼单位，其次向境内的私营企业出售。交易中，根据自身生产能力，参照国际市场交易价格，适时订立买卖合同，确定价格和有竞争力的交易条件。未销售给上述公司的矿物可自由销售或出口至国际市场。

5）矿产交易许可证

《新矿业法》第176条规定，在玻利维亚境内外开展矿产和金属交易活动，均需取得矿业司法管理机构（AJAM）发放的交易许可证；新的交易许可证申请应提交州级或地区级矿业司法管理机构，申请内注明交易商主要合法地址，并附上相关的法律文件；如缺少资料，申请人应在10个工作日内补充提交，否则主管机构将出具否决决议书；许可证由矿业司法管理机构通过决议书形式，予以发放；取得许可证之后，应根据本法规定，在矿产及金属贸易登记与控制服务机构（SENARCOM）完成登记。

《新矿业法》第178条规定，交易许可证持有人与所有其他从事矿产买卖业务的矿业者一样，均需缴纳矿业税；此外，根据协议交易许可证持有人还须缴纳社保，否则将根据本法予以处罚；依法设立的冶炼和精炼单位、加工企业、工艺品商、宝石商和其他在国内市场上从事矿产和金属加工或生产工业产品的自然人或法人，必须支付当地供应商截留费，并在矿产及金属贸易登记与控制服务机构（SENARECOM）登记，以便做好矿产和金属境内外交易的登记和管理工作。

《新矿业法》第182条规定，营业许可证和交易许可证持有人应遵守注册、环保、工业安全、社会保障、劳工、税务以及与其活动相关的各项法律法规；交易商有义务公布矿石和金属买卖价格。

《新矿业法》第183条规定，如果许可证持有人未履行本法规定义务且未自觉接受处罚时，矿业司法管理机构（AJAM）对此完成司法界定后，根据事件性质和严重程度，将暂时撤销经营或交易许可证，责令其5个工作日内进行整改或规范；如果到期后，仍未进行规范或整改，矿业司法管理机构（AJAM）撤销其许可证，如果无法整改或规范，矿业司法管理机构（AJAM）撤销其许可证。

6)环保许可证

《新矿业法》第217条规定,矿业活动要在玻利维亚国家宪法、矿产资源法、1992年4月27日的第1333号环境法及其他现行有效的环境法令法规下进行。

《新矿业法》第218条规定,矿业活动、工程或项目的环保许可证由环境部,根据1992年4月27日第1333号环境法、一般法令、部门规章和本法规定发放;具有轻微影响生态环境的矿业活动(AMIAC)需在相关的政府部门办理环保许可证,由政府部门将许可证复印件转发给矿业部、水资源环境部,进行登记并跟踪矿业活动、工程或项目(AOP)的环保履约情况。

《新矿业法》第219条规定,本法规定下的矿权人,在自行或者根据矿业生产合同雇佣矿业工人开展矿业活动时,有责任遵守环境保护条例;此规定同样适用于营业许可证持有人。矿业负责人必须根据本国《宪法》第345条第3款环保条例规定,预防、控制、减少和降低对环境造成的负面影响。本法规定下的矿权人和矿业营业许可证持有人均无需对获得授权之前已经存在的环境破坏负责,该类破坏情况通过基准环境审计(ALBA)确定,基准环境审计(ALBA)的结果构成环境许可证的一部分;本法规定下的两个或多个矿权人以及矿业营业许可证持有人,如果在同一个生态系统或者微流域开展矿业活动,则共用基准环境审计(ALBA);如未进行基准环境审计,本法规定下的矿权人和矿业营业许可证持有人必须对其矿权区域内的原有环境破坏负责;违反2006年1月17日"第28592号总统令"第17条规定的行为,行政处罚追责期为3年;根据本国《宪法》第347条规定,违反环境条例的犯罪追责无期限。

11. 矿业税费制度

1)矿业税

《新矿业法》第223条规定,根据宪法和矿业法规定,矿业税(RM)是作为利用不可再生的矿产和金属资源的一种开采补偿费用。

《新矿业法》第224条确定了征税范围,根据本法规定,在开展下述矿业活动时,必须强制性缴纳矿业税(RM):即矿产和(或)金属开采、提炼和(或)境内外交易;仅限于当冶炼、精炼和工业化属于生产过程的一部分时,包括自营的矿业开采活动;矿业勘测和探矿,但仅限于其买卖勘测和探矿所得产品的情况。

对于自营的矿业开采活动所述的冶炼、精炼和工业化活动,针对国有矿业企业和新矿业活动矿业管理合同项下的冶炼、精炼和(或)工业化项目,根据本法第227条规定,只征收矿业税(RM)的60%;对非自营矿业开采生产过程的矿产和金属加工以及工业化无须缴纳矿业税(RM),根据矿业条例规定,缴纳矿业截留费。

《新矿业法》第225条规定了第224条规定范围内的所有个人和集体均属于矿业税(RM)的纳税人,但以提炼、冶炼或精炼为目的临时性矿产或金属进口或工业化行为,不在矿业税(RM)征收范围之内,须提供原产地证明。

《新矿业法》第226条确定矿业税(RM)是以总销售额为计算基础,总销售额由矿物或金属含量的重量乘以官方报价得来。每种矿产品征缴的税率在1%~7%之间。

《新矿业法》第229条明确了矿业税(RM)的分配方式,即矿业权人所在地的州级自治政府占85%,矿业权人所在地的市级自治政府占15%;州级预算应保证国家和矿区内原住居民的矿产资源开采优先权;根据专门法令规定,矿业权人所在地州级自治政治应从分配到的85%矿业税(RM)中抽出10%用于国家地质矿产管理局(SERGEOMIN)在州内开展的矿业勘测和采矿活动的经费。

2)矿业权使用费

《新矿业法》第230条规定,获得勘测探矿许可证、航测许可证、变更的矿业管理合同和新矿业管理合同确认或者授权的矿权人,均须缴纳固定金额的矿业权使用费,具体如下:即勘测和探矿许可证按325玻利维亚诺/年·方格(玻利维亚诺为玻利维亚的流通货币,1玻利维亚诺≈0.962人民币),航测矿业费按50 000玻利维亚诺/份,采矿矿权范围若少于30个方格按400玻利维亚诺/年·方格,若矿权范围31~40个方格按500玻利维亚诺/年·矿格,若矿权范围多于或等于41个方格按600玻利维亚诺/

年·方格;探矿和采矿活动对应的矿业权使用费根据许可证或合同划定矿权内的矿格数量计算;勘测探矿许可证和矿业管理合同的矿业权使用费,在有效期内按年缴纳,即第一次缴费在办理许可证或合同申请时,矿业司法管理机构(AJAM)发出缴费通知后的20个工作日内缴纳,之后应在以后年度中,提前缴纳;如果矿权持有期超过5年,矿业权使用费将提高100%。

矿业地籍方格机构将未按规定缴纳矿业权使用费的矿权人通报给矿业司法管理机构(AJAM),由AJAM根据具体情况,撤销勘测探矿许可证或解除矿业管理合同;矿权持有期超过5年且已经缴纳了双倍矿业权使用费的,从下一年度起不再执行双倍缴费,仅按要求缴纳即可。航测矿业权使用费必须在航测许可证发放后的10个工作日内缴纳。

《新矿业法》第231条也明确了矿业权使用费的分配,勘测、探矿和开采活动矿业权使用费金额将按照下述方式分配:60%归矿业司法管理机构(AJAM),40%归国家地质矿产管理局(SERGEOMIN),而航测矿业权使用费全部归矿业司法管理机构(AJAM)所有。

《新矿业法》第232条规定,经营交易许可证矿权人,向全国冶金矿业研究中心(CEIMM)缴纳矿业权使用费,每年金额固定为20 000玻利维亚诺;经营交易许可证矿业权使用费应在每年的1月31日之前缴纳;新许可证持有者应在许可证发放后的10个工作日内缴纳。

(二)产业政策

2004年,玻利维亚为发展矿业出台了几项新政策:①成立国家矿业委员会,由矿业部和石油部进行统管;②授权国家矿业公司使用投标基金以帮助小型矿业企业发展业务和扩大生产;③各矿业公司可向玻利维亚国家矿业公司借用大型机械设备进行生产;④针对投入矿业领域的资本具有被反复、高频率使用的特性,制定《资本加速折旧条例》,以减少矿业公司的税收压力。

(三)金融政策

玻利维亚货币、美元同时流通,外汇汇出不受限制,随时可汇回各国国内,其中包括外资公司的资本增减和利润汇出。

(四)地区政策

对奥鲁罗、波托西、贝尼省和潘多省的科比哈市等一些经济落后地区,玻利维亚政府实施倾向性的投资政策。在这些地区投资矿业项目,投资者将享受更多有利的优惠政策。在建厂期间,玻利维亚政府免征为建厂而进口的机器设备的关税和增值税,从正式投产之日起,5年内免征从地方到国家的所有税收。

(五)油气能源矿产与土地国有化政策

2006年5月1日起,玻利维亚政府颁布最高法令,宣布在石油天然气领域实行国有化政策,要求在玻利维亚的外国能源企业在2006年5月28日前与玻利维亚国营石油矿业公司重新签订合同,放弃外国公司对在玻利维亚石油生产设施的控制权,对合资企业进行股份重组,使玻利维亚国家石油公司控制合资石油公司51%的股份,并要求外国能源公司承诺在一定限期内继续在玻利维亚进行生产和投资,否则将被逐出玻利维亚。

2007年2月9日,玻利维亚政府颁布最高法令,将瑞士嘉能可国际公司(Glencore International AG)控股的VINT0锡冶炼厂(位于玻利维亚西部奥鲁罗省)收归国有。莫拉莱斯总统称此举是玻利维亚矿产业改革的重要组成部分,并表示玻利维亚政府将利用委内瑞拉提供的1000万美元资金对该冶炼厂进行改造。

未来玻利维亚政府有可能进一步在矿业和土地等领域实行国有化。玻利维亚矿业国有化政策主要是加强政府对矿产资源的控制,鼓励外国企业与政府合作、合资勘探与开发矿业。从总体来看,玻利维亚矿业投资环境比较宽松。

(六)玻利维亚矿业管理制度的几个特点

1. 没有探矿权和采矿权之分,而统称为矿业权

依法获得矿业权后,矿业权人或矿业运营人就可以在其矿权区范围内进行找矿和勘探、开采、选矿、冶炼和精炼、矿物和金属产品交易等矿业活动,同时矿业权也没有法定的最高期限,行政部门的自由裁量权较大。这也是玻利维亚矿业开发秩序混乱的重要原因。根据玻利维亚《矿业法》规定,该国的石油、其他碳氢化合物和药用矿物水不在本法的范围之内,要适用于特别法律。这也是南美国家的普遍做法。

2. 玻利维亚矿业集团

《新矿业法》规定,该集团是一家国有的、自负盈亏的公司,隶属于矿业秘书处。据玻利维亚国家宪法规定,国有化的矿业公司不能到期解散,也不能被转移或出卖给私人或团体,不需支付采矿许可证费。玻利维亚矿业集团不直接开展矿业活动,只通过风险共担、提供服务或租赁合同,以与投资者合作开发矿产资源的形式,领导和管理一定规模以上矿业开发项目,包括矿业权。玻利维亚矿业集团是玻利维亚所有重大矿业开发项目的参与者、实际矿业权的控制者。它的存在使得外资企业在玻利维亚获利的不确定性大大增加。

3. 对待外资的矛盾态度

玻利维亚政府把外国投资作为实现国家开发计划的基本国策之一,十分欢迎外国投资者在该国矿业和油气等领域投资;承认外国投资者、公司或商号享有与本地投资者相同的权利、义务和保障,保证外国投资者不受歧视。但玻利维亚《新矿业法》对外国个人或团体登记矿业权有明确规定:"外国个人或团体不能直接或间接地购买或拥有距国界 50km 以内的矿权,除非国家通过颁发法律申明国家有此需要。若本国个人或团体是以上提及区域的矿权拥有者,则可以与外国个人或团体签订服务合同或风险共同承担合同等,来开展和执行矿业活动,禁止将部分或全部矿权转让或租赁给外国个人或团体,若发生则该行为无效。"

同时,在同玻利维亚油气矿产等领域的国有企业合作的重大投资项目中,玻利维亚须占半数以上股份。

五、哥伦比亚

哥伦比亚历史上是以生产咖啡为主的农业国,20 世纪 80 年代后国内生产总值一直保持 3%~6% 的增长速度。桑托斯政府上台后,继续将施政重心锁定在经济和社会发展领域,把矿业、建筑业、农业、基础设施和产业创新作为拉动经济增长和就业的五大动力,进行矿业权益金分配改革,实行税制改革,加强汇市调控,抑制本币过度升值,增强出口竞争力,经济复苏势头进一步巩固。

哥伦比亚矿产资源丰富,且以能源矿产资源最为丰富,其中石油、天然气储量和产量在拉美地区仅次于委内瑞拉、墨西哥和巴西,居第四位,2012 年其石油储量为 23.77 亿桶(1 桶=59L),天然气 $190\times10^8 m^3$;哥伦比亚是拉美地区煤炭最丰富的国家,2012 年其储量为 $89.2\times10^8 t$,居拉美首位。该国的绿宝石储量居世界第一位,铝矾土储量为 $1\times10^8 t$,铀储量为 $4\times10^4 t$,此外还有丰富的金、银、镍、铂、铁等矿藏。

(一)矿业政策概述

哥伦比亚《1991 年政治宪法》颁布前,并未规定矿产资源权利金制度。《1991 年政治宪法》第 360 条规定,开采不可再生自然资源要"以权利金的方式进行经济补偿",开展开采活动的部门和地区以及运输这些资源或产品的港口均有权征收权利金。第 361 条要求,对于没有分配给相关部门和市政的权利金收入,用于建立国家基金会,将该类权利金收入分配给其他地区实体,以作为促进矿业、环境和保护地区发展项目的资金来源。1994 年 141 号《权利金法》正式创立了国家权利金基金,就国家收取权利金及其

管理、分配中的权利进行了规范,对大部分矿产资源的开发开始征收权利金。

《权利金法》规定,矿业活动当地和地区政府必须按照先后顺序和各地区的发展规划将权利金收入用于投资项目和常规性的在产项目,中央分配的权利金必须遵照国家尺度的社会公正标准,重点放在电气化和公路网项目。《权利金法》未规定权利金具体标准,但对不同矿产分类规定了 3%～12% 权利金比率,权利金将按不同比例分配到生产者所在部门和地区,港口所在地区和国家权利金基金会。

1945 年时,农牧业占哥伦比亚国内生产总值的 47%,工业只占 15.3%。1991 年初,哥伦比亚政府开始实施经济自由化改革方案,为推行经济国际化,加强了宏观经济调控,重视引进外资,对国企实行私营化,积极参与拉美地区和安第斯共同体一体化,加入北美自由贸易协定,与南方共同市场合作。在世界银行帮助下,哥伦比亚政府对财政、金融体制进行了调整,2001 年哥伦比亚国内生产总值为 834 亿美元,比上年增长了 1.6%,2001 年哥伦比亚出口总值为 177.64 亿美元,出口商品主要有咖啡、香蕉、鲜花、石油、煤炭等;同年,哥伦比亚议会颁布了第 685 号法令《矿产法》。

(二)《矿产法》的主要特点

1. 适用范围和特别规定

根据《矿产法》,该法不适用于石油和天然气的勘探与开发,并再次明确:无论土地为政府部门还是私人主体、集体或组织所有,其赋存的任何矿产资源,无论在地表和地下,无论任何自然状态,均为国家所有。同时,为吸引外资和社会资本投资开发,该法还规定:外国法人或自然人,作为特许申请人或矿业特许承包人,拥有与哥伦比亚国民同样的权利和义务。

2. 矿业权投资方式和基本要求

根据《矿产法》,在哥伦比亚进行矿业开发的方式是:经哥伦比亚国家矿产登记处登记,通过矿产特许合同方式对哥伦比亚国有矿产进行勘查和开采。特许合同赋予的勘探、开采权利范围以合同规定区域内的矿种数量和品种为限,但投资方有权同时开发特许矿种的伴生矿,如在开发中发现特许外矿产,可申请扩大到新发现矿产,并须到矿产登记处递交补充登记文件。如因此需延长开发期限,则应提出相关扩大或修改申请,如新发现矿种与原特许矿种的矿产环境影响不同,应补充环境许可。外国投资者享有矿业投资国民待遇,可平等申请矿业权。外国企业在哥伦比亚投资矿业必须在当地设立分公司或分支机构,并向矿业主管当局提供投资担保。在国外有居住地的外国公司在哥伦比亚从事期限少于一年的工程或提供外围活动,不要求在哥伦比亚建立分公司或分支机构。

矿产特许合同的形式要求:合同须以西班牙语签署,并在国家矿业登记处登记,登记的合同是唯一的排他性证据,任何机构不得接受与此不同的其他证据。特许合同的修改程序纳入法律调整范围,《矿产法》要求:公共许可部门不得单方面修改、中止或解释特许合同,如须修改、中止或解释,须由法官或仲裁机构进行。此举出发点在于建立招商引资的良好环境,稳定市场投资秩序。

国际矿业投资中常涉及到项目分包情况,有的国家矿业法规定分包应优先考虑资源国的本土企业,而获得哥伦比亚矿产特许合同的投资商有权采取任何形式的分包,且分包无须经矿业主管当局批准。投资者在特许区域内的矿业活动具有排他性,不受非法干预。

对开采出的矿产品,在销售等环节的流通过程中,必须提前具备通过矿主或所在地方政府签发的原产地证证明,以示来源合法。投资者有权自主决定所采矿产品的销售去向及贸易条件。

3. 对风险勘探补偿确立了国际惯例通行的原则

国际矿业投资普遍对风险勘探奉行"无成果,无补偿"原则,加拿大、澳大利亚、印度尼西亚等国的矿业法均有相关规定。风险勘探的实质就是风险投资,具有强烈的资本对赌属性。"无勘探结果,无补偿"已成为国际矿业投资的重要原则与惯例。哥伦比亚的《矿产法》基本遵循了这一惯例,根据《矿产法》的相关规定,哥伦比亚对矿产特许合同没有补偿义务。若投资者在规定区域未找到可开采矿产,不能提出支付、补偿要求。

4. 同一区块采矿权可重复申请开发

《矿产法》规定特许合同期限最长为30年,从合同在国家矿业登记处登记之时起算。在开采期限届满前,投资者可提出申请延长合同,最长30年。延长期到期前,投资者有优先重新申请同一地块继续进行开采的权力,但申请延期须缴足此前产生的罚款(若有)。这一规定可谓开创了国际矿业投资的先例,极大地吸引了西方矿业资本的投资目光。2005年哥伦比亚的外商直接投资额达103亿美元,创历史最高纪录,而吸引的投资主要集中在采矿业和制造业。

5. 矿业权利金的金额、支付方式协商确定

1994年《权利金法》未确定矿业权利金的具体标准,《矿产法》则指出:根据宪法规定,对国有不可再生资源的开发,要按坑口矿产品及副产品数量缴纳一定比例特许开发费。特许开发费的数量和交付方式按特许合同规定执行,并特别声明除特许合同明确规定可以谈判的以外,其他内容不得进行谈判。地方政府不得就坑口所得、从事矿业活动所需的机械设备和其他设施以及储藏、冶炼等征收其他直接或间接征取税赋。而对向从事煤炭生产的社会机构采购燃料用煤的费用,免征所得税。《矿产法》极大地优化了哥伦比亚矿业投资环境,这还体现在资源保护方面。为保护自然环境,生态采矿,《矿产法》要求矿产品出口企业应将出口FOB价格最低收入的5%用于造林项目,对此投资免征一切税赋。

6. 创设矿业担保制度

为规范矿业投、融资行为,《矿产法》在矿业权的二级市场流转和矿业权期权交易方面独创了矿业担保制度,具体为:①矿产勘查和开发权只能用于贷款或其他用于矿山建设义务的抵押物;②封存作为抵押物的矿山或其他设备、机械和设施,必须通知矿产登记处,抵押物所有人要继续进行开发必须申请法官同意;③矿产特许开发合同可作为有效价证券进行远期交易;④不论矿产作为抵押物还是作为远期交易证券,政府均不承担任何责任。其第一项规定就是我国国内目前已逐步开展的矿业权抵押贷款,所不同的是:哥伦比亚的《矿产法》特别强调矿业权的抵押只能限定在用于矿业投资的贷款或矿山基础设施建设投资领域,而我国目前的矿业权二级流转还包括出租、合法承包、产权交易所交易等利用方式。

如同我国矿业权的抵押,哥伦比亚的矿业担保在抵押程序上亦须办理抵押登记。拉美地区有多国的矿业管理都引入了法院作为职能机构。如智利法律规定:矿产开发特许权(勘探、开发)要由当地民事法庭办理,法官根据国家地质和矿藏服务署的批准报告裁决勘探特许权;办理开发特许权手续时,经系列程序后仍由法院裁决是否赋予采矿权。哥伦比亚的《矿产法》为协调矿业开发和矿业融资债权人的权益,引入了司法审查程序,赋予法官独立自主的评审权,对已抵押资产要进行开发利用须经法官审查,司法的提前介入在一定程度上预防和规避了开发与融资的冲突。

矿产资源的勘探、开采具有高技术性、资金密集、投资周期长,资金回收具有高风险性的特点,矿业投资在加拿大、美国、澳大利亚等国广泛地运用期权投工具。将矿产特许开发合同规定为一种有价证券,实际上赋予该类合同具有了资本市场的交易和流通功能,哥伦比亚以立法确立了矿产特许开发合同的融资特性,扩大了矿业融资所需资金的供给渠道,有利于促进哥伦比亚矿业市场的发展。远期交易的最大特点就是可以运用资产池(矿资产)产生的现金流来清偿融资债务,外国资本通过远期交易则可在一定程度上锁定矿业资金的汇率风险。哥伦比亚《矿产法》创设的矿业担保制度具有鲜明的资本特点,其融资功能匹配了矿产业通常在矿山开发中后期以矿产品包销变现的特点。

(三)哥伦比亚的油气矿业制度

1974年哥伦比亚政府修改《石油法》,废除了租让制,将对外合作制度改为有国家公司(ECOPETROL)参与的联合经营或服务协议合同形式。1999年哥伦比亚对标准联营合同的经济条款进行调整,将单一费率改为按平均日产量变动的浮动费率。合作合同有两种:标准联营合同和边境地区合作合同。

标准联营合同规定,石油勘探期限为6年,开发期限为22年,勘探期间100%由伙伴公司投资,开发期间哥伦比亚国家石油公司投资30%,伙伴公司投资70%。产量在6000万桶以下的区块分成比例伙伴公司占70%，哥伦比亚国家石油公司占30%；产量在6000万桶以上的区块分成比例按R值分成，在1.5~2.5之间[R(Return)：利润率，也可译为利润系数，其计算方法各国多有出入。在哥伦比亚R系数＝累计收益/(累计投资＋承包商的累计费用)。此外，按照R系数的大小比例的对象各国也各不相同，如突尼斯的合同是按R系数"滑动"承包商的所得税率，而哥伦比亚则按照R系数"滑动"在相关项目中的股权]。边境地区合作合同规定，石油勘探期限为6年，开发期限为22年，勘探期间100%由伙伴公司投资，开发期间哥伦比亚国家石油公司投资30%，伙伴公司投资70%。产量在6000万桶以下的区块分成比例为伙伴公司占70%，哥伦比亚国家石油公司占30%；产量在6000万桶以上的区块分成比例按R值分成，在2.0~2.5之间。

（四）《稳定投资法》

2005年7月哥伦比亚颁布了"第963号法令"《稳定投资法》，通过签署稳定投资合同，国家向签署合同的投资者保证：合同有效期内，对投资具有决定作用的法律发生任何对投资者的不利修改和变动，投资者有权要求在合同规定期限内继续执行原有规定。矿业、出口加工区企业、石油等行业均在保护范围内。

这种为吸引外资投资而出台的稳定投资法是目前拉美地区唯一的恒定立法实例。立法减少了投资者的风险，增强了国内外投资者对在哥伦比亚进行投资的信心，符合国际矿业资本的投资实践。

目前，世界银行、拉丁美洲和加勒比经济委员会（简称拉美经委会）等组织均将哥伦比亚《稳定投资法》作为在哥伦比亚投资的评级和推荐投资的重要参考指标。

六、委内瑞拉

（一）矿业管理机构与《矿业法》

目前委内瑞拉矿业主管机构为2011年11月新成立的石油与矿业部。在20世纪初委内瑞拉就有能源矿业部，2006年分立成基础工业与矿业部和能源石油部，现在相当于回到了20世纪初的设置。部委设置的变更折射出石油在委内瑞拉国民经济中所占的重要地位。

1999施行的《矿业法》（又称《新矿法》）规定，石油与矿业部统一管理金属、非金属、煤炭、碳氢化合物等全部矿产资源，对委内瑞拉境内现存矿井与矿产资源的勘查和开采、选冶加工、存储、持有、流通、运输及销售进行规范。同时，委内瑞拉成立了一个由石油与矿业部、环境与自然资源部、财政部和国防部组成的部际常设委员会，以该委员会来协调与矿业活动相关的环境、税收、国家安全等相关活动。部际常设委员会在石油与矿业部矿业司设立的"独立办事处"负责日常运作。

《新矿法》第1卷明确提出矿产资源的共和国所有制。国家才是矿产的真正所有者，而并非仅仅是矿产的管理者，在任何时候矿产的所有权都不能被掠夺。这就废除了王权至上体制，自由开采、专门开采和自由开发等特权都随即消失。

另一方面，《新矿法》首次确立了可持续发展的原则。矿产活动的开展要与环境、国土布局、经济稳定和社会责任等领域相协调，要与矿产资源的合理利用和最佳恢复原则相协调。石油与矿业部将在与矿业所有相关的领域拥有更大权力，具体包括在开采计划、规划、保卫和保存资源方面，以及在引进外资体制方面的权力。

（二）石油政策的演化

委内瑞拉的石油工业起步较早，1914年开始商业开采石油，20世纪50年代末石油产量就超过亿吨。但是，委内瑞拉石油工业发展初期受到西方石油公司的控制，获取的租金只占石油生产利润的极小部分。随着国内人员对石油开采技术、石油企业运营经验的不断掌握及国有化浪潮的影响，从1976年开始，委内瑞拉实施了石油工业的国有化，不允许私人资金和外资参与石油的勘探与开采。第一次石油危机之后,世界各地迅速掀起了一股石油勘探热潮,涌现出了一大批新油田。北欧、俄罗斯、墨西哥、非洲等非 OPEC 国家和地区的新老油田都在全力扩大石油生产规模,提高石油产量,其中一些国家不仅实现了石油的自给,而且还跻身石油出口国的行列。20 世纪 80 年代初,国际市场石油价格的暴跌使委内瑞拉的石油收入急剧下降,委内瑞拉陷入第二次世界大战后最严重的经济危机之中。与此同时,高额债务带来的压力日趋沉重,包括委内瑞拉在内的拉美国家深陷债务危机。作为债权国的美国借机介入拉美地区的经济调整进程,把是否实行新自由主义改革作为解决债务问题和提供援助的前提条件。1989 年佩雷斯上台,再次开放了石油勘探和开发的市场。1995 年 7 月,国会通过了《石油对外开放法案》,对外资全面开放石油新区的勘探、开采和经销活动。

自查韦斯总统 1998 年执政以来,委内瑞拉政府不断调整对外石油政策,以逐步实现国家对石油资源的全面控制。2001 年 11 月,委内瑞拉政府颁布了新的《石油法》。该法规定石油矿区使用费率由原来的 16.66% 提高到 30%,所得税率由 67.7% 降至 50%;未来所有的外国投资必须以与委内瑞拉国家石油公司(PDVSA)组建合资公司的形式进行,而不再是原来的作业服务协议(OSA)、风险/利润分成协议(RPSA)或战略联合(Strategic Associations)协议,并且委内瑞拉国家石油公司在新项目中须拥有多数股份。

随着石油等矿产品价格的走高,委内瑞拉加快了对本国石油资源的控制。2005 年 4 月,委内瑞拉政府要求境内所有开发石油的外国公司和本国民营公司按照 2001 年《石油法》的要求,与委内瑞拉国家石油公司签署协议成立合资公司,新的合资公司中委内瑞拉国家石油公司控股不低于 60%,合资公司还必须接受新的财税安排,将参与奥里诺科重油项目的公司的所得税率由原来的 34% 上调至 50%。2006 年 5 月,委内瑞拉国民议会通过了对《石油法》部分条款的修改,根据规定新的合资公司需要缴纳 30% 的矿区使用费和 3.33% 的附加税,缴纳 50% 的所得税。2008 年 4 月 15 日委内瑞拉国会通过一项《石油高价特殊贡献法》法案,批准委内瑞拉政府对境内运营的石油公司征收暴利税。这样,委内瑞拉政府通过委内瑞拉国家石油公司掌管了全国的石油勘探与开发权,最大限度上提高了国家在石油开发中的收益。

(三)矿业权制度

根据委内瑞拉宪法相关规定,一切矿产资源包括境内现存所有等级的矿井及矿产所有权属于国家所有。以下仅就矿业权类型、矿业权申请等 6 个方面了解委内瑞拉矿业权的基本制度。

1. 矿业权类型

委内瑞拉矿业权有 4 种形式:一是在国家执行委员会直接领导下进行的矿业权;二是勘探及后续开采特许经营;三是小型经营活动开采经营权和手工矿业;四是矿业联合体。其中,第三种类型的矿业权仅限于委内瑞拉籍的法人或自然人在特定的区域内从事金矿和金刚石的开采,从业人数较少,开采时间较短;勘探及后续开采特许经营构成了委内瑞拉矿业活动的主体。

2. 矿业权申请

委内瑞拉矿业权实行申请制度,向石油与矿业部提交的内容包括:资质证明、图纸资料、财务证国际市场证明、环保要求、投标出价、相关自身优势等内容。申请受理后未通知申请人结果,视作申请遭到拒绝。通过审查的申请将进行一系列的公示流程以接受可能的反对意见。同一种矿产、同一片矿区在受理一份申请并未做出是否授予的结论时,不接受其他申请,即实行的是先申请原则,成立矿业联合体也要经过申请。国家储备区由最高法院判决导致特许经营权终止、放弃或失效的自由区域,石油与矿业部将以决议的形式公告相关范围内的特许经营权申请事宜,具有招标的性质。

3. 矿业权时效性

勘探和生产一体的特许权,期限为 20 年并可延期 20 年。特许权中的勘探期限为 3 年,可以延长一年。矿业权续期申请只能由具备清偿能力的特许经营人提出,不得晚于初始特许经营期到期前 6 个月提出,石油与矿业部应在这 6 个月时间内做出决定,如果未发出通知,则延期申请被理解为批准。

4. 矿业权地域性

《新矿法》将地壳分为两个部分:一是地表土壤层,指形成简单表层和向下延伸到采矿活动的具备收益权的土层;二是亚层土,深度不定,从地表土壤层结束处开始向下延伸。除非对地表土壤层或其他财产造成损害,否则在亚层土进行采矿作业对地上收益权不形成赔偿。

特许经营权水平范围呈矩形,由地表各个固定点和直线确定,其表面测量单位为公顷,延边线向下可到地心。矿区由单元块组成,是表示矿区的最小单位,面积在最小值 493 公顷和 513 公顷之间浮动。不得将含有超过 24 个单元块的特许经营矿区出让给同一个经营人。

5. 矿业权的流转

经石油与矿业部批准,权利持有人有权处置、抵押、租赁、转租赁、转让或综合上述方式转让给别人,从事小型采矿活动的矿业权人除外。采矿权的转让包括土地、配套设施和设备等任何用于采矿活动的动产或不动产。受让人承担采矿权所剩余期限内所有的权利、义务。自由区域及国家储备区矿业权流转以多人可参与的招标形式进行。

6. 矿业用地的保障

《新矿法》规定,管辖范围内采矿活动受益人可以申请地役权、临时占用和财产征用。如果地役权涉及私人土地的,矿业权受益人可同土地所有人签订必要的合同。未达成协议的,受益人可向具有管辖权的民事初审法院提交申请,要求批准采矿作业,并就土地的赔偿事宜启动相关程序。

(四)税收制度

如前述,考虑到国内私人投资和外资、当时全国的矿业税收比例、国际市场矿产品价格变动趋势等因素,委内瑞拉建立了一种根据时间和特许权涵盖的公顷数确立的表面渐进税与开采税,既对立又统一的矿业税制体系,目的是为了促进勘探和开采。

1. 表面税

每公顷采矿特许权的表面税,将在对应的特许权取得的第四年开始收取,按季度支付。所规定的金额均将按照付款时有效的税收单位(U.T.)计算。金矿与金刚石外的其他类型的矿产特许权表面税不论矿区大小,不论矿种,每公顷应纳相同表面税。随着年份的增长表面税有增加的趋势,此举措意在促进开采,尽快以开采税的形式取代表面税。面积为 513 公顷(即 1 个单元块)的金矿或金刚石采矿特许权矿区的表面税也适用以上税率,但面积更大的金矿、金刚石矿区每公顷应纳的表面税要高于以上税率。

如果需延长特许权,自延期开始日到其结束将适用最后阶段的表面税。

2. 开采税

开采税自矿产开始开采时开始收取,按月纳税,可以采用现金或实物方式支付。

(1)金矿、银矿、铂金矿和与铂金相关的金属矿,缴纳加拉加斯精炼矿物市场价值的 3%。

(2)金刚石和其他宝石矿产,缴纳加拉加斯市场价值的 4%。

(3)其他类型的矿产,缴纳其市场价值的 3%。如有特定情况,国家执行委员会最低可按 2% 征税,特定情况消除后,当恢复到 3%。

为了促进勘探和开采,进入开采阶段将扣除在表面税中对应于该阶段的开采税,直到开采结束。当开采税等于或高于表面税时,采矿权所有人只需缴纳开采税。也就是说,同一时期内开采税与同一季度生产的产品相关。当由于任何原因开采停滞,则采矿权所有人需要继续缴纳表面税。

3. 石油税收

根据 2001 年《石油法》和 2006 年 5 月委内瑞拉国民议会通过的对《石油法》部分条款的修订,委内瑞拉石油企业所缴纳的税种、税率主要有以下几种。

(1)根据《石油法》的新规定,企业所得税从以前的67%下调到50%,2005年将参与奥里诺科重油项目的公司的所得税率由原来的34%上调至50%。

(2)任何矿层中开采出的石油,均缴纳总量的30%作为开采税。奥里诺科石油带中的石油开采税可以最多降低至20%。石油开采税可以全部或部分以石油或货币形式支付,如果没有另行要求,则视为全部以货币形式支付。

(3)针对已授权使用但没有进行开采的矿区,每年按每平方千米收取相当于100个纳税单位的税金。此项税金在第一个五年间每年增加2%,其后每年增加5%,目的在于促进加快石油开发。

(4)针对生产出并消费掉的石油衍生物,如自行运营中消耗的燃料,每立方米收取其向最终消费者收取价格的10%的税金。如果该产品并未在国内市场上销售,则由能源与石油部规定其价格。

(5)代扣代缴一般消费税。在国内市场上销售的石油衍生物,每升按照最终消费者支付价格的30%~50%收取税金,每年的具体税金比率由《预算法》规定。这部分由最终消费者支付的税金应保留在供应来源处,每月向国家税务局上缴。

(6)抽取税为所有矿层中抽取出的液体石油总额的1/3,采用与石油开采税相同的计算方法。在缴纳此税时,纳税人有权扣除已经以石油开采税形式支付的税金,包括以特别税形式支付的附加石油开采税的税金。国家行政院根据市场状况、某个刺激投资计划或者二次重建计划等,可以降低抽取税,最低至20%,减税时期由其自行决定。国家行政院同样有权在减税原因已不存在的情况下,将抽取税恢复至原有水平。

(7)2008年委内瑞拉通过《石油高价特殊贡献法》法案,根据市场油价调整石油企业超额利润。

(五)矿业辅助活动

如前述,石油与矿业部统一管理金属、非金属、煤炭、碳氢化合物等全部矿产资源,对委内瑞拉境内现存矿井及矿产资源的勘查和开采、选冶加工、存储、持有、流通、运输和销售进行规范,对这些活动实行严格的许可制度。

根据《矿业法》,获得的矿石的流转应遵守下列条款。

(1)在没有附带编号、未经采矿权所有人或其合法代表签字许可的流转情况下矿石不能从开采处被搬走。

(2)由石油与矿业部发放的流转许可,必须载明:采矿权所有人的身份,指明特许权或其他批准的权利的名称,财务信息登记,开采的地点和月份,运输目的地身份信息、路线或方式等,运输矿石的理由,矿石的名称和质量、单位、重量和价值等。

(3)这些流转许可一式三份,原件由矿石运送者或所有者保存,第二份由检察官检验单位保存,第三份由采矿权所有人保存。流转许可在矿石加工、精炼、出口环节均具有重要作用。

委内瑞拉《石油法》将石油的勘探以及对它们在天然状态下的开采、收集、运输和初步仓储等相关的活动,称作初级活动。初级活动应由国家,具体来说由国家行政机关或通过其专属公司开展,同时也可通过国家能够控制的企业开展此类活动。精炼石油的产业化过程包括石油的分离、蒸馏、净化、转化、混合和加工过程。产业化以获得石油产品和其他石油衍生物、提高其附加价值为目的。精炼石油的工业生产活动可以由国家、国有企业、任何参股比例下的公私混合制企业以及私有企业进行。

私有企业在国内从事精炼石油的产业化活动,须获得由能源与石油部授予的许可。用于石油衍生物的国内贸易的工厂、设施和设备的建设、改造、扩建、毁坏或拆除,均应获得能源与石油部的事先批准。

七、厄瓜多尔

(一)矿业权制度概况

厄瓜多尔《矿业法》规定,在其境内的所有矿产资源,不论其成因、性质和物理状态,不论是在陆地或是在海洋,均不可分割地归国家所有。另外,涉及矿业管理的法律包括厄瓜多尔《宪法》《矿业法》《矿业法实施细则》《矿业安全法》《实施细则》《矿业活动环境法规》《矿业特许经营条例》《国家森林遗产区域矿业特许经营》等法律法规。

根据厄瓜多尔《宪法》第 313 条规定,不可再生资源被视为国家战略领域,国家对其有控制权、规定权以及经营权,来确保国民经济和环境的可持续发展。另外,根据厄瓜多尔《宪法》第 316 条规定:国家可以将这些权利特别授予给其他企业。

厄瓜多尔《矿业法》规定了在获取矿业权和进行矿业活动方面,国家与国内外自然人和法人之间的关系;同时规定了石油及碳氢化合物、放射性矿产和医用矿泉水不在矿业法规定范围内,且规定特许经营范围内所有阶段的矿业活动都为公益的。

另外,厄瓜多尔在石油开发政策与相关法律规定方面具有以下特点。

1. 产品权益及开发方式

厄瓜多尔《石油法》规定,所有油气资源归国家所有,其勘探开发可以根据法律及国家利益由国有公司、合资公司或私有公司进行。国家可以通过国家石油公司直接进行石油的勘探和开发,也可以通过签订合作协议、产品分成协议、服务协议及现行法律框架内的其他合同模式来进行勘探和开发,还可以与在厄瓜多尔合法成立的、有能力的本国或外国公司组成合资公司来进行勘探和开发。

2. 国家收入及销售

厄瓜多尔国家《石油法》规定:一般情况下合同者应向国家支付矿费、进入费、地表税、补偿工程费、水和原料使用费。私有企业对其份额油可自由地进行出口和销售。

3. 合同转让

在厄瓜多尔国家不可再生资源部批准的情况下,合同者可以转让合同的权利与义务,但须缴纳一定的转让费。

4. 投资者成本回收及外汇

厄瓜多尔《外商投资保障法》规定,外国投资者可依法要求返还增值税,同时规定外汇可以自由汇入或汇出。

(二)矿业立法的重大变化

厄瓜多尔矿业主管部门是不可再生自然资源部,下设国家油气局和国家矿产局,分别对油气矿产和固体矿产进行具体管理。在固体矿产管理方面的主要法律依据是 2001 年 4 月生效的《矿业法》。

为建立合理的法律框架以便正确开展矿业活动,厄瓜多尔于 2000 年 8 月 18 日发布官方公告并通过"2000-1 号法令",对 1991 年 5 月 31 日颁布的矿业法进行了修订,限定性地对矿业义务、权利和每个情况可执行的程序都做出了实质性的和修饰性的规定,对部分程序进行规范,重新明确了从事矿业活动公司的义务和权利。此次矿业法规的改革,一方面取消等待获得政府授予开采许可证的时间,另一方面则免除企业获得开采许可权应该缴纳的费用。

2008 年,厄瓜多尔再次对《矿业法》进行了修订。新的《矿业法》条款以自然资源不可转让和不受时效约束为基本原则,根据国家利益进行矿产开发;并建议以累进方式确定矿业税费,并根据国际标准建立一个等级。目前,在拉美地区的等级为 3%~5%。

新修订的条款规定,对矿业企业自生产开始就计算矿业税金额,并减除企业在矿业生产过程中的成本;对矿业权进行重新审核,与国家重新签订矿业活动合同,未能履行合同条件、期限和义务的公司将失去矿业权;在环保方面,新条款借鉴了加拿大、智利和秘鲁等一些国家的矿业标准及相关矿业规定,预防监管矿业活动可能产生的污染;还为厄瓜多尔国家矿业公司开展矿业活动提供了优惠的法律保障。

(三)矿业权

1. 矿业权的类型

依据厄瓜多尔《矿业法》第17条规定,矿业法认可的矿业权利包括探矿权、矿业特许权,采矿合同、执照和许可证,建造、运行选矿厂、铸造厂和炼化厂的授权,矿产品交易许可证等。

2. 矿业权授予方式

厄瓜多尔《矿业法》规定,矿业权的授予主要有申请、转让、拍卖、招标、受让、继承等方式,详见表6-4。

表6-4 厄瓜多尔矿业权类型与授予方式简表

矿权类型 \ 授权	授予方式	授予机构	面积(公顷)	期限(年)	延期(年)	可否转让
探矿(自由区)	任何国内和国外的自然人和法人,皆有自由勘探的权利					
探矿(授权区)	申请	地方矿业局	1~5000	—	—	可
矿业特许权	转让、拍卖、申请	地方矿业局	1~5000	30	30	可
合同方式	申请	地方矿业局	—	—	—	可
建造、运行选矿厂、铸造厂和炼化厂的授予	申请	地方矿业局	—	30	30	可
矿产品交易许可证	申请	矿业调节和监督局	—	3	3	否

3. 矿业权的主要规定

(1)探矿自由。任何国内和国外的自然人和法人(不包括宪法和矿业法禁止的人员)皆具有自由勘探的权利,但保护区、已授予矿业特许权区域、城市人口密集区、考古遗址、特殊矿业权以及公共事业所用区域除外。从事矿业活动必须依照法律规定,取得相应的行政许可。

(2)矿业特许权。厄瓜多尔单一的矿业权(矿业许可证)涵盖了从勘查到矿产销售的整个程序。也就是说,一个公司一旦持有矿业许可证,就可在许可证规定的范围内从事从矿产勘查、开采和销售的各项活动,从一个阶段到另一个阶段并不需要得到厄瓜多尔政府更多的许可。矿业特许经营授予其所有者勘查、勘探、开发、提炼、熔炼、精炼和交易的实际和独家权利。特许经营最大能准予5000公顷整片含矿空地,期限为30年,并根据矿业权人要求,可顺延同样的期限。矿业特许经营能在准予的1~5000公顷内分割或累加。

(3)合同方式。在宣布开始开采阶段后的6个月内,矿业特许权所有人必须与国家(通过相关行业的主管部门)签署开采合同。合同应当包括:建设、安装、采掘、运输和销售,以及在矿业特许区域内获得矿物的期限和条件。同时,合同中应该规定环境管理、提交担保、社区关系、支付开采税和全部或部分采矿方面的义务,并包括支付特许权期间所有对环境造成的赔偿金。在采矿合同中规定,如果是由于技术条件和市场的原因,特许权持有人不能按照已有规定的期限,进行各个阶段的工作,暂停矿业活动,则应该支付给国家经济赔偿金。

(4)选矿厂、铸造厂和精炼厂的授予。相关行业部门可授权给申请的任何国内和国外的自然人和法人(包括国有、合资或私有、社区、自我雇佣企业)选矿厂、铸造厂、精炼厂的安装和使用经营权。选矿厂、铸造厂和精炼厂所有人应当每半年向相关行业主管部门提交生产报告,提交相关部门所需要的资料,并附上投资和已经进行的工作小结、产量和技术运行成果。

(5) 矿产品交易许可。非矿业特许权所有人(自然人和法人)进行金属和非金属矿物的交易和出口时,应该获得相关行业部门颁发的许可证。矿业特许权所有人可以在矿权范围内自由贸易,当矿业特许权所有人经营非特许范围内的矿产品时,仍要按照法律规定申请许可。

(6) 小型矿业矿业权。国家授予自然人和法人小型矿业的矿业权。小型矿业矿业权由相关矿业主管部门按照法律所规定的程序进行授予,矿业权持有人拥有下列权利:勘探、开发、铸造、精炼及销售在开发权区域内可能存在及获得的所有矿产资源,不受现行矿业法的其他规定限制。为了保护矿业权持有人的权利和利益,应在相关矿业主管部门进行小型矿业矿主登记。小型矿业的矿业权持有人必须遵循现行环境法规的相关规定,应当参加由国家地质研究机构所发起的培训项目,并应通过培训项目。

4. 矿业权主体

1) 各类矿业权的主体

厄瓜多尔 2001 年《矿业法》规定,矿业权利的主体是国内或国外有合法行为能力的自然人和合法的企业,可以是国有企业、合资企业、私有企业、社区企业以及自主雇佣企业,企业的经营范围和运行方式遵照国家现行法律的规定。

为了能够拥有矿业权,外国的自然人和法人应该在国内有合法的住所,并享受国民待遇。《矿业法》还规定,禁止将矿业权利授权给有利益冲突或有可能使用特权信息的人,也不可将矿业权利授予和矿业决策机构有联系的法人或自然人(直接参与矿业决策机构的人,或是以股东身份加入矿业决策机构,或是矿业决策机构官员四代内的直系亲属、二代旁系亲属,或为资源部、能源与矿业部、矿业与石油部的前官员,或为资源部、能源与矿业部、矿业与石油部的前官员的四代内的直系亲属和二代旁系亲属)。

2) 注册成立勘查开发公司的操作程序

外商在厄瓜多尔投资矿业和所有厄瓜多尔的公司一样,必须依据《公司法》规定,按厄瓜多尔公司总监署批准的公共章程组建矿业公司,并在商业注册局登记注册。注册成功后,新的企业必须到厄瓜多尔对外贸易与投资委员会进行登记,获取投资许可证。

(1) 注册勘查公司操作程序。在厄瓜多尔勘查公司注册手续自公共章程提交之日起 10 个工作日办妥,具体程序如下:首先聘请一名熟悉相关业务的律师,通过律师向公司总监署申请批准公司名称(3 个名称备选)和公司章程草案,之后等企业章程批准后,由公证处对公司的组建写出公证文书。公司总监署批准公司成立并颁布决议。新组建的公司加入相关行业协会或商会。在所在市政府登记。在工商局(Registro Mercantil)注册,并向税务局申请公司纳税人统一登记证(Registro Unico de Contribuyentes,即 RUC)。

(2) 合资企业和独资企业特别规定。合资企业和独资企业均可以以有限责任公司或股份有限公司的形式成立,合资企业除上述组建公司的基本步骤和程序外,还需补充一些步骤:①合资双方需补充签订合资企业合同,合同经公证处公证后,到厄瓜多尔外交部领事司认证,再到外方合资人国家驻厄瓜多尔使馆认证,合同经认证后,办理投资手续,之后凭认证的合同副本等文件向厄瓜多尔驻合资人本国使馆申请 12-IX 签证(商务签证);②在厄瓜多尔委托律师以有限责任公司或股份有限公司形式办理合资企业注册手续,将合资企业合同纳入合资企业注册文件,作为注册文件的组成部分,以确保合资双方在合资企业中的权利、责任和义务;③持投资凭证将合资人的投资作为外国直接投资在中央银行以自由兑换货币登记,在 12-IX 签证(商务签证)有效期内通过律师将其改为工作签证或长期居留签证。

另外,根据《外资法》,企业在厄瓜多尔投资无论是与当地人成立合资企业,还是成立独资企业,其投入资金、设备或物资均须在厄瓜多尔中央银行以自由兑换货币登记,登记后方被承认为外国直接投资而受法律保护,并享有外国直接投资的待遇。

3) 注册成立公司需要准备的申报材料

注册成立公司需提供以下材料:①通过律师向公司总监署申请批准公司名称(3 个名称备选)和公司章程草案;②由公证处对公司的组建写出公证文书;③公司总监署批准公司成立并颁布决议;④新组

建的公司加入相关行业协会或商会;⑤在所在市政府登记;⑥在工商局(Registro Mercantil)注册,并向税务局申请公司纳税人统一登记证(Registro Unico de Contribuyentes,简称 RUC)。

独资企业的有限责任公司至少有 3 名股东,注册资本最少为 1000 美元;股份有限公司至少有 2 名股东,注册资本起点为 2500 美元。注意在注册公司时在公司注册文件中说明系外国直接投资。

4)行业协会组织

依据厄瓜多尔《公司法》规定,公司需加入相应的协会,一般矿业公司需加入厄瓜多尔国家矿业协会,小型矿业公司可加入厄瓜多尔矿业协会。

5. 矿业用地制度

1)土地权属

厄瓜多尔土地的权属主要有 3 种:国家、集体(社区)和私人所有。

在厄瓜多尔被授予了矿业特许权不等于自动获得矿业权所规定区域的地表土地的所有权。由于社会和政治原因,矿业管理部门不愿意强加地役权给土地所有者。因此,实际上矿业公司需要和土地所有者进行谈判和协商,并签署协议以获得所需土地的地役权,从而进行开采活动和矿业活动有关的设施建设。

据厄瓜多尔《矿业法》规定,从授予矿业开发权或是授权矿产开发、铸造及精炼厂之日开始,土地不动产从属于下列土地使用权:①所有矿业活动相应设施和建设所需全部面积土地的土地使用权,矿产特许权持有人必须向土地所有人以使用土地使用权的名义支付相应数额租金,同样如果造成损害和伤害时,应支付相应的赔偿,如果出现双方无协议的情况,矿业调控和管理机构将决定赔偿金额;②交通、导水管、铁路、飞机场、斜台、传送带以及其他运输和交通系统的土地使用权;③电力部门管理法中有关电力服务设施情况所规定的土地使用权;④为开展矿业活动所需要土地的土地使用权。

2)土地权属查询

投资者可以通过厄瓜多尔政府部门或者各省政府部门查询有关土地使用规划和使用权属,而矿业用地的土地使用权,可以通过矿业登记处查询。

厄瓜多尔《矿业法》还规定,土地、自由区域或是开发区所建立的土地使用权,实质上是临时的,土地使用权通过公共文书进行颁发,在由矿业调节和控制机构决议成立土地使用权的情况下,将由公证人证明并保管。这些文件都将在矿业登记处进行登记。

3)勘查开采用地制度

厄瓜多尔矿业权是一种财产权,与该处地表土地的所有权无关,在法律界定上两权之间相互分离,但两权在空间区域上紧密相关,处理不当常引发争议。在取得矿业勘探、开发许可后,矿业权持有人在地表上建立服务设施和与矿业活动有关的建筑需要征用土地时,就土地使用权与土地所有人签订协议。

如果出现该地区属于文化遗产的情况,矿业权持有人为了获得土地使用权,必须获得国家文化遗产机构的授权,并应当遵循国家文化遗产机构所颁发的管理文件中的相关规定。厄瓜多尔《矿业法》规定,为了便于其他矿业开发区,或开采厂、铸造厂或是精炼厂的通风、排水,或进出通道,可以建立相邻开发区土地使用权或自由区域开发权(图 6-3)。

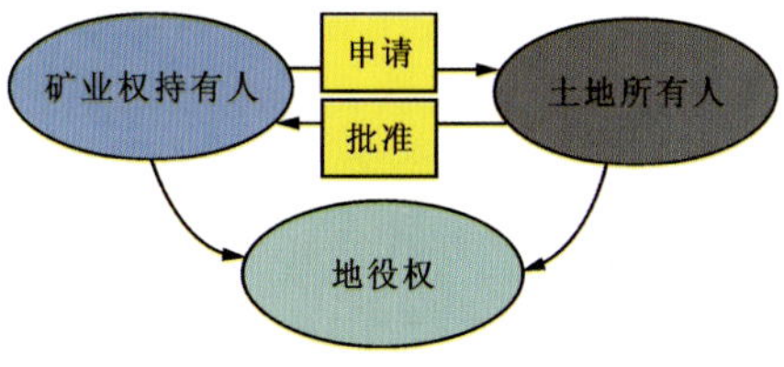

4)土地准入的争端解决程序

图 6-3 勘查开采用地制度简图

拥有矿业权不代表拥有该处土地的所有权,只是拥有在该处土地上进行勘探和开采的权利。厄瓜多尔《矿业法》规定:在矿业权范围内进行作业时,对地表财产应进行财产留置的限制,即对该地表土地所有人的财产进行财产留置。当根据勘探和采矿作业的需要占用地表,进行矿石、矿渣堆放,搭建探矿或采矿设施、公共供电设施和矿石加工设备时,都要对土地建立地役权。地役权需要在土地所有人估计其损失后进行,地役权通过赔偿相应的损失来建立,但须由当事人(即矿业特许权人和土地所有人)多方合同来确定,由矿业调节和监督局来判决和证明。在相关法律程序下,准许申请人立即使用请求的地役权,申请人应为其有可能造成的损失提供足够的保证金或提供担保的义务。

如果矿业活动必须从第三方的特许采矿区开始或穿过该第三方的特许采矿区,而该矿业权持有人或该地役权人无法与供役地所有人达成协议,则该矿业特许权持有人有权请求有管辖权的相关部门确立该地役权。尤其是为采矿工程设计提供或改善通风、排水的地役权更应得到保护。

5)矿业权区原住民协调程序

矿产开发权持有人或特许权所有人与土地所有者或原住居民发生大的争议时,应诉诸行政法院裁决。遇到困难的企业可以充分利用当地律师事务所提供的服务,维护自身权利。

第三节 中国企业在安第斯地区矿业投资现状

自改革开放以来,安第斯地区以其优越矿产资源条件和良好的矿业投资环境,一直是中国企业在海外进行矿业投资的热点地区。自1992年中国首钢集团公司投资购买了秘鲁铁矿以来,经过20多年的发展,中国企业在安第斯地区国家的矿业投资已初具规模。据不完全统计,截至2014年底,在安第斯地区各国投资矿业的中国大型国有企业就有6家,还有一些大型的民营企业(如紫金矿业、庄胜集团、金兆集团、顺德集团等)和众多的中小型企业以及地勘单位,矿业投资总额达300多亿美元。矿业投资方式多种多样,既有大规模的企业并购,也有合资参股和与当地居民或公司合作的项目,以及直接登记矿权进行的草根勘查(常兴国等,2014;雷岩等,2014,2015)。总结起来,中国企业在安第斯地区的开发大致有以下几个特点。

一、矿山企业并购规模大,初步取得成效

中国企业在安第斯地区的矿业投资中,矿山企业并购是最主要的形式之一,投资规模大,并初步取得成效。1992年,中国首钢集团公司利用秘鲁实施私有化初期的有利时机,率先在秘鲁进行了矿业投资,以1.18亿美元的价格购买了当时秘鲁的国有矿山——秘鲁马尔科纳铁矿,并承诺购买后还将投资1.5亿美元用于生产改造。这在当时曾引起了国内外矿业界的轰动,开启了中国企业在安第斯地区进行矿业投资的新开端。此后,中国企业陆续在安第斯地区进行了大规模的矿业投资并购,包括:2007年5月由紫金矿业股份有限公司(简称紫金矿业)以近1.5亿美元收购了秘鲁Rio Blanco铜钼矿(由控股公司紫金铜冠投资有限公司具体收购);2007年8月中国铝业股份有限公司(简称中铝集团,或中国铝业)以8.6亿美元收购了加拿大秘鲁铜业公司91%的股份,获得特大型Toromocho铜矿的控制权;2007年12月江西铜业集团有限公司与中国五矿集团有限公司以总价款4.55亿加元(约合3.49亿美元)现金要约收购了NPC公司的全部已发行股份,获得位于秘鲁北部的Galeno铜金矿的控制权;2009年5月中国山东淄博宏达矿业公司的全资子公司秘鲁金兆矿业以1亿美元收购了加拿大卡帝罗秘鲁西耶罗S.A.C公司在秘鲁的Pongo铁矿;2010年8月铜陵有色金属集团股份有限公司和中国铁建股份有限公司以6.79亿加元(约合6.52亿美元)收购了加拿大Corriente Resources Inc.在厄瓜多尔的米拉多铜矿;2014年初中国五矿集团有限公司联合国内相关公司以70.05亿美元购买了秘鲁Las Bambas铜矿等(表6-5)。

据不完全统计,中国企业在安第斯地区的矿山并购投资(直接购买费用,不包括后期的矿山建设和生产改造投资)已达113.36亿美元,若加上矿山建设和生产改造投资,估计将超过300亿美元。控制矿山的铜资源量达3884.6×10^4t,铁资源量达86.17×10^8t。其中,中国五矿集团有限公司联合国新国际投资有限公司、中信金属有限公司以70.05亿美元从嘉能可斯特拉塔(Glencore Xstrata)公司购买的秘鲁Las Bambas铜矿成为当年全球最大的金属矿山并购项目,也是中国金属矿业史上迄今实施的最大的境外并购。

表 6-5 中国企业在安第斯地区并购矿山情况表

并购矿山名称	主要中资企业	并购额（亿美元）	控制矿产资源量		
			铁（×10⁸t）	铜（×10⁴t）	其他金属（t）
秘鲁马尔科纳铁矿	中国首钢集团公司	1.2	17	—	
秘鲁 Rio Blanco 铜钼矿	紫金矿业股份有限公司	1.5	—	481	
秘鲁 Toromocho 铜矿	中国铝业股份有限公司	8.6	—	1200	—
秘鲁 Galeno 铜金矿	中国五矿集团公司	约 3.49	—	804.6	金 198.1
秘鲁 Pongo 铁矿	山东淄博宏达矿业公司	1.0	35.17	—	
厄瓜多尔米拉多铜矿	中国铁建股份有限公司与铜陵有色金属集团有限公司	约 6.52		349	银 112 927
秘鲁 Las Bambas 铜矿	中国五矿集团有限公司	70.05	—	1050	—
智利艺龙特大型铁矿	广东顺德日新发展有限公司（简称顺德集团）	约 20	30	—	
阿根廷希拉格兰德铁矿	中国冶金科工集团有限公司	1	4		
合计		113.36	86.17	3884.6	金 198.1 银 112 927

目前这些并购矿山有的已经投产,并取得了效益。如首钢秘鲁铁矿已运转 20 余年,累计生产铁矿石 1.6 亿多吨,曾是中国首钢集团公司的主要盈利部门之一。目前,首钢秘鲁铁矿正进行新区建设,预计 2019 年将达到 $2000×10^4 t$ 矿产品的生产能力;中国铝业股份有限公司收购的秘鲁 Toromocho 铜矿在投资了近 30 亿美元的矿山基础设施和生产建设费后,已于 2013 年 12 月投产,2014 年生产精炼铜约 $16×10^4 t$,并计划逐步年产量达到 $25×10^4 t$ 精炼铜的生产规模;中国五矿集团有限公司收购的秘鲁 Las Bambas 铜矿于 2015 年第四季度开始试车调试工作,顺利出产铜精矿,目前,该矿山已实现超过 $40×10^4 t/d$ 的额定采矿产能,铜选矿厂的两条生产线已成功投产,项目进入产量提升阶段,后续,随着项目逐步达产达标,中国五矿集团有限公司将成为中国最大的铜矿山生产企业和全球前十大铜矿山生产商之一;中资企业购买的其他矿山,如秘鲁 Pongo 铁矿、厄瓜多尔米拉多铜矿等也都在抓紧投资建设,计划将在 2019 年或 2020 年投入生产。

同时,随着经验的积累,中国企业对并购矿山的国际化经营管理也逐步趋于成熟。例如,首钢秘鲁铁矿在并购的初期阶段由于缺乏国际矿业管理经验,对当地的法律法规和文化风俗习惯不了解,在生产经营管理上曾走了许多弯路。经过 20 多年的不断探索实践和经验积累,中国企业在外国的目前管理日趋国际化和本土化,生产经营活动逐步平稳。21 世纪以来,由中国铝业股份有限公司和中国五矿集团有限公司购买的大型铜矿山,在经营管理上都注重学习借鉴国际大型矿山的管理经验,经营管理逐步规范。尽管在矿山建设和生产中也曾因社区问题、环保问题与当地产生一定的摩擦,工人也会要求加薪而罢工,但矿山建设与经营总体运行平稳。

二、草根勘查项目多,后续运行困难

进入 21 世纪以来,随着中国政府支持地勘和矿业企业"走出去"的力度不断加大,我国地勘单位和矿业企业到全球各地开展矿产资源风险勘查的单位迅速增多。安第斯地区以其丰富的矿产资源、良好的成矿地质条件和矿业投资环境成为中国地勘单位和企业进行矿产风险勘查的重要选区之一。据统计,截至 2012 年底,仅利用国家国外矿产资源风险勘查专项资金,在安第斯地区开展矿产风险勘查的项目就有 108 个(图 6-4),投资总额约 1.6 亿美元。特别是 2010—2011 年项目最多,分别达到 29 个和

27个项目。遍及除哥伦比亚以外的其他6个安第斯地区国家,其中尤以玻利维亚(32个)、秘鲁(29个)和智利(29个)项目数最多(图6-5)。

从事风险找矿的单位多达50余家。其中,既有大型国有企业(25%)、地勘单位(35%)、国有控股公司(28%),也有民营企业(12%)(图6-6)。

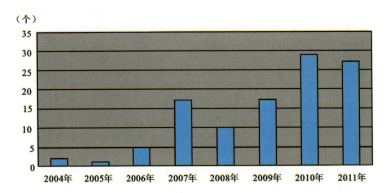

图6-4 2004—2011年中央地勘资金支持的安第斯成矿带的项目数

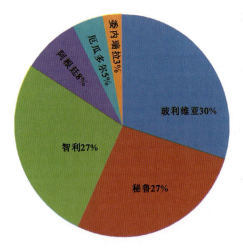

图6-5 利用中央地勘资金投资
安第斯成矿带的项目分布图

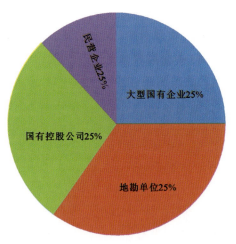

图6-6 利用中央地勘资金投资
安第斯成矿带项目投资主体分布图

这些单位多是利用在当地注册的公司直接登记矿权,或与当地居民、公司开展矿产风险勘查项目合作。在合作中,当地居民或公司通常利用持有的探矿权与中方企业合作,一般不出资,占股比例通常在10%～70%之间;风险勘查投入则全部或大部分由中方出资,占股比例一般在30%以上。风险勘查的目标找矿矿种主要为多金属矿(37个)、铜矿(41个)和铁矿(15个)等,其次还有金矿(6个)、铀矿(6个)等(图6-7)。

在实际经营中,中资企业力图借助国家国外矿产资源风险勘查专项资金的支持,通过发挥自身的找矿勘查技术优势,以低成本进入的方式,逐步筛选出相对优质的矿权,站稳脚跟,再图更大的发展。但是,由于长期以来安第斯地区一直是西方矿业企业投资的热点地区,成矿条件和资源开发条件好的地区几乎都已被西方公司或当地公司所占据,具有找矿潜力的探矿权收购价格更是高不可攀。因而,中资企业只能退而求其次,一是选择以技术入股当地华裔的探矿权,二是选择空白区或不在重要成矿带的区域上,三是选择多次被流转的探矿权等。虽然这些探矿权项目进入成本低,但时间长、找矿风险高,短时间内难以取得重大突破。

通过这些项目的实施,虽然获得了大量安第斯地区各国的实际地质矿产资料,增进了对安第斯地区成矿地质条件和成矿特征的了解,部分项目取得了一些较为优质的探矿权和一定级别的铁、铜、金等矿产资源量。很多中资企业借助这些项目的实施,积累了经验,锻炼了队伍,并初步在相关国家站稳了脚跟,为下一步在该地区开展资源勘查开发奠定了一定的基础,但是总体上看效果并不理想。特别是 2013 年以来,随着国家国外矿产资源风险勘查专项支持的结束和全球矿业市场的逐步低迷,这些初级矿产勘查公司也遭遇了"严冬"。由于融资困难,后续资金不足,勘查工作难以继续,虽然这些公司获得了部分比较优质的矿权,但由于难以找到合适的合作伙伴,而面临着灭失的风险。许多已注册成立的公司,由于经营运行困难,不少公司已选择暂时停止经营,或者关闭撤出。目前,除上述几家大型的国有或民营矿业企业外,尚在安第斯地区国家坚持运行的中资中小矿业与勘查企业已寥寥无几。

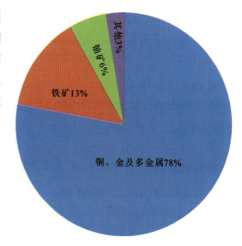

图 6-7 利用中央地勘资金投资安第斯成矿带项目矿种分布图

三、安第斯地区矿业投资中存在的主要问题

中资企业虽然在安第斯地区的矿业投资中取得了初步的成效,但也存在着许多问题。这些问题的产生既有当地的政治经济、文化背景差异等方面的客观原因,也有由于中资企业对国际规则不了解、经营管理经验不足等主观因素(王学评等,2013;梁刚,2016;卢佳义等,2017),归纳起来主要有以下几个方面。

1. 社区问题成为阻碍资源开发的重要因素

安第斯地区是一个拉美特征显著、美洲文化传统浓厚的地区,尤其秘鲁、厄瓜多尔、玻利维亚等印第安人口比例相对较高的国家更是其中的典型(郑会俊,2013;谭道明,王晓惠,2015)。这种人口结构意味着,一方面历史的传承和印痕不会轻易地被抹去,另一方面浓厚的印第安文化将对国家发展进程产生程度不等的影响。同时,安第斯地区国家多是小政府、大社区、高度民主化的社会,国家对当地社区的管束和制约力有限。实际上安第斯地区各国政府为取悦民生,照顾社区利益,曾制定了一系列保护社区利益的法案和政策。例如在秘鲁,原有的《矿产和碳氢化合物法》就要求投资者的上马项目需要通过公听会与当地社区磋商。2010 年 5 月,秘鲁国会又通过了《原居民或当地人的事前会商权法》,据该法公司必须在公听会上介绍其采取的强制性环境影响评估,而当地群众可以提问及表示异议,公司对这些提问及异议必须予以考虑。到了 2012 年,秘鲁又实施《事先磋商法》,该法规定公司在开发项目之前,必须同当地社区达成协议。该法还要求采取一切可能的措施保护居住居民群体生存、尊严和发展等诸多权利,并提高其生活质量。当地的一些政治组织和利益集团也利用这一特点,千方百计对中资矿业企业的投资开发进行阻挠,地方政府以及一些社区代表着各自的政治和经济利益。有的地方为了社区的利益,甚至采取罢工、封路等手段。如 2006 年 4 月,秘鲁南方铜矿和绿山铜矿工人举行罢工,当地民众堵塞主要道路,要求政府从铜矿公司上缴的税收中拨出更大份额交给当地。经过数天罢工,最终由政府出面与地方领导和罢工代表进行谈判,才最后达成协议,增加对当地的财政补贴。

当地社区阻挠矿业开发的理由通常有两种,一是环保问题,二是当地居民就业问题。环保意识极强的社区民众成立了非政府组织,采取了罢工、堵路、游行抗议和暴动等偏激手段反对矿业企业进驻当地,严重影响了当地项目的开发进度。厦门紫金矿业股份有限公司于 2007 年购买的秘鲁北部 Rio Blanco 铜钼矿就因为当地居民对环保问题的顾虑,至今无法建设开发。当地居民认为项目所在的亚马逊高地具有脆弱的云雾林气候,开采将对当地气候和耕地造成破坏。由于担心该矿开发将导致污染、影响水源,当地居民极力阻挠该矿山的建设,甚至对项目的建设工地数次进行暴力袭击。2014 年 3 月中国铝业集团公司购买的秘鲁Toromocho铜矿也因铜矿生产排入当地湖泊的废弃物中含有污染物,秘鲁环保机构认定铜矿废弃物污染当地湖泊,叫停了该铜矿的生产。中国五矿集团有限公司花重金购买的秘鲁Las Bambas铜矿2015年9月也遭到了大约15 000人参与的抗议,他们要求中国五矿集团有限公司下属的五矿资源公司(MMG)修改环保计划,将距离3个矿口3km处的铜钼处理平台进行改造,并要求开采后的矿石经由陆运,即使用货车和火车运往太平洋沿岸,而非像原计划那样使用管道进行运输。与此同时,由于建设工程就业机会减少,示威者还要求五矿资源公司招聘更多当地人。抗议导致当地警察与抗议者发生严重冲突。除秘鲁外,在安第斯其他国家如玻利维亚、厄瓜多尔、阿根廷等国,当地居民组织的以环境保护或促进当地就业为名的游行示威、阻挠矿业开发事件也时有发生。因此,社区问题已成为影响中资企业在安第斯地区矿业投资的重要因素。

2. 罢工问题时常困扰企业的正常生产

劳工问题一直是中资矿业企业面临的一大难题,迄今尚未找到有效的解决办法。我国企业在安第斯地区投资购买的第一座矿山——首钢秘鲁铁矿发展历程就是一个典型事例。自20世纪90年代购买该矿山以来,生产接连不断地遭受各种名目的罢工示威的困扰,每次努力解决后又面临下一波威胁,几乎每年都有一两次规模较大的罢工,似乎已经成为公司运营的常态。中国铝业股份有限公司的Toromocho铜矿自2013年12月投产以来,也遭遇了两次工人罢工,最近的一次是2016年5月31日,罢工的理由大多是要求加薪和争取更多的福利待遇。这些罢工影响了公司的正常生产,给公司也造成了损失。

除了工人罢工外,在安第斯地区国家全国性的罢工也时有发生,各种有理或无理的罢工成了社会常态,政府当局似乎对此呈失控状态,企业的生存权益明显地让位于日益膨胀的合法或非法的劳工权益。分析其原因,一方面与安第斯地区各国注重保护劳工利益的法律政策及政治因素有关,另一方面也和中资企业管理经验不足,缺乏在民主国家正确处理劳资双方关系的能力有关。例如,首钢秘鲁铁矿在购买之初,由于经验和认识不足,忽视了在私有制国家劳资双方是对立的这一基本原则,力图将"劳动者是企业主人"的"中国式思维"移植到首钢秘鲁铁矿,对企业进行管理改造。中国首钢集团不仅与秘鲁铁矿工会签订了条件非常优惠的"集体劳动协议",包括:承诺每年按一定比例给工人涨工资,承担职工子女(包括非婚生子女)上学的一切费用和医疗费用等,还组织秘鲁铁矿工会的领导人及员工代表来北京总部参观,以达到增进理解,以期望能在劳动者亦是企业的主人这一点上达成"统一认识"。而代表团返回秘鲁后,工会领导人一方面亦对北京之行不吝赞辞,称"首钢即新中国之代表",但另一方面,也继而提出了要与首钢总公司员工福利拉平的新诉求,并根据签订的集体劳动协议,每年都要求按协议增加工资,而不管公司经营的好坏、是否盈利等,达不到目的就组织工人罢工,致使首钢秘鲁铁矿背上了沉重的包袱,至今仍无法摆脱。

3. 忽视矿山开发的经济评估

安第斯地区金属矿产成矿地质条件好,矿山不仅储量规模大,而且品位高,品质好。若按中国的矿床工业一般指标和技术标准,许多矿山也许都是优质矿山。但在安第斯地区,结合当地的基础设施、矿山开发条件、周边环境及政治经济等因素,却不一定有经济价值。中资企业在该区进行矿业投资时,将资源储量与找矿潜力占的权重过大,对其他因素考虑不够,往往过分注重了矿山资源储量、矿石品位等地质技术因素,而对矿山开发环境,复杂的政治、经济、文化背景与认识差异等认识不足,习惯于用"中国式思维",过于乐观地估计了矿山开发环境和社区问题处理难度。例如,紫金矿业股份有限公司在购买秘鲁Rio Blanco铜钼矿时,在给国家发改委的报告中称:"Rio Blanco铜钼矿除已探明的矿产之外,矿权范围内还有一处前景良好的潜在大型矿床,预计总储量将达到中国已探明总储量的1/3,单位矿石价值比国内同类矿床高出50%。该矿易采易选,精矿品质高,可建成世界级特大铜钼矿山,早期铜产量相当于国内矿山产量的25%,项目具有良好的经济技术指标,可产生良好的经济效益"。对于风险,他们在报告中称:"我们的风险主要来自环保、社区方面的压力。对此,我们将深入社区进行宣传,消除对方的忧虑,通过宣传告诉当地群众,我们将做足环保措施,开发对当地发展将带来巨大好处"。报告中体现了对矿产资源储量和矿床品位与找矿潜力的重视,也透露了对矿山开发环境与处理社区难度的认识不足。事实上,在紫金矿业股份有限公司收购该矿山股权之前,矿山的原来持有者——英国蒙特瑞科(Monterrico)公司就已经遇到了麻烦。在2005年7月,当地居民因担心矿山开发将导致污染,影响水源,曾有近7000名秘鲁居民涌向Rio Blanco铜矿区,计划袭击该地区,将蒙特瑞科(Monterrico)公司驱逐出去,结果导致一名抗议者丧生。紫金矿业股份有限公司在购买该铜矿时,对此可能认识评估不够,尽职调查中对深层次原因分析不够,导致在购买后的矿山建设中,当地居民抗议不断,甚至发生暴力事件,使该矿至今无法开发建设。

另一个例子是山东淄博宏达矿业公司下属的金兆矿业收购的秘鲁Pongo铁矿,该矿山虽然规模很大,铁矿石资源量达 35.17×10^8 t,平均铁品位 $38.92\% \sim 45.8\%$,若按中国的铁矿床一般工业指标要求,属于富铁矿。但在与该矿山处于同一成矿带上,矿床类型相同的首钢秘鲁铁矿公司,则将全铁品位低于50%的矿石划为低品位矿石,在铁矿石价格较低时期(2004年以前),认为不具经济价值,在生产中只能作为配矿使用。而且Pongo铁矿矿体埋深较大(平均400m以上),露天开采剥采难度比较大,开采成本也将较高。2009年山东淄博宏达矿业公司收购该矿山时,由于缺乏对全球铁矿勘查开发和铁矿石供需形势的长期判断,矿山经济评估不到位,评价矿床的视角发生了偏差。该矿山在铁矿石价格高时,也许有一定的赢利能力,但当铁矿石价格低迷时,则成为无赢利能力的鸡肋矿,缺乏矿山竞争力。

4. 缺乏具备国际化矿业经营能力的人才

在安第斯地区,各国政府为提高当地就业率,要求企业管理本地化。但当地的矿业专业人员严重短缺,很难在本土招聘到优秀矿业管理人才。而我国矿业开发专业技术人才由于受到语言限制和工作签证办理难度加大,以及矿业开发周期长、环境极其艰苦等因素的影响,难以长期驻守在项目所在地。所以就形成了优秀国际矿业开发技术和管理人员被日、韩、英、美等国家高薪聘用,资源国当地优秀人才严重短缺,国内矿业开发专业技术人才由于种种原因又无法发挥应有作用的尴尬局面。

目前,中国企业普遍缺乏熟悉国外矿产资源勘查开发运作规则,具备跨国经营管理能力的人才。在境外企业管理中经常因对东道国的文化、法律不熟悉,劳资关系、社区关系等方面处理不当,而在境外矿业项目经营过程中屡屡碰壁。

在安第斯地区矿业投资市场,若没有充分谙熟当地的政策、法律法规和地质矿产以及了解当地社区等投资环境,也没有雄厚的资本、特殊的地质勘查技术、过硬的设备和国际矿业经营管理技术人才等优势,矿业投资难以取得成效。

第四节 中国企业在安第斯地区进行矿业投资应注意的法律问题

安第斯地区优越的成矿地质条件,巨大的找矿潜力和优势矿产资源与我国经济发展的互补性,决定了在今后一个时期,我国在安第斯地区的矿业投资有望将进一步加大。随着中国企业在安第斯地区矿业投资的日趋增加,伴随而来的法律风险也愈加突出(张利宾,2011;田晓云,2014;张亚军和彭剑波,2016)。我国企业虽经20多年的探索实践,在安第斯地区矿业投资与矿山企业经营管理方面积累了经验,取得了初步成效,但也面临诸多问题。依据安第斯地区各国矿业投资环境与法律法规特点,结合我国企业在该地区矿业投资中存在的问题与经验教训,本文提出在该地区进行矿业投资时,应注意的几个问题。

一、重视前期尽职调查

尽职调查(Due Deligence)是企业进行投资决策必不可少的工作程序。孙子曰:知己知彼,百战不殆。尽职调查就是通过对商业伙伴或交易对方进行的调查,收集与拟议交易相关的关键问题信息,从而达到了解商业伙伴和交易对方的目的,发现其业务上的优势和弱点,找出其现存和潜在的各种重大问题和影响交易的重要因素,为日后做出投资决策以及在交易谈判中讨价还价提供依据,并可作为后期矿山建设与管理的基础。

在尽职调查中,中资企业不仅要充分考察项目所在国的基本国情、政治经济环境、法律制度等,还要尽可能深入细致地了解投资目标的市场前景、管理模式、组织机构、技术能力、财务状况、供应链和营销网络等情况。中资企业不应仅仅关注资产层面的财务、税务等技术尽职调查,更应充分关注与海外运营管理密切相关的政策环境及其变化趋势的研究。

详细全面的尽职调查,能够帮助企业在第一时间发现投资目标可能存在的风险点,从而做好规避、转移和应对风险的各项准备(张亚军和彭剑波,2016)。然而,与国外知名矿企对外投资前的尽职调查相比,中国企业对项目决策前的可行性分析和尽职调查还不够充分,偏紧的预算和时间安排,致使企业很难对不太熟悉的项目环境做细致的分析和考察。特别是在尽职调查中,常掺杂"中国式思维",习惯从中国的视角而不是从适应当地环境的视角去进行分析考察,致使对问题的分析出现偏差。

在过去几年的实践中,许多中资企业在决策投资海外矿业项目前,并没有认真开展尽职调查,造成了许多中资企业深陷困局。究其原因,可能主要有以下几点。

一是过去几年走出国门的大多数矿山企业,都是第一次接触资本化了的国际矿业市场,对海外矿业项目存在的各类风险,特别是这些风险可能造成的损失认识不足,所以对尽职调查及可行性研究工作的重要性也就认识不足。

二是思想认识存在偏差,习惯用"中国式思维"开展尽职调查。调查的主要目的似乎不是为了理清不确定因素,将项目潜在风险降可接受水平,而是为了行政目的,即上报给国家相关行政管理机构获取审批。不少企业为做一个项目可能有几个不同版本的尽职调查报告,分别供内部及外部使用。这进一步淡化了尽职调查工作的严谨性,影响了整个项目团队对做尽职调查重要性的认知。

三是传统认识的影响。"勤俭节约"是中国人的传统美德。我们无时无刻似乎都在想着怎样节省开支,降低成本。这本来没错,但在项目开发的准备阶段,我们必须认识到,确保工作成果的质量,即扎实、仔细和准确,是这个期间工作重点中的重点。有不少企业,特别是项目管理的一线执行团队,经常为了节省一点小小的调查费用,而不顾这点费用对日后工作的影响。殊不知,捡了芝麻,可能却丢了西瓜。

矿业投资具有投资规模大、回收周期长的特征。矿业投资风险既和项目所在地的矿产资源禀赋条件有关,也和项目所在国的政治经济环境、法律法规政策、民俗习惯与文化背景差异等诸多因素有关。因此,矿业投资前期的尽职调查涉及的内容和领域十分广泛。根据近几年我国企业在安第斯地区矿业投资的经验,在尽职调查中,除要进行成矿地质条件、资源储量与品质和采选条件等技术层面和资产、财务、税务、市场等方面的尽职调查外,更要关注与境外运营管理密切相关的所在国或地区政治风险、环境保护法律风险、劳动法律风险、社区环境与地方保护法律风险的调查(张利宾,2011;田晓云,2014)。

1. 政治风险

政治风险是指一国或项目所在地发生政治事件或某些团体出于政治因素的考虑,而对矿业投资和项目运营造成的干扰、破坏风险。政治风险主要有国家干预风险、政策变动风险、民族主义风险、恐怖主义风险等。政治风险在发展中国家主要表现为政局动荡或战争冲突,在发达国家主要表现为东道国基于国家安全等政治因素对境外投资所做的限制。在安第斯地区国家主要表现为政府换届的政局动荡、政策改变,以及与恐怖组织、贩毒集团有关的武装冲突等。

2. 环境保护法律风险

环境问题是目前世界上最为关注的问题之一。随着安第斯地区各国对环境保护的重视和社区民众环保意识的提高,中资企业在该地区的矿业投资面临着环境保护问题的巨大挑战,矿业开发与环境保护的矛盾日益突出。矿山建设与开发可能会对当地的生态环境造成破坏,影响原住民的生活,或者涉及湿地、森林等自然资源的保护和环境污染防控，以及有可能导致地质灾害等。这些都使矿业投资与开发极易引起大众的关注。环境保护问题对海外矿业投资的影响，主要体现在3个方面：第一，各种国际环境保护团体、项目所在国的环境保护机构及环境保护组织、当地居民，都对外国投资对环境的影响非常关注，甚至将其上升到生存权和人权的高度，他们对矿业投资的抵制态度，可能会使投资失败；第二，对环境保护的加强，会大大提高投资成本；第三，由于各方对环境保护的高度关注，涉及到环境保护的行政审批时间较长，因此增加了投资项目的潜在风险与不确定性。

为降低海外矿产资源投资的环境保护风险，公司在投资之前应调查研究项目所在国环境保护法规和政策，按照所在国政府对环境保护的要求建立并完善HES管理体系[HES指健康(Health)、安全(Safety)和环境(Environmet)三位一体管理体系]，并且将环境保护作为企业社会责任的重要组成部分。在申请环境许可证和执照时，中资公司注重矿区周边环境调查和环境影响评价，严格遵循所在国相关法律程序和条件，并保持项目运营所需的环境许可证和执照的有效性。在矿山开发建设中，中资公司要妥善处理好环境保护，原住民的安置、移民和再就业等问题。在矿产资源开采过程中严格遵守所在国环境管理、环境保护等方面法律规定，并采用新技术、新工艺进行环保管理，高度关注有色金属废弃物和有害物排放对矿区地质环境的改变，及时治理尾矿库，避免对矿区或邻近地区造成环境污染以及所在国或者国际人权、环境保护组织对矿山建设与正常开采的不当干预。

3. 劳动法律风险

劳动法律风险是中资企业境外并购后遭遇的典型法律问题。安第斯地区国家对劳工保护都比较重视，法律规定多，规定细，且工会力量强大。工会在投资或并购过程中、在投资完成后的经营活动中，甚至在裁员、退出投资等过程中均有巨大影响。中资企业如果不遵守当地劳动法律，对目标企业人员随意调整、裁减，就有可能违反当地劳动法律，可能导致工会抗议、罢工甚至政府处罚或诉讼。中资企业在这方面曾有过惨痛的教训。

4. 社区环境与地方保护法律风险

安第斯地区国家都具有大社区、小政府的民主管理特征，除国家的政府法律外，不同的地区(省、县等)常有不同的地方保护法规。在国家总体法律框架下，地方性法规具有优先性。矿业投资项目具有长期性和地方性特征，一旦形成投资，是无法搬迁异地再建的。因此，在进行矿业投资前，中资企业除要了解项目所在国家的法律法规外，对项目所在具体地区的地方性法规，包括民俗习惯、约定俗成的一些做法，以及对当地势力情况等更应加强调查，明确可能出现的风险点。如果发现重大风险问题，中资企业需要结合当地实际情况，进行实事求是的理性分析，将风险反映到交易谈判和交易协议的声明、保护条款中，周密制订风险防控预案，必要时要有勇气放弃项目。

矿业投资规模庞大、涉及面广，中资企业在做尽职调查时应该向经验丰富、熟悉投资地政策法规和投资目标的第三方专业机构寻求支持。请他们在投资谈判、并购整合过程中提供全方位的服务。这些服务不仅能够帮助企业在海外经营中避开法律、财税、经营中的"险滩"，而且能够帮助企业打通融资渠道，建立商业关系，应对日益复杂的经营环境。有些中资企业为了节省资金，主要依靠自身力量进行相关尽职调查，由于自身团队缺乏经验，不熟悉商业规则，对当地情况认识不充分，缺乏足够的信息渠道等，致使尽职调查不够充分，在项目后期运营中面临高额的损失。

二、重视社区问题，实现互利共赢发展

20多年来中资企业在安第斯地区矿业投资运营经验表明，社区问题已成为影响矿业投资、阻碍矿区生产建设的一大障碍。究其原因，既有安第斯地区国家政治、法律及体制因素，也与安第斯地区的民族特性、文化背景差异、当地的经济发展水平和政治势力的干扰等诸多因素有关。对中资企业来说，如何处理好与当地政府和社区的关系是一个比较难解决的问题。如果处理不好，很容易引发冲突，且可能导致难以预料的不利后果，影响投资的正常运行乃至造成难以挽回的损失(张亚军和彭剑波，2016)。因

此，在安第斯地区进行矿业投资的中资企业要保证矿业投资项目的顺利实施，必须重视和处理好社区问题。

一是在项目投资前，要做好社区环境与地方法规风险的尽职调查，充分了解当地的法律法规等相关规定、民俗文化习惯、经济发展水平与社会发展需求、地方政府的主要政治派别及其与国家政府的关系、当地势力情况等，对可能存在的社区问题要做深层次的分析，做到依法依规经营，并做好风险防范预案。

二是在项目投资建设过程中，要加强与当地政府与社区居民的沟通，了解当地居民的主要诉求，介绍项目的发展前景，积极争取他们的理解。要及时了解和掌握相关民间组织的动向信息，充分发挥当地权威人士作用，及时与其沟通化解矛盾。

三是要坚持互利共赢、共同发展的理念与当地居民建立互信、互利的合作关系，积极承担必要的社会责任，回报当地社区，树立负责任的企业形象，赢得当地政府及百姓的信任，实现与当地社区的和谐相处。在这方面中国铝业股份有限公司、中国五矿集团有限公司等大型国企都通过不断地探索与总结，做了很多工作，积累了经验。中国铝业股份有限公司在收购Toromocho铜矿后，非常注意环境保护和社区建设，尤其在保护当地水资源上花了很大力气，与当地社区建立了良好关系。在矿山建设投入中，一大部分资金被用来做社区服务。中国铝业股份有限公司用两年时间建成了一座现代化污水处理厂，解决了困扰当地居民70多年的水源不洁问题，并投巨资为当地居民建设了新城镇，创造性地破解了困扰矿山开发的搬迁难题，开创了南美矿业史的先例，模范履行了社会责任，得到了当地居民社区的认同。紫金矿业股份有限公司、中国五矿集团有限公司和江西铜业股份有限公司都采取了与当地居民拉关系套近乎的措施，紫金矿业"改善与秘鲁当地社区、民众的关系，以提高他们对项目的接受程度"，而中国五矿集团有限公司和江西铜业集团有限公司"与当地原住居民建立起了一定的联系，特别是较好地树立了公司具备强烈社会责任感的形象"。中国五矿集团有限公司和江西铜业集团有限公司的工作甚至细致到了注意到当地有很多单亲母亲，于是公司为社区工人提供午餐的食堂全部聘请单亲母亲，专门为单亲母亲们解决了就业问题。这些举措为中国企业海外开发赢得了声誉。

三、正确处理好劳资关系

在安第斯地区如何处理好劳资关系是中资矿业企业面临的一大难题。在中资企业走出国门之初，由于缺乏国际化管理经验，在处理劳资双方关系上，习惯用"中国式思维"，用社会主义模式去进行管理，导致劳资双方矛盾突出，成为引发当地工人罢工的主要诱因。安第斯地区各国都很重视保护本国劳工利益，制定有比较详细的劳工保护法律。对劳资关系、劳工权利保护、劳工争议解决规范通常存在于多部法律法规中，而且涉及劳动者权益的劳动法一般具有强制效力。同时，工会力量强大，在工会的组织下，工人的法律保护意识都很强。因此，中资企业在对所投资的矿山进行经营管理时，在处理劳资关系上，要注意以下几点。

一是要注意研究所在国劳动法律。中资企业应充分熟悉和细致了解所在国劳动立法中有关尊重劳动者职业和平等就业的权利、获得劳动报酬的权利、休息休假的权利、获得劳动安全保护的权利、接受职业技能培训的权利、民主管理权利、结社罢工和集体谈判权利、享受社会保障、劳动合同签订与解除等法律条款。

二是要认真分析公司所面临的劳工雇佣成本和风险。中资企业应严格依照所在国劳动法规并参照当地政府部门提供的雇佣合同范本，审慎与当地员工签订劳工雇佣合同，并与工会签订集体劳动协议，对当地劳工法律规定以外的福利待遇等尽量不要承诺。要严格按照已签订的劳工合同、符合法律规定的内部规章制度对员工进行管理。

三是要遵循所在国劳工雇佣本地化的法定要求，加强当地员工的职业技能培训。中资企业应尊重员工获得薪金和福利待遇、劳动安全保护、接受职业技能培训、参与公司民主管理等基本劳工权利，建立和谐的劳资关系，在促进企业发展的同时注重维护员工的合法权益。同时，中资企业应保存好劳工管理中相关的书面材料和档案，为今后可能出现的劳工纠纷保存好证据，便于在纠纷解决中掌握主动。

四是要加强与企业工会组织的沟通。在安第斯地区各国，工会是代表工人、维护劳工利益的群体组织，力量强大，在处理劳资关系中作用至关重要。中资企业遇到最多的问题是与当地工会组织的工资谈判和劳动关系的协调。由于劳资双方的利益不同，工会及职工在劳动条件、工作环境、工资待遇等方面有其利益驱动，会不时地就相关问题向资方提出自己的要求。中资企业应要依法积极稳妥地处理与工会的关系，在与工会组织的集体谈判中有效利用所在国的相关法律，在维护自身利益的原则下协调好公司与工会的共同目标，尽快与工会就劳工事项达成一致，通过与工会积极协商解决劳资矛盾和罢工事件。中资企业应要尽可能防止工会被某些政治派别或利益集团所利用，在遭遇非法罢工时应启动应急预案，并及时与相关政府部门沟通，以获取所在国政府的支持。

四、防范法律变动风险

矿业投资属于长期投资项目。尽管安第斯地区国家矿业法律政策总体保持稳定，但由于政府的换届更迭、不同政治派别的竞争、经济发展的不平衡、外部势力的干扰，以及近几年来资源民族主义的不断抬头，也存在矿业法律政策变动的风险，应注意防范。

导致一国政策法律频繁变动的原因有很多，通常主要有：东道国法治建设落后，法律机制不完善；经济基础变革迅速，经常要改变、撤销一些不适合国内经济的政策、法律；保护本国产业、经济利益的需要；本国政治利益的需要等。当投资者的投资与东道国的国家利益与发展目标不一致时，东道国由于无法通过暴力夺回资源利益，往往会动用隐性的外汇、财政、经济保护主义等政策，甚至频繁修改法律来限制外国投资者在本国的投资收益。

法律政策变动往往对投资者利益影响较大，通常这种变动的趋势是朝着更加严格的方向变动，即法律政策的负面变动。法律变动可能涉及东道国与外国投资有关的各种法律，包括准入的规定（影响后续再投资等）、投资者待遇、劳动法、环境保护法、税收、外汇管理及有关费用等。发生政策法律负面变动时，中资企业首先应对政策中法律变动的具体内容和规定进行仔细研究，如果其内容涉及投资者与所在国签订的稳定合同规定的内容，则应依据稳定合同积极与所在国政府进行协商谈判，据理力争，尽可能在稳定合同条件下维护自己的权益。当然，中资企业还要将情况尽早通报给我国有关部门，取得政府层面的支持，同时与其他企业联手与所在国政府进行外交途径的谈判也是必要的。如果出现谈判失败（应该是最坏的结果），中资企业则可依据稳定合同所规定的争议解决方式寻求司法或仲裁解决。另外，投资者在仔细研究变动后的法律规定的基础上，如果对有关规定与所在国政府有不同理解，应通过司法途径寻求补救；而对于某些明显不合理的立法或法令，在所在国法律赋予的合法权利范围内，依照法定途径向相关立法或政府部门提出正式意见，甚至通过诉讼途径提起对不合理法令的司法审查，以促使所施加的立法或法令做出合理修改或缓和措施。

中资企业要善于运用稳定合同维护自身利益，围绕稳定合同的签订，要进一步注意以下几方面。

一是"稳定条款"的规定。稳定条款的目的在于通过寻求某些领域如税收、财产安全等稳定状态来降低政治风险，让投资者在合理可预期的条件下营运项目。如果所在国政府认为稳定条款不再反映其最大利益时，通常会寻求与投资者重新谈判，因而对稳定条款的法律效力始终存在争论。有人对依据国际法能否限制合同中国家一方的主权是有疑问的，稳定条款唯一实际的目的就是让投资者感觉放心，但实践中仍有不少国际仲裁庭对稳定条款的效力予以确认的案例。由此意义上讲，稳定条款的具体条文如何规定仍是十分重要的。对于矿业法律中往往没有明确具体的稳定条款，需要通过谈判予以确定。由于稳定条款的内容涉及对所在国立法或行政权力的限制，中资企业必须重视与所在国订立的稳定条款，应将欲禁止的具体事项予以明确规定，否则在发生争议时，笼统地规定"所在国不得单方修改或废除合同"，即使选择仲裁，也可能得不到仲裁庭的支持。

二是合同争议的解决方式。如果因投资协议发生争议或者发生与投资协议有关的争议，投资者与所在国通常会首先进行友好协商，如果协商达不成一致，仍可以进行调解，这样的争议解决方式也被称为非对抗性争议解决方式。对于争议双方来说，这样的解决方法不仅节约成本，而且可以得到更及时友好的解决，其结果更易于为双方所接受，有利于促进双方关系的良性互动。由于非对抗方式的诸多好处，建议在投资协议中明确将协商谈判规定为必须进行的争议解决程序，只有在规定的一段合理时间仍未能达成一致的解决意见的，才能够通过仲裁或者诉讼的方式解决争议。

因投资协议发生的争议通过诉讼解决的，只能由所在国法院受理，而且所在国法院往往适用本国法律来解决，显然这对投资者来说并不有利。因此，选择国际仲裁应该是一种比较适当的争议解决方式。通过仲裁解决纠纷的基础在于争议双方当事人在合同中规定有仲裁条款，一致同意通过仲裁解决争议。但在签订仲裁条款之前仍有一个问题需要明确，即投资者是否需要用尽当地救济之后才可以提交国际仲裁。这种前置性的限制条款会使仲裁条款在实质上形同虚设，因此在签订合同时必须予以注意。实践中，投资合同中往往不会有要求用尽当地救济的规定，多数投资协议规定当事人可在诉诸当地法院或提交国际仲裁之间做出选择。因此，在与所在国政府签订的投资合同中应尽量选择通过国际仲裁来解决合同争议，这有利于避开东道国司法偏见所带来的风险。

三是合同中的法律适用条款。投资协议的适用法律对于稳定条款效力发挥至关重要的作用。如果选择所在国国内法作为投资协议的适用法律常会导致稳定条款无效，因为在其国内法之下，所在国可以行使主权收回对投资者的承诺，即所在国可以根据其国内法取消给予投资者的任何权利。另外，稳定条款的规定与国内法中的某些原则可能相左，如果适用国内法，当客观情况发生变化时，投资者可能得不到稳定条款的保证。中资企业要想成功援引稳定条款维护自身利益，须注意稳定条款本身的制订和合同适用法律的选择。在投资协议中增加法律适用条款，尽可能约定适用国际法规则，如果不易得到所在国政府的同意，至少可约定适用协议一方国家的法律和国际法规则。

五、发挥中国律师在矿业投资中的作用

安第斯地区各国的法律体系均属于大陆法系。由于矿业投资涉及的法律领域非常广泛，既涉及矿业相关法律，也涉及到环境保护法、劳工法、土地法，以及财务、税收、营销、外汇管理等诸多领域。中资企业在该地区进行矿业投资与矿山运营管理中一方面需要聘请熟悉所在国法律与经营环境的当地律师咨询机构提供服务，另一方面发挥中国律师作用也是十分重要的，尤其是在帮助中资企业理解项目所在国法律特征和细节、结合实际制订风险防范措施、减少投资损失方面，其作用是不可替代的。在境外矿业投资中，中国律师的作用主要体现在以下几方面。

1. 就所在国的法律环境提供咨询

中国律师可以通过对项目所在国与境外投资有关的法律法规进行调研，了解所在国的投资环境、对待外资的态度及对不同行业的相关政策等，从而协助中资企业总体把握境外投资项目，对潜在风险做出初步评估。

2. 开展法律尽职调查，评估法律风险

中国律师可以推荐和协调境外律师对当地业务及资产状况进行尽职调查，并在文件审查基础上，就发现的法律问题与中国企业及所在国政府进行沟通，提出解决意见和建议并撰写法律尽职调查报告。

3. 参与项目谈判，就投资方式、交易结构提供法律意见

为促成投资、实现商业目的，中国律师可以对中资企业的投资谈判提供协助，以便在谈判过程中适当控制法律风险并尽快达到商业目标，必要的时候还可参与谈判，与对方协商交易文件的条款及文本等。

4. 起草、审核、修改相关法律文件

境外投资项目涉及一系列的交易文件，包括但不限于股权购买协议、股东协议、公司章程或其他阶段性法律文件。由于目标公司位于境外，主要的交易文件有可能适用所在国法律，中国律师可以协助中资企业起草、审查、修改交易文件并提出相关法律建议。

5. 协助进行项目审批与交割

境外投资涉及到国家发展改革委员会、国家商务部、国家外汇管理局等多个部门,中国律师可以及时关注投资相关法律法规的变化,把握国内外投资动态,同时协助履行政府部门所需的审批手续。中国律师还可以协助境外投资项目按照约定的方式进行交割,审查项目交割的先决法律条件是否满足、有关政府批准文件是否及时取得等,确保拟开展的境外投资最终实现投资目的。

6. 推荐境外律师,监督管理外国律师的工作

中国律师可以协助中资企业选聘当地律师,通过业务渠道,了解境外律师法律服务的质量、审阅境外律师准备的文件材料等,协助中资企业与境外律师进行有效沟通。此外中国律师还可协助选聘会计师事务所等其他中介机构,推进项目的进展。

主要参考文献

常兴国,宋菲,黄英男,等.2014年中国企业境外固体矿产投资分析[J].中国矿业,2015(11):39-41.
陈秀法,赵宏军,韩九曦,等.秘鲁的矿业管理及投资环境[J].中国矿业,2013,22(3):42-44.
陈玉明,杨汇群.阿根廷的矿产资源和矿业开发[J].国土资源情报,2015(2):15-20.
方维萱,李建旭.智利铁氧化物铜金型矿床成矿规律、控制因素与成矿演化[J].地球科学进展,2014,29(9):1011-1024.
郭娟,刘树臣.秘鲁矿产资源及中秘矿业合作前景[J].国土资源情报,2010(7):33-38.
国土资源部信息中心.哥伦比亚矿产资源勘查投资指南[R].北京:国土资源部信息中心,2013.
国土资源部信息中心.委内瑞拉矿产资源勘查投资指南[R].北京:国土资源部信息中心,2014.
国土资源部信息中心.智利矿产资源勘查投资指南[R].北京:国土资源部信息中心,2013.
国土资源部信息中心.秘鲁矿产资源勘查投资指南[R].北京:国土资源部信息中心,2011.
国土资源部信息中心.阿根廷矿产资源勘查投资指南[R].北京:国土资源部信息中心,2011.
贺明生,唐珂,邹赣生.智利斑岩型铜矿地质特征及成矿规律[J].地质与资源,2014,23(3):305-310.
侯增谦,曲晓明,黄卫,等.冈底斯斑岩铜矿成矿带有望成为西藏第二条"玉龙"铜矿带[J].中国地质,2001,28(10):27-30.
侯增谦,高永丰,孟祥金,等.西藏冈底斯中新世斑岩铜矿带:埃达克质斑岩成因与构造控制[J].岩石学报,2004,20(2):239-248.
侯增谦,杨竹森,徐文艺,等.青藏高原碰撞造山带:I.主碰撞造山成矿作用[J].矿床地质,2006a,25(4):337-358.
侯增谦,潘桂棠,王安建,等.青藏高原碰撞造山带:II.晚碰撞转换成矿作用[J].矿床地质,2006b,25(5):521-543.
侯增谦,曲晓明,杨竹森,等.青藏高原碰撞造山带:III.后碰撞伸展成矿作用[J].矿床地质,2006c,25(6):629-651.
琚亮,张光亚,温志新,等.南美西部次安第斯弧后前陆盆地分段特征[J].新疆石油地质,2011,32(4):431-441.
郎兴海,唐菊兴,李志军,等.西藏冈底斯斑岩铜矿带雄村矿区侏罗纪成矿作用:来自锆石 U-Pb 和辉钼矿 Re-Os 年龄的证据[J].矿物学报,2013(S2):328.
雷贵春.投资秘鲁矿业的机会与挑战[J].世界有色金属,2010(6):26-29.
雷岩,张志,宋菲,等.矿产资源"走出去"进入南美洲的形势及对策建议[J].中国矿业,2014,23(11):35-39.
雷岩,杜清坤,宋菲,等.全面实施国外矿产资源勘查开发战略的思考[J].中国矿业,2015(1):24-28.
李建华.秘鲁南部铁矿勘查地球物理信息方法研究[D].长沙:中南大学,2012.
李建旭,方维萱.铁氧化物铜-金矿床与斑岩铜矿的构造控制及岩浆作用[J].中国矿业,2011,20(10):57-61.
李建旭,方维萱,刘家军.智利铁氧化物-铜-金矿床区域定位构造-矿田构造类型与特征[J].地质与勘探,2011a,47(2):323-332.

李建旭,郑厚义,高海鸥.智利劳斯奎洛斯(Los Quilos)铜矿床地质特征及找矿标志[J].地质找矿论丛,2011b,26(1):85-89.

李可新.利用水平井改善江汉老区开发效果[J].江汉石油科技,2006,16(4):45-47.

李欣宇,孙文海.中国对拉美直接投资现状、问题及对策[J].时代金融,2015,11(33):267-269.

梁刚.2015年世界石油储产量及天然气储量表[J].国际石油经济,2016,24(1):104-105.

刘显沐.秘鲁金矿成矿规律及资源远景分析[J].黄金,2005,6(26):7-12.

刘伟.全球矿业投资环境[J].中国金属通报,2008(47):30-31.

卢民杰,朱小三,郭维民.南美安第斯地区成矿区带划分探讨[J].矿床地质,2016,35(5):1073-1083.

卢佳义,赵宏军,朱小三.安第斯地区国家矿业法律特点及对中国企业矿业投资的影响[J].地质通报,2017,36(12):2332-2343.

梅燕雄,裴荣富,杨德凤,等.全球成矿域和成矿区带[J].矿床地质,2009,28(4):383-389.

孟祥金,侯增谦,高永丰,等.碰撞造山型斑岩铜矿蚀变分带模式——以西藏冈底斯斑岩铜矿带为例[J].地学前缘,2004,11(1):201-214.

裴荣富,李进文,梅燕雄.大陆边缘成矿[J].大地构造与成矿学,2005,29(1):24-34.

曲晓明,侯增谦,黄卫.冈底斯斑岩铜矿(化)带:西藏的第二条玉龙铜矿带?[J].矿床地质,2001,20(4):355-366.

瞿泓滢,裴荣富,梅燕雄,等.国外超大型—特大型铜矿床成矿特征[J].中国地质,2013,40(2):371-390.

任爱军,金庆民,荆福建,等.南安第斯中生代构造演化[J].火山地质与矿产,1993,14(4):12-26.

任爱军.南安第斯-南极半岛对比研究的现状回顾和展望[J].火山地质与矿产,1993,14(4):60-67.

芮宗瑶,张立生,王龙生,等.斑岩铜矿与陆相火山活动[J].地震地质,2003,25(增刊):78-87.

芮宗瑶,张立生,陈振宇,等.斑岩铜矿的源岩或源区探讨[J].岩石学报,2004a(20):229-238.

芮宗瑶,李光明,张立生,等.西藏斑岩铜矿对重大地质事件的响应[J].地学前缘,2004b,11(1):145-152.

芮宗瑶,侯增谦,李光明,等.冈底斯斑岩铜矿成矿模式[J].地质论评,2006,52(4):459-466.

尚潞君,滕正双,张平.首钢秘鲁铁矿马尔科纳矿区9—10号矿体地质特征及成矿模式[J].地质找矿论丛,2017,32(02):340-350.

宋国明.拉美矿产资源开发现状[J].国土资源情报,2001(11):19-26.

宋国明.秘鲁矿业概览[J].中国金属通报,2009(4):34-37.

宋国明.投资秘鲁矿业的机遇与风险[J].国土资源情报,2010(3):29-33.

宋国明,胡建辉.南美洲矿业立法及变化[J].世界有色金属,2013(4):30-32.

宋国明.2012—2013年度全球矿业投资环境调查评价[J].国土资源情报,2013(10):2-7.

田纳新,陈文学,殷进垠,等.安第斯山前典型前陆盆地油气成藏特征及主控因素[J].新疆石油地质,2011,32(6):692-695.

田晓云.中国企业海外矿业投资法律风险防范研究[J].商业时代,2014(19):104-107.

谭道明,王晓惠.拉美投资、贸易的法律环境及风险防范[J].拉丁美洲研究,2015,37(4):3-11.

唐尧,连卫,陈春琳,等.厄瓜多尔矿产资源概况及矿业投资环境分析[J].国土资源情报,2013(8):29-33.

唐尧.哥伦比亚地质矿产成矿规律及找矿远景区划分析[J].矿产勘查,2014,5(4):649-653.

王肇芬,赵俊磊,王璞译,等.世界斑岩铜矿[M].北京:地质出版社,1990.

王安建.世界资源格局与展望[J].地球学报,2010,31(5):621-627.

王安建.全球能源与矿产资源格局[M].北京:地质出版社,2012.

王威.南美国家矿业投资形势分析[J].国土资源情报,2013(4):49-52.

王京,方维萱,马骋,等.在智利进行矿业国际直接投资的准入规则与策略研究[J].中国矿业,2014,23(4):50-53.

王海军,王义武.玻利维亚矿产资源与相关投资政策[J].西部资源,2007(16):53-62.

王学评,韩九曦,元春华,等.我国矿业境外投资分析与思考[J].中国矿业,2013,22(1):26-29.

武力聪,吴爱祥.关于我国企业海外矿业投资现状的思考和建议[J].中国矿业,2009,18(6):20-23.

吴荣庆.拉丁美洲若干国家矿业投资环境分析和比较研究[M].北京:中国大地出版社,2001.

吴斌,方针,叶震超.Don Javier 斑岩型铜钼矿床地质特征[J].矿床地质,2013,32(6):1159-1170.

谢寅符,刘亚明,马中振,等.南美洲前陆盆地油气地质与勘探[M].北京:石油工业出版社,2012.

姚春亮,陆建军,郭维民,等.斑岩铜矿若干问题的最新研究进展[J].矿床地质,2007,26(2):39-46.

姚凤良,孙丰月.矿床学教程[M].北京:地质出版社,2006.

叶德燎,徐文明,陈荣林.南美洲油气资源与勘探开发潜力[J].中国石油勘探,2007,12(2):70-75.

翟裕生,邓军,李晓波.区域成矿学[M].北京:地质出版社,1999.

赵文津.大型斑岩铜矿成矿的深部构造岩浆活动背景[J].中国地质,2007,34(2):179-205.

赵宏军,卢民杰,邱瑞照,等.浅谈安第斯成矿带铜矿时空分布规律[C].2014年中国地球科学联合学术年会——专题59:境外地质矿产调查评价论文集[A].2014:2604-2607.

赵志丹,莫宣学,Nomade S,等.青藏高原拉萨地块碰撞后超钾质岩石的时空分布及其意义[J].岩石学报,2006,22(4):787-794.

杨志明.西藏驱龙超大型斑岩铜矿床岩浆作用及矿床成因[D].北京:中国地质科学院,2008.

杨志明,侯增谦,宋玉财,等.西藏驱龙超大型斑岩铜矿床:地质、蚀变与矿化[J].矿床地质,2008,27(3):279-318.

杨志明,侯增谦,江迎飞,等.西藏驱龙矿区早侏罗世斑岩的 Sr-Nd-Pb 及锆石 Hf 同位素研究[J].岩石学报,2011,27(7):2003-2010.

杨建民.拉美国家的司法制度研究[J].拉丁美洲研究,2010,32(6):35-44.

冶金工业部技术情报研究所.世界选矿专利文献通报(总第一辑)[R].北京:冶金工业部技术情报研究所,1980.

于银杰,赵宏军.玻利维亚矿业管理体制与税费制度[J].中国国土资源经济,2013(2):51-53.

袁华江.哥伦比亚矿业的法律与经济评述[J].世界经济情况,2010(4):50-55.

元春华,韩九曦,刘大文,等.全球铜矿资源潜力探析[J].中国矿业,2012,21(11):1-5.

张立新,周佳,贾长顺.智利中北部海岸山脉中生代层控型铜(银)矿床[J].矿产勘查,2010,1(4):393-399.

张兴春.国外铁氧化物铜-金矿床的特征及其研究现状[J].地球科学进展,2003,18(4):551-560.

张扬.秘鲁南部 Donjavier 铜矿区地质特征与成矿预测研究[D].长沙:中南大学,2011.

张杨,高光明,席振,等.秘鲁南部深大断裂与古新世斑岩铜矿带地质特征[J].南方金属,2011(179):19-22.

张利宾.对中国企业海外投资法律风险的研究[J].北京仲裁,2011(4):53-80.

张亚军,彭剑波.我国企业境外投资的现状、法律风险及对策[J].法制与经济,2016(1):177-179.

郑有业,高顺宝,程力军,等.西藏冲江大型斑岩铜(钼金)矿床的发现及意义[J].地球科学——中国地质大学学报,2004,29(3):333-339.

郑会俊.玻利维亚矿业开发的机遇与风险[J].西部探矿工程,2013,25(4):170-172.

中国地质调查局.应对全球化:全球矿产资源信息系统数据库建设之三十一:玻利维亚[R].北京:中国地质调查局,2012.

中国地质调查局.应对全球化:全球矿产资源信息系统数据库建设之二十八:智利[R].北京:中国地质调查局,2011.

中国地质调查局发展研究中心. 应对全球化:全球矿产资源信息系统建设数据库建设之二十三:南美洲卷——秘鲁[R]. 北京:中国地质调查局发展研究中心,2010.

中国地质调查局发展中心境外矿产资源研究室. 应对全球化:全球矿产资源信息系统数据库建设:秘鲁卷[R]. 北京:中国地调局发展中心,2010.

周维德,张正伟,袁盛朝,等. 西藏尼木县白容斑岩型铜钼矿床特征及成矿期次[J]. 矿物岩石地球化学通报,2014,33(2):177-184.

周玉,温春齐,周雄,等. 西藏邦浦钼铜多金属矿床稀土元素特征[J]. 矿物学报,2009(增刊):363-364.

周雄,温春齐,费光春,等. 西藏邦铺斑岩型钼矿床二长花岗斑岩地球化学特征及构造意义[J]. 矿物岩石,2010,30(4):48-54.

朱裕生. 矿产预测理论——区域成矿学向矿产勘查延伸的理论体系[J]. 地质学报,2006,80(10):34-43.

朱小三,卢民杰,陈文景,等. 安第斯与冈底斯成矿带斑岩铜矿床地质矿物学和成矿斑岩地球化学特征对比[J]. 地质通报,2017,36(12):2143-2154.

Al Kadasi A. N. Interpretation of aeromagnetic data in terms of surface and subsurface geologic structures,southwestern Yemen[J]. Arab J. Geosci,2015(8):1163-1179.

Allen R L,Tornos F,Peter J M. A thematic issue on the geological setting and genesis of volcanogenic massive sulfide (VMS) deposits[J]. Mineralium Deposita,2011,46:5-6,669.

Ametrano S,Etcheverry R,Echebeste H,et al. VMS district of Tierra del Fuego,Argentina[J]. Mario,2000:593-612.

Araneda R. El Indio,yacimiento de oro,plata y cobre,Coquimbo,Chile[J]. Minerales,1982(37):5-13.

Ardil A. Intel-ligéncia:personalitat en el procés rehabilitador en una mostra de joves internats en régim tancat[J]. Barcelona:Universitat Autónoma De Barcelona,1998.

Armijo R,Thiele R. Active faulting in northern Chile:ramp stacking and lateral decoupling along a subduction plate boundary? [J]. Earth and Planetary Science Letters,1990(98):40-61.

Armijo R,Lacassin R,Coudurier-Curveur A,et al. Coupled tectonic evolution of Andean orogeny and global climate[J]. Earth-Science Reviews,2015(143):1-35.

Arévalo C,Grocott J,Pringle M,et al. Edad $^{40}Ar/^{39}Ar$ de la mineralización en el yacimiento Candelaria,Región de Atacama. Actas 9th Congr[J]. Geol. Chile,2000(2):92-96.

Asia-Pacific Mining Sector Study. A final report prepared for APEC Business Advisory Council (ABAC):Asia-Pacific mining sector study[C]. Sept.,2014:1-169.

Avila-Salinas W. Origin of the copper ores at Corocoro,Bolivia. Part of the Stratabound ore deposits in the Andes[J]. Mineral Deposits,1990(8):659-670.

Bahlburg H,Herve F. Geodynamic evolution and tecnostratigraphic terranes of northwestern Argentina and northern Chile[J]. Geological Society of America Bulletin,1997(109):869-884.

Bally A W,Palmer A. The Geology of North America - An Overview[M]. Gedogical Society of America,Inc,1989.

Barra F,Alcota H,Rivera S,et al. Timing and formation of porphyry Cu-Mo mineralization in the Chuquicamata district,northern Chile:new constraints from the Toki cluster [J]. Miner Deposit,2013,48(5):629-651.

Barrie C T,Hannington M D. Volcanic-associated massive sulfide deposits:processes and examples in modern and ancient settings[J]. Reviews in Economic Geology,1999(8):408.

Barton M D,Johnson D A. Evaporitic source model for igneous-related Fe oxide-(REE-Cu-Au-U) mineralization[J]. Geology,1996(24):259-262.

Bendezú R,Page L,Spikings R,et al. New $^{40}Ar/^{39}Ar$ alunite ages from the Colquijirca district,Peru: Evidence of a long period of magmatic SO_2 degassing during formation of epithermal Au – Ag and Cordilleran polymetallic ores[J]. Mineralium Deposita,2008(43):777 – 789.

Benedetto J L,Ramirez Puig E. La secuencia sedimentaria Precambrico-Paleozoico pericratonica del extreme norte de Sudarnrica y sus relaciones con las cuencas del norte de Africa[J]. V° Congreso Latinoamericano de Geología,1982(2):411 – 425.

Benjamin Bley de Brito Neves,Umberto G Cordani. Tectonic evolution of South America during the Late Proterozoic[J]. Precambrian Research,1991(53):23 – 40.

Benthem S V,Govers R,Spakman W,et al. Tectonic evolution and mantle structure of the Caribbean[J]. Journal of geophysical research: solid earth. ,2013(118):3019 – 3036.

Berry L W,Westlund B,Schedl T. Germ-line tumor formation caused by activation ofglp-1,a Caenorhabditis elegans member of the Notch family of receptors[J]. Development,1997(124):925 – 936.

Black J K. Latin America,Its Problems and Its Promise: A Multidis-ciplinary Introduction[M]. Colorado:Westview Press,1998.

Bohlke J K. Orogenic metamorphic – hosted gold-quartz veins. U. S[J]. Geological Survey,Open-file Report,1982(795):70 – 76.

Bourgois J,Egiiez A,Butterlin J,et al. Evolution géodynamique de la Cordillere Occidentale des Andes d'Equateur: la découverte de la formation éoched'Apagua[J]. C. R. Acad. Sci. Paris,Sér. II,1990(311):173 – 180.

Bourgois J,Martin H,Lagabrielle Y,et al. Subduction rosion related to spreading-ridges ubduction:Taitao peninsula (Chile margin triple junction area)[J]. Geology,1996(24):723 – 726.

Boric P R,Díaz F F,Maksaev J V. Geologically yacimientos metalliferos de la Region de Antofagasta[J]. Serv Nac Geol Miner Bol,1990(40):1 – 246.

Boric R,Holmgren C,Wilson NSF,et al. The geology of the El Soldado manto-type Cu (Ag) deposit,Central Chile[J]. PGC,Adelaide,2002:163 – 184.

Brito Neves B B,Campos Neto M C,Fuck R A. From Rodinia to Western Gondwana: an approach to the Brasiliano-Pan African Cycle and orogenic collage[J]. Episodes,1999(22):155 – 166.

Brown M,Diáz F,Grocott J. Displacement history of the Atacama fault system 25°S – 27°S,northern Chile[J]. Geological Society of America Bulletin,1993(105):1165 – 1174.

Camus F,Albert O. Mito de Sísifo-Ensaio sobre o Absurdo[M]. Lisboa: Livro do Brasil,1980.

Camus F,Boric R,Skewes M A,et al. Geologic,structural,and fluid inclusion studies of El Bronce epithermal vein system,Petorca,central Chile[J]. Economic Geology,1991(86):1317 – 1345.

Camus F,Dilles J H. Special issue devoted to porphyry copper deposits of northern Chile: Preface[J]. Economic Geology,2001(96):233 – 7.

Camus F. The Andean porphyry systems[M]. Tasmania:University of Tasmania,Centre for Ore Deposit Research Special Publication,2002.

Camus F. The Andean porphyry systems,in Porter,T. M. ,ed. ,Super porphyry copper and gold deposits: A global perspective[M]. Linden Park,South Australia,Porter Geo Consultancy Publishing,2005.

Candiotti H,Noble D C,Mc Kee E. Geologic setting and epithermal silver veins of the Arcata district,southern Peru[J]. Economic Geology,1990,85(7):1473 – 1490.

Carlotto V,Carlier G,Jaillard E,et al. Sedimentary and structural evolution of the Eocene-Oligocene Capas Rojas basin: Evidence for a late Eocene lithospheric delamination event in the southern Perúvian Altiplano[J]. IV International Symposium on Andean Geodynamics,Göttingen,1999:141 – 146.

Carter W R. Magnitude and frequency of floods in suburban areas: U. S[J]. Geological Survey Professional Paper, 1961, 424 - B: 9 - 11.

Cedie F, Shaw R P, Caceres C. Tectonic assembly of the northern Andean Block[J]. AAPG Memoir, 2003(79): 815 - 848.

Charrier R, Muoz N. Jurassic Cretaceous paleogeographic evolution of the Chilean Andes at 23°- 24°S and 34°- 35°S latitude: a comparative analysis[J]. Tectonics of the Southern Central Andes, Springer Verlag, 1994: 233 - 242.

Charles G C, Eduardo O Z, Waldo V S, et al. Quantitative Mineral Resource Assessment of Copper, Molybdenum, Gold, and Silver in Undiscovered Porphyry Copper Deposits in the Andes Mountains of South America[J]. Open-File Report, 2008: 2008 - 1253.

Chávez W. Geological setting and the nature and distribution of disseminated copper mineralization of the Mantos Blancos district, Antofagasta Province, Chile[D]. Califormia: University at California, Berkeley, USA, 1985.

Chauvet L, Collier P, Fuster A. Supervision and Project Performance: A Principal-Agent Approach[J]. Anoreas Fuster, 2015.

Chen H Y. External sulphur in IOCG mineralization: Implications on definition and classification of the IOCG clan[J]. Ore Geology Reviews, 2013(51): 74 - 78.

Chorowicz J, Vicente J C, Chotin P, et al. Neotectonic map of the Atacama Fault Zone (Chile) from SARS ERS - 1 images[J]. Third ISAG, 1996: 165 - 168.

Chung S L, Liu D, Ji J, et al. Adakites from continental collision zones: melting of thickened lower crust beneath southern Tibet[J]. Geology, 2003(31): 1021 - 1024.

Chung S L, Chu M F, Ji J Q, et al. The nature and timing of crustal thickening in Southern Tibet [J]. Tectonophysics, 2009(477): 36 - 48.

Clarke A H, Farliard D, Kontak A J, et al. Geologic and Geochronologic Constraints on the Metallogenic Evolution of the Andes of Southeastern Peru[J]. Economic geology, 1990(85): 1520 - 1583.

Cordani G U. Tectonic Evolution of South America[M]. Geological Society, 2000.

Cordani U, Milani E J, Thomaz Filho A, et al. Tectonic Evolution of South America[M]. Campos Rio de Janeiro, 2000.

Cordani U G, Milani E J, Thomaz F A, et al. Tectonic Evolution of South America, Rio de Janeiro, Brazil, 31st[M]. International Geological Congress, 2000.

Corriveau L. Iron Oxide Copper-Gold (+/- Ag +/- Ree +/- U) Deposits: A Canadian Perspective[C]. Open -File Report of Geological Survey of Canada, 2006: 1 - 56.

Cosma L, Lapierre H, Jaillard E, et al. Petrographie et geochimie des unites magmatiques de la Cordillere occidentale d'Equateur (0°30′S): implications tectoniques[J]. Bull. Soc. Geol. Fr., 1998 (169): 739 - 751.

Cuadra P, Camus F. The Radomiro Tomic porphyry copper deposit, northern Chile[C]. Conference Proceedings: Glenside, South Australia, Australian Mineral Foundation, 1998: 99 - 109.

Cunningham W D, Windley B F, Dorjnamjaa D, et al. Late Cenozoic transpression in southwestern Mongolia and the Gobi Altai-Tien Shan connection[J]. Earth and Planetary Sciences, 1996(140): 67 - 82.

Cunningham C G, Zappettini E O, Waldo V S, et al. Quantitative Mineral Resource Assessment of Copper, Molybdenum, Gold, and Silver in Undiscovered Porphyry Copper Deposits in the Andes Mountains of South America. U. S[C]. Geological Survey. Open-File Report, 2008: 2008 - 1253.

Dalla Salda L H, Varela R, Cingolani C, et al. The Rio Chico Paleozoic crystalline complex and the evolution of northern Patagonia[J]. Journal of South American Earth Sciences,1994,7(3-4):377-386.

Dallmeyer R D,Neubauer F,Handler R,et al. Tectonothermal evolution of the internal Alps and Carpathians: Evidence from $^{40}Ar/^{39}Ar$ mineral and whole-rock data[J]. Eclogae Geol. Helv. ,1996a(89):203-227.

Dallmeyer R D,Brown M,Grocoa J,et al. Mesozoic Magmatic and Tectonic Events Within the Andean Plate Boundary Zone,26°-27°30′,North Chile: Constraints from $^{40}Ar/^{39}Ar$ Mineral Ages[J]. Journal of Geology,1996b(103):19-40.

Danniel J K,Alan H C. Genesis of the Giant,Bonanza San Rafael Lode Tin Deposit,Peru Origin and Significance of Pervasive Alteration[J]. Economic Geology,2002(97):1741-1777.

David A L,Alan H C,Glover J K. The Lithologic,Stratigraphic,and Structural Setting of the Giant Antamina Copper-Zinc Skarn Deposit,Ancash,Peru[J]. Economic Geology,2004(99):887-916.

Davidson J,Mpodozis C. Regional geological setting of epithermal gold deposits,Chile[J]. Economic Geology,1991(86):1174-1186.

Deckart K,Silva W,Spröhnle C,et al. Timing and duration of hydrothermal activity at the Los Bronces porphyry cluster: an update[J]. Mineralium Deposita,2014,49(5):535-546.

Dietrich R A,Richberg M H,Schmidt R,et al. A novel zinc finger protein is encoded by the Arabidopsis LSD1 gene and functions as a negative regulator of plant cell death[J]. Cell, 1997(88):685-694.

Dill H. G. Evolution of Sb mineralisation in modern fold belts: a comparison of the Sb mineralisation in the Central Andes (Bolivia) and the Western Carpathians (Slovakia)[J]. Mineralium Deposita,1998(33):359-378.

Dong G,Mo X,Zhao Z,et al. Geochronologic constraints on the magmatic underplating of the Gangdese Belt in the India-Eurasia collision: evidence of SHRIMP II zircon U-Pb dating[J]. Acta Geologica Sinica,2005(79):787-794.

Elderry S M,Diaz G C,Prior D J,et al. Structural styles in the Domeyko range,northern Chile[J]. Third ISAG,St Malo (France),1996(9):17-19.

Eppelbaum L V. Quantitative interpretation of magnetic anomalies from bodies approximated by thick bed models in complex environments[J]. Environ Earth Sci. ,2015(74):5971-5988.

Espinoa S,Veliz H. The cupriferous province of the coastal range,northern Chile. In Andean copper deposits[J],Society of Economic Geologists,Special Publication,1996(5):19-32.

Flint S S,Prior D J,Agar S M,et al. Stratigraphic and structural evolution of the Tertiary Cosmelli Basin of southern Chile and its relationship to triple junction evolution[J]. Journal of the Geological Society of London,1994(151):251-268.

Forero-Suarez A. The basement of the East ern Cordillera,Colombia: An allochthonous terrane in northwestern South America[J]. Journal of South American Earth Sciences,1990,3(2-3):141-151.

Francisco C. The Andean porphyry systems:super porphyry copper &.gold deposits: aglobal perspective[J]. PGC Publishing Adelaide,2005(1):45-63.

Franzese J R,Spalletti L A. Late Triassic-Early Jurassic continental extension in southwestern Gondwana: tectonic segmentation and pre-break-up rifting[J]. Journal of South American Earth Sciences,2001(14):57-270.

Franklin J M,Gibson H L,Jonasson I R. Volcanogenic massive sulfide deposits: Economic Geology 100th Anniversary volume[J]. Society of Economic Geologists,2005:523-560.

Fukao Y,Yamamoto A,Kono M. Gravity anomaly across the Peruvian Andes[J]. Jour. Geophys Research,1989,94(B4):3867-3890.

Gao Y F, Hou Z Q, Wei R H. Post-collisional adakitic porphyries in Tibet: Geochemical and Sr-Nd-Pb isotopic constrains on partial melting of oceanic lithosphere and crust-mantle interaction[J]. Acta Geologica Sinica, 2003(77): 123-135.

Gao Y F, Hou Z Q, Kamber B S, et al. Adakite-like porphyries from the southern Tibetan continental collision zones: evidence for slab meltmetasomatism[J]. Contribution to Mineral Petrology, 2007(153): 105-120.

Garrido M, Barra F, Domínguez E, et al. Late Carboniferous porphyry copper mineralization at La Voluntad, Neuquén, Argentina: Constrains from Re-Os molybdenite dating[J]. Mineralium Deposita, 2008(43): 591-597.

Gammons C H. Chemical mobility of gold in porphyry-epithermal environment[J]. Economic Geology, 1997(92): 45-59.

Gendreau B C, Mc Lendon T E. 2017 Latin American Business Environment Report[D]. Flovida: University of Florida, Center for Latin American Studies, 2017.

Gerardo B, Camus F, Carrasco P, et al. Aeromagnetic signature of porphyry systems in northern Chile and its geologic implication[J]. Economic Geology, 2001a(96): 239-248.

Gordon Mackenzie Jr. Moorefield formation and Ruddell shale, Batesville district, Arkansas[J]. American Association of Petroleum Geologists Bulletin, 1944, 28(11): 1626-1634.

Groves D I, Goldfarb R J, Gebre-Mariam M, et al. Orogenic gold deposits: a proposed classification in the context of the crustal distribution and relationship to other gold deposit types[J]. Ore Geology Reviews, 1998(13): 1-28.

Guo Z F, Wilson M, Liu J Q. Post-collisional adakites in south Tibet: Products of partial melting of subduction-modified lower crust[J]. Lithos, 2007(96): 205-224.

Haeberlin Y, Moritz R, Fontboté L, et al. Carboniferous Orogenic Gold Deposits at Pataz, Eastern Andean Cordillera, Peru: Geological and Structural Framework, Paragenesis, Alteration, and $^{40}Ar/^{39}Ar$ Geochronology[J]. Economic Geology, 2004(99): 73-112.

Hannington M D. Volcanogenic massive sulfide deposits. In S. D. Scott, volume editor, Geochemistry of Mineral deposits[J]. Treatise on Geochemistry, 2013(13): 463-488.

Hauck S A, Hinze W J, Kendall E. W, et al. A conceptual model of the Olympic Dam Cu-U-Au-REE-Fe deposit: A comparison of central North America and South Australian terranes[J]. Geol. Soc. Am. Abst. With Progam, 1989(21): A32-33.

Haynes D W, Cross K C, Bills R T, et al. Olympic Dam ore deposit: a fluidmixing model[J]. Economic Geology, 1995(90): 281-307.

Hickey F, Gerlach D, Frey F. Geochemical variations in volcanic rocks from central-south Chile (33-42°S)[M]. United Kingdom: Shiva Publishing, 1984.

Hickey K A, Rubanyi G, Paul R J, et al. Characterization of a coronary vasconstrictor produced by cultured endothelial cells[J]. Am. J. Physiol., 1985(248): 550-556.

Hinojosa L, Bebbingtonm A, Cortez G, et al. Gas and Development: Rural Territorial Dynamics in Tarija, Bolivia[J]. World Development, 2015(13): 105-117.

Hinze W, Frese R V. Magntics in geoexploration. Proc[J]. India Acad. Sci. (Earth Planet Sci.), 1990, 99(4): 515-547.

Hitzman M W, Valenta R K. Uranium in iron oxide-copper-gold (IOCG) systems[J]. Economic Geology, 2005(100): 1657-1661.

Hitzman M W, Oreskes N, Einaudi M T. Geological characteristics and tectonic setting of Proterozoic iron oxide (Cu/U/Au-REE) deposits[J]. Precambrian Research,1992(58):241-288.

Hou Z Q,Gao Y F,Qu X M,et al. Origin of adakiticintrusives generated during mid-Miocene east-west extension in southern Tibet[J]. Earth and Planetary Science Letters,2004(220):139-155.

Hou Z Q,Zhang H R,Pan X F,et al. Porphyry Cu(-Mo-Au)deposits related to melting of thickened mafic lower crust:Examples from the eastern Tethyanmetallogenic domain[J]. Ore Geology Reviews,2011(39):21-45.

Hou Z Q,White N C,Qu X M,et al. Post-collisional porphyry Cu deposits: A New class unrelated to subduction? [M]. International Geological Congress,2008.

Hyrsl J,Petrov A. Famous mineral localities: Llallagua,Bolivia[J]. The Mineralogical Record, 2006,37(2):117-162.

Chen H Y,Clark A H,Kyser T K. The Marcona Magnetite Deposit,Ica,South-Central Peru[J]. Economic Geology,2010(105):1441-1456.

Injoque J,Rios A,Martínez J,et al. Geología de los Volcánicos del Cretáceo Medio,Cuenca Lancones,Tambogrande-Las Lomas,Piura[J]. X Congreso Peruano de Geología. Resúmenes,2000:231.

Iriarte D S,Arévalo V C,Mpodozis M C,et al. Mapa geológica de la Hoja Carrera Pinto,Región de Atacama[J]. Serv Nac Geol Miner Mapas Geol. ,1996:3.

Ishihara S,Sato K,Terashima S. Chemical characteristics and genesis of the mineralized intermediate-series granitic pluton in the Hobenzan area,western Japan[J]. Mining Geology,1984(34):401-418.

Jacay J,Semperé T,Husson L,et al. Structural characteristics of the Incapuquio Fault System,southern Peru,Extended abstract,5° International Symposium on Andean[J]. Geodynamics,2002:319-321.

Jaillard E,Soler P,Carlier G,et al. Geodynamic evolution of the northern and central Andes during early to middle Mesozoic times: a Tethyan model[J]. Journal of the Geological Society of London, 1990(147):1009-1022.

Jaillard E,Ordonez M,Benitez S,et al. Basin development in an accretionary, oceanic-floored forearc setting: southern coastal Ecuador during late Cretaceous to late Eocene times[J]. American Association of Petroluem Geologists Memoir,1995(62):615-631.

James D E. Andean crustal and upper mantle structure[J]. Jour. Geophys. Research,1971(84): 3246-3271.

James D E,Sacks S. Cenozoic formation of the central Andes: a geophysical perspective[J]. Society of Economic Geology,Special Publication,1999(7):1-25.

Jensen E,Cembrano J,Faulkner D,et al. Development of a self-similar strike-slip duplex system in the Atacama Fault system,Chile[J]. Journal of Structural Geology,1996,33 (11):1611-1626.

Kadasi A N. Interpretation of aeromagnetic data in terms of surface and subsurface geologic structures,southwestern Yemen[J]. Arab J Geosci. ,2015(8):1163-1179.

Kay S M,Mpodozis C,Coira B. Magmatism,tectonism,and mineral deposits of the central Andes (22°-33°S)[J]. Society of Economic Geology,Special Publication,1999(7):27-59.

Kelly W C,Turneaure F S. Mineralogy,paragenesis and geothermometry of the tin and tungsten deposits of the eastern Andes,Bolivia[J]. Economic Geology,1970(65):609-680.

Keppie J D,Ramos V A. Odyssey of terranes in the Iapetus and Rheic oceans during the Paleozoic [M]. Boulder,CO,United States,Geological Society of America (GSA),1999:267-276.

Kenneth L P,Morgan L A. Is the track of the Yellowstone hotspot driven by a deep mantle plume? Review of volcanism,faulting,and uplift in light of new data[J]. Journal of Volcanology and Geothermal Research,2009(188):1-25.

Kirkham R V, Dunne K P E. World distribution of porphyry, porphyry-associated skarn, and bulk-tonnage epithermal deposits and occurrences[J]. Geological Survey of Canada Open File, 2000, 3792a: 26.

Kirkham R M, Bryant B, Streufert R K, et al. Field trip Guidebook on the geology and geologic hazards of the Glenwood Springs area, Colorado[J]. Colorado Geological Survey Special Publication, 1996, 44: CD-ROM, 38.

Kontak D J, Clark A H, Farrar E, et al. The rift associated Permo-Triassic magmatism of the eastern Cordillera: a precursor of the Andean orogeny[J]. Glasgow, Blackie and Son, Ltd., 1985: 36-44.

Kraemer P E, Escayola M P, Martino R D. Hipótesis sobre la evolucion tectónica neoproterozoica de las Sierras Pampeanas de Córdoba (30°40'-32°40')[J]. Revista. de. la. Asociación. Geológica. Argentina, 1995(50): 47-59.

Lang J R, Baker T, Hart C J R, et al. An exploration model for intrusion-related gold systems[J]. Socity of Economic Geologists News, 2000(4001): 7-15.

Lavenu A, Noblet C, Bonhomme M G, et al. New K-Ar age dates of Neogene and Quaternary volcanic rocks from the Ecuadorian Andes: implications for the relationship between sedimentation, volcanism, and tectonics[J]. Journal of South American Earth Science, 1992(5): 309-320.

Leanza H. Estratigratia del Paleozoico y Mesozoico anterior a los movímientos íntermálmicos en la comarca del Cerro Chachil, Provinca del Neuquén[J]. Asociación Geológica Argentia, revista, 1990, 45(3-4): 272-299.

Lecaros W L, Moncayo O P, Vilchez L V, et al. Memory of geologic map of Peru scale 1:1 000 000[R]. Instituto Geologico Mineroy Metalurgico, 2000.

Lewis T, Alverto B. History and Geologic Overview of the Yanacocha Mining District, Cajamarca, Peru[J]. Economic Geology, 2010(105): 1173-1190.

Lezaun J, Beck A, Heber V, et al. Pre-Mesozoic evolution of the Andean Metamorphic basement at 18°S[J]. VIII Congr. Geol. Chileno, Actas II, 1997: 1339-1343.

Linares A, Ureta M S, Sandova J. Comparison between the Aalenian ammonite association from the Betic and Iberian cordilleras: elements of correlation[C]. 2nd International Symposium on Jurassic Stratigraphy, INIC, Lisboa, 1988: 193-208.

Liu Y X. Evaluation and extration of weak gravity and magnetic anomalies[J]. Applied Geophysics, 2007, 4(4): 288-293.

Longo A A, Teal L B. A summary of the volcanic stratigraphy and the geochronology of magmatism and hydrothermal activity in the Yanacocha gold district, northern Peru[C]. Geological Society of Nevada Symposium 2005[A]. Window to the World: Reno, Nevada, May 2005, Proceedings, 2005(2): 797-808.

Loper D E. Structure of the core and lower mantle, Ado[J]. Geophys., 1984a(26): 1-34.

Loper D E. The dynamical structure of D″ and deep plumes in a non-Newtonian mantle[J]. Phys. EaCh Planet. Int., 1984b(4): 57-67.

Love D, Clark A. The Lithologic, Stratigraphic, and Structural Setting of Giant Antamina Copper-Zinc Skarn Deposit, Ancash, Perú[J]. Economic Geology, 2004, 99(5): 887-916.

Lucassen F, Becchio R, Harmon R, et al. Composition and density model of the continental crust at an active continental margin-the Central Andes between 21°S and 27°S[J]. Tectonophysics, 2001(341): 195-223.

Maksaev V, Townley B, Palacios C, et al. Metallic ore deposits[C]. The Geological Society (London),2007:414.

Martinez W,Cervantes J. Rocas igneas en el Sur del Peru[M]. Peru:Published by Ingemmet, 2003.

Marshall L G,Salinas P,Suárez M. Astrapotherium sp. (Mammalia,Astrapotheriidae) from Miocene strata along the Quepuca River,central Chile[J]. Revista Geológica de Chile,1990(17):215-223.

Marschik R,Singer B S,Munizaga F,et al. Age of Cu(-Fe)-Au mineralization and thermal evolution of the Punta del Cobre District,Chile[J]. Mineralium Deposita,1997(32):531-546.

Marschik R,Fontbote L. The Punta del Cobre Formation,Punta del Cobre-Candelaria area,Chile [J]. Journal of South American Earth Sciences,2001a(14):401-433.

Marschik R,Fontbote L. The Candelaria-Punta del Cobre Iron Oxide Cu - Au(- Zn - Ag) deposits,Chile[J]. Economic Geology,2001b(96):1799-1826.

Marschik R,Leveille R A,Martin W. La Candelaria and the Punta del Cobre district,Chile: Early Cretaceous iron oxide Cu-Au(Zn-Ag) mineralisation[J]. Adelaide,2000(1):163-175.

Marschik R,Chiaradia M,Fontbote L. Implications of Pb isotope signatures of rocks and iron oxide Cu-Au ores in the Candelaria-Punta del Cobre district,Chile[J]. Mineralium Deposita,2003(38): 900-912.

Mathur R,Marschik R,Ruiz J,et al. Age of mineralization of the Candelaria Fe oxide Cu-Au deposit and the origin of the Chilean Iron Belt,based on Re-Os isotopes[J]. Economic Geology,2002 (97):59-71.

Mc Coy T J,Clayton R N,Mayeda T K,et al. A petrologic and isotopic study of lodranites: Evidence for early formation as partial melt residues from heterogeneous precursors[J]. Geochim. Cosmochim. Acta,1997(61):623-637.

Mégard F. Etude géologique d'une transversale des Andes au niveau du Pérou central[D]. Thèse d'Etat,Université de Montpellier,1973.

Mégard F. Cordilleran Andes and marginal Andes: a review of Andean geology north of the Arica elbow (18°S). In Circum-Pacific orogenic belts and evolution of the Pacific océano basin[J]. American Geophysical Union,Geodynamic Series,1987:71-95.

Michael O S. The Porphyry Copper Deposit at La Granja,Peru[J]. Economic Geology,1981:482-488.

Ministry of Peruvian energy and mines. The Peruvian economy Peru:Ministry of Peruviam energy and mines,2012.

Miller H G,Singh V. Potential field tilt-A new concept for location of potential field source[J]. Journal of Applied Geophysics,1994,32(2):213-217.

Mo X X,Dong G C,Zhao Z D,et al. Timing of magma mixing in Gangdise magmatic belt during the India-Asia collision: zircon SHIRMP U-Pb dating[J]. Acta Geologica Sinica,2005,79(1):66-76.

Montecinos P. Petrologie des roches intrusives associées augisement de fer El Algarrobo (Chile) [J]. These de Dr-Ing,Université de Paris-Sud,1985:191.

Moores E,Twiss R J. Tectonics [M]. New York:W. H. Freeman and Co. ,1995.

Moreno T,Gibbons W. The geology of Chile[M]. London: Geological Society of London,2007.

Mpodozis C,Ramos V A. The Andes of Chile and Argentina[M]. Houston,TX,United States: Circum-Pacific Council for Energy and Mineral Resources,1990.

Mposozis C,Conejo P,Kay S M,et al. La franja de Maricunga: Síntesis de la evolución del frente volcá Oligoceno-Mioceno de la zona sur de los Andes Centrales[J]. Revista Geológica de Chile,1995

(22):273 - 313.

Munizaga F, Huete C, Hervé F. Geocronología K-Ar y razones iniciales $^{87}Sr/^{86}Sr$ de la Franja Pacífica de Desarrollos Hidrotermales, vol. 4[J]. Actas IV Congreso Geológico Chileno, Antofagasta, 1985:357 - 379.

Mutschler F E, Ludington S, Bookstrom A A. Giant porphyry-related metal camps of the world—a database[C]. USGS Open-File Report, 1999:99 - 556.

Myrl E, Beck Jr. On the mechanism of crustal block rotations in the central Andes[J]. Tectonophysics, 1998(299):75 - 92.

Niemeyer H, Urrutia C. Transcurrenciaa lo largo de la Falla Sierra de Varas (Sistema de fallas de la Cordillera de Domeyko), norte de Chile[J]. Andean Geology, 2009, 36(1):37 - 49(in Spanish).

Noble D C, McKee E H. The Miocene Belt of Central and Northern Perú[J]. Society of Economic Geologists Special Publication, 1999(7):155 - 193.

Ohmoto H, Skinner B J. The Kuroko and related volcanogenic massive sulfide deposits[J]. Economic Geology Monograph, 1983(5):604.

Oliveros V. Les formations magmatiques jurassiques et mineralisation du nord Chili, origine, mise en place, alteration, metamorphisme: etude geochronologique et geochemie[D]. France: Ph. D Thesis. Universite de Nice-Sophia Antipolis, France, 2005.

Oyarzún R, Brunetto B, Mella L, et al. Disfonia em professores[J]. Revista Otorrinolaringologia, São Paulo, 1984, 44(2):12 - 18.

Oyarzún J. Algunos temas principales de la metalogénesis cretácica en el norte y centro de Chile [C]. Actas 5th Congr Geol Chile, 1988(3):G37 - G52.

Oyarziin J, Frutos J. Tectonic and petrological frame of the Cretaceous iron deposits of north Chile [J]. Mining Geology, 1984, 34(1):21 - 31.

Orrego M, Robles W, Sanhueza A, et al. Mantos Blancos y Manto Verde: Depósitos del tipo Fe-Cu-Au? Una comparación con implicancias en la exploración[J]. Actas IX Congreso Geológico Chileno, 2000(2):145 - 149.

Palacios C, Definis A. Geología del yacimiento estratiforme "Susana", Distrito Michilla, Antofagasta[J]. Antofagasta, 1998:80 - 91.

Pamaud F, Gou Y, Pascual J C, et al. Tratigraphic synthesis of western Venezuela. in, Petroleum Basins of South America[J]. AAPG Mere. , 1995(62):681 - 698.

Pankhurst R J, Leat P T, Sruogra P, et al. The Chon Aike silicic igneous province of Patagonia and related in Antarctica: a silicic LIP[J]. Journal of Volcanology and Geothermal Research, 1998(81):113 - 136.

Parnaud F, Gou Y, Pascual J C, et al. Petroleum geology of the central part of the eastern Venezuelan basin[J]. Petroleum Basins of South America, AAPG Memoir, 1995(62):741 - 756.

Pardo-Casas F, Molnar P. Relative motion of the Nazca (Farallon) and South America plate since late Cretaceous times[J]. Tectonics, 1987(6):233 - 248.

Parravicini D. An Overview on Mining in Argentina: Current Per-spectives on Taxation Issues, Revenue Distribution and Investment Risks[J]. Journal of Energy & Natural Resources Law, 2014, 32 (2):157 - 177.

Piercey S J. The setting, style, and role of magmatism in the formation of volcanogenic massive sulfide deposits[J]. Mineralium Deposita, 2011(46):449 - 471.

Pilger R. H, et al. Cenozoic plate kinematics, subduction and magmatism[J]. Journal of the geological society of London, 1984(141):793 - 802.

Pichowiak S. Early Jurassic to Early Cretaceous Magmatism in the Coastal Cordillera and the Central Depression of North Chile. Tectonics of the Southern Central Andes[M]. Germany:Springer-Verlag,1994.

Pinto J P,Turco R P,Toon O B. Self-limiting physical and chemical effects in volcanic eruption clouds[J]. Journal of geophysical research,1989,94(D8):11 165 - 11 174.

Proffett J. M. Geology of the Bajo de la Alumbrera Porphyry Copper-Gold Deposit,Argentina[J]. Economic Geology,2003,98(8):1535 - 1574.

Poperch P,Mégard F,Laj C,et al. Rotated oceanic blocks in Western Ecuador[J]. Geophysical Research Letters,1987(14):558 - 561.

Qu X M,Hou Z Q,Li Y G. Melt components derived from a subducted slab in late orogenic ore-bearing porphyries in the Gangdese copper belt,southern Tibetan plateau [J]. Lithos,2004(74):131 - 148.

Ramos V A. The Southern Central Andes,Tectonic Evolution of South America[M]. Rio de Janeiro,2000.

Ramos V A,Aleman A. Tectonic Evolution of the Andes[M]. Rio de Janeiro,2000.

Ranganai R T,Whaler A A,Ebinger C J. Aeromagnetic interpretation in the southcentral Zimbabwe Craton:(reappraisal of) crustal structure and tectonic implications[J]. International Journal of Earth Sciences (Geol Rundsch),2015:1 - 27.

Regina B,Fontbote L,Spiking R,et al. Bracketing the Age of Magmatic-Hydrothermal Activity at the Cerro de Pasco Epithermal Polymetallic Deposit,Central Peru A U-Pb and $^{40}Ar/^{39}Ar$ Study[J]. Economic Geology,2009(104):479 - 504.

Baumgartner,Fontbotel,Vennemann T. Mineral Zoning and Geochemistry of Epithermal Polymetallic Zn-Pb-Ag-Cu-Bi Mineralization at Cerro de Pasco,Perú[J]. Economic Geology,2008(103):493 - 537.

Richard K,Courtright J H,Staff M. Toquepala Deposit Area:Southern Peru Copper Corp[M]. Unpub. Geol. Repts,1951.

Richard K,Courtright J H. Geology of Toquepala[M]. Peru:Mining Eng. ,1958.

Richards J P,Boyce A J,Pringle M S. Geologic evolution of the Escondida area,northern Chile:a model for spatial and temporal localization of porphyry Cu mineralization[J]. Economic Geology,2001 (96):271 - 306.

Richards P J,Kerrich R. Adakite-like rocks:their diverse origins and questionable role in metallogenesis[J]. Economic Geology,2007,102(4):537 - 576.

Richard H S,James K M. Longevity of Porphyry Copper or Mation At Quellaveco,Peru[J]. Economic Geology,2010(105):1157 - 1162.

Rivano S,Godoy E,Vergara M,et al. Redefinición de la Formación Farellones en la Cordillera de los Andes de Chile central (32″- 34″S)[J]. Rev. Geol. Chile,1990(17):205 - 214.

Rivera M,Monje R, Navarro P. Nuevos datos sobre el volcanismo Cenozoico (Grupo Calipuy) en el norte del Perú:Departamentos La Libertad y Ancash[J]. Boletín de la Sociedad Geológica del Perú,2004:7 - 21.

Robert M. The Candelaria-Punta del Cobre Iron Oxide Cu-Au(-Zn-Ag) Deposits,Chile[J]. Economic Geology,2001(96):1799 - 1826.

Robert F. Syenite-associated disseminated gold deposits in the Abitibi greenstone belt,Canada[J]. Mineralium Deposita,2001(36):503 - 516.

Rodríguez I,Quispe J,Sánchez V,et al. Metalogenia de la cuenca Lancones:noroeste del Perú-Sur de Ecuador[C]. Resúmenes extendidos XIV Congreso Peruano de Geología,2008.

Romero D. La cuenca Cretácico superior-Paleoceno del Perú central: un metalotecto para la exploración de SMV,Ejemplo Mina Maria Teresa[D]. ALFA: Tesis de maestría Programa ALFA,2007.

Romero D,Carlotto V,Tassinari C,et al. Los depósitos de la cuenca Maastrichtiano-Daniano: relación con los yacimientos tipo sulfuros masivos volcanogénicos de Pb-Zn-Cu; Perú central[C]. Resúmenes extendidos XIV Congreso Peruano de Geología,2008.

Ross P S,Mercier-Langevin P. Igneous rock associations 14. The volcanic setting of VMS and SMS deposits: a review[J]. Geoscience Canada,2014(41):3.

Roperch P,Mégard F,Laj C. Rotated oceanic blocks in Western Ecuador[J]. Geophys. Res. Lett.,1987,14 (5):558-561.

Roperch P,Bonhommet N,Levi N. Paleointensity of the earth's magnetic field during the Laschamp excursion and its geomagnetic implications[J]. Earth Planet. Sci. Lett,1988(88):209-219.

Ruiz C,Aguirre L,Corvalán J,et al. Geología y yacimientos metalíferos de Chile[J]. Santiago,Instituto de Investigaciones Geológicas,1965:305.

Sanborn C,Chonn V. Working group on development and environment in the Americas: Chinese Investment in Peru's Mining Industry: Blessing or Curse? [J]. B. U. Global economic governance initiative,2015(8):1-57.

Salfity J A,Gorustovich J A,González R E,et al. Las cuencas terciarias posincaicas de los Andes centrales de la Argentina[J]. Buenos Aires,1996,3(1):453-471.

Sangster D F,Scott S D. Precambrian,stratabound massive Cu-Zn-Pb sulfide ores in North America,in K. H[J]. Handbook of Stratabound and Stratiform Ore Deposits,1976(7):129-222.

Sato T. Manto type copper deposits in Chile,a review[J]. Bulletin of the Geological Survey of Japan,1984(35):565-582.

Schwartz M O. The porphyry copper deposit at La Granja,Peru[J]. Economic Geology,1982(77):482-487.

Scheuber E. The kinematic and geodynamic significance of the Atacama Fault Zone,Northern Chile[J]. Journal of Structural Geology,1990,12(2):243-257.

Scheuber E,González G. Tectonics of the Jurassic-early Cretaceous magmatic arc of the north Chilean Coastal Cordillera (22°-26°S): A story of crustal deformation along a convergent plate boundary[C]. Tectonics,1999(18):895-910.

Schobbenhaus C,Bellizzia A. Geological Map of South America,1∶5 000 000[BD]. Brasilia:CGMW-CPRM-DNPM-UNESCO,Brasilia,2001.

Sempere T,Jacay J,Fornari M,et al. Lithospheric-scale transcurrent fault systems in Andean southern Peru[C]. 5° International Symposium on Andean Geodynamics,Toulouse (France),2002:601-604.

Service Geological Mineral Argentina Institute of Geology and Resource Minerals. Metallogenic Map of South America 1∶5 000 000[R]. Service Geological Mineral Argentina Institute of Geology and Resource Minerals,2005.

Sillitoe R H. A plate tectonic model for the origin of porphyry copper deposits[J]. Economic Geology,1972(67):184-197.

Sillitoe R H,Halls C,Grant J N. Porphyry tin deposits in Bolivia[J]. Economic Geology,1975(70):913-927.

Sillitoe R H. A reconnaissance of the Mexican porphyry copper belt[J]. Institution of Mining and

Metallurgy, Transactions, Section B: Applied Earth Sciences, 1976(85):169-190.

Sillitoe R H. Copper deposits and Andean evolution. In: Ericksen GE, Cañas Pinochet MT[J]. Circum-Pacific Council Energy Min Resour Earth Sci. Ser. ,1990(11):285-311.

Sillitoe R H. Intrusion-related gold deposits[J]. Gold Metallogeny and Exploration. Blackie, London,1991.

Sillitoe R H. Gold and copper metallogeny of the central Andes-past, present, and future exploration objectives[J]. Economic Geology,1992(87):2205-2216.

Sillitoe R H. Exploration and Discovery of Base-And Precious-Metal Deposits in the Circum-Pacific Region during the last 25 years[J]. Resource Geology Special Issue,1995:1-119.

Sillitoe R H. Major regional factors favouring large size, high hypogene grade, elevated gold content and supergene oxidation and enrichment of porphyry copper deposits[J]. Australian Mineral Foundation, Adelaide,1998:21-34.

Sillitoe R H. Gold-rich porphyry deposits: Descriptive and genetic models and their role in exploration and discovery[J]. Economic Geology,2000(13):315-345.

Sillitoe R H. Some metallogenic features of gold and copper deposits related to alkaline rocks and consequences for exploration[J]. Miner Deposita,2002(37):4-13.

Sillitoe R H. Iron Oxide-Copper-Gold Deposits: An Andean View[J]. Mineralium Deposita,2003(38):787-812.

Sillitoe R H. Porphyry Copper Systems[J]. Economic Geology,2010(105):3-41.

Sillitoe R H, Gappe IM Jr. Philippine porphyry copper deposits: Geologic setting and characteristics[J]. United Nations ESCAP CCOP Tech. Publ. ,1984(14):89.

Sillitoe R H, Jaramillo L, Damon P E, et al. Setting, Characteristics, and Age of the Andean Porphyry Copper Belt in Colombia[J]. Economic Geology,1982(77):1837-1850.

Sillitoe R H, Mortensen J K. Longevity of porphyry copper formation at quellaveco, Peru[J]. Economic Geology,2010(105):1157-1162.

Sillitoe R H, Thompson J F H. Intrusion-related vein gold deposits: types, tectono-magmatic settings and di culties of distinction from orogenic gold deposits[J]. Resour Geol. ,1998(48):237-250.

Sillitoe R H, Perelló J. Andean copper province-Tectonomagmatic settings, deposit types, metallogeny, exploration, and discovery[J]. Society of Economic Geologists, Economic Geology 100th Anniversary Volume,2005:845-890.

Sillitoe R S, Tolman J, Kerkvoort G V. Geology of the Caspiche Porphyry Gold-Copper Deposit, Maricunga Belt, Northern Chile[J]. Economic Geology,2013,108(4):585-604.

Singer D A, Berger V I, Menzie W D, et al. Porphyry copper deposit density[J]. Economic Geology,2005(100):491-514.

Stuart-Smith P G, Miró R, Sims J P, et al. Uranium-lead dating of felsic magmatic cycles in the southern Sierras Pampeanas, Argentina: Implications for the tectonic development of the proto-Andean Gondwana margin[J]. Laurentia-Gondwana Connection before Pangea,336,Geol. Soc. Amer,1999:87-114.

Soler P, Bonhomme M. Oligocene magmatic and associated mineralization in the polymetallic belt of central Peru[J]. Economic Geology,1988:657-663.

Somoza R. Updated Nazca (Farallon)-South America relative motions during the last 40 Ma: Implications for mountain building in the Central Andean region[J]. Journal of South American Earth Sciences,1998(11):211-215.

Suárez M E, Pineda G, Torres T. Vertebrados continentales de los estratos de Quebrada la Totora, Cretácico Inferior y tardío de Pichasca, IV Región[J]. Actas del Congreso Latinoamericano de Paleontología de Vertebrados, 2002(1): 49-50.

Susie M E, Guilermo C D, David J P, et al. Structural styles in the Domeyko range, northern Chile[J]. Third ISAG, St Malo (France), 1996(9): 17-19.

Tanya A. Implications of Plate Tectonics for the Cenozoic Tectonic Evolution of Western North America[J]. Geological Society of America Bulletin, 1970(81): 3513-3536.

Taylor G K, Grocott J, Pope A, et al. Mesozoic fault systems, deformation and fault block rotation in the Andean forearc: a crustal scale strike-slip duplex in the Coastal Cordillera of northern Chile[J]. Tectonophysics, 1998(299): 93-109.

Teal L B, Benavides A. History and geologic overview of the Yana-cocha mining district, Cajamarca, Peru[J]. Economic geology, 2010: 1173-1190.

Tegart P, Allen G, Carstensen A. Regional setting, stratigraphy, alteration and mineralization of the Tambo Grande VMS district, Piura Department, northern Peru[J]. Geological Association of Canada, 2000: 375-405.

Thébault E, Purucker M, Whaler K A, et al. The magnetic field of the earth's lithosphere[J]. Space Sci. Rev., 2010(155): 95-127.

Turner II B L. The sustainability principle in global agendas: implications for understanding land-use/cover change[J]. Geographical Journal, 1997, 163(9): 133-140.

Tornos F. Environment of formation and styles of volcanogenic massive sulfides: The Iberian Pyrite Belt[J]. Ore Geology Reviews, 2006, 28: 259-307.

Tosdal R M. The Amazon-Laurentian connection as viewed from the Middle Proterozoic rocks in the central Andes, western Bolivia and northern Chile[J]. Tectonics, 1996(15): 827-842.

U. S. Geological Survey. Quantitative Mineral Resource Assessment of Copper, Molybdenum, Gold, and Silver in Undiscovered Porphyry Copper Deposits in the Andes Mountains of South America[R]. Virginia: U. S. Geological Survey, 2008.

U. S. Geological Survey. Porphyry Copper Deposit Model[R]. Virginia: U. S. Geological Survey, 2010.

U. S. Geological Survey. Mineral Commodity Summaries[R]. Virginia: U. S. Geological Survey (Open-File Report), 2012.

U. S. Geological Survey. Mineral Commodity Summaries[R]. Virginia: U. S. Geological Survey (Open-File Report), 2013

U. S. Geological Survey. Mineral Commodity Summaries[R]. Virginia: U. S. Geological Survey (Open-File Report), 2015.

U. S. Geological Survey. Mineral Commodity Dummaries[R]. Virginia: U. S. Geological Survey (Open-File Report), 2015: 1-196.

U. S. Geological Survey. Mineral Commodity Summaries[R]. Virginia: U. S. Geological Survey (Open-File Report), 2016.

Van Thournout F, Salemink J, Valenzuela G, et al. Portovelo: A volcanic-hosted epithermal vein-system in Ecuador, South America[J]. Mineralium Deposita, 1996, 31: 269-276.

Vila T, Lindsay N, Zamora R. Geology of the Manto Verde copper deposit, northern Chile: A specularite-rich, hydrothermal-tectonic breccia related to the Atacama fault[J]. Society of Economic Geologists Special Publication, 1996(5): 157-170.

Wang W Y, Pan Y, Qiu Z Y. A new edge recognition technology based on the normalized vertical derivative of the total horizontal derivative for potential field data[J]. Applied Geophysics, 2009, 6(3): 226-233.

Wang W Y, Zhang G C, Liang J S. Spatial variation law of vertical derivative zero points for potential field data[J]. Applied Geophysics, 2010a, 7(3): 197-209.

Ward S H, Peeples W J, Ryu J. Analysis of geoelectromagnetic data[M]. New York: Methods in Computational Physics, Academic Press, 1973.

Wasteneys A H, Clark A H, Farrar E, et al. Grenvillian granulite-facies metamorphism in the Arequipa Massif, Peru: a Laurentia-Gondwana link[J]. Earth and Planetary Science Letters, 1995(132): 63-73.

Willett S D, Beaumont C. Subduction of Asian lithospheric mantle beneath Tibet inferred from models of continental collison[J]. Nature, 1994(369): 642-645.

Williams P J. Fe-oxide-Cu-Au deposits of the Olympic Dam/Ernest Henry-type[M]. In: New developments in the understanding of some major ore types and environments, with implications for exploration[J]. Proc Prospectors and Developers Association of Canada Short Course, Toronto, 1999: 2-43.

Wörner G, Hammerschmidt K, Henjes-Kunst F, et al. Geochronology (^{40}Ar-^{39}Ar-, K-Ar-, and He-exposure-) ages of Cenozoic magmatic rocks from Northern Chile (18°S-22°S): implications for magmatism and tectonic evolution of the central Andes[J]. Rev. geol. Chile, 2000b, 27(2): 205-240.

Wörner G, Lezaun J, Beck A, et al. Precambrian and Early Paleozoic evolution of the Andean basement at Belen (N. Chile) and C. Uyarani (W. Bolivian Altiplano)[J]. South Am. Earth Sci. , 2000a (13): 717-737.

Xu W C, Zhang H F, Guo L, et al. Miocene high Sr/Y magmatism, south Tibet: Product of partial melting of subducted Indian continental crust and its tectonic implication[J]. Lithos, 2010(114): 293-306.

Yang Z M, Hou Z Q, White N C, et al. Geology of the post-collisional porphyry copper-molybdenum deposit at Qulong, Tibet[J]. Ore Geology Review, 2009(36): 133-159.

Yang K, Scott S D, Mo X. Massve sulfide deposits in the Changning-Menglian backare belt in western Yunnan, China: Comparison with modern analogues in the Pacific[J]. Exploration and Mining Gelogy, 1999(8): 211-231.

Zappettini E, Miranda-Angles V, Rodriguez C, et al. Mapa metalogénico de la región fronteriza entre Argentina, Bolivia, Chile y Perú (14°S y 28°S)[J]. Paula Comejop, Norma Pezzutci, 2001.

Zartman R E, Cunningham C G. U-Th-Pb zircon dating of the 13.8 Ma dacite volcanic dome at Cerro Rico de Potosí, Bolivia[J]. Earth and Planetary Sciencie Letters, 1995: 227-237.

Zentilli M. Geological evolution and metallogenic relationships in the Andes of northern Chile between 26° and 29°S[D]. Kingston: Queen's University, Kingston, Ont. , 1974: 295.